Chemie und Geisteswissenschaften

Überreicht vom
Fonds der Chemischen Industrie
Frankfurt am Main

Chemie und Geisteswissenschaften

Versuch einer Annäherung

Herausgegeben
von Jürgen Mittelstraß
und Günter Stock

Mit Beiträgen von M. Carrier, S. Dittus, P. Janich, R. Löw, H. Lübbe,
W. Lübbe, K. Mainzer, H. Markl, M. Mayer, J. Mittelstraß,
H.-J. Quadbeck-Seeger, G. Quinkert, B. Vickers

Akademie Verlag

Die Deutsche Bibliothek – CIP-Einheitsaufnahme
Chemie und Geisteswissenschaften : Versuch einer Annäherung / hrsg. von Jürgen Mittelstrass und Günter Stock. Mit Beitr. von M. Carrier . . . - Berlin : Akad. Verl., 1992
  ISBN 3-05-501604-1
NE: Mittelstrass, Jürgen [Hrsg.]; Carrier, Martin

© Akademie Verlag GmbH, Berlin 1992
Der Akademie Verlag ist ein Unternehmen der VCH-Verlagsgruppe.

Gedruckt auf säurefreiem Papier

Alle Rechte, insbesondere die der Übersetzung in andere Sprachen, vorbehalten. Kein Teil dieses Buches darf ohne schriftliche Genehmigung des Verlages in irgendeiner Form – durch Photokopie, Mikroverfilmung oder irgendein anderes Verfahren – reproduziert oder in eine von Maschinen, insbesondere von Datenverarbeitungsmaschinen, verwendbare Sprache übertragen oder übersetzt werden.
All rights reserved (including those of translation into other languages). No part of this book may be reproduced in any form – by photoprinting, microfilm, or any other means – nor transmitted or translated into a machine language without written permission from the publishers.

Druck und Bindung: GAM MEDIA GmbH, W-1000 Berlin 61
Herstellerische Betreuung: Christian P. Biastoch

Printed in the Federal Republic of Germany

Vorwort

Im November des Jahres 1991 trafen sich auf Anregung des Stifterverbandes und des Verbandes der Chemischen Industrie Fachvertreter aus Chemie und Philosophie, um einen Prozeß des gegenseitigen Kennenlernens und Verstehens einzuleiten. ‚Spurensuche' war das Anliegen der Tagung, nicht etwa das Formulieren und Beschließen eines Maßnahmenbündels zur Überwindung einer häufig so bezeichneten ‚Akzeptanzkrise' der Chemie. Gibt es Einflüsse, lassen sich gemeinsame (Denk-)Strukturen, ja Abhängigkeiten zwischen diesen beiden wissenschaftlichen Disziplinen aufspüren, beschreiben, nachverfolgen, um so – gleichsam aus der Rückschau und in einem ‚Leistungsvergleich' – Grundlagen eines Verstehens zu erarbeiten? Auslösend für die Tagung, die den Arbeitstitel „Chemie – Natur – moderne Welt" trug, war die Wahrnehmung des enormen Spannungsfeldes, in dem sich die Chemie – eine akademische Wissenschaft, aber auch eine industrielle Großtechnologie – mit und in der übrigen Arbeitswelt befindet. Die Bedeutung der Ergebnisse chemischer Forschung und chemisch-technologischer Umsetzungen steht in einem besonderen Verhältnis zu deren Wahrnehmung und Akzeptanz in der Gesellschaft. Man nutzt Produkte der chemischen Industrie – oftmals ohne zu erkennen, daß sie von ihr stammen –, man lebt mit und von der Anwendung chemischer Erkenntnisse, doch wird in vielen Fällen die öffentliche Vorstellung von dem, was Chemie ist, in einen Gegensatz zu eigenen Vorstellungen vor allem von der Natur gebracht, verbunden mit Formen gesellschaftlicher Distanz und Ablehnung.

Vielleicht neigen wir alle angesichts einer an Komplexität zunehmenden Welt dazu, einfache Gegensätze zu etablieren, die Welt in dualistischer Manier einfach zu machen. Beispiel dafür ist der Gegensatz: hier Chemie, dort Natur. Um ein derartiges Denken in Gegensätzen zu überwinden, sollte in einem ersten Versuch Verbindendes zwischen den hier beteiligten Disziplinen gesucht werden. Aus diesem Grund wurden auch Aspekte der Sozialwissenschaften bewußt noch nicht aufgenommen.

Wissenschafts- und organisationssoziologische Fragen, aber auch Fragen der Wahrnehmung der Chemie durch die Öffentlichkeit und durch die Medien wurden thematisch noch nicht berücksichtigt. Sie sollen Kernstück einer späteren Tagung werden.

Was wissen wir – aber nicht voneinander: Dies ist der Leitfaden, dem die Zusammenstellung und die Gruppierung der in diesem Band veröffentlichten Beiträge folgen. Wissenschaftshistorische Betrachtungen (Vickers, Carrier) wurden an den Anfang gestellt, um die ‚Spurensuche' historisch zu erleichtern; Konturen einer historischen Entwicklung sollen die Bestimmung des eigenen Standorts erleichtern. Die Darstellung der modernen Chemie, ihres Einflusses auf wissenschaftliche Theorienbildung, auf unser Naturverständnis und auf die moderne Lebenswelt (Quinkert, Quadbeck-Seeger, Mainzer, Markl) ist dann dazu angetan, die Beiträge der Chemie sichtbar zu machen, ihren Anspruch als ‚kulturelle' Leistung zu begründen und ihre ‚Natürlichkeit' zu dokumentieren. Schließlich wird mit einigen wissenschaftstheoretischen Beiträgen (Janich, W. Lübbe, Löw, H. Lübbe) der Versuch unternommen, Gemeinsamkeiten einer theoretischen Standortbestimmung – ohne falsche begriffliche Kompromisse – herauszuarbeiten. Den Abschluß bildet eine eigens für den Zweck dieser Tagung und dieses Bandes erstellte Bibliographie (Dittus, Mayer) dessen, was derzeit über das Thema Chemie und Geisteswissenschaften publiziert vorliegt. Wir hoffen, daß auf diese Weise der vorliegende Band nicht nur ‚angedachte' Antworten, neue Fragen und Widersprüchlichkeiten dokumentiert, sondern auch als Arbeitsmaterial für weiterführende Studien dienen kann.

Unser Dank gebührt dem Stifterverband, dem Fonds der Chemischen Industrie und der Engel-Stiftung. Ohne deren großzügige Unterstützung hätten das ‚Projekt' Chemie und Geisteswissenschaften nicht begonnen, die Tagung nicht ausgerichtet und der vorliegende Band nicht veröffentlicht werden können.

Berlin/Konstanz im Mai 1992　　　　　　　　　　　　　　　　Jürgen Mittelstraß
　　　　　　　　　　　　　　　　　　　　　　　　　　　　　　Günter Stock

Inhalt

Chemie und Geisteswissenschaften. Eine Einleitung 9
Jürgen Mittelstraß

I Zur Geschichte der Chemie

1 Alchemie als verbale Kunst: die Anfänge 17
  Brian Vickers

2 Cavendishs Version der Phlogistonchemie oder: Über den empirischen Erfolg unzutreffender theoretischer Ansätze 35
  Martin Carrier

II Zur Theorie und Wirklichkeit der Chemie

1 Spuren der Chemie im Weltbild unserer Zeit 55
  Gerhard Quinkert

2 Chemie und die Entwicklung der Lebensbedingungen. Vom Wandel der Erwartungen 89
  Hans-Jürgen Quadbeck-Seeger

3 Chemie, Computer und moderne Welt 113
  Klaus Mainzer

4 Die Natürlichkeit der Chemie 139
  Hubert Markl

III Zur Wissenschaftstheorie und Philosophie der Chemie

   1 Chemie als Kulturleistung 161
      Peter Janich

   2 Die „chemische Grundlage" der Kulturwissenschaften 175
      Weyma Lübbe

   3 Chemie und Leben. Kann die Chemie das Leben erklären? 185
      Reinhard Löw

   4 Erfahrungsverluste. Lebensvorzüge und Lebensweltferne der Chemie 201
      Hermann Lübbe

IV Dokumentation

Bibliographie Chemie und Geisteswissenschaften 217
Sabrina Dittus und Matthias Mayer

   Inhaltsverzeichnis 219

     I Chemie 229

     II Alchemie 299

Hinweise zu den Autoren 335

Chemie und Geisteswissenschaften
Eine Einleitung

Jürgen Mittelstraß

Die Veranstaltung, die die folgenden Beiträge (in ausgearbeiteter und ergänzter Form) dokumentieren, war eine ungewöhnliche Veranstaltung. Sie führte unter den Stichworten Chemie, Natur, moderne Welt Chemiker und Geisteswissenschaftler zusammen, also zwei wissenschaftliche Populationen, die sonst wenig miteinander zu tun haben, die sich eher aus dem Wege gehen, die, wenn überhaupt, nur Unverbindliches verbindet.

Aus der Sicht der Geisteswissenschaften ist die Chemie der Prototyp einer *Laborwissenschaft* – fleißig, erfolgreich, weltverändernd, aber auch an die Qualen im gymnasialen Chemieunterricht, ans Auswendiglernen, weniger ans Denken, an die Radikalität des Baconschen Empirieprogramms erinnernd (nicht nur Wissen, auch Empirie, das unendliche Wachstum der Tatsachen, ist Macht). Für den Geisteswissenschaftler ist der Chemiker Aschenputtel, sein Labor riecht nach Drecksarbeit, seine Arbeit ist nützlich, orientiert aber nicht. Wir leben nun einmal im Makrokosmos, nicht im Mikrokosmos; für Weltbilder wiederum ist die Physik (neuerdings auch die Biologie), nicht die Chemie zuständig. Außerdem gingen mit einer Elementenphilosophie schon die Vorsokratiker baden, wie überhaupt Philosophien im Kopf, nicht im Labor entstehen, nicht einmal in denjenigen der Magier, von denen sich die moderne Chemie tunlichst fernhält. Anders wäre es den Geisteswissenschaften vermutlich lieber.

Aus der Sicht der Chemie sind die Geisteswissenschaften wiederum ein seltsamer Bereich der *Literatur*, wie diese ein Stück Kultur, stark im Erfinden, schwach im Begründen, etwas, das der Universität zu disziplinärer Buntheit und esoterischer Intellektualität verhilft, eigentlich aber im System der Wissenschaften, wieder mit der Baconschen Elle gemessen, nichts zu suchen hat. Für den Chemiker und seine naturwissenschaftlichen Freunde sind die Geisteswissenschaftler in der Regel ein wenig weltfremde Leute, die den häuslichen Schreibtisch lieben, beim Denken nicht gestört sein wollen und Originalität (die eigene natürlich) noch über der Wahrheit verehren. Als das Produkt dieser eigentümlichen Form von Wissenschaft erscheinen dann wachsende Bibliotheken, die noch mehr Geisteswissenschaftler anziehen – was häufig durchaus als zweckmäßig angesehen wird, weil auf diese Weise die Lebenswelt und die Probleme der Lebenswelt von ihnen verschont bleiben. Im übrigen ist das Verhältnis zwischen Chemikern und Geisteswissenschaftlern nicht anders als harmonisch zu bezeichnen: Weil man sich in der Regel wissenschaftlich nicht begegnet, läßt man einander auch gewähren. Schließlich ist Chemie gut für den Garten und Geisteswissenschaft gut für die (gebildete) Seele. Die hat auch ein Chemiker; wie sich auch die zarten Hände eines Geisteswissenschaftlers gelegentlich im Garten rühren.

So weit, so gut. Was also soll Chemie und Geisteswissenschaften zusammenführen? Ich denke ein wissenschafts*historischer* und ein wissenschafts*politischer* Grund. Zunächst der historische. Die Chemie geht ihren wissenschaftlichen Gang nicht nur weitab von den Geisteswissenschaften, sie hat auch, wissenschaftstheoretisch gesehen, innerhalb der Naturwissenschaften eine Sonderentwicklung durchlaufen. Gemeint ist ihre *Philosophieferne*, und damit wieder der eigentümliche Umstand, daß die Chemie, etwa im Gegensatz zur Physik, sich von allen weltbildgenerierenden oder wissenschaftstheoretischen Bemühungen weitgehend fernhält. Weltbilder sind die Aufgabe der anderen (gemeint sind meist die Physik und die Philosophie), nicht die eigene, und mit Wissenschaftstheorie verhält es sich ebenso (zudem gilt diese meist ohnehin als überflüssig oder als wissenschaftlicher Spaßverderber). Das war nicht immer so – die hermetische Philosophie z.B. und ihr Weltbild, ein symbolisches Kontinuum, waren im wesentlichen chemisch –, aber in der neuzeitlichen Entwicklung. Die Chemie ist gewissermaßen die Naturwissenschaft pur, ohne besondere Neigungen in Richtung Weltbild oder Philosophie, selbst wenn diese die eigenen Grundlagen betrifft. Während große Physiker den Flirt mit der Philosophie nie scheuten, ja gelegentlich, zumeist im höheren Alter, mit Hartnäckigkeit suchten (wenn auch nicht immer als erfolgreiche Liebhaber endeten), bleiben große Chemiker in Sachen Philosophie oder Geisteswissenschaften meist keusch und leidenschaftslos. Zwischen Liebig und Heisenberg liegen nicht nur physikalische, sondern auch philosophische Welten.

Die Frage ist, ob das so bleiben soll, d.h., ob der gewisse Sonderweg der Chemie in Sachen Weltbild- und Theorieverzicht, der das Profil außerhalb und innerhalb der wissenschaftlichen Entwicklung bestimmt und sie manchmal innerhalb der Naturwissenschaften wie eine Hilfsdisziplin erscheinen läßt, beibehalten werden oder nicht doch von einer Baconschen Insel, auf der die Empirie stark, die Philosophie schwach ist, auf ein Newtonsches Festland führen soll, auf dem viele Blumen, auch philosophische, blühen. Für die Chemie könnte dies einen Paradigmawechsel bedeuten, die Begegnung mit einer wissenschaftstheoretisch orientierten Philosophie dabei stimulierend sein.

Neben den historischen Grund, der etwas mit der Wissenschaftsgeschichte der Chemie und ihrem theoretischen Selbstverständnis zu tun hat, tritt ein wissenschaftspolitischer Grund. Der Anlaß ist offenkundig: die Chemie ist ins Gerede gekommen. Dioxin, Asbest, FCKW, desgleichen Bophal und Seveso sind Reizworte in einer Umweltdebatte geworden, die die alten Strickmuster von rechts und links längst hinter sich gelassen hat und Probleme der Ökonomie und der Ökologie nunmehr in den biblischen Rahmen von David und Goliath oder Kain und Abel setzt. Da sitzt dann zwar in erster Linie die chemische Industrie, doch wegen ihres innigen Verhältnisses mit der Universitätschemie auch diese. Eine Akzeptanzkrise, in der sich nach üblicher Intellektuellenmeinung Wissenschaft und Technik derzeit befinden, hat ihren Hauptschuldigen gefunden. Die Szenarien, die hier gemalt werden, sind düster, und die Chemie ist immer dabei.

Hier ist, nicht nur aus der Sicht der Chemie selbst, etwas schiefgelaufen. Einerseits verhält sich die Chemie, als sei sie auf dem falschen Fuß erwischt worden und als könnten womöglich glanzvolle Ganzseitenanzeigen in Tageszeitungen wieder auf den richtigen helfen. Andererseits scheinen sich die neuen Widersacher der Chemie eine Welt ohne Chemie vorzustellen, womit sie nicht nur auf die vermeintlich einfache Rückseite der modernen Welt, die wieder eine natürliche sein soll, sondern mit Alice auch ins Wunderland geraten. Einfache Weltbilder aber, ob sie nun von der Chemie oder von ihren Widersachern stammen, sind immer falsch. Außerdem ist der Gegensatz von Natur und Chemie, der in dieser schiefen Debatte eine entscheidende Rolle spielt, archaisch, etwa wenn das, was heute im Nahrungsmittelbereich chemisch behandelt ist, als verseucht und das, was ohne Chemie gezogen und geerntet wird, als gesund, weil rein natürlich, gilt. Welch ein Irrtum, wenn man dabei etwa an natürliche Stoffe wie Fette und Pilze denkt, die für die menschliche Gesundheit wesentlich gefährlicher sein können als industrielle Chemiestoffe. Anders formuliert: Die Parole ‚Natur ist gesund, Chemie ist toxisch!' ist (vielleicht) Literatur, aber kein Schlüssel, der die Tür unserer wissenschaftlichen Welt schließt. Die Begegnung mit den Geisteswissenschaften und einer wissenschaftstheoretisch und wissenschaftspraktisch orientierten Philosophie könnte in dieser verqueren Situation diesmal für beide, Chemie und Geisteswissenschaften, nützlich sein. Noch einmal wäre zu lernen, daß der Dualismus von Natur und Geist zu einfach ist und, wenn er konsequent angewendet und unser Bewußtsein bestimmen würde, aus der modernen Welt heraus-, nicht in sie hineinführt.

Vielleicht ist *Natur* ohnehin das entscheidende Stichwort, wenn man Chemie und Geisteswissenschaften in einem größeren Zusammenhang (nicht etwa nur in einem Studienordnungszusammenhang) betrachtet. Natur – das wissen wir alle – ist ‚in', neben Natur werden alle anderen Schlüsselworte der europäischen Geistesgeschichte, z.B. Vernunft, Kultur, Geschichte, blaß. Natur erscheint auf einmal wie ein modernes Abrakadabra; wenn sie, nur richtig beschworen, da ist, soll die Welt wieder einfach sein. Dabei ist Natur in Wahrheit das Problem, nicht die Lösung, die Frage, nicht die Antwort.

Auch in historischer Perspektive wird das klar. Solange es in unserer Geschichte noch eine Natur gab – als geordnetes Ganzes, das sich nach Gesetz und Struktur dem empirischen und experimentierenden Verstand zu erkennen gab, oder als das große weise Sein, das hinter den natürlichen Dingen, sie lenkend und nach Werden und Vergehen bestimmend, steht –, schien einmal alles klar, für die Naturwissenschaftler ebenso wie für die Philosophen und Geisteswissenschaftler. Eben das ist heute aber anders. Die Geschichte der modernen Naturwissenschaften (gemeint ist eine Fortschrittsgeschichte) ist auch die Geschichte des allmählichen Verschwindens der Natur (für diese bzw. deren Begriff also eine Verfallsgeschichte). Deshalb muten auch Wiederbelebungsversuche der Natur heute (im naturphilosophischen und ökologischen Spektrum) meist spekulativ und romantisch an. Dabei mögen wiederum die Naturwissenschaften noch ohne Natur, d.h. einen wohldefinierten Naturbegriff, auskommen, die Geisteswissenschaften, sofern diese sich im wesentlichen noch immer im alten idealistischen Dualismus von Natur und Geist bewegen, nicht. Das hat für die Naturwissenschaften Vorteile, für die Geisteswissenschaften Vorteile und Nachteile. Vorteile, weil die Geisteswissenschaften jenen Entwicklungen nahebleiben, deren Resultat sie selber sind; Nachteile, weil nunmehr das, was sie tun, zur Trauerarbeit gerät – auch wenn man in diesem Falle noch einmal Bacon erwähnt (diesmal wörtlich): „Es pflegen sich in die Natur zu mischen: der Mechaniker, der Mathematiker, der Arzt, der Alchimist und der Magier, aber alle mit schwachem Versuche und unbedeutendem Erfolge" (Novum Organum [1620] I, Aph. 5). Der Magier, das wäre heute der Geisteswissenschaftler, der die Natur noch einmal mit seinen imaginierenden Fähigkeiten und seiner melancholischen Grundhaltung zum Leben erwecken wollte.

Von diesem Versuch rate ich ab, und auch die folgenden Beiträge sind, trotz der Mitwirkung vieler Geisteswissenschaftler, der Versuchung, ihn noch einmal zu unternehmen, nicht unterlegen. Natur ist (noch einmal) das Problem, nicht die Lösung, und Natur ist ein Problemtitel, der nicht in die Kompetenz nur einer Disziplin oder einer Disziplinengruppe fällt, sondern auf etwas aufmerksam macht, das zu einer interdisziplinären, besser noch: *transdisziplinären* Optik zwingt. Dies gilt auch für Chemie und Geisteswissenschaften, und deshalb stand er, neben ‚Chemie' und ‚moderne Welt', auch in dem Programm der hier dokumentierten Veranstaltung. Dieses diente wie der jetzt vorliegende Band einer behutsamen Annäherung von Chemie und Geisteswissenschaften. Die Teilnehmer sollten und wollten sich nicht erzählen, was sie alles wissen, wie klug sie sind; sie wollten auch nicht zu erhabener wissenschaftlicher und philosophischer Allgemeinheit erheben, was der Lebenswelt auf den Nägeln brennt (und dazu gehört die Rolle der Chemie in der modernen Welt). Sie wollten vielmehr problemorientiert, disziplinär gebildet und transdisziplinär motiviert zwischen den Welten der Chemie und der Geisteswissenschaften neue Wege gehen.

Das Ganze ist ein Experiment, das ein wenig außerhalb der empirischen und theoretischen Praxis der beteiligten Welten liegt, auch in seiner hier dokumentierten Form. Es ist deshalb nicht weniger wichtig und nicht weniger reizvoll als der keineswegs immer alltägliche Alltag disziplinärer und anderer Welten.

I
Zur Geschichte der Chemie

Alchemie als verbale Kunst: die Anfänge

Brian Vickers

In vielen bekannten Illustrationen, die den Alchemisten bei seiner Arbeit zeigen, fällt als erstes die Überfülle an Gerätschaften auf: Schmelzöfen, Blasebalg, Feuerzangen, Retorten, Glaskolben, Destilliergeräte.[1] Die Alchemie erscheint als ausschließlich praktische Kunst, als Wissenschaft, bei der weniger das Denken als das Handeln im Vordergrund steht. Und tatsächlich ist dieses übernommene Bild der Alchemie in der Forschung noch weit verbreitet: Alchemie als eine Art Glückslotterie ohne erklärtes Ziel; sollte tatsächlich einmal etwas Nützliches dabei herauskommen, so nur als Nebenprodukt dieser im wesentlichen pragmatischen Tätigkeit.

Schaut man sich die Abbildungen allerdings nochmals an, so bemerkt man herumliegende Bücher, oft riesige Folianten, die bei einer bestimmten Seite aufgeschlagen sind, wo vermutlich ein gewisses Rezept beschrieben wird. Bei diesen Büchern handelt es sich um im 16. und 17. Jahrhundert wohlbekannte Sammelbände wie *De Alchemia* (Nürnberg 1541), *Ars Chemica* (Straßburg 1566), *Artis Auriferae* (2 Bände, Basel 1592, 1593), *Theatrum Chemicum* (6 Bände, 1602–1661), *Bibliotheca Chemica Curiosa* (2 Bände, Genf 1700) und Elias Ashmoles Sammlung englischer Texte, *Theatrum Chemicum Britannicum* (1652). Diese Bände vereinigen den ganzen erhalten gebliebenen Kanon alchemistischer Literatur, von den frühesten griechischen und byzantinischen Texten über die arabischen Übersetzungen und Erweiterungen bis zu den mittelalterlichen lateinischen Versionen und Kommentaren – eine über 1000 Jahre alte Tradition, überliefert mit unzähligen Irrtümern, Mißverständnissen und Druckfehlern.

Meine These lautet: die Alchemie war keineswegs eine empirisch-praktische Kunst mit handwerklicher Tradition, sondern eine auf Büchern beruhende

---

[1] Siehe z.B. John Read, The Alchemist in Life, Literature and Art, London 1947; E.J. Holmyard, Alchemy, Harmondsworth 1957, 144ff. (Abb. 1–6, 27–28, 32, 36) und C.A. Burland, The Arts of the Alchemists, London 1967, 104ff.

Kunst, eine verbale Tradition. Zwar mußte der Alchemist über ein technisches Vorwissen verfügen; er hatte Schmelzöfen zu bauen und zu bedienen, mußte mit Metallen, Chemikalien und organischen Stoffen umgehen können, die in seinen Rezepten vorkamen. Aber seine Ziele ebenso wie seine Methoden und die Annahmen über die physikalisch-chemischen Vorgänge stammten aus literarischer Tradition.

Die Alchemie basierte nicht auf Dingen, sondern auf Worten. Ihre Ziele, Methoden und Annahmen waren in einer Sprache formuliert, die oft mehrfache Übersetzungen durchlaufen hatte. Dabei waren bereits die Originaltexte fragmentarisch und nicht nur zwei-, sondern mehrdeutig. Die Alchemie beruhte auf einer Manipulation von Wörtern, deren nur vager Bezug zu den Dingen eine klare Interpretation unmöglich machte. Wer sich mit alchemistischen Texten beschäftigt, wird keine nüchterne, unmißverständliche Beschreibung chemischer Prozesse finden. Vielmehr wird er mit Metaphern, Symbolen und Allegorien konfrontiert. Diese bildliche Sprachebene muß der Leser erkennen und interpretieren können.

Im Corpus der griechischen Alchemie[2] gab es, vereinfacht gesagt, zwei Arten der sprachlichen Verwirrung, eine absichtliche und eine unfreiwillige. Für die absichtliche Sprachverwirrung soll hier Olympiodor, ein Kommentator des Zosi-

---

[2] Die umfassendste Textsammlung ist immer noch die von M. Berthelot / C. Ruelle, Collection des anciens alchimistes grecs, 3 Bde., Paris 1887–88. Zwar sind die Mängel von Text und Übersetzung allgemein bekannt, dennoch bleibt Berthelots Einführung ein hilfreicher Ausgangspunkt. Das Werk wird durch eine neu entstehende Textsammlung ersetzt, Les alchimistes grecs, die Robert Halleux und andere Mitarbeiter in 12 Bänden herausgeben werden, deren erster bereits deutlich höhere wissenschaftliche und kritische Maßstäbe setzt (cf. R. Halleux, éd. et trad., Les alchimistes grecs, vol. 1, Paris 1981). Die vollständigste Geschichte der Alchemie bietet nach wie vor E.O. von Lippmann, Entstehung und Ausbreitung der Alchemie, Bd. I, Berlin 1919; Entstehung und Ausbreitung der Alchemie, Bd. II: Ein Lese- und Nachschlagebuch, Berlin 1931; Entstehung und Ausbreitung der Alchemie, Bd. III: Ein Lese- und Nachschlagebuch, hg. R. von Lippmann, Weinheim 1954. Lippmann war präziser als Berthelot, was er auch immer wieder hervorhob (z.B. in einer schonungslosen Einschätzung seines Vorgängers: Lippmann, op.cit., Bd. I, 647–659), doch auch hier gab es Mängel. So zitiert er Primärtexte aus sekundären Quellen, ohne Buchtitel oder Kapitel des Originals anzugeben; ihn interessiert die Alchemie eher als Vorläuferin der Chemie denn als esoterisches Wissen; und seine Organisationsweise führt zu Wiederholungen und manchmal fehlenden Zusammenhängen. Die nützlichste Kurzdarstellung bietet immer noch E.J. Holmyard, op.cit., das aber leider vergriffen ist; hilfreich sind auch J. Read, Prelude to Chemistry. An Outline of Alchemy. Its Literature and Relationships, London 1936; Nachdrucke 1939 und 1961, und F.S. Taylor, The Alchemists, London 1976; 1. Auflage 1952. Begrenztere, aber durchaus brauchbare Abhandlungen findet man in J. Bidez / F. Cumont, Les mages hellénisés. Zoroastre Ostanès et Hystaspe d'après la tradition grecque, 2 Bde., Paris 1938; A.J. Festugière, La révélation d'Hermès Trismégiste. I: L'astrologie et les sciences occultes, Paris 1944; W. Gundel, „Alchemie", Reallexikon für Antike und Christentum, Bd. I, Stuttgart 1950, col. 239–260.

Alchemie als verbale Kunst: die Anfänge 19

mos, stehen, der die antiken Autoren ausdrücklich für ihre bewußt allegorische und rätselhafte Sprache lobte[3]. Indem sie allegorisch schrieben, „verhüllten sie die Wahrheit" vor den Leuten. „Durch diese undurchsichtige Schreibweise hielten sie nicht nur die Kunst der Alchemie geheim, sondern ersetzten sogar alltägliche Begriffe durch andere, ungewöhnliche." Mit ihrem rätselhaften Stil wollten sie die Suchenden herausfordern, „von natürlichen Ursachen wegzukommen und nach mysteriösen zu suchen" (S. 75–76). Wenn Olympiodor zu seiner Zeit mit Bestimmtheit behaupten konnte, gewisse Wörter „bedeuteten an sich nichts" (S. 77), wenn er „mystische" und „tatsächliche" Bedeutung z.B. des Begriffs ‚Waschen' unterscheidet (S. 78), wenn er die verborgene Bedeutung eines Satzes erläutert (S. 85) oder die bisherigen Aussagen über Mineralien als „Allegorie" erklärt, die sich eigentlich auf „Substanzen" bezögen (S. 95), so können wir seine damalige Autorität von der heutigen Zeit aus nur schwer in Zweifel ziehen. Viele andere Texte zeigen diese absichtliche Dunkelheit, die nur Eingeweihten das Verständnis erlaubt – eine Art Protektionismus, der einerseits an die Wahrung von Geschäftsgeheimnissen und königlichen Monopolen erinnert und andererseits an quasi-religiöse Mysterienkulte, deren Mitglieder ihre Verschwiegenheit beschwören mußten.[4] Das Resultat dieser absichtlichen Geheimniskrämerei ist, daß sogar renommierte Historiker wie Berthelot, von Lippman, F.S. Taylor und E.J. Holmyard es schwierig, ja oft unmöglich finden, die wahre Bedeutung der griechischen alchemistischen Texte zu entziffern.[5]

Die zweite Art der Sprachverwirrung, die meines Erachtens oft unfreiwillig ist, betrifft die Vervielfachung von Bezeichnungen für dieselbe Substanz oder Verbindung, für dasselbe Verfahren. Zur Beschreibung dieses Phänomens kann das klassische Begriffspaar *res*, „sachlicher Gegenstand", und *verba*, „sprachlicher Ausdruck", herangezogen werden; oder, vielleicht noch genauer, die auf Ferdinand de Saussure zurückgehende Definition des sprachlichen Zeichens[6] als „eine doppelseitige psychische Ganzheit" (S. 99), in welcher sich „ein Begriff einem Lautbild" zuordnen läßt oder, wie er es später auf eine Formel brachte, ein *signifié* (= Bezeichnetes) einem *signifiant* (= Bezeichnenden) (S. 98f.).

---

[3] Berthelot/Ruelle, wie Anm. 2, Bd. II, 75–77, 78, 79, 85, 86, 93, 95.
[4] Siehe z.B. Berthelot/Ruelle, wie Anm. 2, Bd. I, S. 209, Bd. II, 97f., 231f.; Festugière, wie Anm. 2, 275ff.; C.A. Browne, Rhetorical and Religious Aspects of Greek Alchemy. Including a Commentary and Translation of the Poem of the Philosopher Arcelaos upon the Sacred Art. Part II, Ambix 3, 1948, 15–25, bes. 17.
[5] Siehe z.B. M. Berthelot, Les origines de l'alchimie, Paris 1885, Nachdruck Osnabrück 1966, 25; Lippmann, wie Anm. 2, Bd. I, 28f., 33, 35, 282, 323; Taylor, wie Anm. 2, 13; Holmyard, wie Anm. 2, 17, 27.
[6] F. de Saussure, Cours de linguistique générale, ed. Tullio de Mauro, Paris 1972.

Wenn in der modernen Chemie das Bezeichnete ein chemisches Element ist, so kann die Lautgestalt dafür entweder ein Name sein, z.B. „Schwefel", oder eine vereinbarte Abkürzung, z.B. „S", ohne jegliche Zweideutigkeit. In der griechischen Alchemie hingegen scheint es unendliche Möglichkeiten zum Mißverständnis zu geben. Zunächst bestand damals ganz offensichtlich kein allgemein verbindlicher Konsens über die Natur der betreffenden Substanz, ihren Reinheitsgrad, die Art ihrer Veränderung unter dem Einfluß von Hitze oder Feuchtigkeit. Schlimmer noch: es gab nicht einmal eine verbindliche Bezeichnung für die einzelne Substanz. Jeder Alchemist konnte nach Belieben Namen erfinden. Nun ist dies, linguistisch gesehen, durchaus akzeptabel, da die natürliche Sprache die Möglichkeit unterschiedlicher Lautgestalten für dasselbe Bezeichnete kennt. Wir sprechen hier vom Phänomen der Synonymie, das bereits in der Antike von den Theoretikern der Rhetorik als Zierde der Sprache erkannt wurde.

Der Hinweis auf die Rhetorik ist insofern wichtig, als die Alchemie in ihrer schriftlichen Form, soweit wir wissen, erstmals eine Blütezeit im hellenistischen Ägypten des ersten christlichen Jahrhunderts erlebte. Die hellenistische Periode, in der ebenfalls die Astrologie, die Rhetorik und zahlreiche andere Disziplinen aufblühten und kodifiziert wurden, förderte, was wir als Bücherwissen oder „Bibliotheksmentalität" bezeichnen könnten. Unzählige Handbücher, Enzyklopädien, Listen jeglicher Art wurden zusammengestellt. Die Klassifizierung der griechisch-römischen Rhetorik im 1. Jahrhundert n. Chr. ergab Listen mit Hunderten von Sprachfiguren, unterteilt in *Schemata* (die Stellung eines Wortes im Satz oder im Vers, seine Wiederholung, lautliche Wirkung oder andere äußerliche Eigenarten betreffend) und *Tropen* (die eine Wortbedeutung von einer bestimmten semantischen Ebene auf eine andere „wenden", z.B. Metapher, Allegorie, Hyperbole etc.).[7] Synonyme bewirkten – so steht es in einigen dieser Rhetorik-Bücher – gleichzeitig Abwechslung und Bekräftigung des Ausdrucks[8], während Metaphern die Möglichkeit böten, das semantische Spektrum der Sprache auszuweiten und ihr sowohl Anschaulichkeit als auch Eindringlichkeit zu verleihen[9].

---

[7] Für Darstellungen der Rhetorik verweisen wir auf G. Kennedy, The Art of Persuasion in Greece, London 1963; The Art of Persuasion in the Roman World 300 B.C. – 300 A.D., Princeton/N.J. 1972; B.P. Reardon, Courants littéraires grecs des IIe et IIIe siècles après J-C (Annales littéraires de Nantes), Fasc. 3, Paris 1971; und B. Vickers, In Defence of Rhetoric, Oxford 1988, 1989. Zu Rhetorik und Alchemie siehe C.A. Browne, Rhetorical and Religious Aspects of Greek Alchemy. Including a Commentary and Translation of the Poem of the Philosopher Arcelaos upon the Sacred Art. Part I, Ambix 2, 1938, 129–137, und ibid., Part II, Ambix 3, 1948, 15–25 (vgl. Anm. 4).

[8] Rhetorica ad Herennium, 4.28.38; Quintilian, Institutio oratoria, 8.3.16, 9.3.45.

[9] Rhet. ad Her., 4.34.45; Quintilian, 8.6.4–19, 49–51. Quintilian sagt, die Metapher sei „die häufigste und bei weitem die schönste aller Tropen. [...] Sie scheint mit einem ihr ganz eigenen Licht.

Alchemie als verbale Kunst: die Anfänge 21

In der griechischen Alchemie jedoch führte die Freiheit, Synonyme für einen chemischen Stoff oder Vorgang zu finden, – dazu noch oft Synonyme metaphorischen Charakters – letztlich zu einer unübersichtlichen Fülle von Bezeichnungen, die alles andere als erhellend war. Wie C.A. Browne berichtet, beschreibt Zosimos Quecksilber als „Silberwasser; das Männlich-Weibliche; das Ewig-Flüchtige; das, was stets nach seinesgleichen strebt; das göttliche Wasser". Ein griechisches alchemistisches Lexikon erwähnt Quecksilber unter so verschiedenen Namen wie „Drachensaat", „Drachengalle", „Tau", „Milch der schwarzen Kuh", „Sandarach", „skythisches Wasser", „Silberwasser", „Mondwasser", „Flußwasser" und „göttliches Wasser"[10], – jeder Beiname merkwürdiger als der vorhergehende. Ein Text, den man dem persischen Weisen Ostanes zuschreibt, nennt 21 Beinamen für den „Stein des Weisen" und fügt noch 64 Synonyme hinzu.[11] Die Synonyme wucherten so zahlreich, daß alchemistische Wörterbücher bald zu einer Notwendigkeit wurden. Ein frühes Manuskript verspricht die „Deutung der erhabenen Namen, die von den heiligen Schreibern gebraucht wurden, um die Neugier der Ungebildeten abzuwenden", die sich ohne diesen Schlüssel „vergeblich bemühen und der falschen Fährte folgen" würden. Dann nennt der Verfasser den mystischen wie auch den wirklichen Namen von 37 Pflanzen und Mineralien. Wieder andere Autoren zählen in alphabetischer Reihenfolge alchemistische Substanzen und Prozeduren auf.[12] (Wie schwierig es gewesen sein muß, ein solches Lexikon zusammenzustellen, zeigt der Zustand eines Manuskripts aus dem 10. oder 11. Jahrhundert, heute in der Marciana Bibliothek in Venedig, das in mehreren Etappen entstanden ist und unzählige Ergänzungen und Korrekturen aufweist.[13])

Der systematische Gebrauch solcher Decknamen[14], ursprünglich zum Ausschluß der Uneingeweihten gedacht, mag schließlich auf die Alchemisten selber zurückgewirkt haben. Die Ausbreitung von Synonymen endet – wenn wir auf die

---

[...] Sie trägt zur Fülle der Sprache bei, indem sie Wörter tauscht und ausleiht, und meistert schließlich die äußerst schwierige Aufgabe, für alles einen Namen zur Verfügung zu stellen." (8.6.4f.)

[10] Browne, wie Anm. 4, 17; Holmyard, wie Anm. 2, 27.

[11] Bidez/Cumont, wie Anm. 2, Bd. II, 345, 347; Berthelot/Ruelle, wie Anm. 2, Bd. I, 216–219.

[12] Berthelot/Ruelle, wie Anm. 2, Bd. I, 10f., 207; Bd. II, 4–18 („Ejakulation der Schlange: das ist Quecksilber"; „Milch irgendeines Tieres: das ist Schwefel"; „Heiliger Stein: das verborgene Mysterium"; „Du weißt, was gemeint ist: das ist Alaun").

[13] Berthelot/Ruelle, wie Anm. 2, Bd. II, 18.

[14] Siehe Lippmann, wie Anm. 2, Bd. I, 11, 325–326; Lippmann, wie Anm. 2, Bd. II, 69f.; J. Ruska / E. Wiedemann, Beiträge zur Geschichte der Naturwissenschaften. LXVII: Alchemistische Decknamen (Sitzungsberichte der physikalisch-medizinischen Sozietät in Erlangen 56, 1924), Erlangen 1925, 17–36.

Formel von Saussure zurückkommen – in einem Überfluß an „signifiants", Bezeichnungen, für dasselbe Bezeichnete, „signifié". Noch weit verwirrender aber ist die Tatsache, daß, wie die Lexika zeigen, derselbe Name für mehrere verschiedene Substanzen in Gebrauch war. Wie konnte der Alchemist unter diesen Umständen den Schritt von *verba* zu *res* tun und einigermaßen sicher sein, die richtige Substanz ausgesucht zu haben? Zeitgenössische Historiker kapitulieren vor dieser Frage. F.S. Taylor stellt fest: „laut den Texten gab es viele verschiedene Arten von ‚Schwefel', und wir wissen nicht, was die einzelnen Alchemisten mit diesem Wort meinten". Ebenso vage sei der Name „Wasser" gewesen.[15] E.J. Holmyard schreibt: „das Vokabular der Alchemie enthält Hunderte, wahrscheinlich sogar Tausende solcher Decknamen ..., und in den meisten Fällen läßt sich ihre Bedeutung nicht präzisieren."[16] „Gold" z.B. wurde im alchemistischen Lexikon definiert als „das Weiße, das Trockene und das Gelbe"; oder „Pyrit, Cadmium und Schwefel"; oder „alle Fragmente und Lamellen (dünne Blättchen) gelb geworden, aufgesplittert und zur Perfektion gebracht".[17] Noch rätselhafter zu entziffern ist „Magnesium". Von ihm heißt es: „... kein alchemistischer Begriff ist komplexer ... Das Wort kommt mehr als hundertmal in griechischen alchemistischen Texten vor, aber sein Wesen bleibt völlig unklar." Zeugnisse davon sind derart „geheimnisvoll und dunkel", daß wir mit Recht unsicher sind, ob „die Kommentatoren selbst genau wußten, wie es beschaffen war. Stephanos ... scheint es mit der universalen Natur, die dem Weltganzen zugrunde liegt, zu identifizieren."[18] F. S. Taylor schreibt von der Unsicherheit nicht nur der modernen Historiker, sondern auch der Alchemisten selber, wenn es um die genaue Identifikation der betreffenden Substanz geht; Plinius etwa schreibt den Namen „Magnesium" fünf verschiedenen Substanzen zu.[19]

---

[15] Taylor, wie Anm. 2, 44, 46.

[16] Holmyard, wie Anm. 2, 155f.

[17] Berthelot/Ruelle, wie Anm. 2, Bd. I, 20. Zu den verschiedenen Bedeutungen von Kadmium siehe ibid., Bd. I, 239f.; zu den Pyriten siehe F.S. Taylor, The Alchemical Works of Stephanos of Alexandria. Part 1, Ambix 1, 1937, 116–139, bes. 137, Anm. 46.

[18] Taylor, wie Anm. 27, 136, Anm. 34; siehe auch Berthelot/Ruelle, wie Anm. 2, Bd. I, 255f.; Bd. II, 11; und Lippmann, wie Anm. 2, Bd. I, 28.

[19] Taylor, wie Anm. 2, 13f. Christoph Meinel hat mich darauf hingewiesen, daß einige Synonyme dazu dienten, eine Substanz in einer bestimmten Form zu bezeichnen und sie so von anderen Zuständen zu unterscheiden (da Alchemisten keine Möglichkeit hatten, Substanzen etwa durch Bestimmung ihres Schmelzpunktes zu identifizieren, etc.). Ich stimme dem zu und sehe hier einen legitimen Gebrauch sprachlicher Möglichkeiten zum Ausdruck chemischer Unterschiede. – Dennoch muß gesagt werden, daß Leser an anderen Orten und zu anderen Zeitpunkten sich doch wieder mit noch mehr *verba* konfrontiert sahen, die sie nicht zweifelsfrei mit den entsprechenden *res* zusammenbringen konnten.

Sind unsere Schwierigkeiten mit einzelnen Begriffen schon beträchtlich, so nehmen sie unvorstellbare Ausmaße an, wenn wir lange Sequenzen metaphorischer Beschreibung lesen. Die klassische Rhetorik definierte die Allegorie als fortgesetzte oder ausgedehnte Metapher und machte sogleich auf ihre Gefährlichkeit aufmerksam. Nach Quintilian dient der häufige Gebrauch von Metaphern nur dazu, „unsere Sprache zu verdunkeln und unsere Hörer zu ermüden; verwenden wir sie jedoch fortgesetzt, so wird unsere Sprache allegorisch und rätselhaft". Wenn „eine Allegorie zu dunkel ist", schreibt er später, „nennen wir sie Enigma; solche Rätsel halte ich für einen Makel" in Anbetracht der Tatsache, daß bei jeder Art der Kommunikation „die Klarheit eine Tugend ist". Für einige Autoren, die Quintilian zitiert, gehörte es gleichsam zur Definition der Allegorie, daß sie „ein Element der Dunkelheit enthält".[20]

Ausgangspunkt alchemistischer Allegorie, so könnten wir sagen, ist die verbreitete Tendenz zu anthropomorphem Symbolismus. Bekanntlich klassifizierten die Alchemisten gewisse Substanzen als männlich, andere als weiblich und verknüpften mit ihnen verwandte Begriffspaare, die in der Antike Allgemeingut waren, wie „überlegen/unterlegen", „aktiv/passiv". Dann übertrugen sie diese Dichotomie auf die vier Elemente und auf eine Hierarchie des Raumes: Wasser und Erde in der unteren, weiblichen Zone; Luft und Feuer in der oberen, männlichen. Eigenschaften, die auf diese Art getrennt worden sind, können durch Heirat wieder vereinigt werden, können neue Verbindungen gebären, können ermordet und wiedererweckt werden; ebenso können sie sich in Leib und Seele (oder Geist) aufspalten und viele komplexe Folgen von Aktion und Reaktion durchlaufen.

In solchen Sequenzen aber wird die Beziehung zwischen *res* und *verba* problematisch. Wenn wir die Ebene der chemischen Reaktionen als „signifié", also Bedeutung, bezeichnen, so durchläuft sie mehrere Stufen der Veränderung, je nach beigefügter Substanz, Einwirkung von Hitze etc. – durch Operationen also, die oft mehrmals wiederholt werden. Formelhaft ausgedrückt, haben wir etwa die Sequenz

$$A + B \rightarrow C \rightarrow A_1 + D \rightarrow A_2 \rightarrow A_3.$$

Egal, wie viele Episoden diese Sequenz zählt: von der Lautgestalt (= „signifiant") – der allegorischen Erzählweise also – wird verlangt, daß sie dem chemischen Prozeß Punkt für Punkt, Stufe für Stufe und Episode um Episode entspricht und parallele Metamorphosen durchläuft:

---

[20] Quintilian, 8.6.14, 52, 58.

signifié (Bezeichnetes) Chemische Reaktionen	$A+B \rightarrow C \rightarrow A_1+D \rightarrow A_2 \rightarrow A_3$ ...n Reaktionen
signifiant (Bezeichnendes) Allegorie	1 2 3 4 5 6 ...n Episoden

Dies aber ist eine praktisch unmögliche Forderung. Wie wir aus literarischen Allegorien wissen, z.B. aus Spensers *Faerie Queene*, läßt sich zwar eine kohärente Erzählfolge konstruieren, sofern der Dichter den üblichen Mustern menschlichen Verhaltens folgt, also etwa den Gesetzen von Ursache und Wirkung, und alle Faktoren einschließen kann, die das menschliche Leben beeinflussen. Der griechische Alchemist jedoch versucht, seine Erzählfolge aus anthropomorphen Symbolen zu konstruieren, die als Parallele zu einer chemischen Reaktion dienen sollen. Damit gerät er oft in Schwierigkeiten. Da das Ziel der Alchemie in der Verwandlung von Materie liegt, wobei der Alchemist den widerspenstigen Kräften der Natur seine Vorstellungen und Willenskraft aufzwängt, gibt es in der Erzählfolge dieser Allegorien eine Unmenge von Gewaltakten: Mord durch das Schwert, durch Feuer oder Ertränken; Angriffe auf oder durch Tiere (den grünen Löwen, den Drachen). Der Alchemist greift auf anthropomorphe und theriomorphe Symbole zurück, um den chemischen Vorgang eindrücklicher zu beschreiben; es gelingt ihm jedoch nicht, die Erzählfolge als solche aufrechtzuerhalten.

Die bekannteste dieser Allegorien heißt „Die Visionen des Zosimos"[21]:

„Die erste Vision befindet sich am Anfang des ‚Traktat des göttlichen Zosimos über die Kunst'. Zosimos leitet den Traktat mit einer allgemeinen Betrachtung über die Naturprozesse und speziell über die ‚Zusammensetzung der Wässer' und andere Operationen ein und schließt mit den Worten: ‚... und auf diesem einfachen und vielfarbigen System beruht die vielfache und unendlich variierte Erforschung des All...' Er fährt fort, und so beginnt der Text:

‚Und indem ich dieses sprach, schlief ich ein, und ich sah einen Priester vor mir stehen oben auf einem Altar, der die Form einer flachen Schale hatte. Daselbst hatte dieser Altar fünfzehn Stufen, um hinauf zu steigen. Daselbst stand der Priester, und ich hörte, wie eine Stimme von oben zu mir sagte: – Ich habe vollendet den Abstieg über die Stufen des Lichtes. Und der mich erneuert, das ist der Priester, indem er die Dichtigkeit des Körpers wegwarf, und mit Notwendigkeit bin ich zum Priester geweiht und werde als Geist vollendet. – Und ich vernahm die Stimme dessen, der auf dem Schalenaltar stand, und ich fragte, weil ich von ihm erfahren wollte, wer er sei. Er aber antwortete mir mit feiner Stimme und sprach: – Ich bin Ion, der Priester der innersten verborgenen Heiligtümer, und ich unterziehe mich einer unerträglichen Strafe. Denn es kam einer um die Morgenfrühe in eilendem

---

[21] Berthelot/Ruelle, wie Anm. 2, Bd. II, 117–121 (schon früher erwähnt bei Berthelot, wie Anm. 5, 179–181). Deutsche Übersetzung aus C.G. Jung, Von den Wurzeln des Bewußtseins. Studien über den Archetypus, Zürich 1954, 139–141.

Alchemie als verbale Kunst: die Anfänge 25

Laufe, der überwältigte mich und zerteilte mich mit dem Schwert, indem er mich durchbohrte, und zerriß mich entsprechend der Zusammensetzung der Harmonie.[22] Und er zog die Haut meines Kopfes ab mit dem Schwert, das von ihm mit Macht gehandhabt wurde, und er fügte die Knochen mit den Fleischstücken zusammen und verbrannte das Ganze der Kunst entsprechend auf dem Feuer, bis ich wahrnahm, wie mein Körper verwandelt und zu Geist wurde. Und dieses ist meine unerträgliche Qual. – Und wie er mir dies noch erklärte, und ich ihn mit Gewalt zwang, mir Rede zu stehen, da geschah es, daß seine Augen wurden wie Blut. Und er spie all sein eigenes Fleisch aus. Und ich sah, wie er sich in einen verstümmelten Homunculus, in seine eigene Umkehrung, verwandelte. Und mit seinen eigenen Zähnen zerfleischte er sich und sank in sich zusammen.

Voller Furcht erwachte ich aus dem Schlafe, und ich erwog bei mir: ‚Ist dies nicht etwa die Zusammensetzung der Wässer?' Ich meinte fest überzeugt zu sein, daß ich wohl verstanden hätte. Und ich schlief wieder ein..." (S. 139ff.).

Was den chemischen Inhalt dieser Allegorie betrifft, resümiert E.J. Holmyard den ersten Abschnitt als Beschreibung der „Zerstörung eines Metalls durch Hitze und seine Umwandlung in Pulver, dann vielleicht gefolgt von der Wiederherstellung des Metalls durch Erhitzen des Pulvers mit Kohle".[23] Bezüglich der literarischen Form fällt vor allem auf, daß der Versuch eines strikten Parallelismus von Erzählung und chemischem Vorgang in einer Bevorzugung des letzteren endet und zu einer grotesken Verzerrung der menschlichen Ebene führt. Der Priester, der zerstückelt, gehäutet, zermalmt und schließlich verbrannt worden ist, kann noch immer seine Geschichte selber erzählen! Noch erstaunlicher: er erbricht sein eigenes Fleisch und beginnt dann, sich selber erneut zu verzehren wie jene sagenhafte Schlange Ouroboros. All das mag Sinn machen als – so kann man vermuten – stete Umwandlung einer Substanz; aber der Rückgriff des Verfassers auf die menschliche Allegorie macht den Prozeß weder leichter verständlich noch nachvollziehbar. Die obere, erzählerische Ebene wird oft zerstört, zusammenhanglos und unmöglich in sich selbst gemacht zugunsten der physischen Ebene. Der Verfasser kann die beiden Ebenen unmöglich in Einklang bringen.

In einer späteren Vision kommt Zosimos an einen Ort, wo Einbalsamierungen vorgenommen werden; dorthin kommen „Menschen, die Tugend erlangen wollen", als „Geister, die dem Körper entfliehen". – Wie machen sie das, möchten wir fragen; und haben sie immer noch menschliche Gestalt? Doch die Erzählung

---

[22] Holmyard, wie Anm. 2, 29, übersetzt den letzten Satz „dismembering me systematically". Zur Bedeutung der Zahl 15, die Tage des zunehmenden resp. abnehmenden Mondes repräsentierend, siehe Gundel, wie Anm. 2, col. 252.

[23] Holmyard, wie Anm. 2, 29. An anderer Stelle zitiert und interpretiert Holmyard ein alchemistisches Gedicht; sein Kommentar lautet: „while such symbolic recipes ... are often comprehensible up to a point – though usually valueless when deciphered – there are others where the symbolism is so vague that it cannot have any precise meaning, and must be regarded as a poetic alchemical effusion" (159–161).

beschreibt „einen Mann aus Kupfer, der eine Schreibtafel aus Blei in der Hand hält"[24] und „die von Strafe Bedrohten" anweist, „eine bleierne Schreibtafel" zu nehmen, darauf zu schreiben und „ihr Gesicht nach oben gewendet zu halten, mit offenem Mund, bis eure *[sic]* Trauben gewachsen sind" (S. 89). Der Erzähler erkennt im Mann aus Kupfer jenen „Opferpriester und das Opfer" von vorhin wieder und erteilt nun dem Empfänger des Briefes den Auftrag, einen Tempel zu bauen „aus einem Stein, ... gebaut ohne Anfang noch Ende". (Wie soll dies vor sich gehen, möchten wir wieder einmal fragen.) Anschließend soll er die Schlange, die nun den Tempel bewacht, zerstückeln, sie alsdann wieder zusammensetzen, denn inzwischen (oder vielleicht als Ergebnis all dieser Episoden) habe sich der Mann aus Kupfer zum „Mann aus Silber gewandelt. Wenn du es wünschst, kannst du ihn ein wenig später als Mann aus Gold haben" (S. 90). Wer sich in der Alchemie auskennt, kann die Verwandlungsfolge vielleicht rekonstruieren, aber die Erzählebene ist voller Lücken und Ungereimtheiten, im wesentlichen anthropomorph, aber in sich selbst sinnlos. Der Rückgriff auf die Allegorie hat hier sicher keine Klarheit gebracht.

Eine weitere zusammenhanglose Erzählung ist die hermetische Fabel „Isis an Horus"[25], die in zwei verschiedenen Versionen existiert. In beiden berichtet die Prophetin, wie eines Tages ein Engel aus der ersten Sphäre zur Erde herabgekommen sei mit der Absicht, sie zu lieben. Sie weist ihn zurück, verlangt statt dessen, er solle ihr die Geheimnisse der Gold- und Silberherstellung verraten. Der Engel erhebt Bedenken, da das Mysterium jede Beschreibung übersteige (S. 257). Am nächsten Tag jedoch erscheint ein noch größerer Engel, der sie ebenfalls begehrt. Auch diesen weist sie ab, bis er ihr endlich die Geheimnisse enthüllt, denen sie nachgegangen ist. Er läßt sie einen Eid der Verschwiegenheit ablegen (S. 258) und verpflichtet sie, das Geheimnis keinem anderen als ihrem Sohn weiterzugeben; sodann eröffnet er ihr eine uns mittlerweile vertraute alchemistische Überlieferung: jede Spezies pflanzt sich fort, indem sie ihren eigenen Samen aussät, denn die eine Natur beglückt die andere etc. (S. 259); „darin liegt das ganze Mysterium" (S. 260). An dieser Stelle bricht die Erzählebene, die

---

[24] Berthelot kommentiert: „allégorie du molybdochalque, placé sur la Kérokatis, ou la constituant"; Berthelot/Ruelle, wie Anm. 2, Bd. II, 119 (Anm.). H.J. Sheppard erwähnt in „Gnosticism and Alchemy", *Ambix* 6, 1957, 86–101, daß Jung glaubte, die Selbstopferung des Priesters sei „a process of spiritualization [which] represents the Unity of the *prima* and *ultima materia*" (97). Zum willkürlichen und unhistorischen Charakter von Jungs alchemistischen Interpretationen siehe B. Obrist, Les débuts de l'imagerie alchimique (XIVe et XVe siècles), Paris 1982, 14–21, 33f.

[25] Berthelot/Ruelle, wie Anm. 2, Bd. II, 31–36; Text und Übersetzung sind genauer bei Festugière, wie Anm. 2, 256–260, von mir hier benutzt (Seitenzahlen in Klammern). Berthelot erläutert den Text aus alchemistischer, Festugière aus religiöser Perspektive.

doch bisher so sorgfältig aufgebaut worden war und anscheinend die Vereinigung von Silber mit Kupfer, dem Metall der Aphrodite[26], beschreibt, einfach ab. Vielleicht war es auf die Dauer zu schwierig, beide Ebenen des Textes nebeneinander zu führen und miteinander zu verknüpfen.

An anderer Stelle erscheint mir die menschlich-sexuelle Allegorie für chemische Prozesse von Anfang an zum Scheitern verurteilt. Die Gedichte des Archelaos und Theophrastos malen ausführlich einen alchemistischen Vorgang aus, bei dem „der Körper aus Kupfer erschlagen" und „mit der Seele aus Silber versehen" wird als Vorstufe zur Wiedergeburt als Gold. Um dieses Endziel zu erreichen, hielten die Alchemisten eine Zwischenstufe für nötig, und da ihrem Symbolismus zufolge Kupfer männlich, Silber hingegen weiblich war, ließ sich kein besserer Vermittler als Quecksilber denken (engl.: mercury; deutsch: Merkur und Quecksilber), das dem bisexuellen Charakter, den ihm die griechische Astrologie zugeschrieben hatte, nie mehr entfliehen konnte.[27] Welch ein Pech aber für die Überzeugungskraft dieser Allegorie, daß Mann und Frau sich – bis heute wenigstens – ohne die Hilfe von Hermaphroditen vereinigen können!

Natürlich könnte man einwenden, alchemistische Allegorien seien eben nicht auf diese „wörtliche" Art zu lesen. Doch wozu sollte man auf eine parallele Erzählebene zurückgreifen, wenn diese keine innere Kohärenz aufweist? Einige Alchemisten sahen in der Allegorie sicherlich eine Erklärungshilfe, denn sie bemühten sich um eine 1:1-Entsprechung der Fabel.[28] So z.B. der *Brief an Petesios*, angeblich von Ostanes verfaßt[29]: er enthält die Anleitung zur Herstellung des „göttlichen Wassers"; aber die allegorische Ebene wird sofort entschlüsselt, indem der Verfasser alchemistische Zeichen über all jene Wörter setzte, die nicht im wörtlichen Sinn zu verstehen waren. „Nimm die Eier der Schlange aus Eiche" (darüber das Zeichen für Quecksilber/Merkur), „die im Monat August auf den Bergen des Olymp" (darüber das Zeichen für Zinnober) „oder des Libanon oder Taurus haust; lege sie, solange sie frisch sind, in ein Glasgefäß...". Wie H.J. Sheppard vermutet, „bezieht sich dies auf die Herstellung von Quecksilber

---

[26] Aphrodite, geboren auf Zypern – Kupfer; die eine Version dieses Textes gibt chemische Äquivalenzen an.

[27] C.A. Browne, The Poem of the Philosopher Theophrastos upon the Sacred Art; A Metrical Translation with Comment upon the History of Alchemy, The Scientific Monthly, 1920, 193–214; Browne, wie Anm. 4 und 7 (= 1938, 1948). Über Hermaphroditen in der Alchemie siehe auch Berthelot/Ruelle, wie Anm. 2, Bd. II, 146; Lippmann, wie Anm. 2, Bd. I, 99, 200, 277, 345.

[28] Bidez/Cumont, wie Anm. 2, Bd. II, 346, 348ff. geben Beispiele mit außerordentlich detaillierten Zuordnungen.

[29] Berthelot/Ruelle, wie Anm. 2, Bd. II, 261ff.; Bidez/Cumont, wie Anm. 2, Bd. I, 205–210, Bd. II, 334–336.

aus Zinnober und setzt die Identität von ‚dem Ei' und Quecksilber voraus".[30] Diese eher expliziten Erzählungen scheinen wenig Vertrauen in die Fähigkeit des Lesers zu setzen, ihre Bedeutung ohne Hilfe richtig zu entschlüsseln. In diesem Sinne verwenden sie literarische Mittel nur zur Unterstützung der Kommunikation, nicht zu ihrer Behinderung oder Begrenzung auf eine privilegierte Gruppe von Eingeweihten.

Und doch diente vielleicht ausgerechnet jene Absurdität der Ereignisse auf der erzählerischen Ebene den Lesern als Fingerzeig, sich an eine allegorische Interpretation zu halten. Wie Jean Pépin gezeigt hat[31], finden sich in alten Texten reichlich Hinweise darauf, daß Absurdität zu den Merkmalen der Allegorie gehörte. So verteidigt etwa Origen das allegorische Interpretieren der Bibel als legitim, weil einzelne biblische Texte, wörtlich genommen, logisch völlig absurd und in der Sache unmöglich seien (S. 397). Für heidnische Autoren lieferte die Absurdität eines Mythos im wörtlichen Sinne die Rechtfertigung, ihn allegorisch zu interpretieren (S. 405). Dies gilt gleichermaßen für die frühen Kommentatoren des Homer (S. 405–406), für Porphyrius in seinem *De antro nympharum* im 3. Jahrhundert, für den Philosophen Sallustius (S. 408–409) und Kaiser Julian in der Mitte des 4. Jahrhunderts. Julian zitierte den Grundsatz seines Lehrers Iamblichus, wonach die Absurditäten einer Erzählung den Leser dazu bewegen sollten, tief unter die Oberfläche der Wörter zu dringen, um die darunterliegende Wahrheit zu entdecken (S. 409–411). Alle von Pépin aufgeführten Texte stammen aus der Zeit *vor* der alchemistischen Literatur, und man kann Olympiodor mit gutem Grund in diese Tradition einreihen, wenn er – wie eingangs zitiert – fordert, daß die Rätselhaftigkeit alchemistischer Allegorien den wissensdurstigen Leser anreizen solle, „von natürlichen Ursachen wegzukommen und nach mysteriösen zu suchen". Und doch: selbst angenommen, Pépins Argumentation sei richtig, so läßt sie doch einige unbequeme Fragen offen. Wie können wir wissen, ob eine allegorische Interpretation richtig ist? Wenn doch ein jeder Alchemist – zumindest im Prinzip – einer bestimmten Bezeichnung eine neue, persönliche Bedeutung geben kann oder auch einen schon bestehenden Namen auf eine völlig andere Substanz anzuwenden vermag, so hat ein jeder Leser die Möglichkeit, bei der Interpretation einer Allegorie ebensolche Freiheit walten zu lassen. Wo sind da die Richtlinien?

---

[30] H.J. Sheppard, Egg Symbolism in Alchemy, *Ambix* 6, 1958, 140–148, bes. 143.
[31] J. Pépin, A propos de l'histoire de l'exégèse allégorique: l'absurdité, signe de l'allégorie, Studia Patristica. Papers presented to the Second International Conference on Patristic Studies held at Christ Church, Oxford 1955, I (Texte und Untersuchungen zur Geschichte der altchristlichen Literatur, 63), hg. K. Aland / F. L. Cross, Berlin 1957, 395–413 (Seitenangaben im Text).

Alchemie als verbale Kunst: die Anfänge

Es scheint unmöglich, diese Fragen zu beantworten. Sie verweisen auf jene grundsätzlichen Probleme beim Studium der Alchemie, die das griechische Erbe den folgenden Zeitaltern hinterlassen hat. Der Wildwuchs von Synonymen brachte zu jeder Epoche Lexika hervor, die sowohl den Eingeweihten wie den Laien dienen sollten; die Lexika aber verzeichneten nur die diversen Namen, ohne Klarheit oder Gewißheit in die Sache bringen zu können.[32] So können wir etwa Isaac Newton, der im Verborgenen ausgedehnte alchemistische Studien betrieb und etwa eine Million Wörter in seinen Notizbüchern hinterließ, dabei verfolgen, wie er mühsam versuchte, sich ein eigenes Lexikon, den „Index Chemicus", wie er es nannte, anzulegen. Dieser Index wuchs fast exponentiell von 115 Einträgen in den frühen 80er Jahren des 17. Jahrhunderts auf 714 Einträge um 1686 und 879 in den frühen 90er Jahren, unter Anführung von mehr als 150 alchemistischen Quellen. Wenig später gab Newton die Alchemie völlig auf.[33] Die willkürliche und seltsame Natur der alchemistischen Terminologie muß für Newton genau wie für Tausende weit weniger geschulte Köpfe ein Hindernis gewesen sein. So finden wir schon früh seine Bemerkung (ich zitiere englisch, da in der deutschen Sprache die Geschlechter von Sonne und Mond, die hier Bedeutung haben, genau umgekehrt sind):

„Concerning Magnesia or the green Lion. It is called prometheus & the Chameleon. Also androgyne, and virgin verdant earth in which the Sun has never cast its rays although he is its father and the moon its mother: Also common mercury, dew of heaven which makes the earth fertile, nitre of the wise ... It is the Saturnic stone." (S. 292)

R.S. Westfall, Verfasser der umfangreichsten Biographie Newtons, berichtet, Newtons spätere alchemistische Manuskripte enthielten „ausgedehnte Passagen, in denen er bis zu 50 verschiedene bildliche Ausdrücke für ein einziges Ausgangs- oder Endprodukt der alchemistischen Arbeit auflistete" (S. 293). Nachdem Westfall eine solche Stelle zitiert hat, fügt er hinzu: „ich könnte wohl Hunderte weiterer Beispiele finden ... All diese Texte stammen aus den 1690er Jahren; sie waren die Frucht von mehr als zwanzig Jahren alchemistischer Studien." Westfall meint, „Newtons Studien zielten von Anfang an in diese Richtung" (S. 293), aber mir scheint es eher, als habe die Alchemie Newton keine andere Wahl gelassen. Meine persönliche Auffassung ist: Newton hat die Alchemie nie

---

[32] Siehe z.B. M. Crosland, Historical Studies in the Language of Chemistry, London 1962, überarbeitete Neuausgabe New York 1978.
[33] Siehe R.S. Westfall, Isaac Newton's Index Chemicus, *Ambix* 22, 1975, 174–185, und R.S. Westfall, Never at Rest. A Biography of Isaac Newton, Cambridge 1980, 358f., 525f. (weitere Seitenangaben dazu im Text).

beherrscht, die Alchemie hat ihn beherrscht. Zwar hat er gelernt, ihre Sprache zu benutzen[34], in ihren Begriffen zu denken – in Begriffen, die sich radikal vom Vokabular seiner physikalisch-mathematischen Werke unterscheiden –, aber innerhalb dieser Begriffswelt der Alchemie konnte er weder innovativ wirken noch kritisch denken. Wie alle, die sich mit Alchemie beschäftigten, sah er sich zum Textkommentator reduziert. Mag Newton auch mit größerem Eifer als andere geforscht haben, so wurde er doch zum bloßen Sprachrohr der Alchemie mit all ihren Irrungen und Wirrungen.

Ein ähnliches Umsichgreifen der bildlichen Ausdrucksweise läßt sich seit dem 14. Jahrhundert beobachten, das eine Flut von illustrierten alchemistischen Traktaten hervorbrachte, in denen die Metaphern und Symbole auf die visuelle Ebene übertragen wurden. Wie Barbara Obrist in ihrer nützlichen Studie gezeigt hat, läßt sich die Bedeutung („le signifié") hinter diesen graphischen Formen des Ausdrucks (oder „signifiants") in manchen, aber doch nicht in allen Fällen entziffern, da der allegorischen Ausdrucksweise in dieser Periode eine weitere Dimension hinzugefügt wurde. Wenn nämlich Autoren auf ein unvollständiges oder unzusammenhängendes Manuskript stießen, so war die übliche Verfahrensweise die, den sinnlosen Text nochmals zu allegorisieren[35] – womit eine zweite oder dritte Ebene der bildlichen Verschlüsselung angelegt wurde, was das Verständnis der Alchemie nur noch zusätzlich erschweren konnte. Angesichts dieser komplizierten, teils mehrfachen Verschlüsselung der alchemistischen Texte durch Allegorien ist die Leistung moderner Gelehrter beim Aufschlüsseln dieser Texte um so lobenswerter, auch wenn man das Gefühl einer andauernden Unsicherheit über den Grad und die Grenzen unseres Verständnisses nicht los wird.

---

[34] Auch Boyle beherrschte beide Sprachen, wie Larry Principe zeigt: The Gold Process: Directions in the Study of Robert Boyle's Alchemy, *Alchemy Revisited,* hg. Z.R.W.M. von Martels, Leiden 1990, 200–205.
In diesem Band (Tagungsbericht, Groningen 1989) finden sich außerdem hilfreiche Beiträge über die Kritik, die Mersenne (William Hine), Kircher (Martha Baldwin) und Lavoisier (Maurice Crosland) an der Dunkelheit der alchemistischen Sprache übten. Siehe auch B. Vickers, Analogy versus Identity: The Rejection of Occult Symbolism, 1580–1680, *Occult and Scientific Mentalities in the Renaissance,* hg. B. Vickers, Cambridge 1984, 95–163, bes. S. 110–115, 132–156, und B. Vickers, Kritische Reaktionen auf die okkulten Wissenschaften in der Renaissance, *Zwischen Wahn, Glaube und Wissenschaft: Magie, Astrologie, Alchemie und Wissenschaftsgeschichte,* hg. J.-F. Bergier, Zürich 1988, 167–239, bes. 212–226.

[35] Siehe Obrist, wie Anm. 24, 48–54, 208–256 (wobei zu beachten ist, daß die letzten Seiten falsch numeriert wurden und deshalb in dieser Reihenfolge zu lesen sind: 249, 252, 253, 250, 251, 254, 255, 256).

Alchemie als verbale Kunst: die Anfänge 31

Zum Abschluß sei festgehalten, daß die moderne Chemie sich aus der Alchemie – oder trotz ihrer – entwickeln konnte, nicht nur durch ein genaueres Wissen über die Materie, sondern auch durch eine radikal veränderte Einstellung zur Sprache als Vehikel der Kommunikation. Erst nachdem im 17. Jahrhundert, unter anderem dank Robert Boyle in England und Nicolas Lemery in Frankreich, eine „Entmetaphorisierung" des Sprechens über chemische Vorgänge stattgefunden hatte, konnte sich eine exakte Wissenschaft enwickeln.

Die folgenden Abbildungen werden wiedergegeben mit freundlicher Erlaubnis der aufgeführten Galerien.

Abb. 1. Pieter Brueghel d. Ae. (1525/30–1569), *Der Alchemist*
(Staatliche Museen zu Berlin, Kupferstichkabinett)
Zu dieser Federzeichnung s. den Aufsatz von Peter Dreyer, „Breugels Alchimist von 1558", *Jahrbuch der Berliner Museen* 19 (1977): 69–113.

Abb. 2   J. P. Le Bas (1707–1783), nach David Teniers (1610–1690), *Le Chimiste* (Ausschnitt) (Graphische Sammlung der Eidgenössischen Technischen Hochschule Zürich)

Alchemie als verbale Kunst: die Anfänge 33

Abb. 3   Thomas Wyck (1616–1677), *Der Alchemist*
(Herzog Anton Ulrich-Museum, Braunschweig)

Abb. 4   Thomas Wyck (1616–1677), *Das Arbeitszimmer eines Alchemisten*
(Staatliche Museen Kassel: Gemäldegalerie, Alte Meister)

Cavendishs Version der Phlogistonchemie
oder:
Über den empirischen Erfolg unzutreffender theoretischer Ansätze

Martin Carrier

Zum traditionellen Bestand der neueren Wissenschaftstheorie zählt die Einsicht, daß die empirische Adäquatheit eines wissenschaftlichen Ansatzes nicht die Korrektheit der zugrundeliegenden Prinzipien und Ideen zu garantieren vermag. Es ist möglich, demselben Datensatz durch mehr als eine theoretische Konzeption gerecht zu werden. Ich will diese auf Pierre Duhem zurückgehende These der Unterbestimmtheit der Theorie durch die Empirie an einem Beispiel aus der Geschichte der Chemie verdeutlichen. Dabei handelt es sich um die etwas exotisch anmutende und weitgehend unbekannte Version der Phlogistonchemie, die Henry Cavendish im Jahre 1784 veröffentlichte. Cavendishs Modell stellt ohne Zweifel die raffinierteste Fassung der Phlogistontheorie dar; sie stand in ihrer Erklärungskraft kaum hinter der von Antoine de Lavoisier entwickelten Sauerstofftheorie (die im Rückblick den Beginn der modernen Chemie charakterisiert) zurück. Ich beginne mit einer Skizze der Phlogistonchemie in ihrer ursprünglichen Gestalt und gebe einen Abriß ihrer ersten wesentlichen Fortentwicklung, nämlich der Identifikation von Phlogiston mit Wasserstoff. Dann gebe ich einen kurzen Überblick über Lavoisiers Alternativtheorie und schildere schließlich Cavendishs zweite Modifikation der Phlogistonchemie.

1. Die Phlogistontheorie in ihrer traditionellen Gestalt

In der mittelalterlichen und frühneuzeitlichen Tradition hat die Chemie die Gestalt einer *Prinzipientheorie*. Damit ist nicht etwa gemeint, daß die Chemie in besonders ausgeprägter Weise an Grundsätzen orientiert gewesen sei; vielmehr wird damit eine theoretische Zugangsweise bezeichnet, in der die beobachtbaren Eigenschaften der Stoffe darauf zurückgeführt werden, daß sie gewisse Entitäten besonderer Natur enthalten. Diese Entitäten werden Prinzipien genannt, und sie gelten als *Träger allgemeiner Eigenschaften* wie Härte, Brennbarkeit oder

Flüchtigkeit. Das Auftreten solcher Eigenschaften bei empirischen Stoffen verweist darauf, daß in ihnen das entsprechende Prinzip enthalten ist. Je ausgeprägter eine Eigenschaft ist, desto größer ist auch der Anteil des zugehörigen Prinzips.

Charakteristisch ist dabei, daß man stets nur eine geringe Zahl von Prinzipien annahm, so daß entsprechend jedem Prinzip mehrere Eigenschaften zugeschrieben wurden. Zudem führte man eine Vielzahl beobachtbarer Eigenschaften auf die unterschiedliche Mischung der wenigen Prinzipien zurück. Es ist die variable Zusammensetzung der Stoffe aus Prinzipien, die deren Vielfalt und Vielgestalt hervorbringt. Die Prinzipienchemie führt also nicht für jedes besondere Merkmal einer Substanz einen besonderen Träger dieses Merkmals ein, sondern weist eine stärker axiomatisierte Struktur auf. In der von Johann Becher (1635–1682) herbeigeführten Synthese mehrerer Traditionslinien nahm man die vier Prinzipien Erde, Wasser, Feuer und Luft an und unterteilte das Erdeprinzip in die Unterformen Schwefel (das Prinzip der Brennbarkeit), Quecksilber (das Prinzip der Flüchtigkeit) und Salz (das Prinzip der Festigkeit). Dabei vertrat Becher insbesondere die Auffassung, daß Verbrennung eine Zerlegung des brennenden Körpers beinhaltet, bei der das Schwefelprinzip aus diesem austritt.

Dies ist der Stand der Theoriebildung, von dem ausgehend Georg Ernst Stahl (1660–1734) die Phlogistontheorie entwickelte. Stahl übernahm die Grundzüge der Lehren Bechers, präzisierte und systematisierte dessen Ansichten jedoch in hohem Maße, arbeitete sie beträchtlich weiter aus und versah sie vor allem mit experimenteller Stützung (die bei Becher gänzlich fehlte). Kern der Stahlschen Theorie sind die drei Prinzipien Salz, Schwefel und Quecksilber, wobei Salz Festigkeit und Schwere hervorbringt, Schwefel für Farbigkeit und Brennbarkeit verantwortlich ist (und überdies noch als Ursache für Öligkeit und Feuchtigkeit betrachtet wird) und Quecksilber endlich die Verformbarkeit der Metalle zustande bringt.

Dem Schwefelprinzip wird in Stahls Konzeption besondere Aufmerksamkeit zuteil; entsprechend wird ihm die besondere Bezeichnung „Phlogiston" zuerkannt, die aus dem griechischen Wort für „brennbar" abgeleitet ist. Alle brennbaren Stoffe enthalten also Phlogiston und bei der Verbrennung erfolgt eine Zerlegung in Phlogiston, welches entweicht, und in den zurückbleibenden, phlogistonfreien und demnach unbrennbaren Anteil, die Asche.

Dies klingt zunächst nach einer bloßen terminologischen Verschiebung; dahinter steckt jedoch eine bedeutsame sachliche Veränderung. Dieses neuartige Element betrifft die *Universalität* des Phlogiston. Zunächst sind *alle* Verbrennungen – ob es sich nun um (modern gesprochen) anorganische oder organische Substanzen handelt – als Phlogistonabgabe zu verstehen. Aber nicht allein dies; auch das „Rösten" oder die sogenannte Kalzination von Metallen (modern gesprochen ihre Oxidation) gilt als Phlogistonabgabe. Die Kalzination von Blei zu Bleiglätte (PbO) ist chemisch identisch zur Verbrennung von Schwefel oder Kohle. In beiden Fällen handelt es sich um Zerlegung und Phlogistonfreisetzung. Man sieht dies daran, daß Bleiglätte durch Glühen mit Holzkohle wieder in metallisches Blei verwandelt werden kann. Dies ist offenbar so zu deuten, daß das durch das Glühen aus der Holzkohle entweichende Phlogiston vom Metallkalk (dem „Oxid") aufgenommen wird und daß dieser dadurch wieder zu einem Metall wird. Da Holzkohle ein brennbares Nichtmetall ist, demonstriert dieses Experiment, daß es dasselbe Prinzip ist, das vom Nichtmetall abgegeben und das vom Metallkalk aufgenommen wird. Das heißt, bei der Kalzination der Metalle und bei der Verbrennung der Nichtmetalle entweicht ein einheitliches Prinzip, nämlich Phlogiston. Stahl schließt,

„daß freylich so wohl in dem Fett/ da man die Schuhe mit schmieret/ als in dem Schwefel auß den Bergwercken/ und allen verbrennlichen halben und gantzen Metallen/ in der wahren That/ einerley/ und eben dasselbige Wesen sey/ was die Verbrennlichkeit eigentlichst giebt und machet" (*Stahl* 1718, 36).

Diese Interpretation vermochte Stahl durch weitere Experimente zu untermauern. Zu diesen zählt insbesondere sein zentrales Experiment zur Schwefelsynthese, also zur Herstellung von Schwefel aus Schwefelsäure und Phlogiston. Dieses Experiment (auf dessen Einzelheiten ich hier nicht eingehen kann) führte genau zu den von der Theorie antizipierten Resultaten. Weiterhin konnten einige Schwierigkeiten durch plausible Hilfshypothesen aufgelöst werden. So ist z.B. auf dem Boden der Theorie zunächst nicht recht verständlich, daß Verbrennung und Kalzination in abgeschlossenen Gefäßen nach einiger Zeit zum Stillstand kommen und im Vakuum überhaupt nicht ablaufen. Hier wurde argumentiert, daß eine Ansammlung von Phlogiston über dem brennenden Körper den Austritt von weiterem Phlogiston blockiert. Die Luft muß deshalb hinzutreten, um das austretende Phlogiston zu verteilen. In diesem Modell drückt sich die bereits bei Becher anzutreffende Unterscheidung zwischen Elementen und Agenzien aus. Elemente vermögen in Verbindungen einzugehen, Agenzien (wie Luft) hingegen nicht. Letztere stellen nur Instrumente zur Beförderung von Reaktionen dar und wirken insofern (modern gesprochen) wie Katalysatoren. Das Vorhandensein von Luft über dem brennenden Körper ist daher zwar aus instrumentellen Gründen unerläßlich, jedoch geht die Luft keine Verbindung mit dem brennenden Körper ein. In ähnlicher Weise konnten auch viele andere Schwierigkeiten neutralisiert werden, so daß der allgemeinen Verbreitung der Theorie nichts mehr im Wege stand.

2. Die theoretische und empirische Natur des Phlogiston

Beachtung verdient noch die besondere theoretische Natur des Phlogiston (sowie der Prinzipien im allgemeinen). Zunächst betont Stahl stets den Unterschied zwischen den Prinzipien und den gewöhnlichen Stoffen. Er hebt hervor, daß der Schwefelstoff und das Schwefelprinzip deutlich voneinander zu trennen sind:

„nicht/ daß der Schwefel/ aber wohl in dem Schwefel/ eben dasselbige brennende Grund-Wesen sey/ was auch in diesen Metallen/ ja allen verbrennlichen Dingen/ das wahre eigentliche und specifique brennliche Haupt-Wesen außmachet" (*Stahl* 1718, 35).

Darüber hinaus ist Phlogiston auch mit keinem anderen im Labor auffindbaren Stoff zu identifizieren. Den höchsten Phlogistonanteil weist Ruß auf, da dieser aus der Flamme entweicht und wieder gut entzündbar ist. Aber auch hier handelt es sich nicht um reines Phlogiston; und dies aus grundsätzlichen Gründen. Prinzipien sind als abstrakte theoretische Größen konzipiert, die die Eigenschaften der gewöhnlichen Substanzen erklären und daher nicht selbst wiederum eine gewöhnliche Substanz sein können. Die Forderung, Phlogiston im Labor rein darzustellen, wäre mit der gesamten deduktiven Struktur der Theorie unvereinbar gewesen. Da Prinzipien die Ursache für Substanzeigenschaften sein sollen, kann man nicht sinnvoll annehmen, daß sie selbst wieder Substanzen sind. Eine solche Forderung würde offenbar in einen Zirkel führen (vgl. *Llana* 1985, 74).

Allerdings herrschte hierüber schon bei Stahl selbst eine gewisse Verwirrung,[2] und diese steigerte sich bei seinen Nachfolgern. Bei diesen vermischen sich nämlich zunehmend prinzipienchemische und operationale Auffassungen mit dem Resultat, daß man zum einen an den eigenschaftstragenden Grundstoffen festhält, während man es zum anderen als ein legitimes Problem der chemischen Forschung betrachtet, Phlogiston zu isolieren. Es wurde also immer stärker verlangt, Phlogiston im Labor aufzufinden – und es wurde aufgefunden. Im Jahre 1766 stellte Henry Cavendish (1731–1810) das Phlogiston in reiner Form dar.

Cavendish gab die Metalle Eisen, Zink und Zinn in Salzsäure und verdünnte Schwefelsäure und stellte fest, daß ein Gas mit beachtenswerten Eigenschaften entwich (z.B. $Fe + 2HCl \longrightarrow FeCl_2 + H_2$). Das Gas war überaus leicht und flüchtig, wies also ein extrem geringes spezifisches Gewicht auf; sodann war es gut brennbar und verbrannte ohne erkennbaren Rückstand (wobei Cavendish das

---

[2] Eine Passage legt nämlich klar nahe, daß die Reindarstellung des Phlogiston bislang nur aus technischen Gründen gescheitert und keineswegs grundsätzlich ausgeschlossen ist; vgl. *Stahl* 1718, 79.

entstehende Wasser zwar nicht entging, er dieses jedoch als im Gas enthaltene Feuchtigkeit auffaßte). Zudem stellte Cavendish fest, daß die Eigenschaften dieser entzündlichen Luft (wie er das neue Gas nannte) unabhängig davon waren, welche der beiden Säuren verwendet worden war und in welcher Stärke die verdünnte Schwefelsäure vorlag. Aus dieser Unabhängigkeit von der Säure schloß Cavendish, daß die entzündliche Luft nicht aus der Säure stammte.

Damit blieb als einzige plausible Möglichkeit die Vermutung, daß die entzündliche Luft aus dem Metall stammte. Und bei einem flüchtigen, brennbaren und rückstandsfrei verbrennenden Gas aus Metallen drängt sich die Interpretation geradezu auf, daß es sich um reines Phlogiston handelt. Diese Interpretation testete Cavendish dadurch, daß er Metallkalke, also die phlogistonfreien Metallrückstände in die Säure gab. Unter diesen Umständen dürfte kein entzündliches Gas frei werden, und tatsächlich wurde auch keines beobachtet.

Die Präsenz von Phlogiston konnte überdies noch durch folgendes Phänomen nahegelegt werden. Löst man nämlich eines der erwähnten Metalle in konzentrierter (statt in verdünnter) Schwefelsäure, so bilden sich unbrennbare Schwefeldämpfe (z.B. $Zn + 2H_2SO_{4\ konz} \rightarrow ZnSO_4 + SO_2 + 2H_2O$). Dämpfe dieser Art waren aber bereits von Stahl als teilweise phlogistizierte Schwefelsäure erkannt worden, also als Schwefelsäure, die mit weniger Phlogiston verbunden ist als es zur Bildung von Schwefel erforderlich wäre. Da im Falle der konzentrierten Säure mehr Säure vorhanden ist als bei Vorliegen der verdünnten Säure, ergreift hier die Säure sofort das freigesetzte Phlogiston und läßt es somit nicht isoliert entweichen. Unbrennbares Gas entsteht ebenso bei der Verwendung von Salpetersäure, und Cavendish vermutete, daß in diesem Fall dasselbe Modell Anwendung findet: Es handelt sich bei diesem Gas um phlogistizierte Salpetersäure.[3]

Zudem gelang Joseph Priestley (1733–1804) im Jahre 1782 eine weitere experimentelle Bestätigung der Identität von Phlogiston und entzündlicher Luft. Er stellte nämlich fest, daß diese die Fähigkeit besitzt, Metallkalke wieder in Metalle umzuwandeln. Priestley leitete entzündliche Luft über erhitzten Blei- und Eisenkalk und beobachtete, daß das Gas (bei entsprechender Mengenanpassung) vollständig verschwand und daß sich statt dessen die Kalke in die jeweils zugehörigen Metalle umbildeten. Der Schluß liegt also nahe, daß der Kalk die entzündliche Luft aufgenommen hat und aus diesem Grund wieder zu einem Metall geworden ist. Die entzündliche Luft wirkt hier also genau wie die bekanntermaßen phlogistonreiche Holzkohle; sie reduziert Metallkalke zu Metallen. Im Lichte dieser Beobachtungen ist es nachgerade zwingend, entzünd-

---

[3] Für die Argumentation Cavendishs vgl. *Cavendish* 1766, 78–80; *Ströker* 1982, 187–192.

liche Luft und Phlogiston miteinander zu identifizieren. Phlogiston konnte damit als chemisch isoliert gelten.[4]

3. Lavoisiers Alternativtheorie

Zu Beginn des Jahres 1772 stellte Louis Bernard Guyton de Morveau (1737–1816) durch umfangreiche empirische Untersuchungen fest, daß das Gewicht aller Metalle bei der Kalzination zunimmt und daß es sich entsprechend dabei nicht nur um eine gelegentlich und ausnahmsweise anzutreffende Erscheinung handelt (wie zuvor angenommen worden war) (vgl. *Guerlac* 1961, 124–125, 131–135). Lavoisier untersuchte daraufhin die Verbrennung der Nichtmetalle Schwefel und Phosphor und bemerkte eine analoge Gewichtszunahme. Beide Prozeßtypen galten der Phlogistontheorie als Dephlogistizierungsphänomene, so daß der Schluß nahelag, Dephlogistizierung sei generell von einer Gewichtszunahme begleitet. Lavoisier vermutete weiterhin, daß diese Gewichtszunahme aus einer Bindung von Luft stammte (vgl. *Lavoisier*, Oeuvres II, 103).

Nach einigen Stadien der Verwirrung und angeleitet durch die Hilfestellung Priestleys gelangte Lavoisier einige Jahre später zu dem Resultat, daß nicht die Luft insgesamt, sondern nur ein besonderer Teil derselben gebunden wird, nämlich die „besonders gut atembare Luft" oder „Lebensluft", die später den Namen „Sauerstoff" erhielt (vgl. *Lavoisier*, Oeuvres II, 122–128). Diese letztere Bezeichnung stammt daraus, daß Lavoisier den Sauerstoff für die Ursache der sauren Eigenschaften hielt. Alle Säuren enthalten Sauerstoff, und je größer der Sauerstoffanteil, desto größer ist auch die Säurestärke.[5]

---

[4] Zu Priestleys Experiment vgl. *Partington* 1963, 268. Dieses Argument für die Identifikation von Wasserstoff und Phlogiston bringt Priestley noch 1796 vor; vgl. *Priestley* 1796, 31.
  Man mag in dieser Interpretation einen Gegensatz zum Argument der Luftsättigung sehen. In diesem Zusammenhang sollte die Anreicherung der Luft mit Phlogiston die Verbrennung unterdrücken, während beim Wasserstoff der hohe Phlogistonanteil die Verbrennung fördert. Richtig ist hier in der Tat, daß die Phlogistontheorie auf das Phänomen brennbarer Gase begrifflich unvorbereitet war. Es wurde nämlich unterschieden zwischen dem brennenden, zuvor gebundenes Phlogiston abgebenden Körper und der darüber befindlichen Luft, die (als bloßes Agens) das Phlogiston nicht zu binden vermochte und bloß verteilte. Nur bei gebundenem Phlogiston können Verbrennungserscheinungen auftreten. Es entsteht also das Problem, ob man Wasserstoff eher als Körper oder eher als Luft interpretieren soll, und diese fehlende Eindeutigkeit der Theorie wird durch die Erfahrung der Brennbarkeit beseitigt.

[5] Zur Säuretheorie vgl. *Lavoisier*, Oeuvres I, 50–57, 63, 65–67.

Eine zentrale Schwierigkeit für Lavoisiers Konzeption bestand darin, daß sie zunächst keinerlei überzeugenden Ansatz dafür enthielt, Cavendishs Experimente zur Entstehung entzündlicher Luft aus Metallösungen in Säuren zu erklären (vgl. Abs. 2). Lavoisier hielt Metalle für elementar, so daß Cavendishs Interpretation, den Wasserstoff als Bestandteil des Metalls aufzufassen, für ihn nicht in Frage kam. Daher blieb hier zunächst nur die Alternative übrig, daß der Wasserstoff aus der Säure stammt. Diese Hypothese unterwarf Lavoisier einem kritischen experimentellen Test. Wenn die entzündliche Luft aus der Säure hervorgegangen ist, dann muß deren Oxidation, also die erneute Verbindung mit dem säurebildenden Prinzip, wieder eine Säure entstehen lassen. Alle Versuche jedoch, aus dem Wasserstoff durch Verbrennung wieder eine Säure zu bilden, schlugen fehl (vgl. *Lavoisier*, Oeuvres II, 337). Die Ergebnisse von Cavendishs Wasserstoffexperimenten bildeten damit eine gewichtige Anomalie für Lavoisiers Theorie.

In dieser mißlichen Lage kam Lavoisier ausgerechnet Cavendish zu Hilfe, der der Urheber der ganzen Schwierigkeiten war. Bei einer Untersuchung zur Volumenverminderung bei der Phlogistizierung von Gasen war Cavendish auf eine Beobachtung Priestleys gestoßen, derzufolge bei der Explosion einer Mischung aus entzündlicher Luft und gewöhnlicher Luft ein ‚Tau' auftritt. Cavendish stellte nun 1781 fest, daß es sich bei dem entstehenden Tau um reines Wasser handelt. Überdies tritt bei der Reaktion keine Gewichtsveränderung auf, was impliziert, daß das Gewicht des entstandenen Wassers gleich dem Gewicht der reagierenden Gase ist. Ersetzt man darüber hinaus die gewöhnliche Luft durch Sauerstoff, so findet man bei einem Volumenverhältnis von 2:1 die vollständige Kondensation beider Gase (vgl. *Cavendish* 1784, 167; *Partington* 1963, 332). Allerdings erhielt Cavendish nicht immer reines Wasser, sondern gelegentlich Salpetersäure, und so publizierte er seine Experimente erst 1784, drei Jahre nach deren Ausführung. In der Zwischenzeit hatte er sich Klarheit über den Ursprung der Salpetersäure verschafft und eine Erklärung der Wasserentstehung gefunden.

Bevor ich auf Cavendishs Ansatz zur Erklärung seiner Experimente eingehe, soll zunächst deren Einbindung in Lavoisiers Theorie zur Sprache kommen. Lavoisier erhielt 1783 Kenntnis von Cavendishs Resultaten und interpretierte sie sofort im Rahmen seiner Konzeption. Wasser ist nicht elementar, sondern eine zusammengesetzte Substanz; Wasser ist das langgesuchte Oxid der entzündlichen Luft. Cavendishs Experimente sind also als *Synthese* des Wassers aus seinen Bestandteilen zu deuten. Den Schluß auf die zusammengesetzte Natur des Wassers versuchte Lavoisier durch die Analyse des Wassers, also die Zerlegung in seine Bestandteile, zu untermauern.

Lavoisier zeigt zunächst, daß die bloße Verdampfung und anschließende Rekondensation von Wasser (also die Wasserdestillation) seine chemische Natur unverändert läßt. Leitet man jedoch in einem zweiten Experiment Wasserdampf über glühende pulverisierte Holzkohle, so verschwindet diese bis auf „einige Atome Asche". Statt dessen haben sich zwei Arten von Gasen gebildet. Das eine ist kohlensaures Gas (CO_2) (wie Lavoisier es nun nennt), das andere entzündliche Luft. Eine Untersuchung der Mengenverhältnisse führt zu dem Ergebnis, daß das Gewicht des eingesetzten Wassers und das Gewicht der Holzkohle zusammen gerade gleich dem Gewicht der beiden Gase ist.

In einem dritten Experiment leitet Lavoisier Wasserdampf über rotglühende Eisenspäne und stellt fest, daß das metallische Eisen zu Eisenoxid oxidiert wird (welches in gleicher Weise bei der Kalzination von Eisen in Sauerstoff entsteht) und daß sich entzündliche Luft bildet. Darüber hinaus ergibt sich wiederum die erwartete Gewichtskorrelation: Die Gewichtszunahme des Eisens und das Gewicht der entstandenen entzündlichen Luft zusammen ergeben genau das Gewicht des verdampften Wassers.

Der Schluß ist, daß in beiden Experimenten Wasser in entzündliche Luft und Sauerstoff zerlegt worden ist. Dem Wasser wurde nämlich mit Hilfe einer weiteren Substanz (Kohle oder Eisen) der Sauerstoff entzogen, und es blieb jeweils entzündliche Luft zurück. Im Falle des Eisens wird entsprechend die folgende Reaktion unterstellt.

Eisen + (Wasserstoff + Sauerstoff) → (Eisen + Sauerstoff) + Wasserstoff   (1)
          Wasser   Eisenkalk

Da demnach die entzündliche Luft zu Wasser oxidiert werden kann, ist es angebracht, jene „Wasserstoff" zu nennen (hydrogène, das wasserbildende Prinzip) (vgl. *Lavoisier*, Oeuvres I, 68–77).

Dies gestattet endlich die Erklärung von Cavendishs Experiment zur Wasserstofferzeugung aus Metallen. Lavoisier nahm an, daß der Wasserstoff aus der Zerlegung des Wassers stammt. Die Idee ist, daß das Metall durch Einwirkung der Säure oxidiert wird und daß der hierfür erforderliche Sauerstoff aus der Spaltung des Wassers stammt. Der freigewordene Wasserstoff entweicht entsprechend (vgl. *Lavoisier*, Oeuvres II, 342–343). Mit anderen Worten, Cavendishs Experimente gelten Lavoisier als weiterer Beispielfall für Reaktion (1). Diese Hypothese erklärt zugleich, warum bei Lösung eines Metalloxids kein Wasserstoff frei wird und warum bei Lösung in konzentrierter Schwefelsäure nichtbrennbare Dämpfe entstehen (vgl. Abs. 2). Da die Wasserspaltung zur Oxidation des Metalls dient, tritt sie bei Metalloxiden offenbar nicht auf; und konzentrierte

Schwefelsäure setzt deshalb keinen Wasserstoff frei, weil in ihr kaum Wasser enthalten ist.[6] In diesem Fall – ähnlich wie im Fall der Salpetersäure – oxidiert das Metall auf Kosten des Sauerstoffs der Säure. Ob der Sauerstoff eher der Säure oder eher dem Wasser entzogen wird, hängt davon ab, in welcher dieser Substanzen er fester gebunden ist.

Damit werden Lavoisier auch Priestleys Reduktionsexperimente von Metallkalken in Wasserstoff klar, die dieser als Phlogistonaufnahme durch den Metallkalk interpretiert hatte (vgl. Abs. 2). Der Wasserstoff ist nicht vom Metallkalk aufgenommen worden, sondern es ist Sauerstoff entwichen, und aus beiden Gasen ist Wasser entstanden. Somit, schließt Lavoisier, „ist es klar, daß Herr Priestley Wasser gebildet hat, ohne es zu ahnen" (*Lavoisier*, Oeuvres II, 345). Als Stütze verweist Lavoisier auf den Umstand, daß z.B. Bleikalk bei dieser Reduktion beträchtlich an Gewicht verliert (vgl. *Lavoisier*, Oeuvres II, 344). Dies war jedoch auch Priestley nicht entgangen; er führte die Gewichtsabnahme auf eine Sublimation zurück, also auf eine Verdampfung des Kalks durch die Erhitzung (vgl. *Partington* 1963, 268).

Umgekehrt hatte auch Priestley nur wenig Mühe, Lavoisiers Wasserzerlegung im Rahmen des Wasserstoffmodells der Phlogistontheorie zu erklären. Zunächst ergibt sich aus diesem Modell unmittelbar, daß der entstandene Wasserstoff aus der Holzkohle bzw. dem Eisen stammt. Darüber hinaus macht Lavoisiers Experiment deutlich, daß nicht das gesamte eingesetzte Wasser am Ende der Apparatur wieder auftritt, und dies zeigt, daß irgendwo Wasser absorbiert wurde. Die einzige Möglichkeit für eine solche Absorption ist aber die Aufnahme von Wasser durch Holzkohle oder Eisen. Dies legt dann die Deutung nahe, daß der Wasserdampf in das Metall eintritt und dort das Entweichen von Phlogiston (also Wasserstoff) verursacht. Dadurch wiederum wird das Metall zum Kalk bzw. die Holzkohle zur Asche (vgl. *Partington* 1963, 270). Wenn man dieses Modell akzeptiert, erhält man auch Lavoisiers Gewichtsresultate. Das Gewicht des Metalls ist nämlich durch diesen Prozeß um das Gewicht des Wassers vermehrt und um das Gewicht des Wasserstoffs vermindert worden – während es bei Lavoisier um das Gewicht des Sauerstoffs vermehrt ist.

Zudem blieb in Lavoisiers Ansatz eine Schwierigkeit ohne überzeugende Lösung. Das Oxid des Wasserstoffs hätte nämlich (wie oben bereits erwähnt) eine Säure sein sollen, und dies ist offenbar nicht der Fall. Lavoisier behilft sich, indem er Wasser als niedrigste Oxidationsstufe des Wasserstoffs einstuft. Auf dieser Oxidationsstufe fehlen (wie im analogen Falle der Metallkalke) die sauren

---

[6] Bei konzentrierter Schwefelsäure fehlen in der Tat die Hydronium-Ionen, die an der Wasserstoffentstehung wesentlich beteiligt sind.

Eigenschaften (vgl. *Lavoisier*, Oeuvres I, 143, Tabelle). Allerdings hatte Lavoisier selbst den Sauerstoffanteil im Wasser zu 85% bestimmt, so daß die Zuordnung zu einer niedrigen Oxidationsstufe wenig plausibel schien. Die phlogistischen Widersacher vergaßen selten, auf diese Schwierigkeit hinzuweisen.[7]

4. Cavendishs Version der Phlogistontheorie

Ich will nun einen Blick auf Cavendishs eigene Erklärung seiner Experimente werfen. Dieser Erklärungsansatz beinhaltet eine raffinierte Modifikation der Phlogistontheorie und ist daher sowohl von historischem als auch von wissenschaftstheoretischem Interesse. Wie schon erwähnt (vgl. Abs. 3), hatte Cavendish in seinen Knallgasexperimenten häufig kein reines Wasser, sondern Salpetersäure erhalten und suchte daher deren Ursprung zu ergründen. Die nächstliegende Vermutung, die Säure entstamme aus Verunreinigungen, schloß Cavendish dadurch aus, daß er intensive Gasreinigungsprozeduren einsetzte und die Präparationsmethode des Sauerstoffs änderte, ohne jedoch das Ergebnis zu beeinflussen. Selbst als er Sauerstoff aus Turbithmineral ($HgSO_4 \cdot HgO$) extrahierte, entstand nicht etwa Schwefelsäure, sondern wiederum Salpetersäure (vgl. *Cavendish* 1784, 167–169).

Im nächsten Schritt stellte Cavendish fest, daß der atmosphärische Stickstoff bei der Säurebildung eine Rolle spielte. Läßt man nämlich Wasserstoff mit reinem Sauerstoff im Volumenverhältnis 2:1 explodieren, so entsteht Wasser; gibt man Stickstoff hinzu, so bildet sich Salpetersäure. Diesen Vorgängen versucht Cavendish mit einer neuen Theorie des Stickstoffs Rechnung zu tragen. Stickstoff ist nichts anderes als phlogistizierte Salpetersäure. Wenn man nämlich Salpeter (KNO_3), allgemein aufgefaßt als Salpetersäureverbindung, mit Holzkohlepulver, dem traditionellen Phlogistonlieferanten, explodieren läßt, so verwandelt er sich fast gänzlich in Stickstoff. Dieser Befund legt die Interpretation nahe, daß das Phlogiston der Holzkohle die im Salpeter enthaltene Salpetersäure zu Stickstoff phlogistiziert. Fügt man dem die (schon 1766 gewonnene) Erkenntnis hinzu, daß ‚nitrose Luft' (Stickstoffoxid (NO)) Salpetersäure verbunden mit einer geringeren Phlogistonmenge ist (vgl. Abs. 2), so ergibt sich folgende Deutung: Aus dem Grundstoff Salpetersäure entsteht durch mäßige Phlogistizierung nitrose Luft und durch weitere Phlogistizierung Stickstoff. Diese Reihe stellt

---

[7] Vgl. z.B. *Gren* 1792, 205–212; *Richter* 1793, 213.

eine genaue Parallele zu den Schwefelsäurephlogistikaten dar, nämlich Schwefelsäure, schweflige Säure und Schwefel.[8]

Bei der Knallgasexplosion mit beigemischtem Stickstoff entzieht der Sauerstoff dem Stickstoff das Phlogiston und wandelt ihn somit in Salpetersäure um. Damit ist das Auftreten der Salpetersäure in diesen Experimenten erklärt. Ist jedoch entweder kein Stickstoff präsent, oder ist zu wenig oder gerade genug Sauerstoff vorhanden, um den gesamten Wasserstoff zu binden, so kann kein Stickstoff zu Salpetersäure reduziert werden. Damit ist auch das Fehlen von Salpetersäure unter diesen Umständen erklärt.

Nun zu dem Problem der Wasserentstehung. Hier entwickelt Cavendish die folgende Hypothese. Der von Lavoisier als elementares Gas eingestufte Sauerstoff ist in Wirklichkeit dephlogistiziertes Wasser, also Wasser, dem das Phlogiston entzogen wurde. Umgekehrt ist Wasserstoff tatsächlich phlogistiziertes Wasser, also an Phlogiston gebundenes Wasser. Das heißt, Sauerstoff ist (Wasser − Phlogiston), Wasserstoff ist (Wasser + Phlogiston). Bei der Knallgasreaktion findet ein Phlogistonaustausch statt. Das Phlogiston des Wasserstoffs wandert zum Sauerstoff und behebt den dort vorherrschenden Phlogistonmangel. Entsprechend wird reines Wasser freigesetzt. Das Wasser wird demnach nicht etwa synthetisiert; vielmehr ist es bereits in gebundener Form (als Wasserdampf) in Sauerstoff und Wasserstoff enthalten. Zudem ist klar, daß bei dem hier unterstellten Phlogistonaustausch das Gesamtgewicht der reagierenden Gase stets gleich dem Gewicht des Wassers ist – unabhängig von jeder Annahme über das Phlogistongewicht.[9]

Dabei diskutiert Cavendish auch die Gründe für die Aufgabe seiner eigenen, früheren Identifikation von Wasserstoff und Phlogiston, die inzwischen in phlogistischen Kreisen weite Verbreitung gefunden hatte. Es wäre nämlich unplausibel, so Cavendish, daß Sauerstoff leicht das Phlogiston der nitrosen Luft aufnimmt (d.h. mit Stickstoffoxid (NO) leicht zu Stickstoffdioxid reagiert), während er das Phlogiston des Wasserstoffs erst bei großer Hitze akzeptiert. Die Unplausibilität besteht also darin, daß Sauerstoff zwar Phlogiston aus einer anderen Substanz zu entziehen vermag, sich gleichwohl nur schwer mit reinem Phlogiston, also Wasserstoff, verbindet (vgl. *Cavendish* 1784, 172).

---

[8] Vgl. *Cavendish* 1784, 170–171. Cavendish gelingt damit eine konsequentere phlogistische Interpretation der Säuren als Stahl selbst.

[9] Vgl. *Cavendish* 1784, 171–172. Diese Reaktion ergänzt im übrigen die oben dargestellte Reduktion des Stickstoffs zu Salpetersäure. Das aus dem Stickstoff freigesetzte Phlogiston wird nämlich zur Phlogistizierung des Sauerstoffs verwendet, wodurch Wasser entsteht. Insgesamt bildet sich damit verdünnte Salpetersäure – wie es die Daten verlangen.

Zudem gelingt mit der neuen Hypothese ebenfalls die Erklärung der Wasserstoffentstehung aus der Lösung von Metallen in Säuren, die den Anlaß für die Formulierung der älteren Interpretation gebildet hatte, sowie die Erklärung von Lavoisiers Experimenten zur Wasserzerlegung. Wie in der Konzeption Lavoisiers, sind auch bei Cavendish beide Prozesse im Kern chemisch identisch. Nur handelt es sich nicht darum, dem Wasser Sauerstoff zu entziehen, sondern ihm Phlogiston zuzuführen. Cavendishs Theorie sieht hier das folgende Reaktionsschema vor:

$$(\text{Kalk} + \Phi) + \text{Wasser} \longrightarrow \text{Kalk} + (\text{Wasser} + \Phi) . \qquad (2)$$
$$\text{Metall} \hspace{4cm} \text{entzündliche Luft}$$

Ich werde dieses Reaktionsschema im folgenden noch etwas modifizieren, aber zur Erklärung der hier anstehenden Prozesse reicht das vereinfachte Modell aus. Das Metall gibt sein Phlogiston an das Wasser ab und wird dadurch zum Kalk; das phlogistizierte Wasser entweicht als Wasserstoff. Bei der Lösung von Metallen in Säuren greift demnach die Säure nicht direkt in das Reaktionsgeschehen ein; sie wirkt lediglich als eine Art Katalysator. Säuren besitzen nämlich die Fähigkeit, anderen Körpern ihr Phlogiston zu entziehen (vgl. *Cavendish* 1784, 175). Die der Säure von Cavendish zugeschriebene Rolle stimmt daher mit der von Lavoisier in der analogen Reaktion (1) vorgesehenen Rolle überein. Dagegen ist es im Falle von Lavoisiers angeblicher Wasserzerlegung durch glühende Eisenspäne die Rotglut des Eisens, welche die Reaktion zustande bringt.

Das Entstehen nichtentzündlicher Dämpfe ist in diesem Rahmen ebenfalls verständlich. Beim Lösen des Metalls in konzentrierter Schwefelsäure ist kein Wasser vorhanden, das das entweichende Phlogiston aufnehmen könnte, und so verbindet sich dieses mit der Säure. Die gebildeten schwefligen Dämpfe sind also (wie schon in der Interpretation von 1766) als phlogistizierte Schwefelsäure aufzufassen.[10]

Im zweiten Schritt soll nun Cavendishs vollständiges Modell entwickelt werden. Beginnen wir mit Cavendishs Erklärung von Verbrennung und Kalzination. Beides wird – wie von Lavoisier – als Sauerstoffanlagerung betrachtet. Da aber Sauerstoff tatsächlich dephlogistiziertes Wasser ist, läuft Sauerstoffanlagerung auf Dephlogistizierung und Hinzufügung von Wasser hinaus. Im Beispiel:

---

[10] Allerdings entsteht hier für die vollständige, gleich zu entwickelnde Konzeption Cavendishs das Problem, daß eine Wasserbindung im Kalk angenommen wird, so daß auch bei Fehlen von freiem Wasser in der Umgebung Wasser im Kalk selbst verfügbar sein sollte. Immerhin könnte Cavendish mit der Hilfshypothese reagieren, daß dieses Wasser zu fest gebunden ist als daß es durch das Phlogiston freigesetzt werden könnte. Andererseits tritt genau dies bei der Reduktion von Quecksilberkalk auf.

„Kalziniertes Quecksilber [HgO] ist anscheinend nur Quecksilber, das bei seiner Herstellung dephlogistizierte Luft [Sauerstoff] aus der Atmosphäre absorbiert hat; [...] da aber die Verbindung eines Metalls mit dephlogistizierter Luft dasselbe ist wie ihm einen Teil seines Phlogistons zu entziehen und Wasser hinzuzufügen, kann man das Quecksilber immer noch als seines Phlogistons beraubt betrachten" (*Cavendish* 1784, 176).

Wiederum in einer Art von Reaktionsgleichung geschrieben heißt dies:

$$\text{Metall} + (\text{Wasser} - \Phi) \rightarrow ((\text{Metall} - \Phi) + \text{Wasser}). \tag{3}$$
$\quad\quad$ Sauerstoff $\quad\quad$ Kalk

Oxide sind also in Wirklichkeit dephlogistizierte Hydrate. Damit ist zum einen die zentrale Hypothese der Phlogistontheorie gerettet: Kalzination bleibt Phlogistonabgabe. Zum anderen kann nun das Problem der Gewichtszunahme bei der Kalzination gelöst werden. Diese kommt nämlich durch die Wasseranlagerung zustande. Es ist diese Anlagerung von Wasser, die den wesentlichen Unterschied zwischen dem zunächst dargestellten einfachen Schema und dem voll entwickelten Modell markiert.

Um die Vorzüge von Cavendishs Modell klarer zu erkennen, ist es nützlich, einige seiner Konsequenzen zu verfolgen. Man bemerkt zunächst, daß Cavendishs Theorie nicht die Behauptung beinhaltet, Wasser sei (da es Phlogiston enthält) brennbar – was offenbar eine Anomalie der Theorie dargestellt hätte. Man sieht dies, indem man sich vergegenwärtigt, daß der bloße Phlogistongehalt für die Brennbarkeit nicht hinreicht; vielmehr muß das Phlogiston auch aus dem entsprechenden Körper freigesetzt werden. Diese Freisetzung erfordert aber, daß das Phlogiston nicht von den wirksamen chemischen Kräften in seinen Bindungsverhältnissen festgehalten wird. Die zeitgenössische Theorie der Bindung und der Reaktionsverläufe sah hier Kräfte vor, die zwar substanzspezifisch und abstandsabhängig, im übrigen aber konstant sind. Betrachten wir aus diesem Gesichtswinkel die Wasserverbrennung, also die Reaktion von Wasser mit Sauerstoff. In Cavendishs Modell hat diese die Gestalt: Wasser + (Wasser – Φ). Man sieht, daß eine Oxidation, also eine Dephlogistizierung des Wassers, lediglich auf einen Phlogistonaustausch zwischen Wasser und Wasser hinausliefe. In den zeitgenössischen bindungstheoretischen Begriffen ausgedrückt heißt dies, daß die eine Reaktion herbeiführenden, sogenannten divellenten Kräfte nicht stärker sind als die die bestehenden Bindungsverhältnisse bewahrenden, sogenannten quiescenten Kräfte. Die Reaktion findet folglich nicht statt. Die Nicht-Brennbarkeit von Wasser ist entsprechend eine direkte Konsequenz der Theorie Cavendishs.

Überdies erklärt die Theorie auch eine Anomalie der vorangehenden Phlogistonversion, nämlich die Reduktion von Quecksilberkalk durch bloßes Erhitzen.

Metallisches Quecksilber verwandelt sich bei milder Hitze zunächst in das sogenannte rote Präzipitat (HgO), und dieses besitzt die beachtenswerte Eigenschaft, bei stärkerer Erhitzung wieder in metallisches Quecksilber überzugehen. Hier findet demnach eine Reduktion durch Erwärmung allein und (zumindest scheinbar) ohne die Präsenz eines Phlogistonlieferanten statt. Dieser Befund stellte für die Phlogistontheorie eine beträchtliche Schwierigkeit dar. Cavendishs Theorie gelingt hingegen eine einfache Auflösung dieser Anomalie: Die anomale Reaktion gehorcht der Umkehrung von Schema (3). Das bedeutet, das erforderliche Phlogiston stammt hier aus dem im Kalk eingelagerten Wasser. Bei der Reduktion entzieht der Kalk dem eingelagerten Wasser das Phlogiston und wird entsprechend phlogistiziert und damit zum Metall; das nunmehr dephlogistizierte Wasser entweicht als Sauerstoff.

Zudem vermag die Theorie ohne weiteres dem naheliegenden Einwand standzuhalten, es sei doch ungereimt, daß der leichte Wasserstoff als Verbindung des beträchtlich schwereren Wasserdampfs mit Phlogiston gelten solle. Man nimmt den vergleichsweise schweren Wasserdampf, fügt noch etwas hinzu (nämlich Phlogiston) und erhält den sehr leichten Wasserstoff. Beinhaltet dieses Modell die Forderung, daß Phlogiston ein negatives Gewicht besitzen müsse? Keineswegs. Der Punkt ist, daß die Teilchendichten bei Gasen (also die Teilchenzahlen pro Volumen) als frei anpaßbare Parameter aufgefaßt werden durften. Avogadros Gesetz der universell gleichen Teilchendichten bei Gasen wurde erst dreißig Jahre später formuliert (und erst 80 Jahre später akzeptiert). Entsprechend kann das Gewichtsproblem leicht durch die Annahme gelöst werden, die Teilchendichte beim Wasserstoff sei viel geringer als beim Wasserdampf.

In einem letzten Schritt ist das vollständige Modell Cavendishs auf die – oben bereits nach dem vereinfachten Schema behandelte – Metalloxidation durch Säuren oder Wasserdampf anzuwenden. Es ergibt sich dann folgendes Bild (wobei die quasi quantitative Notation nur der Illustration dient und sich nicht bei Cavendish findet):

$$\text{Metall} + 2\,\text{Wasser} \longrightarrow \underbrace{((\text{Metall} - \Phi) + \text{Wasser})}_{\text{Kalk}} + \underbrace{(\text{Wasser} + \Phi)}_{\text{Wasserstoff}}.$$

Ein Teil des Wassers wird unverändert im Metall gebunden, ein anderer Teil entzieht dem Metall das Phlogiston und wandelt sich entsprechend in entzündliche Luft um. Die Reaktionsgleichung läßt erkennen, daß die Gewichtsbilanz der Reaktion durchaus in Einklang mit den Daten gebracht werden kann.

Allerdings ist diese Reaktionsgleichung nicht so zu verstehen, daß sich genau die Hälfte des Wassers im Metall bindet. Dieser Anteil ist vielmehr nicht bestimmt. Ein weiterer unbekannter Parameter ist das Phlogistongewicht. Beide Größen sind lediglich gemeinsam durch die empirische Gewichtsbilanz der Reaktion eingeschränkt und daher nicht separat zugänglich. Die Theorie ist also nicht imstande, eine Methode zur eindeutigen Berechnung theoretisch relevanter Größen aus den empirischen Daten zu festzulegen. Weder die genaue Aufteilung des Wassers auf die Reaktionspartner noch das Phlogistongewicht sind mit Hilfe von Cavendishs Theorie aus den Labordaten zu erschließen. Die Theorie stößt hier nicht etwa auf eine empirische Schwierigkeit; das Problem ist vielmehr, daß ihre Annahmen nicht hinreichend spezifisch sind, um im einzelnen getestet werden zu können. Es ist diese Unfähigkeit, die empirische Bestimmung aller theoretisch eingeführten Größen verläßlich anzuleiten, die unzweifelhaft die zentrale Schwäche der Theorie Cavendishs darstellt.

Man mag gegen Cavendishs Modell einwenden, es stelle lediglich eine nachträgliche Reformulierung der Theorie Lavoisiers dar. Schließlich sieht auch Cavendishs Modell die Bindung von Sauerstoff bei Oxidation und Kalzination vor, deutet diese Bindung jedoch als Dephlogistizierungsprozeß. Dies mag die Vermutung nahelegen, bei Cavendish sei das Phlogiston im Grunde entbehrlich.

Tatsächlich handelt es sich bei Cavendishs Modell jedoch nicht um eine bloße Umdeutung der Sauerstofftheorie; jene gibt dieser nicht in der Sache recht, um diese Übereinstimmung anschließend verbal zu verschleiern. Man erkennt dies aus zwei Aspekten, die zum Abschluß kurz skizziert werden sollen. Zunächst sind die Theorien Cavendishs und Lavoisiers nicht zur Gänze empirisch äquivalent. Cavendishs Ansatz enthielt nämlich die Forderung (oder wenn man will die Vorhersage), daß alle Kalke Kristallwasser enthalten, daß es sich eben tatsächlich um Hydrate handelt. Cavendish erwähnt dies ausdrücklich für Salpeter (KNO_3), luna cornea (Silberchlorid ($AgCl$)) und rotes Präzipitat (Quecksilberoxid HgO)). Tatsächlich trifft dies in keinem der erwähnten Fälle zu.[11] Zur Zeit Cavendishs war diese Annahme jedoch keineswegs empirisch ausgeschlossen.

Zum anderen führte Cavendishs Theorie auf eine genuin neuartige Prognose. Wie erwähnt nahm die Theorie ihren Ausgang von der neuen Vorstellung des Stickstoffs als phlogistizierter Salpetersäure. Zur Erklärung der bei der Knallgasexplosion gelegentlich auftretenden Salpetersäure wurde unterstellt, daß es sich bei dieser um dephlogistizierten Stickstoff handelt. Daher ging Cavendish daran, auf direktem Wege zu zeigen, daß Stickstoff durch Phlogistonentzug in Salpeter-

---

[11] Cavendish behauptet nicht explizit, daß das in Kalken gebundene Wasser als Kristallwasser zu verstehen ist, aber diese Interpretation ist naheliegend, weil die Existenz von Kristallwasser in mehreren Kalken wohlbekannt war. So erwähnt z.B. schon Macquer 1767 dessen Vorliegen beim Gips ($CaSO_4 \cdot 2H_2O$); vgl. *Macquer* 1767, 335.

säure umgewandelt werden kann. Zu diesem Zweck entzündete er ein Gemisch aus Sauerstoff und Stickstoff mit Hilfe von elektrischen Funken und stellte fest, daß beide Gase bei entsprechenden Gewichtsverhältnissen vollständig verschwanden und sich statt dessen verdünnte Salpetersäure gebildet hatte. Dabei ist offenbar folgende Reaktion abgelaufen:[12]

$$(\text{Salpetersäure} + \Phi) + (\text{Wasser} - \Phi) \rightarrow \text{Salpetersäure} + \text{Wasser}.$$
$$\quad\;\;\text{Stickstoff}\qquad\quad\;\text{Sauerstoff}$$

Dieser Reaktionsmechanismus führt also tatsächlich zu verdünnter Salpetersäure und ist insgesamt als direkte Reduktion des Stickstoffs zu Salpetersäure zu interpretieren.

In diesem Experiment sieht Cavendish entsprechend eine Stütze seiner Stickstofftheorie:

„Wie jedermann zugeben wird, wird diese Auffassung in bemerkenswerter Weise durch die vorangegangenen Experimente bestätigt; denn aus diesen ist offenkundig, daß dephlogistizierte Luft [Sauerstoff] imstande ist, phlogistizierter Luft [Stickstoff] ihr Phlogiston zu entziehen und sie zu Säure zu reduzieren [...]" (*Cavendish* 1785, 192).

In moderner Sprache ausgedrückt bedeutet dies, daß Cavendishs Theorie erfolgreich diejenige Reaktion prognostizierte, die man gelegentlich als Luftverbrennung bezeichnet. Die Theorie ging demnach über die nachträgliche Erklärung des bereits Bekannten hinaus und erwies sich in diesem Sinne als wissenschaftlich fruchtbar.

5. Schluß

Die vorangegangenen Betrachtungen lassen Schlüsse auf die Natur wissenschaftlicher Theoriebildungen und Prüfmethoden zu. Die Untersuchungen Priestleys,

---

[12] Vgl. *Cavendish* 1785, 191; *Partington* 1963, 342. Cavendish hat hier zunächst durch die folgende zweistufige Kettenreaktion Stickstoffoxid hergestellt:
(1) $N_2 + O \rightarrow NO + N$
(2) $N + O_2 \rightarrow NO + O$
Diese Reaktion ist stark endotherm und verläuft daher nur in heißen Flammen in meßbarer Ausbeute. Das Produkt (NO) ist seinerseits recht reaktionsfähig und verbindet sich mit Sauerstoff zu Stickstoffdioxid (NO_2), das sich in der Kalilauge löst, über der Cavendish sein Gas sammelte.

Lavoisiers und Cavendishs stellen Beispiele für eine hypothetisch-deduktive Vorgehensweise dar. Aus einer probeweise unterstellten theoretischen Annahme werden Konsequenzen abgeleitet, die dem empirischen Test zugänglich sind. Der wesentliche Aspekt dabei ist, daß die theoretisch relevanten Größen, also die Einflußfaktoren, die in der vermuteten Gesetzmäßigkeit auftreten, zumeist nicht unmittelbar beobachtbar sind. Man sieht eben nicht direkt, ob die Ursache der Gewichtszunahme der Metallkalke die Verbindung mit Sauerstoff oder die Anlagerung von Wasser ist, und man sieht ebensowenig, daß die Metalle, und nicht etwa die Metallkalke von elementarer Natur sind. Man muß daher prüfbare Folgerungen aus Hypothesen ableiten, deren Gegenstandsbereich der direkten Inspektion verschlossen ist.

Die diskutierten Beispiele führen dabei zu dem Schluß, daß die Verknüpfung zwischen theoretischer Tiefenstruktur und empirischer Oberflächenstruktur nicht so strikt und eng ist, wie man dies vielleicht vermutet hätte. Es gibt keine umkehrbar eindeutige Relation zwischen einem Satz empirischer Daten und einem theoretischen Erklärungsmodell; hier besteht bestenfalls eine mehr eindeutige Beziehung. Das heißt, eine Theorie führt zwar auf eindeutige empirische Konsequenzen (wie wir um der Theorie willen annehmen wollen), aber die empirische Datenlage läßt nicht umgekehrt einen eindeutigen Schluß auf die zu ihrer Erklärung geeignete theoretische Struktur zu. Anders formuliert: empirische Unterschiede erzwingen theoretische Unterschiede; aber theoretische Unterschiede führen nicht zwangsläufig auf empirische Unterschiede.

Das Verhältnis von Theorie und Erfahrung läßt sich damit durch den Begriff der *Supervenienz* kennzeichnen. Eine Größe A ist supervenient zu einer Größe B, wenn allen Unterschieden in der Ausprägung von A Unterschieden in der Ausprägung von B entsprechen, aber nicht umgekehrt. Die Empirie ist demnach supervenient zur Theorie, und es ist diese Supervenienz, die für einige der Schwierigkeiten verantwortlich ist, die mit der empirischen Prüfung wissenschaftlicher Theorien verbunden sind. Es ist diese Beziehung, die den Grund dafür liefert, daß man auch mit grundlegend falschen Theorien gelegentlich empirische Erfolge feiern kann.

Literatur

Cavendish, H. (1766) Three Papers, containing Experiments on factitious Air, Part I. Containing Experiments on Inflammable Air, in: Thorpe 1921, 77–87.
Cavendish, H. (1784) Experiments on Air, in: Thorpe 1921, 161–181.

Cavendish, H. (1785)   Experiments on Air, in: Thorpe 1921, 187–194.
Conant, J.B. (1950)   The Overthrow of the Phlogiston Theory. The Chemical Revolution of 1775–1789 (Harvard Case Histories in Experimental Science 2), Cambridge Mass.: Harvard University Press.
Gren, A. (1792)   Antwort des Herausgebers auf vorstehendes Schreiben, Journal der Physik 6, 205–212.
Guerlac, H. (1961)   Lavoisier – The Crucial Year. The Background and Origins of His First Experiments on Combustion in 1772, Ithaca NY: Cornell University Press.
Lavoisier, A.L. (Oeuvres)   Oeuvres de Lavoisier publiées par les soins de son excellence le ministre de l'instruction publique et des cultes, I–VI, Paris 1862–1893.
Llana, J.W. (1985)   A Contribution of Natural History to the Chemical Revolution in France, Ambix 32, 71–91.
Macquer, P.J. (1767)   Dictionnaire de chymie, T. I, Yverdon.
Partington, J.R. (1963)   A History of Chemistry, Vol. III, London: MacMillan, New York: St. Martin's Press.
Priestley, J. (1796)   Considerations on the Doctrine of Phlogiston, and The Decomposition of Water, in: J. Priestley / J. MacLean, Lectures on Combustion, ed. W. Foster, Princeton 1929, New York: Klaus Reprint 1969, 19–42.
Richter, J.B. (1793)   Über die neuern Gegenstände der Chemie. Drittes Stück. Versuch einer Kritik des antiphlogistischen Systems, Breslau-Hirschberg.
Stahl, G.E. (1718)   Zufällige Gedancken und nützliche Bedencken über den Streit Von dem so genannten Sulphure [...], Halle.
Ströker, E. (1982)   Theoriewandel in der Wissenschaftsgeschichte. Chemie im 18. Jahrhundert, Frankfurt: Klostermann.
Thorpe, E. (ed.), (1921)   The Scientific Papers of the Honourable Henry Cavendish, F.R.S., Vol. II. Chemical and Dynamical, Cambridge: Cambridge University Press.

Zusammenfassung

Der Beitrag rekonstruiert die im Jahre 1784 von Henry Cavendish veröffentlichte Version der Phlogistontheorie. Die Phlogistontheorie wurde ursprünglich Ende des 18. Jahrhunderts von Georg Ernst Stahl von der Universität Halle entwickelt und sah unter anderem vor, daß bei der Verbrennung eine besondere Entität, eben das Phlogiston, aus dem brennenden Körper entweicht. Dieser Prozeß der Phlogistonabgabe sollte überdies für eine Zahl anderer Reaktionen, insbesondere das Rösten der Metalle, verantwortlich sein. In der zweiten Hälfte des 18. Jahrhunderts sprachen einige (von Cavendish aufgedeckte) Indizien dafür, daß der damals neu identifizierte Wasserstoff mit Phlogiston identisch ist.

Vor diesem Hintergrund formulierte Cavendish sein Modell, demzufolge Oxidation auf eine Bindung von Wasser unter Entzug von Phlogiston hinausläuft. Diesem Modell gelang die Erklärung einer großen Zahl empirischer Ergebnisse, die die kurz zuvor entwickelte Sauerstofftheorie Antoine de Lavoisiers stützten. Dieser Fall verdeutlicht daher am Beispiel die Unsicherheiten einer empirischen Beurteilung allgemeiner theoretischer Ansätze.

II
Zur Theorie und Wirklichkeit der Chemie

Spuren der Chemie im Weltbild unserer Zeit

Gerhard Quinkert

Einführung

Meine Gedanken über Chemie sind ein Nebenprodukt der kritischen Überlegungen, die notwendigerweise meine und meiner Mitarbeiter Arbeit begleiten. Ich rede also als *Chemiker*, der sich des Mittels der Kritik bedient, nicht als *Kritiker*, der die Chemie analysiert. Das Leitmotiv meiner Überlegungen ist die chemische Synthese.

Die chemische Synthese hat sichtbare Folgen für unsere Lebensbedingungen: dazu wird Herr Quadbeck-Seeger[1] Stellung nehmen. Den Philosophen wird vermutlich mehr interessieren, daß die Synthese inzwischen zur Hauptquelle chemischer Erkenntnis geworden ist, zum Kernstück der Chemie schlechthin. Ich werde versuchen, deutlich zu machen, daß die chemische Synthese bei der Überprüfung eines leicht überschaubaren Strukturmodells der Organischen Chemie sowie bei der Frage nach Mitwirkung einer *vis vitalis* bei Vorgängen des Lebens als erkenntnistheoretisches Kriterium eine Schiedsrichterrolle spielte. Ich werde das Wechselspiel zwischen biologischer und chemischer Synthese andeuten und möchte schließlich die chemische Synthese als Manifestation kreativen Gestaltungswillens nicht unerwähnt lassen.

Ich bedanke mich bei den Herren, welche diese Veranstaltung ins Leben gerufen und auf die Beine gestellt haben, für die Möglichkeit, aktiv daran teilnehmen zu dürfen. Für Alchemisten[2], die in der *ars philosophica* zu Hause waren, wäre eine Begegnung mit Philosophen normal und üblich gewesen. Auch für *Albertus Magnus*, dem *doctor universalis*, der am *studium generale et sollemne* in Köln bemüht war, augustinisch orientierte Theologie, aristotelische Philosophie und empirische Naturwissenschaft miteinander zu vereinigen. Doch was kann dabei herauskommen, wenn sich Philosophen und Chemiker heute treffen? Dasselbe, was angeblich heraus kam, als sich im September des vorigen Jahres Linguisten und Molekularbiologen im *Cold Spring Harbor Laboratory* trafen, um drei Tage lang über *Evolution: Molecules to Culture* zu diskutieren?

In der *Nature*-Ausgabe vom 18. Oktober 1990 gibt einer der Editoren dieser angesehenen Zeitschrift, der an der Veranstaltung teilgenommen hatte, seinen eher pessimistischen Eindruck wieder[3]. Es war, sagt er, wie wenn man zwei miteinander nicht mischbare Flüssigkeiten kräftig durchgeschüttelt hätte: Für einen Augenblick lang schien es so, als ob die beiden Flüssigkeiten ein homogenes Ganzes bilden würden, doch dann trennten sie sich wieder voneinander und es war so wie zuvor.

Wenn solche Erfahrung meinen Erwartungen entspräche, wäre es nicht klug, sie an den Anfang meiner Ausführungen zu stellen. Doch sollten wir der Illusion nicht zu rasch erliegen, die hier gesuchte Verständigung würde leicht möglich sein, bedürfe nur des guten Willens und sei dann ein für alle Mal gegeben. Wir sprechen nicht nur verschiedene Sprachen, sondern, wenn wir die jeweils andere Sprache zu lernen beginnen, sprechen wir sie meistens mit einem Akzent und – häufig ohne es zu wissen – in der Mentalität von gestern oder vorgestern. Lassen Sie mich an einem Beispiel aufzeigen, was ich meine.

Richard P. Feynman, Autor der berühmten *Lectures on Physics* aus dem Jahr 1963[4], beginnt seine Vorlesungen mit der Frage, wie könnten wir mit einem Minimum an Worten, in einem einzigen Satz, ein Maximum an Information über unser naturwissenschaftliches Weltbild an eine andere Kultur weitergeben, die unsere geistesgeschichtliche Entwicklung nicht kennt? Seine Antwort lautet: *„I believe it is the atomic hypothesis (or the atomic fact, or whatever you wish to call it) that all things are made of atoms."* In diesem einen Satz, sagt *Feynman*, *„there is an enormous amount of information about the world, if just a little imagination and thinking are applied"*.

Der Physiker und Philosoph *Carl Friedrich von Weizsäcker* weist in seinem Werk *Aufbau der Physik* 1985[5] darauf hin, erst die Chemie habe der Atomlehre die empirisch fundierte Legitimität gegeben. Er fährt dann wörtlich fort: „Man kann sagen, daß wir die chemische Atomlehre der glücklichen philosophischen Naivität der Chemiker verdanken. Für das Gesamtgefüge der physikalischen Theorien bedeutet die Chemie einen entscheidenden Fortschritt, der sich allerdings gegen Ende des 19. Jahrhunderts als eine empirisch fundierte Problemstellung erwies. Die Physik konnte kein konsequentes mechanisches Modell für die Atome der Chemiker anbieten. Erst die Quantentheorie, und nur durch ihre klassisch paradoxen Züge, versöhnt Chemie und Mechanik miteinander."

In der *Enzyklopädie Philosophie und Wissenschaftstheorie* von 1980[6] findet man beim Begriff Atom eine sprachlich begründete Bedeutung, die sich natürlich im Laufe der Zeit verändert hat. Es heißt dort schließlich: „Der im 19. Jahrhundert geführte Streit, ob Atome nur ein hypothetisches Hilfsmittel für Erklärungen seien *(W. Ostwald, E. Mach)*, oder ob sie tatsächlich existierten, ist mit einer allgemeinen Parteinahme der Physiker für die Existenz von Atomen zu

Ende gegangen. Die Behauptung, Atome existieren tatsächlich, ist selbst keine physikalisch relevante Aussage."

Bei einer Gegenüberstellung der beiden Meinungen,
– alle Dinge bestünden aus Atomen und diese Feststellung sei die wichtigste, in einem Satz unterzubringende Botschaft an eine andere Kultur, und
– die Behauptung, Atome existieren tatsächlich, sei keine physikalisch relevante Aussage,

ist zumindest eine Akzentverschiebung zu konstatieren. Wenn *C.F. v. Weizsäcker* von der chemischen Atomlehre spricht, will er den Beitrag der Chemie, die Grundstruktur der materiellen Wirklichkeit erkannt zu haben, betonen.

Womit beschäftigt sich die Chemie und was ist die Grundstruktur der materiellen Wirklichkeit?

Chemie ist die empirisch begründete Wissenschaft von den Eigenschaften und den Umwandlungen materieller Substanzen. Eigenschaften können im allgemeinen eine kontinuierliche Skala von „Werten" durchlaufen, Substanzen lassen sich in diskreter Weise klassifizieren: kontinuierliche Übergänge zwischen ihnen erweisen sich als bloße Gemische.

Diese Unterscheidung zwischen Gemischen und diskreten Substanzen – chemischen Verbindungen wie der Chemiker sagt – steht am Anfang jedes Weges in die Chemie. Die Eigenschaft von Mischungen durchläuft ein Kontinuum zwischen den Qualitäten der reinen Substanzen. Die Eigenschaften einer chemischen Verbindung sind dagegen neuartig und charakterisieren eine diskrete Substanz. Die Diskretheit der reinen Substanz ist ein chemisches Grundphänomen und im Alltag mühelos zu erkennen. Sie offenbart die Grundstruktur der materiellen Wirklichkeit und ist keineswegs trivial. Gäbe es die Phänomene der Diskretheit und damit die Unstetigkeit in der Natur nicht, folgert *C.F. v. Weizsäcker*[5], so wäre vermutlich keine Begriffsbildung möglich.

Die Diskretheit der chemischen Verbindungen wurde Anfang des 19. Jahrhunderts in den *Gesetzen der konstanten und multiplen Proportionen* postuliert. Diese Gesetze gehen von der Annahme aus, die große Zahl chemischer Verbindungen bestünde aus einer kleinen Zahl chemischer Elemente.

Nach dem *Gesetz der konstanten Proportionen* (Abb. 1) stehen die Gewichtsmengen der in einer chemischen Verbindung vereinigten Elemente in einem konstanten Verhältnis zueinander. In der chemischen Verbindung *Wasser* sind die Elemente *Wasserstoff* und *Sauerstoff* miteinander verbunden: auf einen Gewichtsanteil Wasserstoff kommen acht Gewichtsanteile Sauerstoff.

GESETZ DER KONSTANTEN PROPORTIONEN

> Die Gewichtsmengen der in einer chemischen Verbindung vereinigten Elemente stehen in einem konstanten Verhältnis zueinander.
>
> **Beispiel:** Die chemische Verbindung **Wasser** enthält die chemischen Elemente **Wasserstoff** und **Sauerstoff** im Verhältnis 1:8.

Abb. 1. Der französische Chemiker *J.L. Proust*[7] vertrat Ende des 18. Jahrhunderts die experimentell belegte Ansicht, daß chemische Verbindungen konstant zusammengesetzt seien und bereitete damit den Weg zur Chemischen Atomtheorie von *J. Dalton*[8] vor.

Das *Gesetz der konstanten Proportionen*, wohl auch als *Grundgesetz der Stöchiometrie* bezeichnet, wurde durch das *Gesetz der multiplen Proportionen* (Abb. 2) erweitert: Die Gewichtsverhältnisse zweier oder mehrerer chemischer Elemente, die sich zu verschiedenen chemischen Verbindungen vereinigen, stehen im Verhältnis einfacher ganzer Zahlen zueinander. Wie *Wasser* enthält auch *Wasserstoffperoxid* die Elemente *Wasserstoff* und *Sauerstoff*. Nun kommen 16 Gewichtsanteile Sauerstoff auf einen Gewichtsanteil Wasserstoff. Das Verhältnis 1:8 beim Wasser und 1:16 beim Wasserstoffperoxid läßt erkennen, daß die mit einer bestimmten Wasserstoffmenge verbundene Sauerstoffmenge sich in den beiden chemischen Verbindungen Wasser und Wasserstoffperoxid wie 1:2 verhält.

Als einfache Deutung der *Gesetze der konstanten und multiplen Proportionen* bot sich unmittelbar die chemische Atomlehre an. Nach ihr ist ein chemisches Element, wie *Wasserstoff* oder *Sauerstoff*, durch eine bestimmte Sorte von Atomen charakterisiert, eine chemische Verbindung, wie *Wasser* oder *Wasserstoffperoxid*, durch eine bestimmte Sorte von Molekülen. In den Molekülen sind die

GESETZ DER MULTIPLEN PROPORTIONEN

Die Gewichtsverhältnisse zweier (oder mehrerer) chemischer Elemente, die sich zu verschiedenen chemischen Verbindungen vereinigen, stehen im Verhältnis einfacher ganzer Zahlen zueinander.

Beispiel: Die chemischen Verbindungen **Wasser** und **Wasserstoffperoxid** enthalten beide die chemischen Elemente **Wasserstoff** und **Sauerstoff**, im ersteren Fall im Verhältnis 1:8, im letzteren Fall im Verhältnis 1:16.

$(1:8)/(1:16) = 1:2$

Abb. 2. Der irische Chemiker *W. Higgins* erwähnte 1789 in einem Buch, daß verschiedene chemische Verbindungen, die sich aus denselben Elementen zusammensetzen, diese Elemente im Verhältnis einfacher ganzer Zahlen aufweisen, und bereitete damit den Weg zur Chemischen Atomtheorie von *J. Dalton* vor.

in Frage kommenden, durch chemische Analyse bestimmten Atome der betreffenden Elemente miteinander chemisch verbunden. Die Diskretheit der Moleküle erklärt die Diskretheit der chemischen Verbindungen und legt den Unterschied zwischen physikalischen Mischungen und chemischen Verbindungen offen: In Gemischen können die Komponenten (Elemente oder Verbindungen) in beliebigen Mischungsverhältnissen vorliegen, in chemischen Verbindungen dagegen nicht. Um ausrechnen zu können, wieviel Wasserstoffatome mit wieviel Sauerstoffatomen im Molekül des Wassers oder des Wasserstoffperoxids miteinander verknüpft sind, müßte man die Masse der einzelnen Atome und die Masse der jeweiligen Moleküle kennen. Inzwischen sind diese Zahlen bekannt und demzufolge weiß man, daß im Wassermolekül zwei Wasserstoffatome mit einem Sauerstoffatom und im Wasserstoffperoxidmolekül zwei Wasserstoffatome mit zwei Sauerstoffatomen verbunden sind. Man weiß ferner, wie groß die Moleküle sind und daß 1 l Wasser mehr als 10^{22} Wasser-Moleküle enthält.

Auf dem Fundament der atomaren Zusammensetzung der materiellen Wirklichkeit haben Chemiker das grandiose Gebäude ihrer *Strukturtheorie* [9] errichtet: mit den Antworten, die sie auf Fragen, welche Atome in den Molekülen unmittelbar miteinander verbunden seien, erhielten. Ich will mich hier aus Zeitgründen auf die Strukturtheorie derjenigen Verbindungen beschränken, die man seit eh der Organischen Chemie zurechnet.

Man geht bei der Strukturbeschreibung chemischer Verbindungen üblicherweise so vor, daß man den in Betracht kommenden Molekülen bestimmte Modelle, z.B. geometrische Figuren, zuordnet[10]. Ein Modell soll stets die idealisierte Reduktion unübersichtlicher Sachverhalte auf eine faßbare Darstellung bewirken. Der Typ von Molekülmodellen, von dem die Architekten der Organischen Chemie ausgingen, besteht aus einer starren Anordnung von Punkten, die durch Geraden verbunden sind: die Punkte sind die Abbildungen der Atomlagen, die Geraden stellen chemische Bindungen dar. Das Wesen der chemischen Bindung blieb nicht unbefragt, aus Gründen der praktischen Vernunft jedoch zunächst unbeantwortet. Die Molekülarchitekten des 19. Jahrhunderts beschränkten sich bewußt darauf, die Art und Anzahl gebundener Liganden und deren Anordnung zueinander und zum gemeinsamen Zentralatom zu beschreiben.

Eine derartige Beschreibung verwendet Begriffe wie *Zentralatom* oder *Liganden*, die sich ganz von selbst erklären, aber auch solche wie *Organische Chemie*, *Chemische Bindung* oder *Chemische Struktur*, die wenig präzise sind und sich gerade deshalb für Änderungen ihrer Bedeutung im Lauf der Zeit als besonders geeignet erwiesen. So hat die IUPAC, eine Art UNO der Chemie, darauf verzichtet, den Geltungsbereich z.B. des Begriffs Struktur eng abzugrenzen: „*The term structure may be used in connexion with any aspect of the organization of matter.*"[11] Dagegen haben Begriffe, die sich zum Aufbau von Begriffspyramiden eignen, einen engeren Spielraum. Wir werden eine derartige Begriffspyramide mit den Begriffen *Konstitution, Stereostruktur, Enantiomerie* und *Diastereomerie* (Abb. 3) bald kennenlernen.

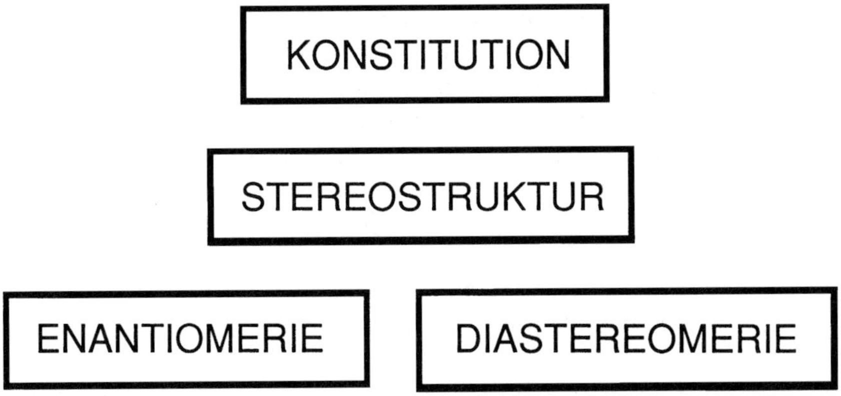

```
         ┌─────────────────────┐
         │    KONSTITUTION     │
         └─────────────────────┘

         ┌─────────────────────┐
         │   STEREOSTRUKTUR    │
         └─────────────────────┘

┌──────────────────┐      ┌──────────────────┐
│   ENANTIOMERIE   │      │  DIASTEREOMERIE  │
└──────────────────┘      └──────────────────┘
```

Abb. 3. Die strukturelle Begriffspyramide mit den klar gegeneinander abgegrenzten Begriffsebenen für Konstitution oder Stereostruktur oder Enantiomerie und Diastereomerie.

Die Struktur eines Moleküls im Rahmen des ursprünglichen Strukturmodells der Organischen Chemie festlegen, heißt, die Art der beteiligten Elemente, die Anzahl ihrer Atome, deren Verknüpfung (Konnektivität, Sequenz) sowie deren räumliche Anordnung beschreiben. Ob die verwendeten Begriffe geeignet sind, die strukturelle Vielfalt sowie die subtilen Unterschiede hinreichend zu berücksichtigen, wird sich am Fall der Isomerieerscheinungen erweisen.

Unter Isomeren[12] versteht man chemische Verbindungen gleicher Molekularformel, d.h. Moleküle, die sich aus derselben Zahl von Atomen der gleichen Elemente zusammensetzen, und die sich entweder in der Konnektivität oder in der räumlichen Anordnung ihrer Atome voneinander unterscheiden. Um angemessen zwischen den verschiedenen Ebenen struktureller Beschreibbarkeit unterscheiden zu können, hat man sich daran gewöhnt, zunächst zwischen *Konstitutionsisomeren* und *Stereoisomeren* und dann zwischen *Enantiomeren* und *Diastereomeren* zu differenzieren.

Konstitutionsisomere sind Verbindungen gleicher Molekularformel, aber unterschiedlicher Verknüpfung, Konnektivität, Sequenz oder – wie man heute sagt – unterschiedlicher Konstitution. Die Zahl möglicher Konstitutionsisomeren hängt stark von der Molekülgröße ab und kann bereits bei mittelgroßen Molekülen astronomische Werte annehmen. Für den Fall, daß 25 Kohlenstoffatome und 52 Wasserstoffatome in einem Molekül miteinander verbunden sind (Chemiker sagen, *die Molekularformel sei $C_{25}H_{52}$*), gibt es 36 797 588 mögliche Konstitutionsisomere.

Woher kennt man diese Zahl? Diese Frage läßt sich als ein Problem der kombinatorischen Topologie formulieren und *graphentheoretisch* lösen[13]. Der englische Mathematiker *Arthur Cayley* hatte bereits 1857[14] damit begonnen. Erst in unseren Tagen konnte das Problem abschließend gelöst werden[15]. Die Beziehung zur Graphentheorie hat für den logisch-mathematischen Duktus der Chemischen Strukturtheorie eine doppelte Bedeutung. Sie hat mit der chemischen Ikonographie zu tun sowie mit den Spielregeln der Molekülarchitektur, die vom Algorithmus der computer-unterstützten Generierung isomerer Konstitutionen berücksichtigt werden müssen.

Zur Chemischen Ikonographie

Für die Betrachtungsweise des Chemikers ist es typisch, den individuellen Einzelfall einer chemischen Verbindung als Spezialfall einer ganzen Verbindungsklasse, die sich diskontinuierlich von anderen Verbindungsklassen abhebt, anzusehen. *Verbindungsklasse* ist ein begriffliches Werkzeug des Chemikers, es gibt kein physikalisches Korrelat, das ihr entspräche. Nehmen wir als Beispiel die Verbindungsklasse der *acyclischen Kohlenwasserstoffe* (Abb. 4) mit der kollektiven Molekularformel C_nH_{2n+2}. Die Molekularformeln CH_4, C_2H_6, C_3H_8, C_4H_{10}, C_5H_{12}, $C_{25}H_{52}$ stehen für individuelle Mitglieder oder für ganze Familien aus dieser Verbindungsklasse.

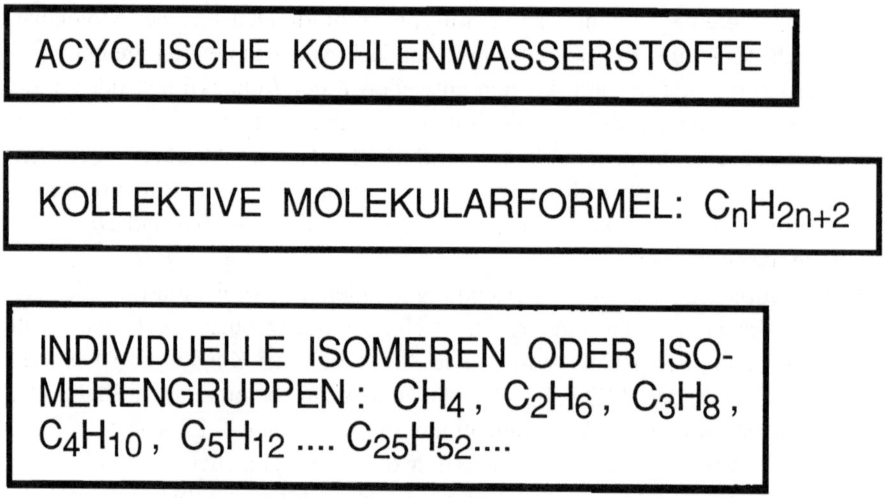

ACYCLISCHE KOHLENWASSERSTOFFE

KOLLEKTIVE MOLEKULARFORMEL: C_nH_{2n+2}

INDIVIDUELLE ISOMEREN ODER ISOMERENGRUPPEN: CH_4, C_2H_6, C_3H_8, C_4H_{10}, C_5H_{12} .... $C_{25}H_{52}$....

Abb. 4. Die Verbindungsklasse der acyclischen Kohlenwasserstoffe enthält sämtliche bekannten oder unbekannten Kohlenwasserstoffe der kollektiven Molekularformel C_nH_{2n+2}. Hierzu gehören die individuellen Isomeren CH_4, C_2H_6, C_3H_8 oder die individuellen Isomerengruppen C_4H_{10}, C_5H_{12} und $C_{25}H_{52}$.

Spuren der Chemie im Weltbild unserer Zeit 63

In Abb. 5 sind sämtliche *acyclische Graphen* mit 5 Punkten zusammengestellt worden. Man kann diese, auch Bäume genannten Graphen, als Symbole für Konstitutionsisomere der Untergruppe C_5H_{12} zur Verbindungsklasse C_nH_{2n+2} verwenden, sofern folgende Vereinbarungen gelten:

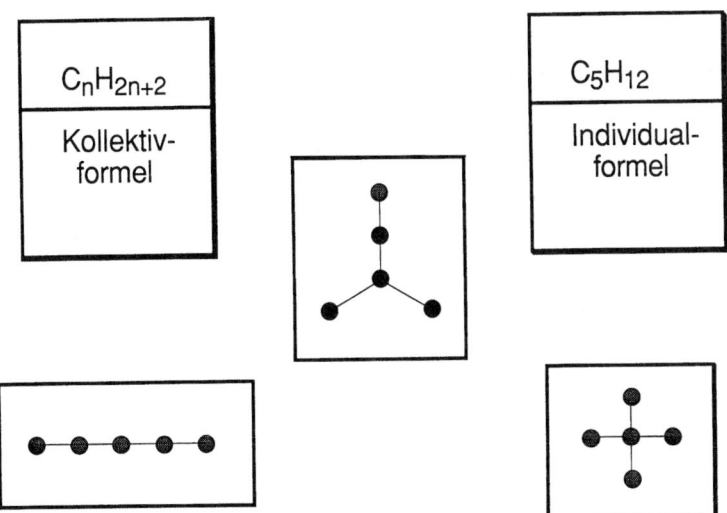

Abb. 5. Zur Verbindungsklasse der acyclischen Kohlenwasserstoffe mit der kollektiven Molekularformel C_nH_{2n+2} gehört die individuelle Isomerengruppe der Molekularformel C_5H_{12}. Letztere umfaßt drei individuelle Konstitutionsisomere, die hier als Graphen abgebildet worden sind.

– *Jeder Punkt* kennzeichnet ein Kohlenstoffatom, das mit einem, zwei, drei oder gar vier anderen Kohlenstoffatomen verknüpft sein kann. Damit die Ordnung vier gewährleistet ist – die Chemiker sagen, Kohlenstoff sei *vierwertig* – weisen wir jedem Kohlenstoffatom in Gedanken soviel Wasserstoffatome (der Ordnung eins: Wasserstoff ist *einwertig*) zu, daß die Anzahl der Liganden jeweils vier wird: also drei, zwei, ein oder auch kein Wasserstoffatom.
– *Jeder Strich* kennzeichnet eine Bindung zwischen zwei Kohlenstoffatomen, über deren Natur wir uns hier nicht unterhalten wollen. Die fehlenden Striche zwischen den jeweiligen Kohlenstoffatomen und den aus Gründen der Anschaulichkeit unterdrückten Wasserstoffatomen fügen wir in Gedanken zu und erhalten dann die Symbole, die Chemiker für die Konstitutionsisomeren der Molekularformel C_5H_{12} verwenden (Abb. 6):

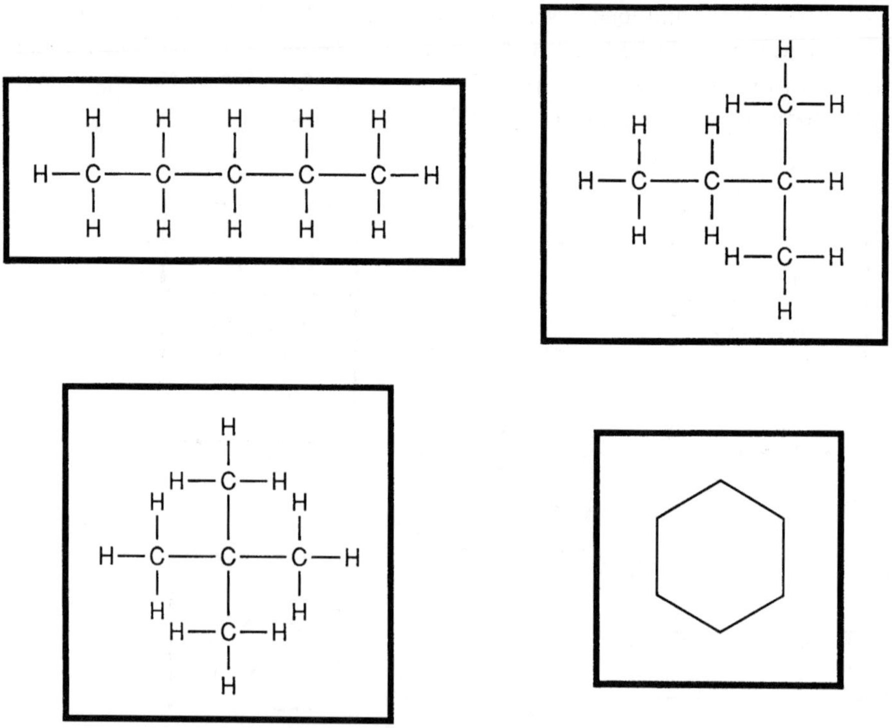

Abb. 6. Die chemischen Formelbilder für die drei Konstitutionsisomeren aus der Isomerengruppe mit der Zusammensetzung C_5H_{12} unter Wiedergabe auch der H-(Wasserstoff-)Atome. Das chemische Formelbild für den unverzweigten cyclischen Kohlenwasserstoff C_6H_{12} (Cyclohexan) ohne Wiedergabe der H-Atome.

In der Regel arbeitet der Chemiker mit Symbolen, bei denen man die Wasserstoffatome wegläßt, so daß nur die Kohlenstoffskelette sichtbar werden. Ein gleichseitiges Sechseck (Abb. 6) symbolisiert z.B. den cyclischen Kohlenwasserstoff *Cyclohexan* mit der individuellen Molekularformel C_6H_{12}, ein Spezialfall aus der Verbindungsklasse der *cyclischen Kohlenwasserstoffe*, nun mit der kollektiven Molekularformel C_nH_{2n}. Eine laxe Redeweise hat dazu geführt, die Verständigung mit Chemikern unnötig zu erschweren. So mag man einen Chemiker sagen hören, das Sechseck sei Cyclohexan, ähnlich wie ein Betrachter beim Anblick dieses Bildes (Abb. 7) leicht ausrufen könnte, dies sei eine Pfeife.

Spuren der Chemie im Weltbild unserer Zeit

Abb. 7. René Magritte: „Die berühmte Pfeife. Wie die Leute mich danach befragt haben! Nun, könnte man meine Pfeife stopfen? Nein, es ist ja nur ein Bild. Hätte ich geschrieben ‚Dies ist eine Pfeife', so hätte ich gelogen."[17]

Dabei wissen wir mit *Wittgenstein*[18], daß ein Bild eine Beschreibung ersetzen kann und beide synonym, sowie mit *Magritte*[19], daß ein Bild ein Objekt symbolisiert, beide aber nicht identisch sind. Chemiker sind sich dessen bewußt und sollten dies auch in ihrem Sprachverhalten deutlich machen. Es gilt daher nicht nur: *Ceci n'est pas une pipe,* sondern auch: *Dies ist nicht Cyclohexan* (Abb. 8).

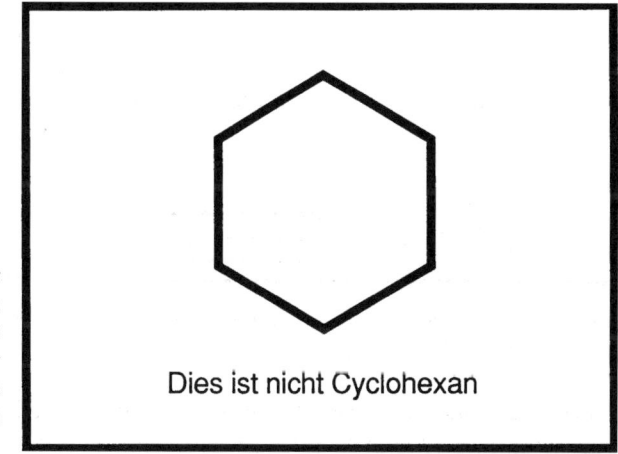

Abb. 8. So, wie Abb. 7 nur den Gegenstand mit dem Namen Pfeife symbolisiert, ist auch das hier angegebene Formelbild nur ein Symbol für die chemische Verbindung mit dem Namen Cyclohexan.

Zu den Spielregeln der Molekülarchitektur

Um die Isomeren der Molekularformel C_3H_6O (also die individuellen Vertreter, die außer einem Sauerstoffatom drei Kohlenstoffatome und sechs Wasserstoffatome im Molekül enthalten; Abb. 9) in ihrer Zahl und Konstitution vollständig erfassen und beschreiben zu können, genügt es, folgende *Modellbauanweisungen* zu beachten:

– Atome haben eine bestimmte Wertigkeit (Kohlenstoff, hörten wir bereits, sei vierwertig, Wasserstoff sei einwertig; nun fügen wir hinzu, Sauerstoff ist zweiwertig). Atome können ihren Wertigkeiten entsprechend Bindungen miteinander eingehen (so erhielten wir der Einwertigkeit des Wasserstoffs und der Vierwertigkeit des Kohlenstoffs entsprechend die Molekularformeln für die Kohlenwasserstoffe CH_4, C_2H_6 ... $C_{25}H_{52}$).

– Atome können miteinander einfach, doppelt oder dreifach verbunden (was durch einen Einfach-, Doppel- oder Dreifachbindestrich ausgedrückt wird) und acyclisch oder cyclisch, verzweigt oder unverzweigt sein.

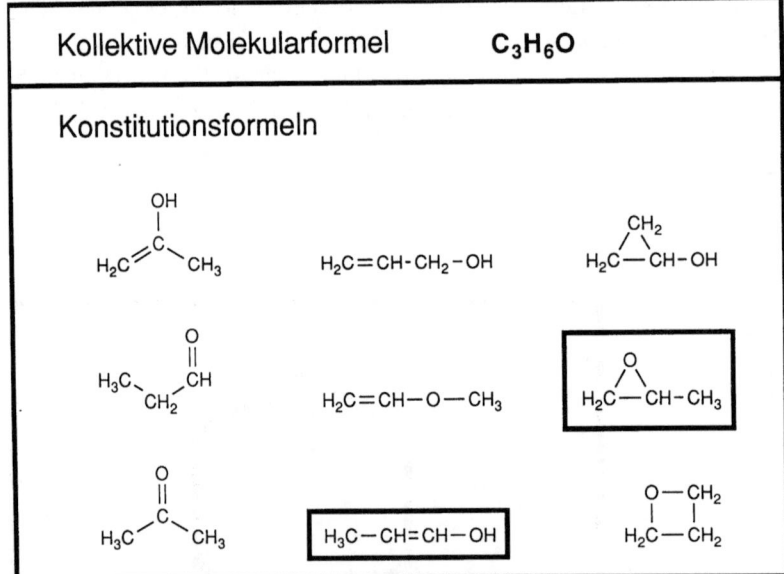

Abb. 9. Der vollständige Satz von neun Konstitutionsformeln aus der Verbindungsklasse mit der kollektiven Molekularformel C_3H_6O.

So erhält man unter Beachtung der genannten Modellbauanweisungen insgesamt neun individuelle Konstitutionsformeln, die der kollektiven Molekularformel C_3H_6O entsprechen: nicht mehr und nicht weniger. Hier trifft man auf Einfach- oder Doppelbindungen, nimmt verzweigte und unverzweigte offene Ketten oder Ringe mit drei oder vier Ringgliedern wahr. Noch nicht genug: *die räumliche Anordnung der Atome in einem Molekül* ist nicht berücksichtigt worden!

Die Tetraederstruktur der Kohlenstoffverbindungen

Die Bauanweisung für denjenigen, der dreidimensional geometrische Figuren als Modelle für bereits bekannte oder doch mögliche Moleküle entwirft, besagt, daß sich vier Liganden derart um ein Kohlenstoffatom anordnen, daß das Kohlenstoffatom im Zentrum, seine vier Liganden in den Ecken eines Tetraeders anzubringen sind. Die vom Modellstandpunkt angenommene Tetraederstruktur der Kohlenstoffverbindungen[20] hat zwei unmittelbare Konsequenzen für die Anzahl möglicher Stereoisomere:

– *Für Moleküle mit vier verschiedenen Liganden* (Abb. 10), die sich tetraedrisch um ein zentrales Kohlenstoffatom anordnen, gibt es nur eine einzige *Konstitutionsformel,* dagegen zwei verschiedene *Stereoformeln,* die sich nur durch Spiegelung an einer extramolekularen Spiegelebene (senkrecht zur Papierebene) miteinander zur Deckung bringen lassen.

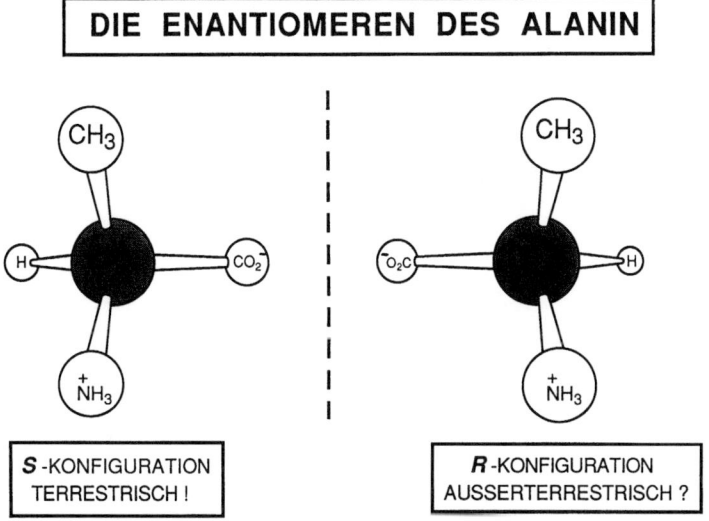

Abb. 10. Die beiden Stereoformeln (mit *S*- oder *R*-Konfiguration) für die Enantiomeren der Aminosäure mit dem Namen Alanin.

Das *Tetraedermodell* wird der Erfahrung gerecht. So gibt es zwei Aminosäuren Alanin mit spiegelbildisomerer *(enantiomerer)* Anordnung der Liganden um das *stereogene* Zentralatom. Da nach heutigem Verständnis nur das eine oder das andere Enantiomere an biologischen Prozessen beteiligt sein kann[21], wird man verstehen, daß sich Chemiker intensiv um Moleküle bemüht haben und dies weiterhin tun, welche – wie Alanin – die Eigenschaft der *Händigkeit* [22] (oder *Chiralität*) besitzen und die sich strukturell ähnlich voneinander unterscheiden, wie die linke von der rechten Hand. So lautet eine der Standardfragen im wissenschaftlichen Programm der Weltraumerkundungen, ob Alanin – falls es außerhalb unseres Planeten nachgewiesen werden kann – die terrestrische Stereostruktur (*S*-Konfiguration[23]) besitzt oder ob außerterrestrisch die spiegelbildisomere R-Konfiguration[23] auftritt.

- *Für Moleküle mit C=C-Bindungen* und unterschiedlichen Liganden an beiden Kohlenstoffatomen zeigt ein Molekülmodell mit zwei Tetraedern, die eine Kante gemeinsam haben (Abb. 11), daß hier ein weiteres *stereogenes Strukturelement* vorliegt, welches zu einer Gesamtzahl von Isomeren führt, die diejenige der Konstitutionsisomeren übersteigt. Im vorliegenden Fall handelt es sich bei den *Z*- oder *E*-Stereoisomeren, die zusätzlich zu den Konstitutionsisomeren zu berücksichtigen sind, nicht um spiegelbildisomorphe Enantiomere, sondern um nichtspiegelbildisomorphe *Diastereomere*.

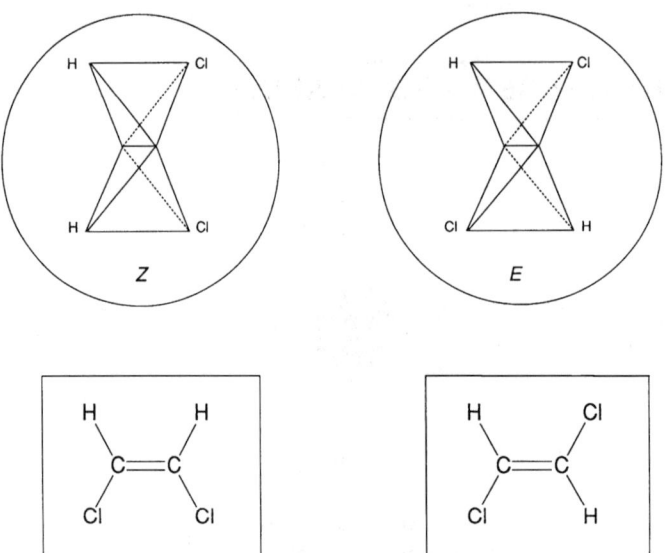

Abb. 11. Fügt man zwei Tetraeder derart zusammen, daß sie eine Kante gemeinsam haben, gibt es für den Fall, daß sich an der jeweils gegenüberliegenden Kante der beiden Tetraeder verschiedene Liganden (hier: H und Cl) befinden, zwei unterschiedliche Stereoformeln (mit *Z*- oder *E*-Anordnung der Liganden).

Die eingerahmten Konstitutionsformeln von Abb. 9 lassen in einem Fall ein *stereogenes Zentrum*, im anderen Fall eine *stereogene C=C-Bindung* erkennen. Hier gibt es jeweils zwei verschiedene Stereoformeln (Abb. 12), so daß sich die Gesamtzahl voraussagbarer Isomeren mit der Molekularformel C_3H_6O von neun auf elf erhöht.

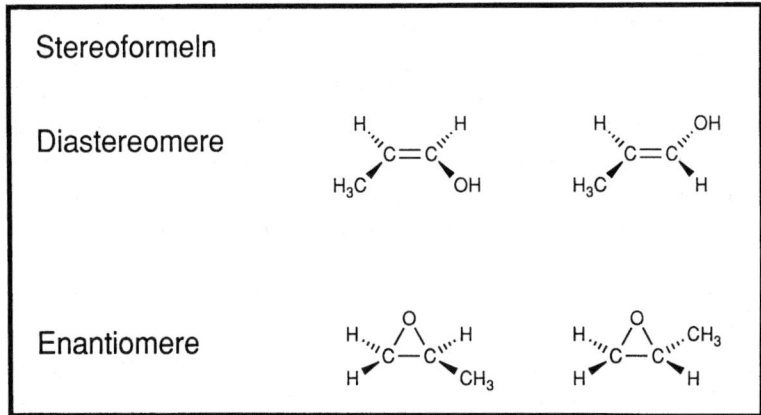

Abb. 12. Für die eingerahmten Konstitutionsformeln von Abb. 9 gibt es jeweils zwei unterschiedliche Stereoformeln, welche die beiden Diastereomeren (mit stereogener C=C-Bindung) oder die beiden Enantiomeren (mit stereogenem C-Zentrum) symbolisieren.

Würde man in der Untergruppe der acyclischen Kohlenwasserstoffe mit der Molekularformel $C_{25}H_{52}$ nicht nur nach der Zahl möglicher Konstitutionsisomeren fragen, sondern nach der Gesamtzahl möglicher Konstitutions- *und* Stereoisomeren, erhielte man als Antwort die stattliche Zahl von 749 329 719. Dieses Resultat erhält man heute mit Hilfe von Computern[13].

Der Synthetiker als Schiedsrichter über Strukturmodelle und über prinzipielle Grenzen der Synthetisierbarkeit

Doch wie gingen Chemiker vor hundert Jahren vor, als sie das Fundament zum Gebäude der chemischen Strukturtheorie legten? Sie vertrauten auf ihre synthetischen Fertigkeiten und suchten in einem gegebenen Fall die unter Beachtung der zuvor aufgezählten Spielregeln der Molekülarchitektur vorausgesagten Isomerenzahlen experimentell zu verifizieren. Um das Vorgehen zu verdeutlichen, möchte ich ein Beispiel aus jüngerer Zeit verwenden, das in einer gruppentheoretischen Beschreibung von Symmetrieeigenschaften den logischen Zusammenhang von Isomerenzahlen mit Molekülstrukturen vor oder nach einer gezielten Strukturänderung, vor oder nach einem spezifischen Syntheseschritt, aufzeigt.

Zunächst möchte ich noch vermerken, daß von den nahezu 750 Mio möglichen Isomeren der Molekularformel $C_{25}H_{52}$ bis vor kurzem nicht mehr als 50 Individuen tatsächlich bekannt waren. Chemiker suchen sich für ihre Verifikationsbemühungen geeignetere, die menschliche Arbeitskraft respektierende Fälle aus. Dank der vielen, wie von einem Zufallsgenerator ausgesuchten Synthesebeispiele ist jedoch die Strukturtheorie der Organischen Chemie mehr als hundert Jahre lang einem unaufhörlichen Falsifizierungstest unterworfen worden: in begrenzten Teilbereichen festgestellte Unstimmigkeiten führten zu Präzisierungen der Strukturtheorie, im großen und ganzen erwies sich das skizzierte Fundament jedoch als ausreichend und erstaunlich tragfähig. Doch nun zu dem bereits angekündigten Beispiel.

Nehmen wir an, wir hätten zwei chemische Verbindungen, welche in der üblichen Weise durch die beiden abgebildeten Stereoformeln (Abb. 13) symbolisiert werden können. Die beiden geometrischen Figuren unterscheiden sich, wie jeder Architekt oder Maschinenbauer sofort erkennen würde, durch ihren Symmetriecharakter. Die linke Figur läßt sich um 180° um eine Achse drehen oder jeweils an einer von zwei Ebenen spiegeln, ohne daß nach der jeweiligen Symmetrieoperation eine permanente Positionsveränderung eingetreten wäre: sie gehört – wie man sagt – in die *Symmetriepunktgruppe* C_{2v}.

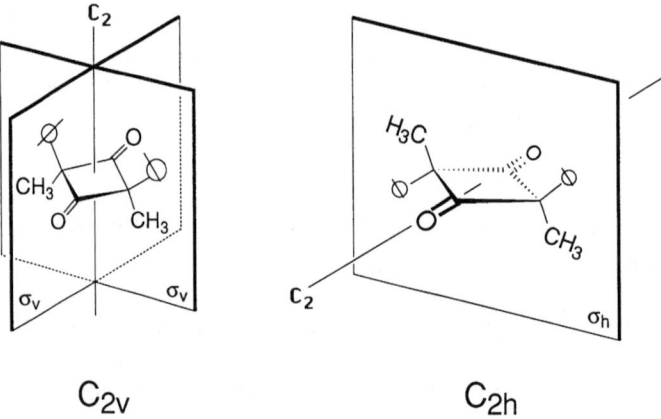

Abb. 13. Stereoformeln für zwei isomere Vierringverbindungen der Symmetriepunktgruppe C_{2v} bzw. C_{2h} mit Angabe der Symmetrieelemente.

Die rechte Figur läßt sich ebenfalls um eine Achse um 180° drehen, an einer Ebene flächenspiegeln sowie in einem Inversionszentrum, das dort liegt, wo die Drehachse die Spiegelebene durchsticht, punktspiegeln, ohne daß ihre Position durch die genannten Symmetrieoperationen auf Dauer geändert worden wäre: sie gehört – wie man sagt – zur *Symmetriepunktgruppe* C_{2h}. Nimmt man nun in Gedanken eine strukturelle Veränderung vor, so daß man die beiden C=O-Bindungen beseitigt, was in der einfachsten Weise dadurch geschieht, daß man sowohl an das jeweilige C-Atom wie auch an das jeweilige O-Atom ein H-Atom addiert, wodurch erreicht werden kann, daß nur noch Einfachbindungen vorliegen und dennoch die Zweiwertigkeit von O, die Vierwertigkeit von C als auch die Einwertigkeit von H gewährleistet sind, gelangt man von jedem der beiden stereoisomeren Startmodelle zu einer verschiedenen Zahl stereoisomerer Zielmodelle: dem C_{2v}-Startmodell sind drei (Abb. 14), dem c_{2h}-Startmodell dagegen nur zwei (Abb. 15) Zielmodelle zuzuordnen. Ich kann die insgesamt fünf neu formulierten Modelle ebenfalls wieder auf ihren Symmetriecharakter hin untersuchen und entsprechend klassifizieren.

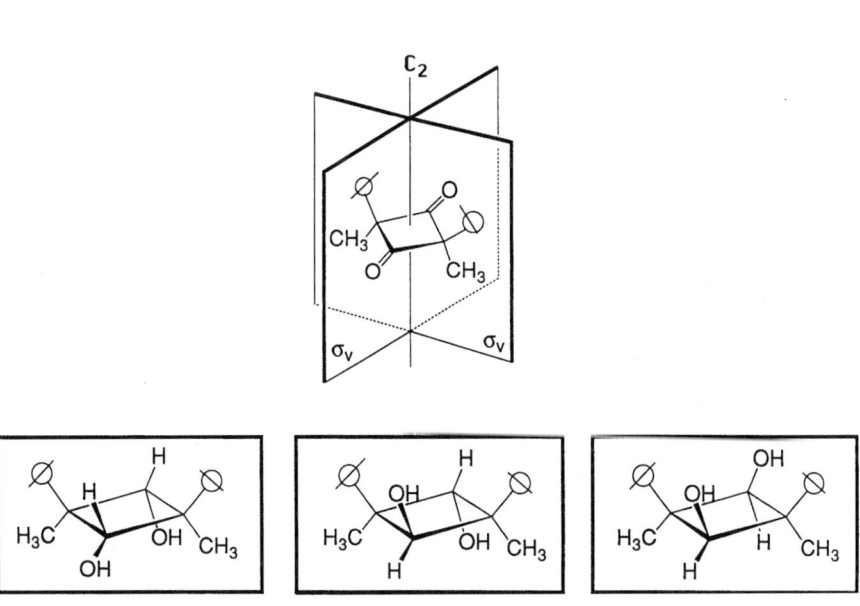

Abb. 14. Die C_{2v}-Startstruktur ist für den Fall einer Hydrierung mit zwingender Logik mit drei möglichen Zielstrukturen verknüpft.

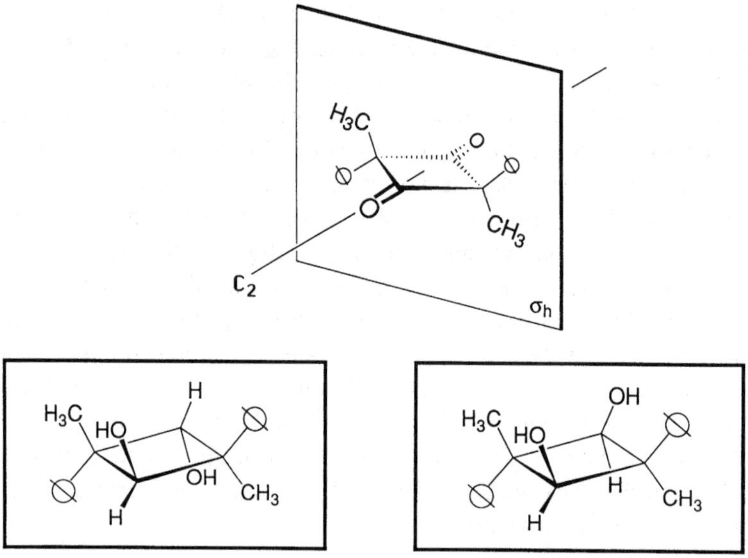

Abb. 15. Die C_{2h}-Startstruktur ist für den Fall einer Hydrierung mit zwingender Logik mit zwei möglichen Zielstrukturen verknüpft.

Um festzustellen, welche der beiden ursprünglichen Verbindungen durch welches der beiden Startmodelle korrekt symbolisiert wird, braucht man diesen Aufwand nicht zu treiben, sofern man erkannt hat, daß das Startmodell aus der *Symmetriepunktgruppe C_{2v}* (Abb. 14) mit drei, das Startmodell aus der *Symmetriepunktgruppe C_{2h}* (Abb. 15) nur mit zwei Zielmodellen verknüpft ist. Gelingt es mir, die stereoisomeren Startverbindungen zu synthetisieren und – falls sie im Gemisch nebeneinander auftreten sollten – voneinander zu trennen, so kann ich hoffen, durch eine Addition von H an die Zentren der C=O-Bindungen in zwei realen Experimenten (welche der Chemiker Hydrierung nennt und die er seit langem gut beherrscht) das gestellte Problem eindeutig lösen zu können. Falls ich bei der Reihenfolge der beiden Hydrierungsexperimente Glück habe und zufällig mit derjenigen Startverbindung beginne, die zu drei stereoisomeren Hydrierungsprodukten führt, weiß ich bereits, daß die Startverbindung zur *Symmetriepunktgruppe C_{2v}* gehört: dann muß die andere Startverbindung, die durch eine chemische Hydrierung nur mit zwei und nicht mit drei Zielverbindungen verknüpft sein kann, zur *Symmetriepunktgruppe C_{2h}* gehören. Und dies aus Symmetriegründen, d.h. mit zwingender Notwendigkeit. Finde ich nur zwei stereoisomere Zielverbindungen, ist eine eindeutige Zuordnung mit einer der beiden Startverbindungen nicht möglich: es könnte zufällig sein, daß statt der zu erwartenden drei Zielverbindungen sich nur zwei von ihnen isolieren und nachweisen lassen[24].

Bei chemischen Verbindungen ohne Symmetrie sind ausgesprochen chemische Maßnahmen und der Anschauung weniger leicht zugängliche Schlußfolgerungen, als es bei Symmetrieüberlegungen der Fall ist, ins Spiel gebracht worden: in ein Spiel, das Chemiker über hundert Jahre lang mit großer Verve betrieben haben. In dieser Zeitspanne entwickelte sich die Chemie zu einer eigenständigen Disziplin innerhalb der Naturwissenschaften. Als physikalische Methoden sich etablierten und mit großer Genauigkeit dem Chemiker ermöglichten, die Struktur organischer Verbindungen wesentlich effektiver als auf chemischem Wege zu bestimmen, wurde die Strukturermittlung mehr und mehr eine Domäne der angewandten Physik. Jetzt konnten auch Physiker beurteilen, was Chemiker bewerkstelligt hatten. *R.P. Feynman* geizt nicht mit Anerkennung: „Organic chemistry is one of the most phantastic pieces of detective work that has ever been done. The physicist could never quite believe that the chemist knew what he was talking about when he described the arrangement of the atoms. For about twenty years it has been possible, in some cases, to look at such molecules by a physical method[25], and it has been possible to locate every atom by measuring where they are. And lo and behold! the chemists are almost always correct." Der amerikanische Wissenschaftshistoriker *Henry M. Leicester*[26] urteilt ähnlich über diese Periode: „It is probable that the development of organic chemistry within the last hundred years represents the most remarkable use of logical reasoning of a non-quantitative type that has ever taken place."

Und wie steht es mit *„der glücklichen philosophischen Naivität der Chemiker"*, von der *C.F. v. Weizsäcker* sprach? Tatsächlich wandten sich Chemiker engagiert dem Geflecht von Konzeptionen zu, das ihnen die Grundstruktur der materiellen Wirklichkeit zu erfassen gestattete. Es sollte noch erwähnt werden, daß mit der sogenannten Konformationsanalyse[27] der Schlußstein der Strukturtheorie erst 1950 gesetzt wurde, wodurch schließlich die statische Stereochemie durch Einführen einer Zeitachse zur dynamischen Stereochemie erweitert wurde. Chemiker waren mit den Anwendungen statischer und dynamischer Strukturüberlegungen derart beschäftigt, daß sie der wissenschaftlichen Fundierung des zugrunde liegenden atomaren Aufbaus der materiellen Welt wenig Aufmerksamkeit und keinesfalls Priorität einräumten. Im übrigen entspricht es der Mentalität des Chemikers, sich Stück für Stück mit der Komplexität der materiellen Erscheinungen und ihrer mannigfaltigen Veränderungen auseinanderzusetzen. Die Suche nach den allgemeinsten Gesetzen und nach einer die gesamte Natur umfassenden Theorie ist ohne Frage das programmatische Anliegen der Physiker. Mit der Quantentheorie ist dieses Ziel weitgehend erreicht worden[28]: nicht ohne die provozierende Pragmatik der Chemiker, die schon frühzeitig so taten, als sei die Existenz der Atome längst nachgewiesen, und mit revolutionären Veränderungen gerade auch für die Philosophen[29]. Wozu die klassische Mechanik nicht imstande gewesen war, die Stabilität der Atome, ihre Raumerfüllung und die Diskretheit chemischer Verbindungen zu interpretieren, fand die Quantenmechanik eine prinzipielle Lösung. Wenn auch die gesamte Chemie inzwischen zum Gültigkeitsbereich der Quantentheorie gehört, könnte eine unbedachte Reduktion der Chemie auf Quantenphysik mit einem enormen Verlust an Komplexitätsbewußtsein und damit an Wirklichkeitsnähe verbunden sein[33]. *Julian Huxley* hat mit der Prägung des Kunstwortes *Nothingelsebuttery* vor einer unnötig reduktiven Verarmung *(hier: chemistry is nothing else but physics)* warnen wollen[36].

So wurde der synthetisierende Chemiker zum Schiedsrichter über Strukturmodelle: stimmte die Zahl vorausgesagter mit der Zahl synthetisierter Isomeren überein, galt das zugrundegelegte Strukturmodell – vorsichtig ausgedrückt – weiterhin als brauchbar. Der Synthetiker wurde sogar in einer naturphilosophisch gravierenden Frage als Schiedsrichter herangezogen: haben die Vitalisten recht, die annehmen, daß in der belebten andere Gesetze gelten als in der unbelebten Natur und daß es dem Chemiker nicht gelingen werde, die von einem Organismus synthetisierten chemischen Verbindungen ohne *vis vitalis* herzustellen? Wir wissen heute, daß die vitalistische Ansicht sich nicht halten ließ.

In den Zwanziger Jahren des 19. Jahrhunderts gelang *Wöhler*[37] die Synthese der vegetabilischen Oxalsäure sowie des animalischen Harnstoffs im chemischen Laboratorium. Dieses Ereignis wurde später als „*Wendepunkt in der Geschichte menschlichen Wissens*" angesehen[38]. Fast 150 Jahre später gelang die erste *in vitro*-Synthese eines Gens[39]. Im selben Jahr wurde in einem hochrangigen Lagebericht über den Stand der Wissenschaften[40], die sich mit dem Leben befassen, die keineswegs rhetorisch gemeinte Frage aufgeworfen, ob in absehbarer Zeit mit der Synthese einer lebenden Zelle zu rechnen sei. Die Antwort: „*Those who are hopeful about synthesizing a cell in the foreseeable future have every reason to retain their optimism,*" läßt erkennen, daß es für eine *vis vitalis* kein Reservat mehr gibt. Statt eines Grabens zwischen Chemie und Biologie gibt es Überlappungen, so wie wir Überlappungen zwischen Chemie und Physik feststellen konnten.

Über chemische und biologische Syntheseschritte

Chemie und Biologie sind beide in der Synthese engagiert. Konsequenterweise unterscheidet man zwischen chemischen und biologischen Syntheseschritten

Spuren der Chemie im Weltbild unserer Zeit

oder gar zwischen ganzen chemischen oder biologischen Synthesen. Unter biologischen Synthesen oder Syntheseschritten versteht man solche, die in lebenden Zellen stattfinden. Für eine Kombination chemischer mit biologischen Syntheseschritten gibt es ein schönes Beispiel.

Bei der industriellen Vitamin C-Synthese, die seit Beginn der Dreißiger Jahre ein von *Th. Reichstein* [41] entwickeltes Verfahren benutzt, findet man einen biologischen Syntheseschritt in eine Folge von fünf chemischen Syntheseschritten eingebunden. Die Synthese beginnt mit der auf unserem Planeten sehr verbreiteten Startverbindung *D-Glucose,* die einer chemischen Reaktion, einer Hydrierung, unterworfen wird. Das Hydrierungsprodukt (D-Sorbit) wird mikrobiologisch durch *Acetobacter suboxidans* zu L-Sorbose oxidiert. Nach vier chemischen Syntheseschritten gelangt man zu Vitamin C. 1976 vereinfachten japanische Mikrobiologen[42] die gesamte Vitamin C-Synthese dadurch, daß sie einen weiteren biologischen Syntheseschritt an Stelle von mehreren chemischen Syntheseschritten einführten (Abb. 16).

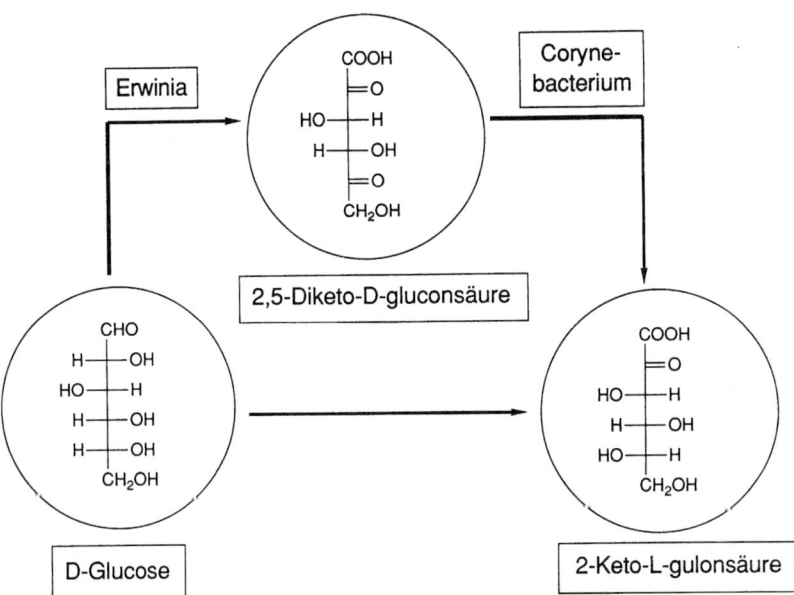

Abb. 16. Umwandlung von D-Glucose als Startverbindung in 2-Keto-L-gulonsäure als Präzielverbindung bei der Vitamin C-Synthese: entweder als Folge zweier mikrobiologischer Umsetzungen mit Hilfe von Reaktionspartnern, die in originären Erwinia- und Coryne-Bakterien synthetisiert worden sind, oder als einstufige mikrobiologische Umsetzung mit Hilfe von Reaktionspartnern, die in Erwinia-Bakterien mit gezielt verändertem Genom synthetisiert werden konnten.

Bakterien aus der Gattung *Erwinia* wandeln D-Glucose in einem ersten mikrobiologischen Syntheseschritt in 2,5-Diketo-D-gluconsäure um. Die letztgenannte Verbindung wird durch *Coryne*-Bakterien in einem zweiten mikrobiologischen Syntheseschritt in 2-Keto-*L*-gulonsäure übergeführt, die dann in einem abschließenden chemischen Syntheseschritt direkt in Vitamin C übergeht. Die beteiligten Bakterien wirken als zelluläre Betriebsanlagen und stellen außer ihren Betriebseinrichtungen jeweils einen Reaktionspartner zur Verfügung, der von der Umsetzung benötigt, hierbei jedoch nicht bleibend verändert wird, so daß er am Ende erneut als Katalysator zur Verfügung steht. Jeder der beiden Katalysatoren bewirkt spezifisch diejenige Strukturänderung, die der Chemiker den angegebenen Formelbildern entnimmt. Der jeweilige Katalysator wird in seiner Bakterienzelle synthetisiert. Die zu seiner Synthese benötigte Detailinformation ist in den Genen der betreffenden Zelle enthalten. Wäre es nicht möglich, dachte eine amerikanische Forschergruppe[43], die genetische Detailinformation zur Synthese des Katalysators vom *Coryne*-Bakterium der genetischen Gesamtinformation des *Erwinia*-Bakteriums einzuverleiben? Und zwar mit der Konsequenz, daß fortan das genetisch veränderte *Erwinia*-Bakterium die in die Vitamin C-Herstellung eingebrachten Syntheseleistungen des unveränderten *Erwinia*- als auch des *Coryne*-Bakteriums übernimmt, und dabei auch noch wächst und sich reproduziert. Mit den heutigen Kenntnissen und Fertigkeiten der Gentechnologie ist es 1985 tatsächlich gelungen, das genetisch veränderte *Erwinia*-Bakterium gezielt herzustellen und mit seiner Hilfe eine zweistufige Vitamin C-Synthese zu verwirklichen.

Proteinbiosynthese: Informationstransfer auf molekularer Ebene

Um gentechnologische Veränderungen vornehmen zu können, muß man selbstverständlich das molekulare Geschehen kennen, das bei der Synthese von Proteinen, die als die zuvor genannten zellulären Katalysatoren fungieren, stattfindet. Bei der *Proteinbiosynthese* (Abb. 17) wird letztlich Information, die in der chemischen Struktur der *Deoxyribonucleinsäure (DNA)* der Gene enthalten ist, in chemisch-strukturelle Informationen der Proteine übersetzt: wie z.B. von der griechischen in die lateinische Sprache. Diese Translation geschieht allerdings nicht unmittelbar, sondern erst, nachdem die Information der *DNA (Deoxyribonucleinsäure)* in diejenige der *RNA (Ribonucleinsäure)* umgeschrieben (transkribiert) worden ist: wie z.B. von der griechischen in die lateinische Schrift. Die Ähnlichkeit in Namen und Abkürzungen von *DNA* und *RNA* lassen vermuten, daß die beiden Nucleinsäuren auch in ihrer chemischen Struktur einander sehr ähnlich sein werden[44].

Spuren der Chemie im Weltbild unserer Zeit

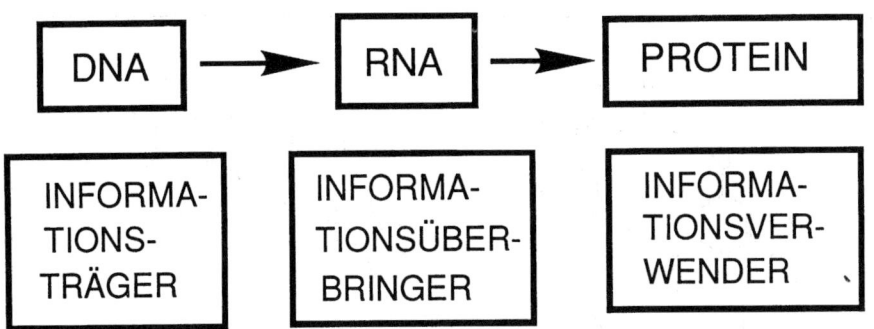

Abb. 17. Schema zum Informationstransfer zwischen semantophoretischen Makromolekülen bei der Proteinbiosynthese.

Bei der *Translation,* der *Transkription* und auch bei der *Replikation* – schließlich muß bei jeder Zellteilung eine Kopie der *DNA* vorliegen – findet Informationstransfer auf molekularer Ebene statt[45]. Es hat sich herausgestellt, daß sich hierzu Moleküle paarweise zusammenschließen.

Paarweises Zusammenschließen findet bereits statt, wenn die in *DNA* enthaltenen Nucleobasen: *Guanin (G)* und *Cytosin (C)* nebeneinander in Lösung vorliegen (Abb. 18). Hierbei können erwartungsgemäß Homo- oder Heterodimere auftreten. Die Basenpaare werden durch Wasserstoffbrücken schwach zusammengehalten. Das abgebildete Basenpaar aus *Guanin* und *Cytosin* mit drei H-Brücken läuft allen übrigen Kombinationen, die denkbar sind, den Rang ab. Ähnlich ist das abgebildete Basenpaar (Abb. 18) aus *Adenosin (A)* und *Thymin (T)* mit zwei H-Brücken allen anderen binären Kombinationen dieser beiden Nucleobasen thermodynamisch überlegen.

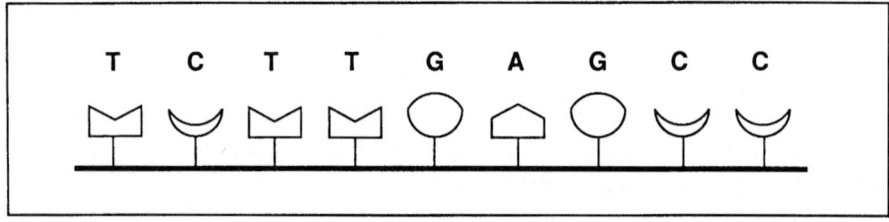

Abb. 18. Die Nucleobasen *G* und *C* bzw. *A* und *T* werden durch drei bzw. zwei H-Brücken locker zusammengehalten und bilden jeweils ein Paar komplementärer Basen (oben). Ein *DNA*-Einzelstrang enthält die vier Nucleobasen *A, C, G* und *T* in spezifischer Folge (unten).

In der Zelle liegen die Basen nicht isoliert – wie in Lösung – vor. Sie sind als genetische Information in bunter Folge in lange DNA-Fäden eingebaut. Derartige Einzelstränge können sich ebenfalls paarweise zusammenschließen: vorausgesetzt, die beiden Einzelstränge sind komplementär zueinander. Die Komplementarität wird während der Herstellung der negativen Kopie mit Hilfe des vorgegebenen Einzelstrangs als Matrize gewährleistet.

Im resultierenden Doppelstrang (Abb. 19) hat der eine Einzelstrang eine Basenfolge, die willkürlich mit dem Begriff *Sinn (Sense)* verknüpft wird. Die Basenfolge im komplementären Einzelstrang ist dann zwangsläufig mit dem Begriff *Antisense* festgelegt.

Spuren der Chemie im Weltbild unserer Zeit

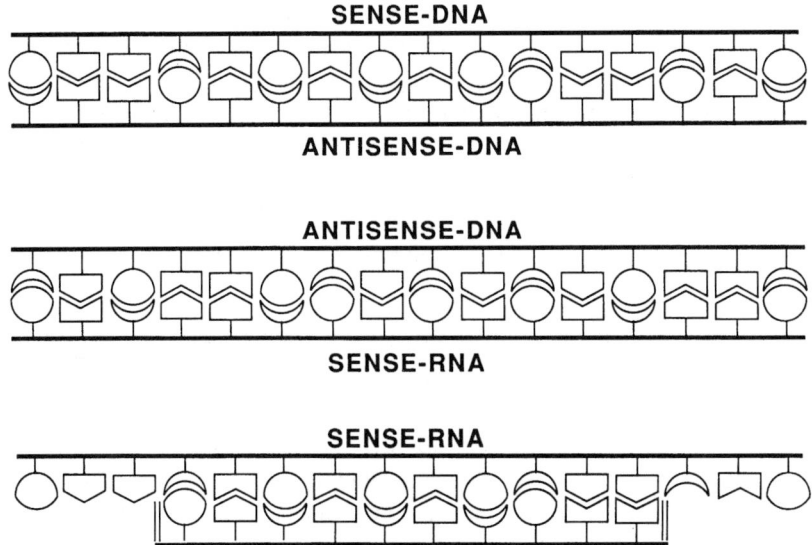

Abb. 19. Durch komplementäre Basenpaarung stattfindender Informationstransfer führt zur Synthese eines *Antisense-DNA*-Einzelstrangs am *Sense-DNA*-Einzelstrang (oben), führt zur Synthese eines *Sense-RNA*-Einzelstrangs am *Antisense-DNA*-Einzelstrang (mitte), blockiert durch Verwendung eines spezifisch lokalisierten *Antisense-DNA*-Einzelstrangstücks die Informationsweitergabe der *Sense-RNA* während der Proteinsynthese.

Der Antisense-*DNA*-Einzelstrang löst sich aus dem *DNA*-Duplex (Abb. 19: oben) und fungiert beim Zustandekommen des Sense-*RNA*-Einzelstrangs (in der Mitte von Abbildung 19) als Matrize. Beim Umschreiben der strukturellen Information von der Antisense-*DNA* in die Sense-*RNA* wird *Thymin (T)* durch *Uracil (U)* ersetzt. Im Normalfall wird die strukturelle Information der Sense-*RNA* in die strukturelle Information der Proteine übertragen. Dazu muß die gesamte Information des *RNA*-Einzelstrangs frei zur Verfügung stehen. Wird jedoch ein Teil der Information blockiert (Abb. 19: unten), unterbleibt die Synthese des zugehörigen Proteins. Eine solche Blockade kann aus therapeutischen Gründen wünschenswert sein. Tatsächlich versucht man in vielen Laboratorien durch gezielte Synthese eines gut und spezifisch haftenden Antisense-*DNA*-Teilstücks den Informationstransfer und damit die Synthese des unerwünschten Proteins zu unterbinden. Dieses therapeutische Prinzip von morgen steht oder fällt natürlich mit der Fähigkeit des Chemikers, strukturell klar definierte Antisense-*DNA*-Teilstücke mit spezifischen Haftgruppen zu synthetisieren.

Wie bei der Verifizierung von Isomerenzahlen, die von der Strukturtheorie vorausgesagt worden waren, geht es auch bei der medizinischen Anwendung der Antisense-Konzeption um die chemische Synthese. *Dort* war die chemische Synthese erkenntnistheoretisches Werkzeug, *hier* erweist sich die chemische Synthese als hoffnungsvoller Weg in eine völlig neue Medikation, die nicht an den Symptomen kuriert. Die chemische Synthese ist jedoch mehr als ein Hilfsmittel zur Überprüfung von Strukturmodellen oder als eine Goldader für Repressoren von unerwünschten oder übersteigerten biologischen Funktionen.

Die chemische Synthese ist die Exploration des einer chemischen Verbindung immanenten Reaktionspotentials [47]

Eine chemische Strukturformel in den Blickpunkt einer chemisch akzentuierten Kontemplation bringen, heißt, die Fülle potentieller Reaktionswege von oder zu dieser chemischen Verbindung zu oder von einer ersten, einer zweiten, einer dritten, einer n-ten chemischen Verbindung mit intellektueller Intuition zu erschließen. In diesem Sinn versteht man unter einer chemischen Synthese ein fein aufeinander abgestimmtes System chemischer Reaktionen, das verfügbare Startverbindungen meist über eine größere Zahl von Zwischenverbindungen in begehrte Zielverbindungen überführt. Ich will dies *nicht* an einem Beispiel erläutern. Für die anwesenden Chemiker ist es nicht nötig: sie haben in den letzten Jahren genügend Lobpreisungen der chemischen Synthese wahr- oder gar selber vorgenommen (*„die Kunst der chemischen Synthese"*[49], *„die Logik der chemischen Synthese"*[50], *„die chemische Synthese als Mittel, von der strukturellen Prädestination der Biomoleküle eine Vorstellung zu gewinnen"*[51]), den anwesenden Nichtchemikern würde es nicht viel nützen[52]: sie müßten in der chemischen (Formel-) Sprache mehr als eine technische Kurzschrift sehen und diese im Verständnis des Biochemikers *Arthur Kornberg*[53] sprechen (*„... the language of chemistry is an international language, a language for all of time, and a language that explains where we came from, what we are, and where the physical world will allow us to go. Chemical language has great esthetic beauty and links the physical sciences to the biological sciences"*). Ganz im *Kornbergschen* Sinn möchte ich, *last but not least*, den evolutionären Aspekt der chemischen Synthese betonen.

Evolutionäre Aspekte der Synthese

Die chemische Synthese der Proteine findet seit mehr als drei Milliarden Jahren in der lebenden Zelle statt. Die Biomakromoleküle, die an der Informationstransfer-Maschinerie der Zelle beteiligt sind (Abb. 17), haben ihre Zusammensetzung im Lauf der Evolution relativ wenig geändert. Dies geht aus der Analyse funktional verwandter *RNA*-Sequenzen[54] aus verschiedenen Spezies hervor. Wendet man auf mehrere solcher Sequenzen die Kriterien der statistischen Geometrie[55] an, vermag man den evolutionären Abstand zwischen den in Betracht kommenden Spezies zu bestimmen. So hat der Mikrobiologe *Carl Woese* kürzlich zeigen können, daß sich die Fülle der Lebewesen auf unserem Planeten auf drei Domänen – *Archaea, Bacteria und Eucarya* – verteilt[56]. Es ist ihm ferner gelungen, einen universellen phylogenetischen Stammbaum bis hin zum Progenoten auszudehnen[57]. So dokumentiert die chemische Struktur semantophoretischer Moleküle die evolutionäre Spur durch den Gesamtbereich des Lebens: ohne Frage ein Vorstoß bis zur Evolution auf molekularer Ebene[46]. Nachdem erwähnt worden ist, daß das *Darwin*sche Programm: sämtliche Lebewesen in die evolutionäre Analytik miteinzubeziehen, dank effektiver Sequenzanalyse auch auf den Bereich der Bakterien ausgedehnt werden konnte, sollte vermerkt werden, daß das *Darwin*sche Prinzip der Natürlichen Selektion durch *Manfred Eigen*[58] in den Rang eines physikalisch begründeten Naturgesetzes gehoben worden ist. Es steht im Mittelpunkt einer Theorie der Selbstorganisation biologischer Makromoleküle. Seine Gültigkeit ist an klar definierte Voraussetzungen, wie mutagene Selbstreproduktivität und Nicht-Gleichgewicht, gebunden. Es gilt für den biotischen wie auch für den präbiotischen Bereich und wirft damit zwangsläufig die Frage nach dem Ursprung des Lebens auf.

Vorstellungen über den Ursprung des Lebens gehören zu unserem Weltbild. Wir müssen zwischen dem grundsätzlich möglichen und dem tatsächlich eingetretenen Ablauf von Ereignissen unterscheiden. Letzterer kann aus keiner physikalischen Theorie vorhergesagt, noch aus mehr oder weniger gesicherten Randbedingungen zuverlässig rekonstruiert werden. Gleichwohl ist der Plan, den Ursprung des Biologischen mit Hilfe von chemischen Strukturformeln zu beschreiben, keine Utopie. Jedenfalls stimmen die Ergebnisse, die *Albert Eschenmoser* in den letzten Jahren einer interdisziplinär orientierten Öffentlichkeit vorstellen konnte, optimistisch. Im *Eschenmoser*schen Laboratorium sucht man mit Mitteln der chemischen Synthese das in der Strukturformel eines Biomoleküls zur Wahrnehmung seiner biologischen Funktion implizit enthaltene Chemiepotential experimentell zu erfahren[59]. Dies ist ein eher chemisches Anliegen. Darüber hinaus sucht man in Zürich durch gezielte Synthese alternativer Verbindungen aus derselben Verbindungsklasse nach Anhaltspunkten, warum die tatsächlich selektionierten Biomoleküle in Wahrnehmung ihrer biologischen Funktion ehemals existierenden Konkurrenten derart überlegen waren, daß die Alternativstrukturen auf der Strecke blieben[60]. Dies ist ein Anliegen, das chemisch formuliert, jedoch biologisch orientiert[61] ist. Es schließt die Fragen mit ein, wie Biomoleküle aus ihren natürlichen Vorläufern entstanden sind, auf Grund welcher strukturell interpretierbarer Funktionsvorteile z.B. Pentose- vor Hexose-Nucleinsäuren selektioniert wurden und wie sich die einmal selektionierten semantophoretischen Makromoleküle zum Fortgang der Evolution dauerhaft reproduzieren konnten. Fragen also, die sich sämtlich durch Laborexperimente vom Synthetiker beantworten lassen sollten.

Die Synthese als Kernstück der Chemie

Mit den Mitteln der Synthese haben Chemiker Millionen von Verbindungen gezielt synthetisieren können. Sie waren davon überzeugt, daß die von ihnen angenommenen Moleküle und Atome tatsächlich existierten. Physiker haben schließlich eine Theorie gefunden, die in der Lage war, die Existenz, Dauerhaftigkeit und Raumerfüllung der Atome und damit auch der Moleküle zu deuten. Biologen haben die Konzeption der Evolution entworfen. Grundlage der Evolution ist die Selektion, und Selektion setzt ihrerseits Mutation und Reproduktion voraus. Physiker haben die Irreversibilität der Evolution, die Existenz evolvierender Systeme fernab vom Zustand des Gleichgewichts sowie die Natürliche Selektion als physikalische Gesetzmäßigkeit erkannt. Chemiker haben die Moleküle des Lebens in Informationsträger und Funktionsmittler einzuteilen und haben die zweckgebundene Synthese als konstruktives Prinzip der Evolution wiederzuerkennen gelernt. Das Weltbild unserer Zeit ist ein Gemeinschaftswerk, an dem Naturwissenschaftler der verschiedenen Disziplinen maßgeblich beteiligt waren. Wenn man fragen würde, durch welchen Beitrag, auf den Physiker und Biologen keinen Anspruch geltend machen, sich denn Chemiker am Zustandekommen unseres Weltbildes in charakteristischer Weise beteiligt haben, gäbe es vermutlich eine klare Antwort: durch die Synthese als wissenschaftliche Problemlösungsmethode, als kreative Kulturleistung und als eine der Voraussetzungen zum Überleben der Menschheit[62].

Anmerkungen und Literaturangaben

[1] H.J. Quadbeck-Seeger, Chemie und die Entwicklung der Lebensbedingungen – Vom Wandel der Erwartungen, im vorliegenden Band, S.

[2] Chemiker sind nicht in direkter Linie mit Alchemisten verbunden: die Alchemie war nie eine Wissenschaft, deren Inhalte sich semantisch oder semiotisch klar vermitteln ließen; s. Brian Vickers, Alchemie als verbale Kunst: die Anfänge, im vorliegenden Band, S.

[3] Rory Howlett, Between Biology and Culture, *Nature*, 1990, *347*, 621.
[4] R.P. Feynman/R.B. Leighton/M. Sands, The Feynman Lectures on Physics, Reading/Mass.: Addison-Wesley Publ. Comp., 1963, Bd. 1, Kap. 1.
[5] C.F. von Weizsäcker, Aufbau der Physik, München: Deutscher Taschenbuch Verlag, 1988, Kap. 6.4.
[6] J. Mittelstraß (Hg.), Enzyklopädie Philosophie und Wissenschaftstheorie, Bd. 1, Mannheim: Bibliographisches Institut, 1980.
[7] Zu J.L. Proust; s. Great Chemists ed. E. Farber, New York: Interscience Publ., 1961, 327.
[8] Zu J. Dalton; s. Great Chemists ed. E. Farber, New York: Interscience Publ., 1961, 335.
[9] Als maßgebliche Molekülarchitekten im Bereich der Konstitution gelten A. Kekulé, A.M. Butlerov, A.S. Couper (s. Kekulé Centennial, ed. O.T. Benfey, Washington/D.C.: American Chemical Society, 1966). *Couper* führte den Bindestrich als Symbol für eine chemische Bindung ein. *Butlerov* forderte, daß eine chemische Verbindung durch ein individuelles Formelbild symbolisiert und daß jedes Formelsymbol spezifisch nur für eine einzige chemische Verbindung verwendet wird.
[10] V. Prelog/G. Helmchen, Grundlagen des CIP-Systems und Vorschläge für eine Revision, *Angew. Chem.* 1982, *94*, 614.
[11] J. Rigaudy/S.P. Klesney, Nomenclature of Organic Chemistry, Oxford: Pergamon Press, Oxford 1979, Section E: Stereochemistry.
[12] Das Phänomen der Isomerie wurde 1832 von J.J. Berzelius erkannt; s. Great Chemists ed. E. Farber, New York: Interscience Publ., 1961, 385.
[13] R.C. Read, The Enumeration of Acyclic Chemical Compounds, *Chemical Applications of Graph Theory* ed. A.T. Balaban, London: Academic Press, 1976.
[14] A. Cayley, On the theory of the analytical forms called trees, *Philos. Mag.*, 1857, *13*, 19.
[15] J. Lederberg/G.L. Sutherland/B.G. Buchanan/E.A. Feigenbaum/A.V. Robertson/A.M. Duffield/C. Djerassi, Applications of Artificial Intelligence for Chemical Inference. The Number of Possible Organic Compounds, *J. Am. Chem. Soc.*, 1969, *91*, 2973; N. Trinajstic/Z. Jericevic/J.V. Knop/W.R. Müller/K. Szymanski, Computer Generation of Isomeric Structures, *Pure Appl. Chem.*, 1983, *55*, 379.
[16] F. Harary, Graph Theory, Reading/Mass.: Addison-Wesley Publ. Comp., Third Printing 1972, Appendix 3: Tree Diagrams.
[17] R. Magritte, Erläuterungen, überliefert von Claude Vial, „Ceci n'est pas Rene Magritte", *Femmes d'Aujourd' hui*, 6. Juli, 1966.
[18] L. Wittgenstein, Tagebücher 1914–1916, Eintragung vom 27.3.1915: „Das Bild kann eine Beschreibung ersetzen."
[19] R. Magritte: *Ein Bild kann in einem Satz ein Wort ersetzen, Le mots et les images*. Illustration in *La Re Surréaliste* (Paris), Vol. 5, no. 12 (December 15, 1929).
[20] Als maßgebliche Molekülarchitekten im Bereich der Stereostruktur von Verbindungen der Organischen Chemie gelten J.H. van't Hoff und J.A. Le Bel (s. van't Hoff-Le Bel Centennial, ed. O.B. Ramsay, Washington/D.C.: American Chemical Society, 1975).
[21] Zwei Moleküle, die miteinander wechselwirken, müssen strukturell zueinander passen. Diese Forderung setzt bei chiralen Molekülen voraus, daß auch ihr jeweiliger Chiralitätssinn aufeinander abgestimmt sein muß. Die Tatsache, daß auch Spiegelbildisomere (Enantiomere) der natürlichen Selektion unterworfen worden sind, ist der differenzierten Wirkungsweise des selektionierten Enantiomeren zugute gekommen. Ganz ähnlich, wie ein nichthändiger (achiraler) Fausthandschuh der darin steckenden rechten Hand eine geringere Fingerfertigkeit ermöglicht als ein rechter händiger (chiraler) Fingerhandschuh.

[22] Der Begriff Chiralität stammt von Lord Kelvin, er ist von K. Mislow in die Chemie eingeführt worden. Das Phänomen der Händigkeit ist intensiv von L. Pasteur und V. Prelog untersucht und gedeutet worden.

[23] Mit Hilfe klar definierter Regeln, die hier nicht weiter ausgeführt werden müssen, lassen sich enantiomorphe Molekülmodelle in ihrem Chiralitätssinn festlegen. Man kennzeichnet den Chiralitätssinn der zu einem Paar gehörenden Enantiomeren mit den großen Buchstaben R und S und spricht dann von Molekülen mit R- oder S-Konfiguration.

[24] Tatsächlich konnten aus der C_{2v}-Startverbindung durch Hydrierung nur zwei Zielverbindungen isoliert werden, so daß lediglich die Anzahl von Isomeren vor und nach der Hydrierung nicht ausreiche, um eine eindeutige Zuordnung treffen zu können. Das Problem konnte durch Anwendung einer physikalischen Methode, die Symmetrieeigenschaften unmittelbar zu erkennen in der Lage ist, gelöst werden (s. G. Quinkert/P. Jacobs *Chem. Ber.*, 1974, *107*, 2473).

[25] Röntgenstrukturanalyse und NMR-Spektroskopie sind die prominenten physikalischen Methoden, die heute in chemischen Laboratorien zur Strukturbestimmung verwendet werden.

[26] H.M. Leicester, The Historical Background of Chemistry, New York: Dover Publications, 1971.

[27] O.B. Ramsay, The Origins and Development of Conformational Analysis in Stereochemistry, London: Heyden, 1981.

[28] Das empirisch gut fundierte Atommodell von Rutherford (positiv geladener Atomkern, der auf „Planetenbahnen" von Elektronen umkreist wird) war nach der Maxwellschen Elektrodynamik instabil und daher unmöglich (die sich bewegenden Ladungsträger müßten elektromagnetische Strahlung abgeben, dabei kinetische Energie verlieren und schließlich in den entgegengesetzt geladenen Atomkern stürzen). N. Bohr versuchte durch Postulate (die Bewegung der Elektronen ist nur auf bestimmten Quantenbahnen möglich und geschieht hier ohne Strahlungsabgabe), die nur quantentheoretisch zu begründen seien, das Rutherfordsche Atommodell zu „retten". Demnach erstreckt sich die Diskontinuität als Grundstruktur der Wirklichkeit nicht nur auf den Bereich der Materie, sondern auch auf denjenigen der Energiezustände. Mit der Unbestimmtheitsrelation lieferte Heisenberg für die Stabilität, die Dauerhaftigkeit sowie für die diskontinuierlichen Energieinhalte der Atome schließlich die gesuchte Deutung (Newtons Gesetze der Mechanik gelten nicht im Bereich der Atome). Die Vorstellung, daß einem materiellen Teilchen ein bestimmter Impuls und eine bestimmte Position zugeschrieben werden können, muß aufgegeben werden. Vielmehr gilt, daß die Unbestimmtheit der Position und die Unbestimmtheit des Impulses zueinander komplementär sind: ihr Produkt ist konstant. Damit ist der Fall ausgeschlossen, daß z.B. das Einzelelektron des H-Atoms in den Kern stürzt. Seine Position würde danach bekannt und seine kinetische Energie müßte dann unbestimmbar groß sein. Mit einer großen kinetischen Energie würde sich das Elektron wieder vom Kern entfernen. Als Kompromiß „erlaubt" die Quantenmechanik als adäquate Wiedergabe der Wirklichkeit die Existenz der Atome: aber nun nicht mehr als eine Prämisse, die man fordern muß (wie es die Chemiker pragmatisch und Bohr programmatisch taten), sondern als eine Konsequenz, die sich aus der Theorie ergibt.

[29] Den Erfolg, den Newtons Theorie der Schwerkraft im Bereich der Mechanik hatte, brachte den französischen Marquis de Laplace Anfang des 19. Jahrhunderts dazu anzunehmen, das Universum sei naturwissenschaftlichen Gesetzen zufolge völlig determiniert. De Laplace unterstellte, daß mit einer Serie von Naturgesetzen alle Ereignisse im Universum vorausgesagt werden könnten, sofern nur der Zustand des Universums zu einem bestimmten Zeitpunkt vollständig bekannt sei. Die Tatsache, daß aus der momentanen Stellung von Sonne und Planeten die Konstellation des Sonnensystems mit Hilfe der Newtonschen Gesetze zu jedem beliebigen anderen Zeitpunkt berechenbar ist, kam der Doktrin vom wissenschaftlichen Determinismus entgegen.

Die Quantentheorie vermochte die experimentell beobachtete Zusammensetzung des Lichtes, das von einem strahlenden Körper ausgesandt wird, korrekt wiederzugeben. Ihre Auswirkungen auf den vermeintlichen Determinismus wurden allerdings erst durch die Heisenbergsche Unbestimmtheitsrelation offenbar. Will man die zukünftige Position und Geschwindigkeit eines Teilchens bestimmen, muß man die gegenwärtige Position und Geschwindigkeit messen. Dies kann z.B. geschehen, indem man Licht auf das Teilchen fallen läßt. Einige Photonen werden gestreut, und hieraus ergibt sich die Position des Teilchens. Allerdings läßt sich die Position nur bis zur Wellenlänge des verwendeten Lichts festlegen. Also ist für eine genauere Ortsbestimmung kürzerwelliges Licht notwendig. Das energiereichere Lichtquant „stört" jedoch das Teilchen und ändert dessen Geschwindigkeit: Je genauer man die Position des Teilchens bestimmt, umso kleiner muß die Wellenlänge des verwendeten Lichts sein und umso größer ist die Energie eines einzelnen Lichtquants. Je genauer man die Position des Teilchens zu messen versucht, umso ungenauer mißt man seine Geschwindigkeit. So kann, Heisenberg zufolge, das Produkt aus der Ungenauigkeit der Position und der Ungenauigkeit der Geschwindigkeit sowie aus der Masse des Teilchens niemals kleiner sein als ein bestimmter Minimalwert, die Plancksche Konstante, und zwar hängt dieses Unvermögen nicht von der Art und Weise ab, in welcher die Messungen vorgenommen wurden, sondern die Heisenbergsche Unbestimmtheitsrelation charakterisiert eine fundamentale und unumgängliche Eigenart unserer Welt. Die Unbestimmtheitsrelation versetzte der Determiniertheit des Universums den endgültigen Todesstoß: es ist selbstverständlich, daß es nicht gelingen kann, zukünftige Ereignisse exakt vorherzusagen, wenn es nicht einmal möglich ist, den derzeitigen Zustand des Universums exakt zu beschreiben.

In der Physik mußte die Newtonsche Mechanik durch die von Heisenberg, Schrödinger und Dirac entwickelte Quantenmechanik ersetzt werden. In der Quantenmechanik wurde, statt getrennt von Ortsbestimmung und Geschwindigkeit auszugehen, von Quantenzuständen gesprochen, in denen Position und Geschwindigkeit kombiniert berücksichtigt werden. Der andersartige Ansatz zieht ein andersartiges Resultat nach sich. Statt eines einzelnen, definierten Ergebnisses erhält man mit unterschiedlicher statistischer Wahrscheinlichkeit eine Anzahl verschiedener Möglichkeiten. Dies hat zur Folge, daß man das spezifische Ergebnis einer individuellen Messung nicht vorhersagen kann. Statt dessen wird man in einer bestimmten Anzahl von Fällen ein Ergebnis A, in einer weiteren Anzahl von Fällen ein Ergebnis B vorhersagen, sofern man dieselbe Messung an einer großen Zahl ähnlicher Systeme vornehmen würde. Durch die Quantenmechanik kommt ein unvermeidbares Maß an Unvorhersagbarkeit oder Willkür in die Naturwissenschaft (vgl. Anm. 30). Es kann nicht überraschen, daß sich Philosophen mit den Folgen der Quantenmechanik für das Weltbild unserer Zeit befaßt haben.

„Philosophen", sagt R.P. Feynman (vgl. Anm. 31), „ließen sich seit je darüber aus, was in den Naturwissenschaften unumstößlich sei. So weit man sehen kann, sind derartige Aussagen ziemlich naiv und wahrscheinlich falsch. Es gibt nur einen Test für die Gültigkeit einer Idee: das Experiment. Und nach dem Experiment gilt, daß wir zu akzeptieren haben, was wir hierbei erfuhren und daß wir all unsere übrigen Vorstellungen im Licht der gemachten Erfahrung zu formulieren haben. Wir Physiker haben uns mit diesem Problem herumgeschlagen und einsehen müssen, daß es nicht darauf ankommt, ob uns eine Theorie paßt oder nicht. Sondern darauf, ob die Theorie Vorhersagen erlaubt, die mit dem Experiment übereinstimmen. Es geht nicht darum, ob eine Theorie philosophisch bestrickend oder leicht zu verstehen ist oder dem gesunden Menschenverstand von A bis Z einleuchtet. Die Natur, wie sie die Quantenelektrodynamik beschreibt, erscheint dem gesunden Menschenverstand absurd. Dennoch decken sich Theorie und Experiment" (vgl. Anm. 32).

[30] W. Heisenberg, Atomforschung und Kausalgesetz, *Schritte über Grenzen,* München: Piper, 1973, 128; S.W. Hawking, A. Brief History of Time, London: Bantam Press, 1988.

[31] R.P. Feynman/R.B. Leighton/M. Sands, The Feynman Lectures on Physics, Reading/Mass.: Addison-Wesley Publ. Comp., 1963, Kap. 2.3 u. 38.6.

[32] R.P. Feynman, QED – Die seltsame Theorie des Lichts und der Materie, München: Piper, 1990, 21.
[33] Der erste Teil der Feststellung von P.A.M. Dirac: „The underlying physical law necessary for the mathematical theory of a large part of physics and the whole of chemistry are thus completely known" (vgl. Anm. 34) ist gelegentlich als Zustimmung interpretiert worden, Chemie sei im Grunde nichts anderes als Physik, die Fortsetzung „the difficulty is only that the application of these laws leads to equations much too complicated to be soluble" macht deutlich, daß die Physik zwar den Rahmen bestimmt, in welchem materielle Vorgänge sich abspielen, daß der Chemiker aber autonome Entscheidungen über Vorgehensweise und Näherungsmethoden treffen muß, welche der Komplexität der jeweils vorgegebenen Problematik angemessen sind. H. Hartmann (vgl. Anm. 35) hat darauf hingewiesen, daß in der *absoluten Quantenchemie* jedes Molekül zu einem Spezialproblem wird, daß in der *Quantenchemie der Modelle* die Denkweise des Chemikers erhalten bleibt, indem das erfundene Modell die verschiedenen Individuen einer Verbindungsklasse als spezielle Fälle enthält.
[34] P.A.M. Dirac, Quantum Mechanics of Many Electron Systems, *Proc. Roy. Soc.*, 1929, *A123*, 714.
[35] H. Hartmann, Die Bedeutung Quantentheoretischer Modelle für die Chemie, Wiesbaden: Steiner Verlag, 1965.
[36] Nach K. Lorenz, Vergleichende Verhaltensforschung, Wien: Springer Verlag, Wien 1978, 17.
[37] F. Wöhler, Über künstliche Bildung des Harnstoffs, *Poggendorffs Ann. Phys. Chem.*, 1828, *12*, 253.
[38] A. Baeyer, Über die chemische Synthese, Festrede in der öffentlichen Sitzung der K.B. Akad. Wiss. am 25. Juli 1878, München: Verlag der K.B. Akademie, 1878.
[39] K.L. Agarwal/H. Büchi/M.H. Caruthers/N. Gupta/H.G. Khorana/K. Klepp/A. Kumar/E. Ohtsuka/ U.L. Rajbhandary/J.H. van de Sande/V. Sgaramella/H. Weber/T. Yamada, Total Synthesis of the Gene for an Alanin Transfer Ribonucleic Acid from Yeast, *Nature* ,1970, *227*, 27.
[40] P. Handler, Biology and the Future of Man, New York: Oxford University Press, 1970, 55.
[41] T. Reichstein/A. Grüssner, Eine ergiebige Synthese von Vitamin C, *Helv. Chim. Acta,* 1934, 17, 311.
[42] T. Somoyama/H. Tani/K. Matsuda/B. Kageyama/M. Taminoto/K. Kobayashi/S. Yagi/H. Kyotani/K. Mitsushima, Production of 2-Keto-L-gulonic acid from D-glucose by two-stage fermentation, *App. Environ. Microbiol.,* 1982, *43*, 1064.
[43] S. Anderson/C.B. Marks/R. Lazarus/J. Miller/K. Stafford/J. Seymour/D. Light/W. Rastetter/D. Estell, Production of 2-Keto-L-gulonate, an Intermediate in L-Ascorbate Synthesis, by a Genetically Modified Erwinia herbicola, *Science,* 1985, *230*, 144.
[44] An die Stelle der 2-Deoxyribose in der *DNA* ist in der *RNA* die Ribose getreten.
[45] E. Zuckerkandl und L. Pauling (vgl. Anm. 46) sprechen von semantophoretischen Molekülen oder von Semantiden und unterscheiden angemessen zwischen primären Semantiden (DNA), sekundären Semantiden (RNA) und tertiären Semantiden (Proteinen).
[46] E. Zuckerkandl/L. Pauling, Documents of Evolutionary History, *J. Theoret. Biol.,* 1965, *8*, 357.
[47] Zur Zielsetzung und Aufgabe heutiger Naturstoffsynthese-Forschung stellt A. Eschenmoser fest: „auf dem Pfad der Synthese sozusagen ins Innere chemisch neuartiger, biologisch wichtiger Molekülstrukturen vorzudringen, dadurch das Verständnis der Chemie dieser Verbindungen zu mehren und darüber hinaus die aus der Ausrichtung auf eine biosynthetisch vorgegebene Zielstruktur sich einstellenden Gelegenheiten auszuschöpfen, das methodische Instrumentarium der synthetischen organischen Chemie gezielt zu erweitern und durch Begehung bisher nicht betretenen Strukturgeländes unbekannte molekulare Verhaltensweisen zu entdecken" (vgl. Anm. 48).
[48] A. Eschenmoser, Über organische Naturstoffsynthese: Von der Synthese des Vitamins B_{12} zur Frage nach dem Ursprung der Corrinstruktur, *Nova Acta Leopoldina,* N. F., Nr. 247, Bd. 55.

⁴⁹ Der Chemie-Nobelpreis 1965 wurde für seine hervorragenden Errungenschaften in der *Kunst der organischen Synthese* an R.B. Woodward verliehen.

⁵⁰ Die *Logik der chemischen Synthese* war der Titel des Vortrags anläßlich der Verleihung des Chemie-Nobelpreises 1990 an E.J. Corey: *Angew. Chem.* 1991, *103*, 469.

⁵¹ A. Eschenmoser, Vitamin B_{12}: Experimente zur Frage nach dem Ursprung seiner molekularen Struktur, *Angew. Chem.*, 1988, *100*, 5.

⁵² Die provokativ anmutende Feststellung ist provokativ gemeint: selbst in einer wissenschaftsorientierten Gesellschaft wie der unsrigen vermittelt der Chemie-Unterricht der Schulen die Grundelemente der internationalen *Fremdsprache Chemie* kaum oder garnicht. Der mündige Bürger, der über chemische Probleme und Problemlösungen informiert sein und seine Meinung dazu äußern will, wird nicht umhin kommen, sich ein Minimum der chemischen (Formel-)Sprache anzueignen. Gleichzeitig werden Chemiker sich stärker als bisher dazu aufraffen müssen, ihre Formelsprache so begrenzt und klar wie möglich zu verwenden.

⁵³ A. Kornberg, The Two Cultures: Chemistry and Biology, *Biochemistry*, 1987, *26*, 6888.

⁵⁴ *RNAs* (genauer *rRNAs*) gelten z.Zt. als die zuverlässigsten molekularen Chronometer: sie sind groß genug, um statistisch hinreichend genau ausgewertet werden zu können, ändern ihre Funktion nicht, treten in sämtlichen Organismen auf, verändern die Sequenz in unterschiedlichen Bereichen mit sehr variabler Geschwindigkeit, weisen eine größere Zahl von Domänen auf, die als autonome Untereinheiten zur gegenseitigen Überprüfung dienen können, und lassen sich direkt und somit rasch sequenzieren.

⁵⁵ W.-H. Li/D. Graur, Fundamentals of Molecular Evolution, Sunderland: Sinauer Publ., 1991.

⁵⁶ C.R. Woese/O. Kandler/M.L. Wheelis, Towards a natural system of organisms, *Proc. Natl. Acad. Sci. USA,* 1990, *476*, 4576.

⁵⁷ C.R. Woese, The Use of Ribosomal RNA in Reconstructuring Evolutionary Relationship among Bacteria, *Evolution at the Molecular Level,* ed. R.K. Selander, A.G. Clark, T.S. Whittam, Sunderland: Sinauer Publ., 1991.

⁵⁸ M. Eigen/P. Schuster, The Hypercycle – A Principle of Natural Self-Organization, Berlin: Springer-Verlag, 1979; M. Eigen, Darwin und die Molekularbiologie, *Angew. Chem.*, 1981, *93*, 221; M. Eigen, Stufen zum Leben – Die frühe Evolution im Visier der Molekularbiologie, München: Piper, 1987.

⁵⁹ Dies ist in eindrucksvoller Weise am Beispiel des Vitamins B_{12} geschehen: s. Literaturangaben in Anm. 48 und 51; s. ferner: G. Quinkert, Brückenschlag zwischen Chemie und Biologie, *Nachr. Chem. Tech. Lab.,* 1991, *39*, 788.

⁶⁰ A. Eschenmoser, Kon-Tiki-Experimente zur Frage nach dem Ursprung von Biomolekülen, *Vom Elementaren zum Komplexen,* (Verh. Ges. Dtsch. Naturforsch. Ärzte), 116. Vers. Berlin 1990; Stuttgart: Wiss. Verlagsges., 1991, 135; A. Eschenmoser, Warum Pentose- und nicht Hexose-Nucleinsäuren?, *Nachr. Chem. Tech. Lab.,* 1991, *39*, 795; A. Eschenmoser, Chemie potentiell präbiologischer Naturstoffe, *Nova Acta Leopoldina,* N. F. 1992, Bd. 67, Nr. 281.

⁶¹ Unter einem biologisch orientierten Anliegen wird hier das Bemühen verstanden, die Randbedingungen zu beschreiben, unter denen organische Verbindungen sich selbst organisieren, sich (nicht fehlerlos) reproduzieren und durch natürliche Selektion zu strukturell komplexen, mit zunehmender Informationsspeicherkapazität ausgestatteten molekularen oder supramolekularen Semantiden (vgl. Anm. 45) in einer Richtung evolvieren, welche eine Rückkopplung des jeweiligen Syntheseprodukts mit dem weiteren Syntheseverlauf zuläßt (vgl. Anm. 58).

⁶² Es wird dem Leser nicht entgangen sein, daß der Begriff *Synthese* (und dies nicht nur in diesem Essay) für den bezweckten Aufbau komplexer Zielverbindungen aus einfachen Startverbindungen verwendet wird, gleichgültig, ob der Synthetiker dabei planend und ausführend mitbeteiligt ist oder ob er passiv den auch ohne ihn ablaufenden Prozeß als synthetischen Vorgang bewußt macht.

Chemie und die Entwicklung der Lebensbedingungen
Vom Wandel der Erwartungen

Hans-Jürgen Quadbeck-Seeger

Zu der Frage, was unterscheidet den Menschen von den übrigen Lebewesen, die aus der Evolution hervorgegangen sind, gibt es tiefsinnige Abhandlungen und zahlreiche Antworten. Ein Faktum erscheint dabei von besonderer Bedeutung im Hinblick auf das Thema unseres Forums „Chemie – Natur – moderne Welt". Der Begriff „moderne Welt" führt nämlich seine Berechtigung nicht zuletzt darauf zurück, daß der Mensch seine Lebensbedingungen bewußt gestaltet, sie als einziges Lebewesen gezielt weiterentwickelt und somit immer wieder von einer herkömmlichen Welt in eine andere, modernere Welt aufbricht. Voraussetzung dafür war, daß er eine differenzierte Sprache und Schrift entwickelte und damit Traditionen und Erkenntnisse weitergeben konnte. So wurde es ihm möglich, immer effektiver in seine stoffliche Umwelt einzugreifen. Mit Materialien und Werkzeugen daraus hat er seine Lebensbedingungen so charakteristisch verändert, daß geschichtliche Epochen ihren Namen tragen: Steinzeit, Bronzezeit, Eisenzeit.

Die Rolle der Chemie beim Streben nach Bedürfnisbefriedigung

Als Triebkraft hinter den Veränderungen standen und stehen dabei das Streben nach Beseitigung von Mangel und die Deckung von Bedürfnissen. Der Vorliebe der Natur für die Zahl fünf folgend – wir haben fünf Finger und fünf Sinne –, lassen sich auch fünf Grundbedürfnisse definieren: Nahrung, Gesundheit, Kleidung, Wohnung und Kommunikation.

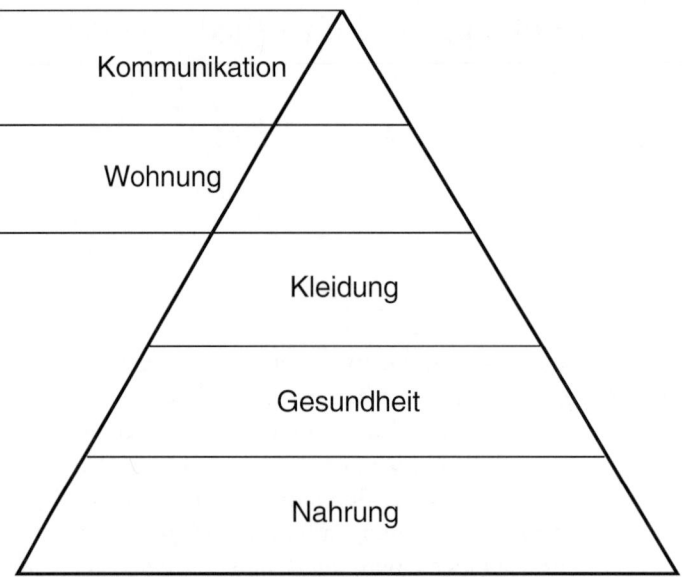

Abb. 1a. Bedürfnishierarchie. Grundbedürfnisse des Menschen.

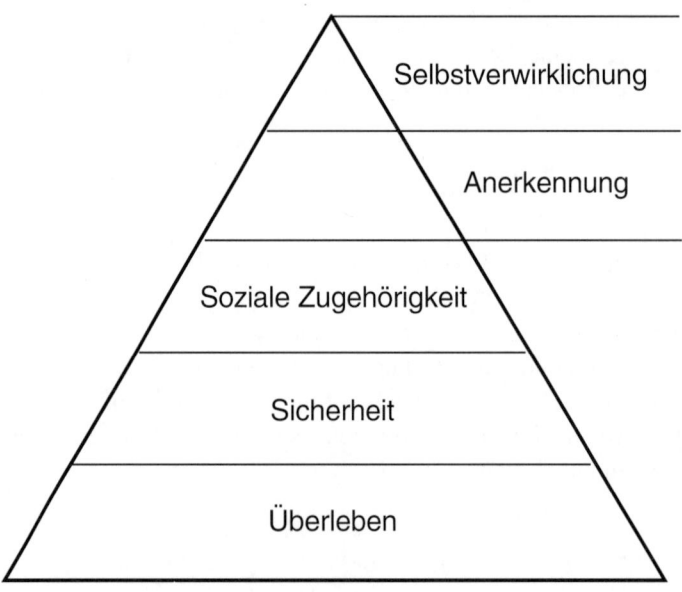

Abb. 1b. Bedürfnishierarchie. Grundbedürfnisse des Menschen aus sozialpsychologischer Sicht (nach A. Maslow).

Unter letzterem Begriff soll das weite Feld von Freizeit, Mobilität und kulturellen Ansprüchen zusammengefaßt werden. Auf allen diesen Gebieten hat die Chemie entscheidende Beiträge geleistet. In den westlichen Industrieländern sind diese Grundbedürfnisse im wesentlichen abgedeckt. Zwar gibt es noch schmerzliche Lücken im Bereich der Gesundheit, aber die sonstigen Wünsche sind eher dem Anspruch auf weiteren Wohlstand zuzuordnen.

In der Sozialpsychologie werden die Bedürfnisse des Menschen anders gesehen. Wegen seiner Anschaulichkeit wird hier der in der Management-Literatur zum Thema Motivation häufig genutzte Ansatz von Abraham Maslow gewählt. Er entwickelte ein Modell mit den fünf hierarchischen Bedürfnisebenen 1. körperliches Überleben, also die physiologischen Bedürfnisse, 2. Sicherheit, 3. soziale Zugehörigkeit, 4. Achtung und Anerkennung, einschließlich der Selbstachtung, und schließlich 5. Streben nach Selbstverwirklichung. Die Verlagerung des Schwerpunktes auf eine höhere Bedürfnisebene setzt eine annähernde Befriedigung des darunter stehenden Bedürfnisses voraus. Das gilt auch umgekehrt. Wer Hunger leidet, ist eben bereit, bei der Nahrungssuche seine Sicherheit aufs Spiel zu setzen und sogar soziale Normen zu verletzen.

Die weitaus längste Zeit seiner Entwicklungsgeschichte mußte sich der Mensch vorrangig mit der Befriedigung elementarer Lebensbedürfnisse auseinandersetzen. Erst mit der Industrialisierung wurden für eine immer größere Zahl von Menschen die oberen Stufen der Maslowschen Treppe erreichbar. In unserer heutigen Gesellschaft zielt ein Großteil der Wünsche mit ihren materiellen und ideellen Ausprägungen auf soziale Anerkennung und individuelle Selbstverwirklichung.

Damit sind wir beim Kern des Problems, das die Chemie heute hat. Im subjektiven Bewußtsein der Bevölkerung liegt das Betätigungsfeld der Chemie nicht mehr im Bereich der heute als relevant empfundenen Bedürfnisse. Die als chemietypisch geltenden Arbeitsgebiete wie etwa Düngemittel und Pflanzenschutz, Farbstoffe, Fasern oder Dämmstoffe dienen der Grundversorgung mit Nahrungsmitteln, Kleidung oder Wohnung. Die Deckung dieser Bedürfnisse, d.h. die Befreiung vom Mangel, wird in unseren Breiten als selbstverständlich angesehen, eine emotionale Bindung an Fortschritte auf diesen Sektoren existiert nicht mehr. Daß es in anderen Regionen der Welt noch ganz anders aussieht, darüber muß später noch gesprochen werden.

Die Leistungen der Chemie sind zwar durchaus nicht auf die Erfüllung grundlegender Bedürfnisse beschränkt, doch werden die vielfältigen Beiträge für gehobene Lebensansprüche, etwa im Verkehrs-, Freizeit- und Medienbereich, für den Konsumenten oft nicht sichtbar. Sie gehen in Vorleistungen für andere Branchen ein und bleiben dem Endverbraucher meist verborgen.

Über lange Zeiten konnte sich die Chemie als Wissenschaft und Industrie darauf verlassen, daß ihre Leistungen und Fortschritte breite öffentliche Anerkennung fanden. Die Forschungs- und Entwicklungsziele der chemischen Industrie waren und sind an Problemen orientiert. Mit unseren Produkten bieten wir Problemlösungen an. Auch wenn sich daran gegenüber früher nichts geändert hat, wird die Chemie heute häufig als ein Problemverursacher angesehen.

Die Chemie als Wissenschaft und Technologie der Stoffumwandlung

In der Chemie wurde und wird neues Wissen über die Stoffumwandlung erarbeitet und angewandt. Damit steht sie in zwangsläufiger Beziehung zu den Lebensbedingungen der Menschen. Die wichtigsten Grundstoffe, die die Natur vorhält, also Erdöl, Erdgas, Kohle, Holz oder Erze, sind für den Menschen nicht unmittelbar nutzbar, sie sind rohe Stoffe – Rohstoffe.

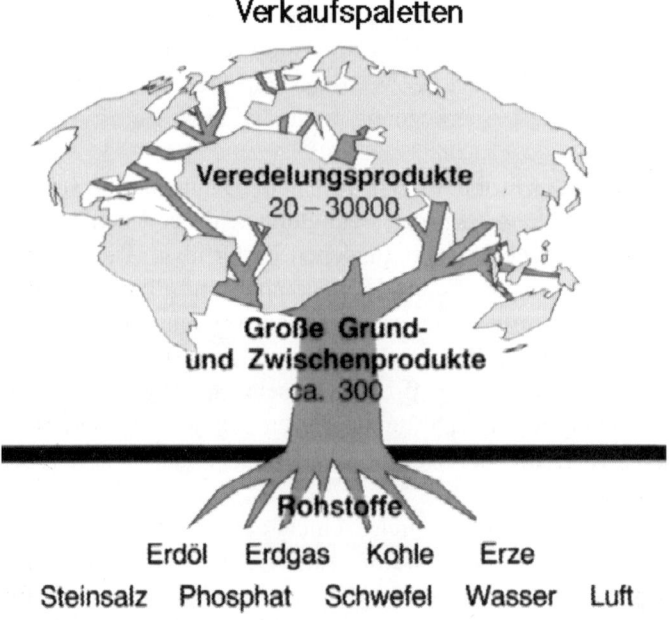

Abb. 2. Stammbaum der Chemieprodukte.

Als solche stehen sie am Anfang chemischer Höherveredlung. Aus ihnen werden etwa 300 wichtige chemische Grund- und Zwischenprodukte hergestellt, die ihrerseits die Basis für etwa 30 000 wesentliche Veredlungsprodukte für alle Lebensbereiche darstellen (vgl. Abb 2).

Chemie und Ernährung

Der Pyramide der Grundbedürfnisse folgend, soll mit der Nahrungssicherung begonnen werden, wo wir durchaus nicht in graue Vorzeiten zurückblicken müssen, um auch in unseren Breitengraden auf verheerende Hungerkatastrophen zu stoßen. Die letzte in Deutschland war der berüchtigte Steckrübenwinter 1916, als die Kartoffelernte durch eine Pflanzenkrankheit praktisch ausfiel. Daß wir heute mit solchen Katastrophen nicht mehr rechnen und auch nicht rechnen müssen, ist eine Folge der modernen Agrarchemie.

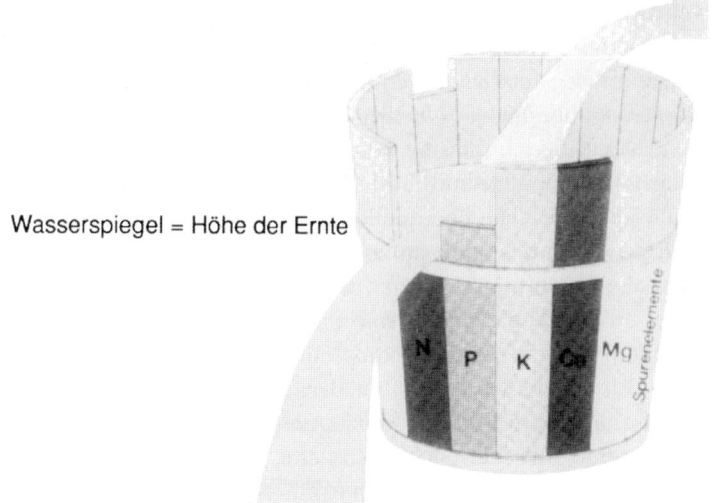

Abb. 3. Das Minimumgesetz von Liebig („Liebigsches Faß"): Das Wachstum der Pflanze wird begrenzt durch den Nährstoff, der im Boden in geringster Menge zur Verfügung steht.

Die wissenschaftlichen Grundlagen für eine gezielte Verbesserung des Pflanzenanbaus hat Liebig schon in der ersten Hälfte des letzten Jahrhunderts erarbeitet. Die Stickstoffversorgung wurde als wichtigster Mangelfaktor der zunehmend intensiver genutzten Böden Mitteleuropas erkannt. Die Düngung mit Chilesalpeter erwies sich bald als teuer und stieß auch wegen der langen Transportwege an Mengengrenzen.

Deshalb setzte man große Hoffnungen in die Nutzung des Luftstickstoffs. Der „Griff in die Luft" übte eine außerordentliche Faszination auf die Chemiker des ausgehenden 19. Jahrhunderts aus. Bis zur Inbetriebnahme der ersten Ammoniakanlage nach dem Haber-Bosch-Prozeß bei der BASF im Jahre 1913 bedurfte es gewaltiger Anstrengungen von Chemikern und Ingenieuren bei der Suche nach geeigneten Katalysatoren sowie der Entwicklung der Hochdrucktechnologie. Nun konnte die Landwirtschaft versorgt werden. Aber in dem unmittelbar darauf ausbrechenden Weltkrieg wurde das Ammoniak auch zur Herstellung von Sprengstoffen verwendet. Die Metapher vom Januskopf mahnt, daß Fortschritt nicht per se gut ist, sondern moralisch verantwortet werden muß. In Anbetracht der vielen ideologischen und moralischen Katastrophen in unserem Jahrhundert und wegen der Inanspruchnahme von Technik durch totalitäre Systeme muß diese Mahnung ernst genommen werden.

Doch zurück zu den Grundbedürfnissen. Heute liegt die Ammoniakproduktion weltweit bei über 100 Mio. t pro Jahr. Damit ist Ammoniak nach Schwefelsäure das größte Chemieprodukt überhaupt. Zu 90 % wird es für die Herstellung von Düngemitteln verwendet. Ohne diese könnte etwa ein Drittel der heutigen Menschheit überhaupt nicht ernährt werden.

Vor der Markteinführung von Volldüngern lag der Hektarertrag an Weizen in Deutschland durchschnittlich bei 20 Doppelzentnern, heute werden 64 Doppelzentner geerntet. Die überquellende Bereitstellung von Nahrungsmitteln und der niedrige Anteil des dafür aufzuwendenden Einkommens in den Industrieländern haben die Ernährungssicherheit als Problem aus dem Bewußtsein verdrängt.

Bei uns werden Agrarchemie und landwirtschaftliche Anbaumethoden heute vor allem mit Überschußproduktion und Grundwasserbelastung assoziiert. Der Schutz des Trinkwassers ist in der Tat seit jeher eine wichtige Aufgabe der Gesellschaft. Dem Ziel der Reinhaltung des Wassers dienen strenge Grenzwerte für wassergefährdende Stoffe. Zu deren Festlegung werden die neuesten toxikologischen und ökologischen Erkenntnisse herangezogen und hohe Sicherheitsfaktoren berücksichtigt. Bei Pflanzenschutzmitteln wurde jüngst erstmals von diesem wissenschaftlich fundierten Vorgehen abgegangen. Der neue einheitliche Grenzwert von 0,1 µg/l oder 0,1 ppb (part per billion) bedeutet, daß eine Person bei täglichem Genuß von 2 l Wasser in 70 Jahren gerade 0,005 g zu sich nimmt. Diese politisch an der Nullemission orientierte und nicht mehr nach dem Prinzip der Abwehr realer Gefahren festgelegte Menge liegt teilweise um Zehnerpotenzen unter der toxikologischen Relevanz der ohnehin nach strengen Kriterien zugelassenen Wirkstoffe. Überschreitungen des Grenzwertes werden aber dennoch als Gefahr interpretiert.

Vielfach begegnet man der Argumentation, ein Verzicht auf Düngung, Pflanzenschutz und Intensivanbau löse vor allem das Überschußproblem. Dabei wird übersehen, daß die Weltgetreideerzeugung 1988 niedriger war als Anfang der 80er Jahre. Dafür sind u.a. auch Flächenstillegungen in Europa, USA und Kanada zum Abbau lokaler Überschüsse verantwortlich. Die Landwirtschaftsorganisation der UNO, die FAO, hält ein weiteres Absinken der Getreideerzeugung für unvertretbar, da die Unwägbarkeiten in Drittweltländern Überhangbestände erfordern. Denn die Situation in vielen Teilen der Erde ist nach wie vor angespannt: Die Nahrungsgrundlage für etwa ein Drittel der Menschheit ist nicht krisenfrei gesichert. Nach einer Schätzung der FAO leiden etwa 400 bis 600 Millionen Menschen ständig an Hunger und Unterernährung.

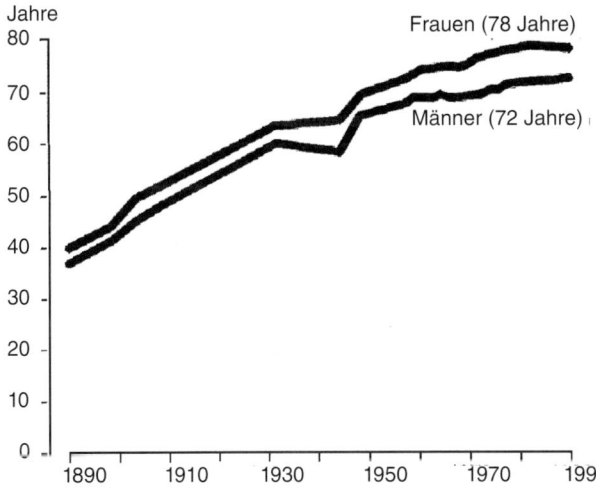

Abb. 4. Entwicklung der Lebenserwartung eines Neugeborenen (Bundesrepublik Deutschland) (Quelle: BGA).

Das Problem wird noch dadurch verschärft, daß Bevölkerungszahl und Lebenserwartung auf der Erde beständig zunehmen. In Deutschland verdoppelte sich beispielsweise in den letzten 100 Jahren die durchschnittliche Lebenserwartung auf mittlerweile 72 Jahre bei Männern und 78 Jahre bei Frauen. Noch zu Zeiten unserer Urgroßeltern lag die mittlere Lebenserwartung bei knapp 40 Jahren. Inzwischen steigt auch in den volkreichen Entwicklungsländern infolge einfacher Hygienemaßnahmen und medizinischer Grundversorgung die Lebenserwartung stetig an. In Kenia zum Beispiel, dem Land mit dem höchsten Bevölkerungswachstum, stieg die Lebenserwartung in den letzten 25 Jahren von 35 auf 55 Jahre an.

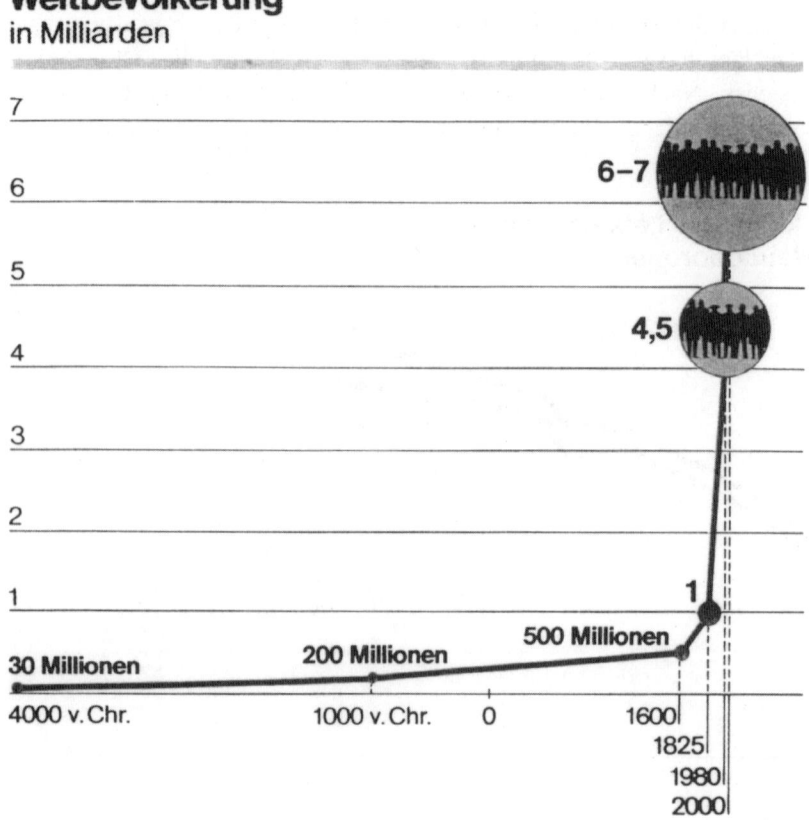

Abb. 5. Entwicklung der Weltbevölkerung (Quelle: UNO).

Die exponentielle Zunahme der Weltbevölkerung ist die eigentliche Ursache für wesentliche globale Probleme, wie etwa Nahrungssicherung und Energieversorgung, Regenwaldrodungen und Klimaveränderungen. Dabei sind die Erfolge der

Chemie im Ernährungssektor nicht Verursacher des Weltbevölkerungswachstums, sie sind vielmehr Problemlösungen für akute oder zu erwartende Nöte. Der besorgniserregende Zuwachs der Menschheit ist ein weitaus drängenderes Problem als viele andere in unserer Gesellschaft als vordringlich erachtete Sorgen. Dabei ist die Lösung des Problems längst erarbeitet. Pharmaindustrie und Medizin haben mit den Kontrazeptiva eine wirkungsvolle Methode der Geburtenkontrolle geschaffen. Natürlich haben Fortschritte in Landwirtschaft, Medizin und Hygiene Lebenschancen für mehr Menschen geschaffen. Dem technischen Fortschritt aber allein die Schuld für die Bevölkerungsexplosion zuzuweisen, ist eine unredliche Vereinfachung. Bedenklich ist sie auch, weil sie davon ablenken könnte, daß es nun an der Politik, an den Religionen und den jeweiligen Gesellschaften liegt, die notwendigen Maßnahmen zu treffen.

Chemie und Gesundheit

In der Bedürfnishierarchie folgt der Nahrungsversorgung die Gesundheit. Die Fortschritte der Medizin seit ihren wissenschaftlichen Anfängen im letzten Jahrhundert wurden zu Recht als Segen empfunden. Die Geschichte der modernen Medizin ist über weite Strecken zugleich auch eine Geschichte chemischer Erfolge.

Jahrhundertelang war die Erfahrungsmedizin im wesentlichen auf Pflanzenextrakte in der Therapie beschränkt. Das Verständnis über die Wirkweise der Tinkturen fehlte ebenso wie die Kenntnisse der Inhaltsstoffe.

Das Aufblühen der Farbstoffchemie um die Mitte des letzten Jahrhunderts bildete zugleich auch die Basis für Fortschritte in der Analyse und den Synthesemethoden. Zunächst profitierte die Hygiene. Die in den Leuchtgaskokereien als Abfall anfallenden Phenole erwiesen sich als wirkungsvolle Desinfektionsmittel. Die eigentliche Chemotherapie hat in der Farbenchemie ihre Wurzeln. Aus ihren Zwischenprodukten und mit ihren Methoden entstanden die ersten synthetischen Arzneimittel. Mittel gegen Fieber und Schmerzen, wie Aspirin, wurden Ende des letzten Jahrhunderts in die Therapie eingeführt. Salvarsan wurde nach dem Vorbild von selektiven Farbstoffen, die Bakterien sozusagen „totfärben" sollten, synthetisiert. Mit diesem ersten systematisch entwickelten antibakteriellen Wirkstoff konnte ab 1910 die Syphilis kausal behandelt werden. Diese Krankheit hatte lange Zeit den Charakter einer Volksseuche, und es fielen ihr so berühmte Männer wie Robert Schumann (39 Jahre), Frederic Chopin (39), Charles Baudelaire (46), Friedrich Nietzsche (56), Paul Gauguin (55) oder Hugo Wolf (43) zum Opfer.

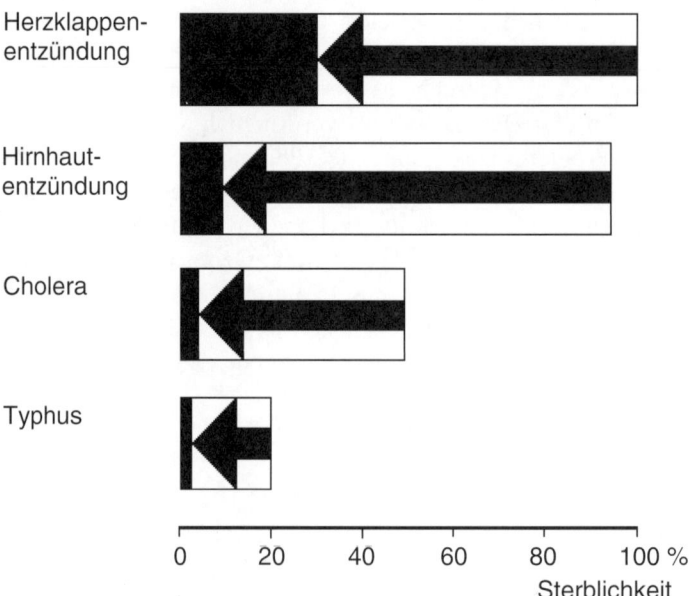

Abb. 6. Sterblichkeit bei ausgewählten Krankheiten vor und nach Einführung von Antibiotika (Quelle: BPI).

Das Konzept von Paul Ehrlich, nach Molekülen zu suchen, die für den Menschen verträglich, aber tödlich für seine mikrobiellen Feinde sind, wurde das Leitmotiv der Pharmaforschung in den ersten Jahrzehnten dieses Jahrhunderts. Nach der Prüfung von unzähligen Azofarbstoffen gelang Gerhard Domagk 1932 mit Prontosil der Durchbruch. Die davon abgeleiteten Sulfonamide konnten eine große Zahl von bakteriellen Infektionen heilen. Einen weiteren Fortschritt brachten die Penicilline, deren beispiellose Erfolgsgeschichte mit den ersten Therapieerfolgen 1941 begann. Die Antibiotika nahmen den gefürchteten bakteriellen Infektionskrankheiten ihren Schrecken. So ist es erst 50 Jahre her, daß eine Herzklappenentzündung fast immer zum Tode führte, eine Meningokokken-Gehirnhautentzündung bei den wenigen Überlebenden geistige Verkrüppelung hinterließ, Cholera und Typhus für alte und geschwächte Menschen meist tödlich endeten. Die fermentative Herstellung natürlicher Antibiotika ist auch ein früher Triumph der Biotechnologie im Dienste der menschlichen Gesundheit. Überschattet wurden die ersten Erfolge durch die Erfahrung, daß Bakterien gegen Penicillin Resistenz entwickeln. Die weltweite Suche nach hilfreichen Schimmelpilzen ging weiter. In den Cephalosporinen wurde eine neue Stoffklasse gefunden, von der heute bereits die 3. Generation mit weiter verbesserten Eigenschaften zur Verfügung steht. Neuerdings wurde in den Gyrasehemmern eine weitere Stoffklasse in der organischen Chemie gefunden, für die es kein Vorbild in der Natur gibt.

Ein Ideal-Antibiotikum gibt es nicht und wird es auch nie geben. Aufgrund der raschen Generationsfolge von Bakterien werden wahrscheinlich immer Stämme herausselektiert, denen eine Verteidigung gegen den antibakteriellen Angriff möglich ist. Die Mechanismen sind uns heute bekannt, deshalb wird die Forschung auf dem Gebiet der Antibiotika gezielter, aber weiterhin intensiv und mit hohem Aufwand fortgeführt.

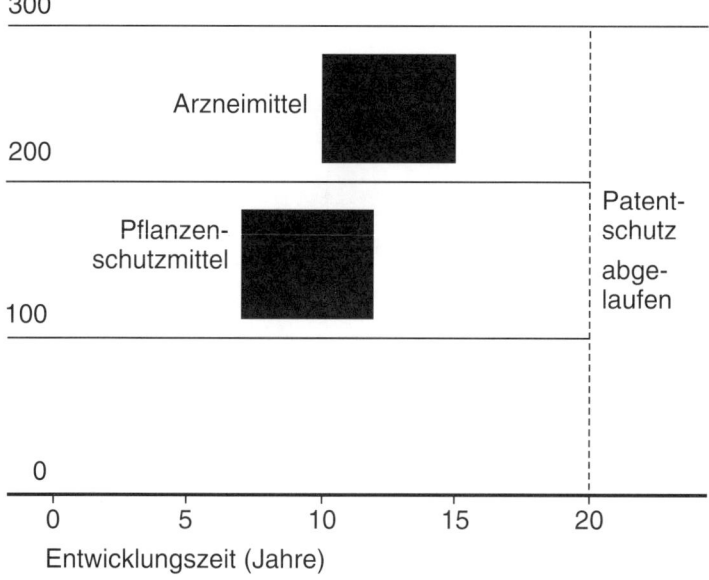

Abb. 7. Entwicklungs- und Patentlaufzeiten (Quelle: BASF).

Die Entwicklungszeiten für neue Wirkstoffe betragen wegen des erreichten Standards und der umfangreichen Auflagen heute bereits 12 bis 15 Jahre. Die Entwicklungskosten für einen neuen Wirkstoff liegen in der Regel bei über 250 Mio. DM. Dieser hohe Aufwand ist deshalb ein besonderes Problem, weil die Restpatentlaufzeiten oft nicht mehr ausreichen, um die Entwicklungskosten wieder einzubringen und weitere Forschungsmittel für Neuentwicklungen bereitzustellen. Ein ausreichender Patentschutz ist notwendig, weil nach Ablauf der

Patente nämlich Generika-Hersteller auf den Plan treten, die keine Forschung treiben und deswegen billiger anbieten können.

Die vergleichsweise geringe öffentliche Beachtung, die dieses schwierige Zukunftsproblem der deutschen Pharmaindustrie hierzulande findet, ist ein bedenkliches Zeichen vermeintlicher Nicht-Betroffenheit. Der hohe Stand der Therapie läßt insbesondere Unbetroffene fragen, ob denn neue Medikamente überhaupt noch benötigt werden. Dies ist eine Position, die man als den „Hochmut der Gesunden" bezeichnen könnte.

Beispiele für Schwerpunkte der Arzneimittelforschung

- Herz- und Kreislaufkrankheiten
- Rheumatische Erkrankungen
- Viruserkrankungen, Aids
- Pilzerkrankungen
- Psychisch-neurologische Erkrankungen
- Tropenkrankheiten
- Maligne Tumore

Abb. 8. Heute noch unzureichend beherrschbare Krankheiten.

Die Weltgesundheitsorganisation WHO hat ermittelt, daß es etwa 30 000 Krankheiten gibt. Aber wir haben nur eine Gesundheit, und jeder Kranke hofft, diese zurückzugewinnen. Dabei ist heute erst etwa ein Drittel der Krankheiten medikamentös heilbar. In den übrigen Fällen erreicht die Behandlung oft nur, daß die Symptome gelindert und der Verlauf verzögert wird. Zu diesen Krankheiten gehören viele Herz-Kreislauf-Erkrankungen sowie Virusinfektionen, Rheuma und Krebs. Also nicht etwa Bagatell-Erkrankungen, sondern gerade die dramatischen und die progredienten Krankheiten.

So sind auf dem Gesundheitssektor weitere gewaltige Anstrengungen von Wissenschaft und Industrie notwendig, um neue Therapeutika zu entwickeln. Die Einblicke in die Lebensprozesse, die uns die sich stürmisch entwickelnden Biowissenschaften zunehmend ermöglichen, werden weitreichende Konsequenzen auf dem Gesundheitssektor haben. Für eine Nutzanwendung des neuen Wissens bieten die Methoden der Gentechnologie die entscheidende Voraussetzung. Dies gilt sowohl für die Aufklärung von Krankheitsursachen als auch für die zielgerichtete Synthese körpereigener oder synthetischer Wirkstoffe, die mit konventionellen Methoden wegen ihrer Komplexität nicht herstellbar sind.

Dabei ist die kontroverse Diskussion um die Gentechnik ein besonders augenfälliges Beispiel dafür, wie ein nur scheinbar hohes Maß an Bedürfnisbefriedigung dazu verleitet, vor allem die potentiellen oder vermeintlichen Risiken weiterer Fortschritte zu sehen. Natürlich wirft die Gentechnologie auch neue juristische, moralische und ethische Probleme auf. Sie aber deswegen pauschal abzulehnen, ist nicht weniger ein moralisches und ethisches Problem. Verantworten bedeutet schließlich nicht nur, nichts zu verschulden, sondern auch, nichts zu versäumen. Daraus läßt sich, für den Kranken allemal, auch ein Recht auf die Nutzung des Fortschrittes ableiten.

Chemiebeiträge für Kleidung und Wohnen

Was sich bei Ernährung und Gesundheit durch die Chemie geändert hat, gilt mindestens ebenso bei dem Bedürfnis nach Kleidung, wenngleich der Wandel hier nicht so spektakulär wahrgenommen wird.

Jahrhundertelang manifestierten sich Standesunterschiede in der Bevölkerung vor allem in der Kleidung. Die Landbevölkerung trug grobes Tuch, das Bürgertum konnte sich feineres Leinen leisten. Für die Färbung standen ausschließlich heimische Pflanzen zur Verfügung; die gedeckten Töne überwogen. Farbenfrohe Kleidung, eingefärbt mit exotischen und teuren Naturfarbstoffen, konnten sich nur der Hochadel und der hohe Klerus leisten. Durch die synthetischen Farbstoffe, mit denen die Entwicklung der industriellen Chemie begann, wurde farbige Kleidung bald zum Symbol des wachsenden bürgerlichen Selbstbewußtseins. Auch Seide war im Mittelalter ein Privileg der obersten Gesellschaftsschichten und blieb bis ins ausgehende 19. Jahrhundert für die meisten Bürger unerschwinglich. Mit der um die Jahrhundertwende aufkommenden Kunstseide und den Ende der 30er Jahre entwickelten synthetischen Polyamiden Nylon bzw. Perlon wurde der Bekleidungssektor revolutioniert. Hochwertige und modische Kleidung ist in dieser kurzen Zeit für alle Bevölkerungsschichten erschwinglich und damit zur Selbstverständlichkeit geworden. Von der Synthesefaser über den Textilfarbstoff, die Appretur, Imprägnierung bis hin zu Pflege und Waschbarkeit: Kaum ein Bereich unseres täglichen Lebens ist so von der Chemie geprägt wie unsere Kleidung.

Dies setzt sich nahtlos fort im Wohnbereich. Synthesefasern begegnen uns in Teppichen, Gardinen, Tapeten oder Polstermöbeln. Das Wohnen ist das nächste Grundbedürfnis nach Nahrung, Gesundheit und Kleidung. Auch hier geht praktisch nichts ohne Chemie. Nur zwei Beispiele: Schaumstoffe für moderne Bau-

und Isoliermaterialien ermöglichen energiesparendes Bauen. Oder Kunststoffe: Sie finden sich in praktisch allen Möbeln und Haushaltsgeräten, machen diese nicht nur robust und pflegeleicht, sondern sie leisten aufgrund ihrer Elektroisolierfähigkeit auch einen Beitrag zum sicheren Umgang mit Elektrogeräten im Haushalt – kaum jemand macht sich das bewußt. Kunststoffe tragen wesentlich zur Arbeitserleichterung im Haushalt und damit zu unserer häuslichen Bequemlichkeit bei. Die Funktionalität im Wohnbereich wurde oberstes Gebot, als die soziale Neuordnung nach dem ersten Weltkrieg zum Verschwinden der Bedienstetenklasse führte.

Und wer macht sich schon klar, daß eine der größten sozialen Innovationen der letzten Jahrzehnte, nämlich das Konzept der Selbstbedienung, nur durch die Nutzung von Kunststoffen für Herstellung, Verpackung und Verteilung möglich wurde.

Heute stehen die Kunststoffe dagegen in einem völlig anderen Lichte da. Eine der einst gefeierten Eigenschaften, die dauerhafte Haltbarkeit, ist heute im Zeitalter der schnellebigen Konsumgüter zum Problem geworden. Obwohl sie nur 7 % des Hausmülls ausmachen, sind sie ins Kreuzfeuer der Kritik geraten. Keineswegs deshalb, weil von ihrer Deponierung Gefahren für Mensch und Umwelt ausgehen – sie werden schließlich auf der Deponie nicht verändert. Nein, es wird schlichtweg der Deponieraum knapp. Die Bevölkerung ist weder bereit, neue Deponien noch Verbrennungsanlagen zu akzeptieren. In dieser mißlichen Situation wird Kunststoffrecycling häufig als das Allheilmittel hingestellt. Aber das Recycling kann die öffentlich heftig befehdete thermische Verwertung, also die Verbrennung unter Energiegewinn, nicht überflüssig machen. Es wird einerseits verdrängt, daß es ein Endlos-Recycling nicht geben kann, denn mit jeder Wiederverwertung tritt eine Qualitätsminderung ein. In den meisten Fällen können aus dem Rezyklat also nicht mehr die Originalteile, sondern nur noch geringerwertige Produkte mit begrenztem Markt hergestellt werden, die letztlich auch entsorgt werden müssen. Andererseits bieten sich gerade Kunststoffe am Ende ihres Gebrauchszyklus zur Verbrennung an, da sie ja lediglich eine zwischenzeitlich genutzte andere Form von Erdöl darstellen. Kunststoff-Abfall wird deswegen auch „weiße Kohle" genannt. Würde der Kunststoff ganz aus dem Müll entfernt, müßten für seine Verbrennung Öl oder Kohle zugefeuert werden.

Mit Kunststoff-Recycling kann allenfalls ein Beitrag geleistet werden zur Verminderung der Deponiebelastung und zur Reduzierung des Primärrohstoffeinsatzes. Entsprechende Technologien und Produktkonzepte sind in Entwicklung. Da aber der Müll zu über 90 % aus anderen Materialien besteht, muß die Abfallsituation grundsätzlich überdacht werden. Eine sachliche Auseinandersetzung mit den Problemen der Wegwerfgesellschaft wird dadurch erschwert, daß die Dis-

Chemie und die Entwicklung der Lebensbedingungen 103

kussion von Meinungen, Vorbehalten und dem St.-Florians-Prinzip beherrscht wird. Hier ist noch viel Sachkunde zu vermitteln.

Das leitet über zum 5. Grundbedürfnis, nämlich Kommunikation. Unsere Gesellschaft ertrinkt zwar in Informationen, aber sie dürstet nach relevantem Wissen, das Orientierung erleichtert und umfassende Problemlösungen ermöglicht.

Chemie und die Kommunikationstechnologien

Die beliebige Verfügbarkeit von Informationen ist das Ergebnis der stürmischen Entwicklung der Kommunikationstechnologien, die noch in vollem Gange ist. Sprache und Schrift waren, wie eingangs erwähnt, für den Menschen entscheidende Voraussetzungen für die Gestaltung seiner Lebensbedingungen. Nach Gutenberg folgte allerdings eine sehr lange Stagnation auf dem Kommunikationssektor.

Es dauerte immerhin bis ins 19. Jahrhundert, als Morsen, Telegraphieren oder Telefonieren nicht nur einen Fortschritt, sondern eher einen „Fortsprung" in den Kommunikationstechnologien einleiteten. Photographie, Rundfunk, Film und Fernsehen folgten in atemberaubender Schnelligkeit. Neben der Erarbeitung der physikalischen Prinzipien bestimmte die Entwicklung der entsprechenden Materialien durch die Chemie den Fortschritt.

Abb. 9. Magnetophon von AEG mit BASF-Magnetophonband (1935).

In einer Kooperation entwickelten AEG und BASF 1935 das erste Magnetophon mit zugehörigem Magnetophonband. Damit wurde die Tonaufzeichnung und beliebige Wiedergabe durch jedermann möglich. Der lange Weg der Informationsspeicherung von der Tontafel zum Tonband, von den Sumerern bis in unser Jahrhundert, führte nun in die Kommunikationsgesellschaft mit ihren tiefgreifenden Veränderungen in Berufswelt und Freizeit, in Wissenschaft und Kunst.

Die Entwicklungen des Tonbandes, der Elektronik und des Computers zeigen beispielhaft, wie arbeitsteiliges Zusammenwirken verschiedener Wissenschaftsdisziplinen und Industriebranchen den Fortschritt fördert. Die Überwindung der Grenzen zwischen den einzelnen Wissenschaftsdisziplinen und Branchen ist sogar ein besonderes Merkmal unserer Zeit. Wir nähern uns in der Problemlösungsstrategie der Natur an, die auch keine Grenzen kennt zwischen Biologie, Chemie und Physik. Damit wächst nicht nur das Verständnis für die komplexen Zusammenhänge, sondern auch die Chancen für neue, bessere Problemlösungen nehmen zu.

Technisch-wissenschaftlicher Fortschritt im Wertewandel

Obwohl der technische Fortschritt und insbesondere die Chemie die Lebensverhältnisse schon entscheidend verbessert haben und immer noch verbessern, sind sie in eine Akzeptanzkrise geraten. Zur Entstehung dieser Akzeptanzkrise gibt es viele Meinungen. Auf der objektiven Ebene gesicherter Erkenntnisse ist die Analyse der Ursachen allerdings außergewöhnlich schwierig. Insbesondere Hermann Lübbe hat wichtige Faktoren aufgezeigt. Da ist zunächst die Überforderung der Menschen durch zu raschen Wandel. Hinzu kommen Vertrauensverlust in Expertenwissen und eine abnehmende Risikoakzeptanz. Orientierungsprobleme und Unsicherheitserfahrungen werden verstärkt durch einen bildungsreformbedingten Rückgang an naturwissenschaftlicher, insbesondere chemischer Allgemeinbildung. Hinzu kommt, daß spektakuläre Unfälle eine Art Sippenhaft der Branche nach sich ziehen.

Schließlich ist nicht zu unterschätzen, daß der gesamte Themenkreis von den Medien stark emotionalisiert wird. Und in diesem Punkt müssen wir akzeptieren, daß Emotionen auch Fakten sind bzw. Fakten schaffen können.

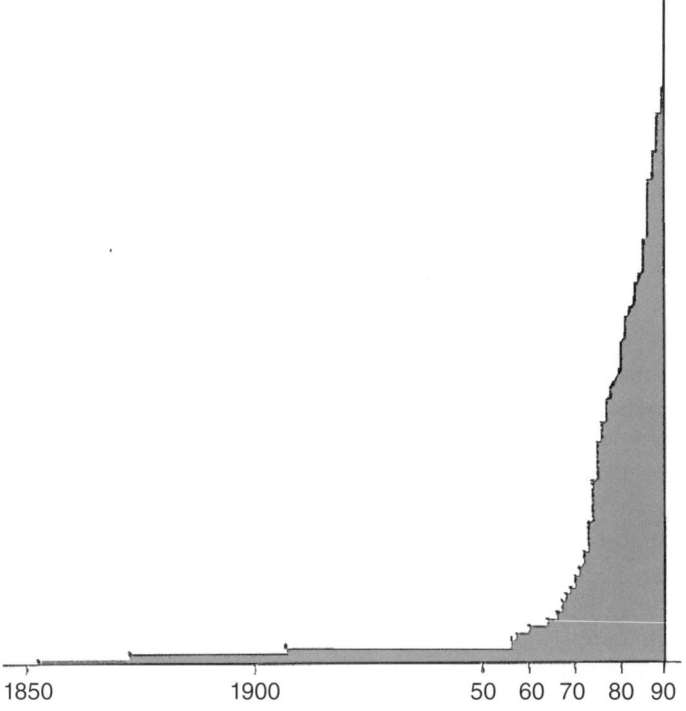

Abb. 10. Entwicklung der Umweltgesetzgebung in Deutschland (Quelle: BASF).

Was sich vollzogen hat, diagnostiziert die Soziologie als einen Wertewandel. Den sichtbarsten Ausdruck findet dieser Wandel in der Entwicklung der Gesetzgebung auf dem Umweltsektor. An dieser Kurve, auf der jeder Punkt ein neues Gesetz oder eine Verordnung markiert, läßt sich sowohl der Beginn der Akzeptanzkrise als auch das Ausmaß ihrer Entwicklung ablesen. Heute sind für die Genehmigung bzw. den Betrieb einer chemischen Anlage in Deutschland ca. 2000 Gesetze und Verordnungen zu berücksichtigen. Die politische Reaktion ist in den einzelnen Ländern unterschiedlich, in Deutschland allerdings besonders ausgeprägt. Obwohl die Gesetzgebung nicht primär auf die Forschung zielt, trifft sie diese besonders, da innovative Problemlösungen so verzögert oder verteuert werden, daß Wettbewerbsnachteile entstehen. Auch steht sich die Umweltgesetzgebung teilweise selbst im Wege, wenn für Anlagen des Umweltschutzes manchmal mehr als zwei Jahre auf die Baugenehmigung gewartet werden muß.

Ist die derzeitige Krisenstimmung nur vorübergehender Natur? Vermutlich nicht. Im Gegensatz zu früheren Krisen, wo bereits eine sich abzeichnende Technologie – noch nicht die Problemlösung selbst – einen Hoffnungsaufschwung auslöste, werden heute weniger die Chancen als vielmehr die Risiken des Fortschrittes diskutiert. Die Lebensvorzüge werden als selbstverständlich in Anspruch genommen, weitere Verbesserungen werden gefordert, was wiederum nur durch neue Technologien möglich ist. Zugleich wird aber eine zunehmende Abhängigkeit von der Technik abgelehnt.

Realistisch sollten wir uns also darauf einstellen, daß uns die Akzeptanzkrise weiter begleitet. Es reicht nicht mehr, darauf hinzuweisen, daß zahlreiche Bedürfnisse bereits gedeckt wurden, daß uns der naturwissenschaftlich-technische Fortschritt Lebensverhältnisse geschenkt hat, die ohne Vergleich in der Menschheitsgeschichte sind. Es gilt auch, aus den Fehlern der Vergangenheit zu lernen. Frühere Sorglosigkeit oder mangelnde Weitsicht im Umgang mit Produktionsabfall, sei es aus städtischen Gasanstalten oder Industriebetrieben, haben schwierige Altlastenprobleme hinterlassen.

Aber auch psychologische Fehler sind zu vermeiden. Verharmlosung ebenso wie allzu rasche und undifferenzierte Ablehnung von geforderten Maßnahmen erwiesen sich oft als politischer Bumerang. Die später doch mögliche Erfüllung mancher Auflagen hat die Politik nur zu weiteren Forderungen ermuntert, die dann tatsächlich ins Unrealistische oder gar Unsinnige führten.

Ein Kriterium stellt in diesem Zusammenhang auch der Fortschritt in der Meß- und Analysentechnik dar. Einerseits ermöglicht er uns, immer bessere Problemlösungen zu erarbeiten, und zum anderen ist es dadurch möglich, frühzeitig unbeabsichtigte Nebenwirkungen und Fehlentwicklungen aufzuzeigen. Das Ozonloch ist nicht in Redaktionskonferenzen oder auf Parteitagen entdeckt worden, sondern von Wissenschaftlern mit hochempfindlichen Meßgeräten und raffinierten Meßtechniken. Eine inhärente Eigenschaft des Erkenntnisfortschritts ist es, immer feinere Instrumentarien zu entwickeln, mit denen unerwünschte Effekte früh entdeckt, verfolgt und aufgeklärt werden können.

Dieser an sich begrüßenswerte Mechanismus der Eigenkontrolle des technischen Fortschrittes hat andererseits eine fatale Nebenwirkung. Die heute erfaßbaren Dimensionen liegen bereits weit jenseits von ppm und ppb, dem oft strapazierten „Preußen in München" oder einem „Preußen in China". Abbildung 11 veranschaulicht den analytischen Fortschritt anhand der Erfaßbarkeit eines gelösten Würfels Zucker. Wir können diesen heute leicht in einem Volumen wie dem der Östertalsperre im Sauerland (ppt) oder mit etwas Aufwand im Starnberger See (ppq) nachweisen. Die Voraussetzungen für die nächste tausendfache Verfeinerung (ppqt) – entsprechend dem 50fachen Volumen des Bodensees – sind bereits geschaffen. Diese inzwischen unvorstellbare Erfassungsgenauigkeit der Analytik wird in der öffentlichen Diskussion als zunehmende Bedrohung empfunden. Die

1 Stück Würfelzucker in 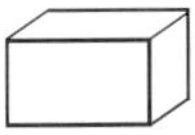	Tanklastzug 	ca. 3 m³	ppm
	Tankschiff 	ca. 3.000 m³	ppb
	Östertalsperre (Sauerland) 	ca. 3 Mio m³	ppt
	Starnberger See 	ca. 3 Mrd. m³	ppq

Abb. 11. Erfassungsgrenzen moderner Analytik.

Politik erliegt dann oft der Versuchung, das gerade noch Meßbare als neuen Grenzwert festzulegen. Den Wertewandel bekommen wir also auch in den Grenzwerten zu spüren. Das kann, was schwerer wiegt, aber zu einer Fehlsteuerung der Ressourcen führen oder gar von den eigentlichen Problemen ablenken.

Das von der Politik oft geltend gemachte Vorsorgeprinzip läßt sich, wenn es einmal losgelöst ist von gesichertem Wissen, ad infinitum treiben. Wenn Vorsorge bedeutet, nichts zu riskieren, folgt unweigerlich Stillstand. Und Stillstand bedeutet Rückschritt, da die Probleme mit dem Bevölkerungswachstum und den steigenden Ansprüchen dringlicher werden. Bei rationaler Analyse gibt es keine Alternative zu weiterem Fortschritt.

Den wissenschaftlich-technischen Fortschritt für alles verantwortlich zu machen und seiner Zukunftsfähigkeit zu mißtrauen, ist geradezu Mode geworden. Nachdem C.P. Snow Anfang der sechziger Jahre „the two cultures" definiert hat, drängt es sich auf, die Entstehung einer dritten zu konstatieren. Ich meine nicht wie Wolf Lepenies die Soziologie, für die er diesen Platz beansprucht. Die, die ich meine, läßt sich auch nicht aus einer Tradition ableiten, sondern entwickelt sich aus einem veränderten Verhältnis zur Zukunft. Dort werden nur noch Schwierigkeiten erwartet. Es gilt „everything is difficult", und daher wäre eine Bezeichnung wie „difficulture" vielleicht angebracht.

Diese Haltung ist gekennzeichnet durch ein auffälliges Paradoxon: Man beansprucht zwar die Produkte und die Lebensvorzüge, die der wissenschaftlich-technische Fortschritt hervorbringt, lehnt aber deren Bereitstellung ab, da sie die Natur beeinträchtigt. In der gesellschaftlichen Diskussion um Umweltschutz ist auch eine Umwertung des Mensch–Natur-Verhältnisses festzustellen. Jahrhundertelang dienten die menschlichen Anstrengungen dem Schutz vor der Natur, heute steht der Schutz der Natur vor dem Menschen im Vordergrund. Eine schwierige Güterabwägung, die in unterschiedlichen Regionen unterschiedlich vorzunehmen sein wird, ist zu leisten. Die junge Wissenschaft der Ökologie, die wegen der komplexen Zusammenhänge noch mit vielen Hypothesen arbeiten muß, soll hierbei Hilfen für politische Entscheidungen geben. Groß ist die Versuchung, die Lücken im naturwissenschaftlichen Wissen durch Ideologie oder gar Romantik zu füllen. Das kann gefährlich werden, denn Hubert Markl weist zu Recht darauf hin, daß wir die Lösung unserer Probleme nicht in den Lebensbedingungen der Vergangenheit finden werden, sondern nur in erweitertem und vertieftem Wissen.

Dabei müssen wir hinnehmen, daß das jeweils zur Verfügung stehende Wissen unvollständig ist. Manche in der Vergangenheit gefeierten Fortschritte haben später schwierige Probleme zur Folge gehabt. So hat beispielsweise DDT Millionen von Menschen vor der Malaria gerettet. Für die Einführung von DDT in die Schädlingsbekämpfung hat Paul Müller im Jahre 1948 mit dem Nobelpreis die höchste wissenschaftliche Ehrung erhalten. In Sri Lanka beispielsweise konnten die jährlich 2,8 Mio. Erkrankungen praktisch auf Null zurückgeführt werden. Fünf Jahre nach dem Verwendungsstopp wurden wieder 1,5 Mio. Erkrankungen registriert. Die Anreicherung im Körperfett und die Akkumulation in den Nahrungsketten mit den ökologischen Folgen wurden erst im Laufe der späteren Jahre erkannt. DDT wurde dann in den Industrienationen zu Recht verboten. In Malariagebieten wird es jedoch immer noch zur Bekämpfung der Stechmücken eingesetzt, weil bisher kein anderer wirkungsvoller Schutz gegen die schreckliche Krankheit gefunden wurde. Die Hoffnung, einen Impfstoff zu entwickeln, ruht auf der Gentechnologie, damit wir DDT endgültig vergessen können.

Ein aktuelles Beispiel sind die Fluorkohlenwasserstoffe, kurz FCKW. Sie sind unbrennbar, ungiftig und ideal isolierend. Neben ihrem Einsatz im Konsumbereich wurden sie für den Aufbau der Kühlketten in Aggregaten für Kühltransporter, Kühlhäuser und Kühlschränke verwendet. Dann wurde der schädigende Einfluß auf die Ozonschicht zunächst vermutet und später durch Messungen erhärtet. Wo es möglich war, wurden die Produkte rasch ersetzt. Für manche Anforderungen fehlen aber noch die geeigneten Ersatzstoffe, und es wird derzeit weltweit intensiv an deren Entwicklung gearbeitet. In Deutschland wird die Verwendung von FCKW bis zum Jahr 1995 eingestellt.

Chemie für die Zukunft – Chancen und Verantwortung

Bestehende oder neu auftretende Probleme sind ein offenkundiges Indiz dafür, daß unser derzeitiges Wissen nicht ausreicht. Deshalb ist es notwendig, nach neuen Erkenntnissen zu suchen, damit bessere Problemlösungen entwickelt werden können. Dabei übernimmt die Chemie als Wissenschaft und Industrie eine erhebliche Verantwortung für die Zukunft.

Aber was heißt Verantwortung für die Zukunft? Reicht es aus, was Charles Kettering einmal sagte: Die Zukunft muß uns deshalb interessieren, weil wir dort den Rest unseres Lebens verbringen werden? Diese Sicht wird der heutigen Situation nicht mehr gerecht. Bisher hat keine Generation vor uns solche weitreichenden Möglichkeiten gehabt, die Erde und das Leben auf ihr so nachhaltig zu verändern, wie sie sich derzeit abzeichnen. Deswegen beginnt zu Recht das Nachdenken darüber, in welchem Zustand die Erde der nächsten Generation übergeben wird. Dieses erwachende Zukunftsbewußtsein ist kulturelles Neuland mit zwangsläufigen Ungewißheiten.

Die Definition von Francis Bacon: Wissen ist Macht, reicht nicht mehr. Wir haben sie zu erweitern: Neues Wissen ist Zukunft. Denn unsere Zukunft wird ganz wesentlich davon bestimmt, was wir wissen werden. Wissen selbst wird durch Forschung erworben, und damit bekommt die Forschung eine Schlüsselrolle bei der Gestaltung unserer Zukunft.

Mit ihrem Ziel, durch Innovation den technisch-wissenschaftlichen Fortschritt voranzubringen, steht die Forschung voll in dem beschriebenen Spannungsfeld. Daraus ergeben sich für die Forscher, und zwar in Wissenschaft und Industrie, neue herausfordernde, vor allem auch fachübergreifende Aufgaben, nämlich

1. neues Wissen gegenüber der Öffentlichkeit transparent und verständlich zu machen,

2. durch verantwortungsvollen Umgang mit neuem Wissen Vertrauen zu gewinnen und zu erhalten,

3. deutlich zu machen, daß der technische Fortschritt selbst uns Werkzeuge und Methoden an die Hand gibt, Fehlentwicklungen früh zu erkennen und Maßnahmen zu entwickeln,

4. neue randschärfere Problemlösungen zu erarbeiten, die ökonomischen und ökologischen Anforderungen gleichermaßen gerecht werden.

Gerade für letzteren Punkt kommt uns die regelrechte Wissensexplosion der letzten Jahrzehnte auf dem Gebiet der life sciences und der Materialwissenschaften besonders zugute. Zusammen mit Fortschritten in der Mikroelektronik und der Datenverarbeitung eröffnen sich uns neue Möglichkeiten. Wir leben in einer aufregenden Zeit des technologischen Aufbruchs. Dabei zeichnen sich in der angewandten Forschung einige bemerkenswerte Trends ab.

Trends in der chemischen Forschung

- Natur als Vorbild
- Von der Empirie zur Strategie
- Von der Chemie der Moleküle zur Chemie der molekularen Systeme
- Verknüpfung von Morphologie und Funktion
- Vermehrte Interdisziplinarität wegen zunehmender Komplexität

In Zukunft wird die Chemie verstärkt von der Natur lernen. Sie wird ein immer tieferes Verständnis von den molekularen Grundlagen der Lebensvorgänge gewinnen, die wir mehr und mehr zu durchschauen lernen. So erkennen wir zunehmend die Strategien, die das Leben im Verlauf der Evolution im Umgang mit Materie, Energie und Information entwickelt hat, und beginnen sie zu nutzen.

Der zweite wichtige Trend, der unsere Forschungsarbeiten künftig stärker prägen wird, ist die Entwicklung von der Empirie zur Strategie. Die meisten der großen chemischen Erfolge der Vergangenheit waren das Ergebnis unerwarteter Beobachtungen. Diese Art der Forschung nach dem Motto „trial and error" erfordert einen hohen personellen und finanziellen Einsatz mit oft ungewissem Ergebnis. Neue Erkenntnisse über molekulare Strukturen und deren Funktion ermöglichen uns zunehmend eine strategische Vorgehensweise, und neue Methoden für ein gezieltes Design von Komponenten und Systemen werden zugänglich. Dazu zählen: molekulare Testsysteme für Wirkstoffe, EDV-gestützte Syntheseplanung und molecular modelling.

Einer der auffälligsten Trends, den wir derzeit beobachten, ist die Entwicklung über die Chemie der Moleküle hinaus, hin zu einer Chemie der molekularen Systeme. Das ist auf der molekularen Ebene ein ebenso erheblicher Unterschied, wie wir ihn in den Humanwissenschaften zwischen Psychologie und Soziologie kennen, also zwischen Individuum und Gesellschaft. Neue Erkenntnisse über den Zusammenhang zwischen der Morphologie von Molekülanordnungen und funktionalen Eigenschaften haben beispielsweise zu enormen Fortschritten bei neuen Werkstoffen geführt. Die neuen polymeren Hochleistungsverbundwerkstoffe übertreffen die Festigkeit von Stahl bei gleichzeitiger deutlicher Gewichtsreduzierung. Dies sind Eigenschaften, die vor allem im Fahrzeugbau mehr und mehr an Bedeutung gewinnen könnten.

Ein anderer beobachtbarer Trend ist der zu verstärkter Interdisziplinarität. Er öffnet die Perspektive über die Chemie hinaus und führt hinein in andere Wirtschaftszweige und Industriebranchen. Auch deren Probleme bieten der Chemie ein wachsendes Aufgabenfeld. So ist nicht nur die chemische Industrie mit zunehmenden gesetzlichen Auflagen konfrontiert; das gilt mehr oder weniger ausgeprägt auch für unsere Abnehmerbranchen. Diese sind auf neue Problemlösungen angewiesen. Die Chemie wird daher mit ihren Möglichkeiten zur Stoffumwandlung zukünftig eine noch stärkere Schlüsselposition einnehmen. Diese Trends sollen exemplarisch aufzeigen, welch vielfältige, innovative Bewegung in der Chemie ist.

Es ist in der Chemie von jeher Tradition, mit neuem Wissen und neuen Methoden neue Problemlösungen zu erarbeiten. Dabei gibt es kein Patentrezept, das entstandene Spannungsverhältnis aufzulösen zwischen dem technischen Fortschritt, den wir dringend brauchen wegen der anstehenden Probleme, und der gesellschaftlichen Akzeptanz, die wichtig ist, weil wir verläßliche Rahmenbedingungen ebenfalls dringend brauchen. So wie die Chemie in der Vergangenheit die Lebensverhältnisse verbessert hat, so sieht sie in dem Wandel der Erwartungen neue Herausforderungen an die Innovationsfähigkeit, die sie selbst mit einbezieht. Die Chemie von heute ist anders als die Chemie von gestern, und die von morgen wird wieder anders sein. Das gilt sowohl für die Grundlagenforschung, die die stofflichen Zusammenhänge erkennen will, als auch für die angewandte Forschung, die nach besseren Problemlösungen sucht. Diese brauchen wir, denn von der Natur bekommt der Mensch bloß das Leben, für die Lebensbedingungen ist er selbst verantwortlich. Wegen der bestehenden und erkennbaren Probleme brauchen wir weiteren Fortschritt, auch in der Chemie, denn ohne ihren Beitrag in der Stoffumwandlung gibt es auch keinen Fortschritt in den Lebensbedingungen.

Die Erwartungen an den Fortschritt gehen heute über das Materielle hinaus und beziehen die Frage nach der Richtung mit ein. Orientierung können nur Zivilisation und Kultur gemeinsam geben. Dabei möchte ich bewußt von der üblichen Definition abweichen und die Begriffe so sehen: Zivilisation ist, in welchem Ausmaß eine Gesellschaft die Natur und ihre Gesetze beherrscht, und Kultur ist, wie weise sie davon Gebrauch macht. Dies kann je nach Problemstellung von einer weitsichtigen Beschränkung bis hin zur verantwortungsvollen Ausschöpfung der jeweiligen Möglichkeiten reichen. Den richtigen Weg in die Zukunft dabei zu finden, bleibt eine schwierige Aufgabe. Dazu haben Natur- und Geisteswissenschaften nicht nur jeweils ihren Part beizutragen, sondern sie sollten auch ihre Bereitschaft zum Zusammenwirken einbringen.

Chemie, Computer und moderne Welt

Klaus Mainzer

1. Einführung: Computer – Natur – Moderne Welt

Computer- und Informationstechnologie verändern zunehmend Forschung und Weltbild. Sie lassen den Erdball in einem dichter werdenden Kommunikationsnetz zusammenwachsen, bewältigen komplexe Probleme in immer kürzeren Rechenzeiten, simulieren wirkliche und erzeugen imaginäre Welten in Wissenschaft, Technik, Kunst und Science Fiction.

Der Vorgang ist schon alltäglich: Wir schreiben mit den Tasten eines Personal Computers, speichern unsere Erinnerungen auf Festplatten und Disketten ab, versetzen Textstücke, kombinieren aus alten und neuen Textspeicherungen. Wie jedes andere Kommunikationsmedium in früheren Jahrhunderten (z.B. Schriftrolle und Buch) wird die computergestützte Textverarbeitung Vorstellungen und Gedanken, Formulierungen und Assoziationen unbewußt beeinflussen, neue Möglichkeiten eröffnen, aber auch Grenzen vorschreiben. Der *Computer* ist heute eine *Kulturtechnik*. Die breite Palette der Kommunikations- und Informationstechnologien, vom Fernkopierer über Compact-Disketten bis zum hochauflösenden PC-Bildschirm, ist bereits auf einer Stufe unbewußter Dienstleistung angesiedelt und wird ebenso selbstverständlich benutzt wie ein Lichtschalter. Die moderne Welt – ein computergestütztes komplexes System, in dem die Kommunikationstechnologien die Nervenbahnen bilden.

Angefangen hatte die technische Entwicklung auf einer ersten Stufe einfacher Werkzeuge wie z.B. Hammer und Hebel, die noch die menschliche Kraft benötigen. Es folgte die nächste Stufe von energie- und stoffverarbeitenden Kraftmaschinen und schließlich die Stufe programmgesteuerter Computer bzw. Automaten zur Informationsverarbeitung. Informationsträger weiteten sich vom menschlichen Gedächtnis über Schriftrollen und Buchdruck zu Datenbanken aus. Programmgesteuerte Computer wurden in verschiedenen Hardware-Generationen entwickelt. Generationen von Programmiersprachen adaptieren immer näher von maschinennahen zu natürlichen Sprachen, um die Schnittstelle Mensch-Maschine zu optimieren. Wissensbasierte Systeme sollen menschlichen Experten zur Seite treten, um sie bei intelligenten Problemlösungen zu unterstützen, wenn nicht gar zu simulieren. Neuerdings werden bereits Bio- und Neurocomputer projektiert, die nach neurophysiologischen Strukturprinzipien des Gehirns gebaut sind und sich selbst organisierende Systeme im Sinne der biologischen Evolution darstellen.[1]

Auf diesem Hintergrund soll im folgenden untersucht werden, wie sich *Labor- und Arbeitsbedingungen des Chemikers*, aber damit auch sein *Natur- und Weltbild* verändern. Computergestützte Problemlösungsverfahren beeinflussen nämlich zunehmend Erkenntnisinteressen und Forschungsformen der Einzelwissenschaften. Sie werden damit zu einem zentralen Thema heutiger Philosophie und Wissenschaftstheorie. Wir werfen dazu zunächst einen kurzen Blick auf Mathematik und Physik.

Mittlerweile kann nämlich z.B. von einer computergestützten Forschung der *Mathematik* gesprochen werden. Da sind zunächst die *numerisch-algorithmischen Verfahren*, die verbunden mit hohen Rechnerkapazitäten die Untersuchung komplexer Probleme erlauben. Die historischen Anfänge der Numerik sind eng verbunden mit der neuzeitlichen Mathematik, die Rechenvorschriften zu exakten oder angenäherten Lösungen in ihren Anwendungsgebieten der Naturwissenschaften, Technik und Ökonomie bereitstellte.[2] Erinnert wird z.B. an die frühen Berechnungen von logarithmischen und trigonometrischen Tabellen (Napier, Bürgi u. a.), Newtons Fehlerrechnung, Eulers Interpolationsmethode, Lagranges Lösungsvorschläge für Differentialgleichungen, Laplaces Transformationen, Gaußens und Jacobis numerische Integrationen, die Methode der kleinsten Quadrate bis hin zur linearen Optimierung und Komplexitätsabschätzung von algorithmischen Rechenzeiten. Heute versteht sich Numerik als Mathematik konstruktiver Verfahren, die Rechenvorschriften in Form von Algorithmen angibt, programmiert und mit Hilfe von Computern auswertet. Dazu müssen für eine geeignete Darstellung von Zahlen die technisch-physikalischen Eigenschaften der benutzten Computerspeicher berücksichtigt werden. Prinzipiell kann also nur von Zahlen mit endlicher Stellenzahl ausgegangen werden. Die zwangsläufig auftretenden Rundungsfehler machen eine Fehleranalyse unerläßlich. Numerische Mathematik ist also heute eine computergestützte Wissenschaft, die wesentliche Forschungsimpulse durch den technischen Leistungsstandard von Compu-

---

[1] K. Mainzer, Die Evolution intelligenter Systeme, *Zeitschrift für Semiotik,* Bd. 12, H. 1–2, 1990, 83–106.
[2] H. H. Goldstine, A History of Numerical Analysis from the 16th through the 19th Century, New York–Heidelberg–Berlin 1977.

tern erhält, umgekehrt aber auch die Problemlösungskapazität von Computern durch neue Algorithmen erhöht.

Probieren und Experimentieren in der Mathematik erhält mit dem Computer einen neuen Stellenwert. Von der Korrektheit eines komplexen mathematischen Computerprogramms kann man sich häufig nur noch am Beispiel „*experimentell*" überzeugen. In der Informatik hat sich daher ein eigenes Teilgebiet herausgebildet, das sich mit Korrektheitsbeweisen für Programme, der sog. Programmverifikation, beschäftigt. Für weitreichende wissenschaftliche Programmierungen besteht jedoch häufig keine Aussicht auf Korrektheitsbeweise. Insbesondere stellt sich die Frage, wer wie und wann die Ausdrucke solcher Beweise lesen soll. Beispiele für sehr lange Beweise in der Mathematik liegen bereits bei der Klassifizierung der endlichen einfachen Gruppen vor (z.B. Fishers Monster mit ca. 8×10^{53} Elementen). Der Beweis würde mehrere Tausend Seiten umfassen, so daß die Nachprüfung solcher Beweise praktisch nur noch in großen Teams möglich ist.

Seit Platon und Euklid wird herausgestellt, daß nur der logische Beweis, nicht aber Probieren und Experimentieren in der Mathematik Gültigkeit hat. Schon Archimedes wußte aber, daß Sätze und Beweise durch Probieren, Experimentieren und kluge Heuristik erst gefunden werden. An die Stelle früheren Probierens mit Zeichengeräten tritt heute der Computer. Eine wissenschaftstheoretische Herausforderung entsteht dann, wenn Computerprogramme selber Bestandteile eines Beweises werden, dessen Output schrittweise in einem Menschenleben nicht zu überprüfen ist. Dieser Fall lag z.B. beim Beweis des Vierfarbensatzes von K. Appel und W. Haken (1976) vor.[3] Unabhängig davon, wie dieses Beispiel heute bewertet wird, stellt sich grundsätzlich die Frage nach dem Verhältnis von computergestützten Beweisen, quasi-empirischen Computerexperimenten und logischen Beweisen der mathematischen Tradition.

Schließlich sind die neuen Methoden der KI-Forschung für das mathematische Selbstverständnis zu berücksichtigen. Das sog. automatische Beweisen ist nicht nur für einfache Theoreme der Logik und Mathematik interessant, sondern wird zur Programmverifikation und zur Überprüfung von Hardwarekonfigurationen in der industriellen Computerherstellung verwendet. Kritisch zu analysieren sind die Expertensysteme, die beanspruchen, schöpferische mathematische Leistungen zu simulieren. AM *(„automatic mathematics")* ist ein wissensbasiertes System, von dem sein Konstrukteur D. B. Lenat 1983 zunächst behauptete, daß es nicht nur wichtige Begriffe der Zahlentheorie rekursiv erzeugt, sondern damit

---

[3] K. Appel / W. Haken, Every Map is Four Colorable. Part I: Discharging. Part : Reducibility (mit J. Koch), *Illinois J. Math. XXI*, 84, 1977, 429–490, 491–567.

auch einen Entdeckungsprozeß simuliert, für den der menschliche Geist Hunderte von Jahren brauchte.[4] Die heuristischen Regeln dieses Programms liefern neue Aufgaben und Konzepte, die rekursiv auf bereits erzeugte Beispiele zurückgreifen. Neue Aufgaben werden nach ihrem Interessengrad geordnet. Aufgaben, die durch viele verschiedene Heuristiken vorgeschlagen wurden, sind interessanter als solche, die durch weniger eingebracht wurden. Mit diesem Maß zur Steuerung des heuristischen Suchprozesses erzeugt AM den Begriff der natürlichen Zahl, Multiplikation, Primzahl u. ä. Eine nähere Analyse zeigt jedoch, daß der wissenschaftstheoretische Anspruch auf Simulation eines Entdeckungsprozesses des menschlichen Geistes nicht aufrecht erhalten werden kann. Der Erfolg von AM hängt nämlich entscheidend von Eigenschaften der Programmiersprache LISP ab. Gleichwohl legt eine Analyse interessante Analogien mit dem menschlichen Forschungsprozeß nahe.

Computerexperimente werden heute durch Computergraphik visuell sichtbar. Zahlenfolgen entsprechen Punktkoordinaten auf dem Bildschirm, bessere numerische Approximationen erscheinen als Bildschirmvergrößerungen. Entsprechende Computerprogramme werden in Programmiersprachen wie z.B. PASCAL geschrieben. Trotz der technischen Begrenzung der Bildschirmauflösbarkeit hat die moderne Computergraphik einen großen Einfluß auf verschiedene Zweige der Mathematik. Erinnert wird vor allem an die Geometrie der Fraktale, d.h. geometrische Objekte mit extrem zerklüfteten Grenzflächen und gebrochenen Dimensionen. Die Geometrie der Fraktale eröffnet eine Formenvielfalt, die uns an die komplexen Gestalten der Natur erinnert: Wolken, Dunst, Gräser, Bäume, Körper und Organismen. Obwohl die abstrakten mathematischen Grundbegriffe schon seit Anfang dieses Jahrhunderts bekannt waren, ist die fraktale Geometrie erst durch die technischen Möglichkeiten der Computergraphik ins Zentrum eines breiteren Interesses gerückt. Grundlegende mathematische Eigenschaften wurden erst auf dem Bildschirm entdeckt, bevor sie nachträglich bewiesen wurden. Ein Beispiel ist der Satz, daß die berühmte Mandelbrot-Menge („Apfelmännchen") „zusammenhängend" ist – im Computermodell von Mandelbrot bereits 1980 getestet, aber erst 1982 von Douady/Hubbard durch tiefliegende analytische Methoden bewiesen. Für die Heuristik der mathematischen Forschung spielen Computerexperimente und numerisch-graphische Simulationsmodelle in Zukunft sicher eine zunehmende Rolle.

Auch in den Naturwissenschaften verändern computergestützte Verfahren Erkenntnisinteressen und Forschungsformen. *Computerexperimente* in der simu-

---

[4] D.B. Lenat, AM: Discovery in Mathematics as Heuristic Search, R. Davis / D.B. Lenat, *Knowledge-Based Systems in Artificial Intelligence,* New York 1982, 3–225.

lierten Welt eines Computermodells eröffnen der *naturwissenschaftlichen Forschung* neue Möglichkeiten. Simulationen gewinnen methodisch an Bedeutung neben Theorien, Beobachtungen und Laborexperimenten. Sie reichen von Simulationsmodellen für Galaxien und die biologische Evolution bis zum didaktisch aufbereiteten Simulationsexperiment in der Physik, bei dem der Forscher Vorinformationen für teure bzw. unzugängliche empirische Experimente abklären kann.[5]

2. Computergestützte Methoden der Chemie

Wie alle naturwissenschaftlichen Experimentalwissenschaften erlebt die Chemie in diesem Jahrhundert eine Explosion von Meß- und Beobachtungsdaten, die nur durch neue numerische Verfahren und Erweiterung der Rechenkapazitäten zu bewältigen sind.[6] So sind quantenmechanische Modelle in der physikalischen Chemie so komplex, daß *ab-initio-Rechnungen* nur für kleine Moleküle durchgeführt werden konnten. Mit Steigerung der Rechenkapazität wurden auch große Moleküle in Angriff genommen wie z.B. die Berechnung des elektrostatischen Potentials von DNA. Rechenstunden verkürzten sich so auf Minuten, wenn ein Minicomputer durch einen Supercomputer ersetzt wurde.

Die Chemie hat es im Unterschied zu anderen Experimentalwissenschaften nicht nur mit numerischen Daten zu tun. Die Symbolik einer chemischen Strukturformel vermittelt nämlich eine wesentlich qualitative Information über den geometrischen Aufbau, die Art der Bindungen etc. eines Moleküls. Die Behandlung nicht-numerischer, z.B. graphischer Informationen ist in der Chemie wenigstens so wichtig wie klassische numerische Berechnungen. Daher ist das sogenannte „zweite Computerzeitalter" (second computer age), d.h. der Übergang von der *numerischen Informationsverarbeitung* zur *symbolischen Wissensverarbeitung* (knowledge processing), für die Chemie von entscheidender Bedeutung und fand in dieser naturwissenschaftlichen Disziplin erste Anwendungen.

---

[5] Vgl. z.B. H. Drevermann / C. Grab, Graphical Concepts for the Representation of Events in High-Energy Physics, *Intern. J. Modern Physics C,* Bd. 1, H. 1, 1990, 147–163; P. Hut, Binary Formation and Interactions with Field Stars, *Dynamics of Star Clusters. Proceedings of the 113th Symposium of the Intern. Astronomical Union,* hg. J. Goodman / P. Hut, Amsterdam–Boston 1985; E.W. Schmid / G. Spitz / W. Lösch, Theoretische Physik mit dem Personalcomputer, Berlin–Heidelberg–New York 1987.
[6] K. Ebert / H. Ederer / T.L. Ilsenhour, Computer Applications in Chemistry, Weinheim 1989; J. Zupan (Hg.), PCs for Chemists, Amsterdam–Oxford–New York–Tokyo 1990; E. Clementi, Computational Aspects for Large Chemical Systems. Lecture Notes in Chemistry 19, Berlin 1980.

Daß die Chemie durch ihren *qualitativen Strukturbegriff* gegenüber z.B. der Physik ausgezeichnet ist, wurde bereits in der *Stereochemie* des 19. Jahrhunderts herausgestellt. Mathematische Anwendungen in der Chemie sind nämlich keineswegs auf numerische Methoden der physikalische Chemie beschränkt, so daß Mathematik quasi nur über die Physik in die Chemie als „Verlängerung" und „Teil" der Physik gelangen würde. Es war der englische Mathematiker Sir Arthur Cayley, der 1857 die chemische Konstitution eines Moleküls durch Graphen darstellte und damit vermutlich erstmals Mathematik direkt in der Chemie durch qualitative Methoden anwendete.[7]

Ein Chemiker stellt sich danach ein Molekül als dreidimensionale Struktur vor. *Strukturformeln* entsprechen ungerichteten Graphen mit Atomen als Knoten und Bindungen als Kanten. Insbesondere organische Chemiker denken weitgehend im Rahmen von Strukturformeln. Sie lassen sich anschaulicher merken als komplizierte Namen für Verbindungen. Unterstrukturen werden mit chemischen, physikalischen und biologischen Eigenschaften verbunden. Sogar chemische Reaktionstypen können häufig als Änderungen von Teilstrukturen gedeutet werden. Mathematisch sind Graphen topologische Strukturen, die sich ausgezeichnet zur Darstellung von Molekülen eignen.[8]

Mit Aufkommen der *Computergraphik* zeichneten sich ganz neue Möglichkeiten für die Chemie ab. Auf dem Bildschirm konnten die Strukturen von selbst komplizierten Molekülen anschaulich wiedergegeben und durch einfache Computerbefehle gedreht und gewendet werden. In der Industrieforschung wird die Synthese von Molekülen systematisch planbar. So wie das Design eines Autos oder Flugzeugs zunächst im Computermodell entwickelt wird, erlaubt die computergestützte Grafik in der Stereochemie eine Vorselektion möglicher Entwürfe, bevor aufwendige, kostspielige oder gar gefährliche Tests im Labor durchgeführt werden müssen. Das graphische Computerexperiment ersetzt zwar weder das chemische Laborexperiment noch die abstrakten numerischen Berechnungen chemischer Eigenschaften. Es erweitert aber die Anschauung und Vorstellungskraft des Chemikers und beschleunigt damit erheblich den Problemlösungsprozeß.

Erinnern wir uns an die Modellierungsmöglichkeiten des Chemikers vor dem Computer. Bei der Simulation molekularer Strukturen werden bis heute noch

---

[7] Vgl. A.T. Balaban (Hg.), Chemical Applications of Graph Theory, London 1976; K. Mainzer, Geschichte der Geometrie, Mannheim–Wien–Zürich 1980; I.K. Ugi, A Qualitative Global Mathematical View of Chemistry – James Dugundji's Contribution to Computer Assistance in Chemistry, *Computer Applications in Chemical Research and Education,* hg. J. Brandt / I.K. Ugi, Heidelberg 1989, 345–366.

[8] Zur Geschichte der Stereochemie vgl. auch K. Mainzer, Symmetrien der Natur. Ein Handbuch zur Natur- und Wissenschaftsphilosophie, Berlin–New York 1988, 520ff.

geometrisch-mechanische Modelle verwendet. Selbst die chemischen Namen hängen eng mit den anschaulichen Vorstellungen von Molekülen als räumlichen Gebilden zusammen, in denen die kugelförmigen Atome durch chemische Bindungen wie mit Spiralfedern oder Stäbchen miteinander verbunden sind. Dabei werden verschiedene Modelle und Schreibweisen für das gleiche Molekül verwendet, um ausgewählte Informationen zu vermitteln.

Als Beispiel sei das Hormon Adrenalin verwendet, das ein molekulares Produkt der Nebennieren ist. Adrenalin enthält die Elemente Kohlenstoff, Sauerstoff, Stickstoff und Wasserstoff. Das Kugelkalottenmodell vermittelt einen Eindruck von der Raumerfüllung des Moleküls in anschaulicher Größe. Tatsächlich besitzt dieses Molekül nur die Ausdehnung eines millionstel Teils eines Millimeters. Das Stäbchenmodell zeigt genauer, wie die Atome miteinander verbunden sind und welche Winkel zwischen den einzelnen Bindungen liegen. Die Strukturformel mit chemischen Symbolen bildet ein solches dreidimensionales Stäbchenmodell graphisch, d.h. zweidimensional ab. Vereinfachte Strukturformeln sehen z.B. von den Bezeichnungen der Strukturringe eines Moleküls ab. Den geringsten Informationsgehalt hat eine Summenformel, die nur die einzelnen Atome, aber nicht ihre Anordnung im Molekül berücksichtigt.

Kalotten- und Kugel-Stab-Modelle können mittlerweile aus den Bausteinen von Molekülbaukästen zusammengesteckt werden. Geometrisch-mechanische Modelle abstrahieren nicht nur von der molekularen Dynamik in der Zeit. Die geometrische Vorstellung von Bindungen, die diesen Modellen zugrunde liegt, hat natürlich mit der molekularen Wirklichkeit nichts zu tun. Solche geometrischen Modelle dienen bestenfalls als didaktische Veranschaulichungen, nachdem die chemische Forschung beendet ist.[9]

Demgegenüber kann die *computergestützte Modellierung* die Sichtweise des Chemikers und die Forschungsentwicklung der Chemie verändern.[10] Die Kreationen der modernen Biotechnologie, pharmazeutische Produkte, Polymerstoffe oder andere neue Materialien setzen voraus, daß Forschung und Entwicklungszyklen erheblich verkürzt werden. Das computergestützte Design von Molekülen ermöglicht die Voraussage von Experimenten und verbessert damit die Effizienz des Entdeckungsprozesses in der chemischen Forschung und des Produktionsprozesses in der chemischen Industrie. So können neue chemische und pharmazeutische Produkte entworfen werden.[11] ‚Protein engineering' setzt ein Verständnis für

---

[9] Vgl. z.B. den GEOMIX-Chem MINOR Molekülbaukasten der Firma RATEC (Frankfurt).
[10] Vgl. N. T. E. Horwood (Hg.), Mathematical and Computational Concepts in Chemistry, Chichester 1986.
[11] C. Humblet / G. R. Marshal, Three-Dimensional Computer Modeling as an Aid to Drug Design, *Drug Design Development Research 1*, 1981, 409–434.

die dreidimensionale molekulare Struktur und biologische Funktionen voraus, um Proteine mit neuen Eigenschaften auszustatten, Verbindungen zu entwerfen und vorhandene Proteine stabiler und effizienter zu modifizieren.[12] Die Struktur bekannter Medikamente und Analogien können verwendet werden, um Arbeitshypothesen zu verfeinern und Forschungsrichtungen zu bestimmen.

Computergestützte Simulationstechniken erlauben Forschern einen schnellen Zugriff auf chemisches Wissen, das mit traditionellen Methoden nur in langwierigen und kostspieligen Trial-and-Error-Verfahren erworben wurde. Viele chemische Effekte, die bei konventionellen Forschungsmethoden zu gefährlich, spekulativ oder teuer wären, könnten in computergestützten Simulationen zunächst vorgeprüft werden. Ein Forscher vermag so die bestmöglichen Kandidaten auszuwählen und den wahrscheinlich erfolgreichsten Forschungsweg zu bestimmen.

Software-Systeme werden für Simulationen entworfen. Sorgfältig abgeleitete Kraftfelder werden als Rahmenbedingungen für die molekulare Mechanik und Dynamik verwendet, um minimale Energiekonformationen und Entwicklungstrajektorien berechnen zu können. Graphiken bieten dreidimensionale molekulare Simulationsverfahren an, um Moleküle und ihre Verbindungen zu analysieren und manipulieren. Als Darstellungen auf dem Bildschirm werden Kugeln und Stäbe, Bänder, gepunktete Oberflächen oder Kombinationen verwendet. Van-der-Waals und elektrostatische Wechselwirkungen werden berechnet und dreidimensionale Energiegitter erzeugt. Ob, wie und wo Substrate z.B. in Enzyme eingebaut werden, wird auf dem Bildschirm deutlich.

Um Proteinmodelle zu bauen, sind häufig Ringstrukturen erforderlich. Ein Softwareprogramm sucht dazu in einer Datenbank für Proteine nach einer geeigneten Ringstruktur für die bereits erzeugten Molekülstrukturen. Entsprechende Softwareprogramme existieren sowohl für Supercomputer als auch Personal Computer. Kleine wie große Molekülstrukturen werden gleichermaßen berücksichtigt. Der ‚Computer View' verändert also die Forschungsperspektive des Chemikers. Er ersetzt aber weder das chemische Experiment noch die Synthese chemischer Produkte.

Zusammengefaßt dient das computergestützte ‚Molecular Modeling', um in dreidimensionalen Graphiken molekulare Systeme und verwandte molekulare Daten zu schaffen, modifizieren, manipulieren oder zeitlich zu entwickeln. ‚Computer aided molecular design' (CAMD) ist also eine Technik, die dem Chemiker eine Simulation von Strukturen, Verhalten und Wechselwirkung der

---

[12] W. A. J. Hol, Protein Crystallography and Computer Graphics: Toward Rational Drug Design, *Angew. Chem. Int. Ed. Engl.* 25, 1986, 767.

Moleküle erlaubt. Das Ziel ist eine Unterstützung des Chemikers bei der anschaulichen Verarbeitung und Steigerung der Forschungseffizienz.[13]

Ein Programm besteht in der Regel aus vier Modulen.[14] Das Viewer-Modul veranschaulicht Moleküle in vielfältiger Weise durch Variation der Farben und Repräsentationstechniken wie Kugeln, Stäbe, Bänder etc. Farben kennzeichnen individuelle Atome oder Atomgruppen. Molekulare Daten können aufgelistet werden. Große und kleine Moleküle wie Proteine, Nukleinsäuren oder Polymersysteme lassen sich z.B. durch Verschiebungen, Drehungen und Vergrößerungen bzw. Verkleinerungen manipulieren. Bindungsenergien werden berechnet.

Das Builder-Modul erzeugt dreidimensionale Molekülsysteme aus vorgegebenen Daten (z.B. funktionalen Gruppen), verändert z.B. Atomtypen oder molekulare Geometrien und präpariert Moleküle z.B. für nachfolgende mechanische Simulationen. Das Docking-Modul verbindet Moleküle und Molekülsysteme, berechnet die Wechselwirkung zwischen zwei Molekülen mit der Van-der-Waals-Energie, Coulomb-Energie oder einer Kombination beider Energiearten. Es benutzt ein Energiegitter, um die Wechselwirkungsenergie zwischen zwei Molekülen zu bestimmen.

Ein zusätzliches Modul berechnet Ladungen, führt geometrische Optimierungen aus, berechnet molekulare Orbitale und elektrische Dichten und liefert die Kontrolle der Simulationsparameter. Weitere Module können eingebaut werden, die z.B. Trajektorien simulieren oder spezielle Biopolymere wie DNA- und RNA-Ketten aufbauen.

In den molekularen Verbindungen z.B. eines photosynthetischen Reaktionszentrums müssen vier Proteine als farbige Bänder und viele Kofaktoren als verschiedenfarbige atomare Kugeln zusammenkommen, um diesen Komplex zu bilden und Reaktionen durch ein absorbiertes Photon auszulösen ('Insight II'). Andere Programme spezialisieren sich auf die molekulare Spektroskopie, schätzen Gestalt und Ausmaß elektrostatischer Potentiale in oder um ein Protein oder bauen Protein-Modelle durch strukturelle Homologie.[15]

Die Benutzerflexibilität der Programme ist unterschiedlich hoch. Ein Modul 'Sketcher' ermöglicht, eine freihändig gezeichnete Skizze eines organischen Moleküls in eine dreidimensionale Struktur zu verwandeln. Spezielle Programme simulieren die molekulare Mechanik und berechnen die Dynamik. Algorithmische Verfahren der Quantenmechanik können in Programme umgesetzt wer-

---

[13] J. E. Dubois / D. Laurent / J. Weber, Chemical Ideograms and Molecular Computer Graphics, *Visual Computer 2*, 1986, 135.

[14] Vgl. z.B. INSIGHT II. A Program for Molecular Modeling der Firma BIOSYM Technologies, Inc., 10065 Barnes Canyon Road, San Diego, CA 92121.

[15] Vgl. die Programme DelPhi und Homology von BIOSYM (s. Anm. 14).

den. In ab-initio-Berechnungen für Molekülorbitale werden elektromagnetische, energetische und strukturelle Eigenschaften von organischen und anorganischen Molekülen vorausgesagt, die bisher unbekannt waren.

Neben den Vorteilen einer computergestützten Chemie zeichnen sich allerdings auch *Einschränkungen* und Gefahren ab. Chemiker selektieren die Möglichkeiten des Forschungsprozesses durch Computerprogramme vor. Was nicht in das Raster solcher Programme paßt, fällt zunächst aus dem Blickfeld der Forschung. Die größere Systematisierung könnte unkonventionelle Überraschungen in der Forschung reduzieren. T. S. Kuhns Phase ‚normaler Forschung' wird in Computerprogramme umgesetzt, die jedem Chemiker zugänglich sind. Der molekulare Blick auf die Natur, der durch bestimmte Software-Programme festgezurrt ist, könnte die Entdeckung des Ungewöhnlichen verhindern. Es wird auf die Kapazität von CAMD ankommen, um auch weiterhin revolutionäre Forschung zu ermöglichen. In der gegenwärtigen Phase handelt es sich um ein nützliches Hilfsmittel, das allerdings bereits chemisches Denken zu lenken und zu prägen beginnt.[16]

3. Künstliche Intelligenz und Chemie

Das ‚*Molecular Modeling*' erweitert zugegebenermaßen das Anschauungs- und Vorstellungsvermögen des Chemikers. *Numerische Prozesse* lassen sich auf Computern mit großer Speicher- und Rechenkapazität erheblich beschleunigen. Können aber Denk- und Entscheidungsprozesse des Chemikers computergestützt durchgeführt oder gar simuliert werden? Damit sind wir bei dem Thema ‚*Chemie und Künstliche Intelligenz* (KI)' angelangt, und auch hier nimmt die Chemie eine Pionierrolle in der Anwendung moderner Computermethoden ein.[17]

Wissenschaftssoziologisch etablierte sich der harte Kern der KI-Forschung auf der Dartmouth-Konferenz von 1956, auf der führende Forscher wie J. McCarthy, A. Newell, H. Simon u. a. aus verschiedenen Disziplinen wie z.B. Informatik, Mathematik, Psychologie, Linguistik zusammentrafen und die neue Wissenschaftlergemeinschaft der KI formten. Sie waren alle durch A. Turings Frage

---

[16] I. K. Ugi / J. Bauer / R. Baumgartner / E. Fontain / D. Forstmeyer / S. Lohberger, Computer Assistance in the Design of Syntheses and a New Generation of Computer Programs for the Solution of Chemical Problems by Molecular Logic, *Pure Appl. Chem.* 60, 1988, 1573–1586.

[17] Vgl. auch Z. Hippe, Artificial Intelligence in Chemistry, Present Status and Future Goals, Brandt/Ugi, wie Anm. 7, 165–178.

„*Can machines think?*" beeinflußt, die er in seinem berühmten Artikel („Computing machinery and intelligence") 1950 gestellt hatte. Die Gruppe um H. Simon, den späteren Nobelpreisträger für Wirtschaftswissenschaften, trat für ein psychologisches Forschungsprogramm ein, um kognitive Prozesse menschlichen Denkens auf dem Computer zu simulieren.

Die erste Periode der KI (1957–1962) war durch Fragen *heuristischen Programmierens* bestimmt.[18] Es ging dabei um automatische Suchverfahren für Problemlösungen in den Zweigen von Lösungsbäumen, wobei Heuristiken die schrittweise Verarbeitung kontrollierten und bewerteten. Ein Beispiel war der Logical Theorist (1957) von Newell, Shaw und Simon, der Beweise für die ersten 38 Theoreme von Russells und Whiteheads Principia Mathematica lieferte. Die heuristischen Regeln dieses Programms wurden aus psychologischen Tests mit Versuchspersonen gewonnen, denen Beweisaufgaben gestellt worden waren.

1962 wurden diese Simulationsverfahren verallgemeinert und zum General-Problem-Solver-Program (GPS-Program) ausgeweitet, das heuristische Rahmenbedingungen für menschliches Problemlösen festlegen sollte. Aber mit GPS ließen sich nur ziemlich unwichtige Probleme speziellen Charakters lösen. Andere Beispiele für heuristisches Programmieren waren die Suchprogramme für Gewinnstrategien in Spielen wie Schach und Dame. Die ersten Programme zur Mustererkennung basierten auf statistischen Methoden. Aber die Euphorie über allgemeine kognitive Simulationsverfahren verflog sehr bald, da keines der faktisch entwickelten Programme dieser Periode den Erwartungen entsprach. Vom heutigen Standpunkt ist McCarthys Erfindung der Programmiersprache LISP als der größte Erfolg der damaligen Epoche anzusehen. Diese funktional orientierte Sprache zur bequemen Verarbeitung von Symbollisten hat sich als mächtiges Programmierinstrument für wissensbasierte Systeme herausgestellt, obwohl sie seinerzeit als Nebenprodukt bewertet wurde.

Nach der Ernüchterung über die Erfolgsaussichten allgemeiner Methoden zur kognitiven Simulation propagierten KI-Forscher ad-hoc-Prozeduren im Sinne von M. Minsky's semantischer Informationsverarbeitung (semantic information processing). Diese zweite Periode der KI (1963–1967) ist durch die Entwicklung spezialisierter Programme bestimmt. Beispiele sind STUDENT zum Lösen algebraischer Probleme und ANALOGY zur Mustererkennung analoger Objekte. M. Minsky als führender Forscher am Massachusetts Institute of Technology (MIT) während dieser Periode gab den Anspruch psychologischer Simulation auf: „Der

---

[18] K. Mainzer, Rationale Heuristik und Problem Solving, *Technische Rationalität und rationale Heuristik*, hg. C. Burrichter / R. Inhetveen / R. Kötter, Paderborn–München–Wien–Zürich 1986, 83–97.

gegenwärtige Ansatz", sagte er, „ist charakterisiert durch ad-hoc-Lösungen von geschickt gewählten Problemen, mit denen die Illusion komplexer Denkarbeit suggeriert wird." Zum ersten Mal wurde herausgestellt, daß erfolgreiches praktisches Programmieren von Spezialkenntnissen abhängt – eine Schlüsselidee der später wissensbasierten Systeme.

In der dritten Periode der KI (1967–1972) läßt sich eine verstärkte Hinwendung zum praktischen und spezialisierten Programmieren verzeichnen. Typisch ist die Konstruktion von spezialisierten Systemen, Methoden zur Wissensrepräsentation und ein Interesse an natürlichen Sprachen. KI-Forscher wie J. Moses (der Erfinder von MACSYMA, einem erfolgreichen mathematischen Problemlösungsprogramm) schlossen sich Minskys Meinung an, wonach die Zukunft der KI nicht in der Suche nach allgemeinen Prinzipien, sondern in der Spezialisierung und dem Primat von Expertenwissen liegen würde.

In der vierten Periode der KI (1972–1977) bilden Beschreibung, Organisation und Wissensverarbeitung das zentrale Paradigma, das die Ingenieurwissenschaften mit der Philosophie der KI verbindet. In den Mittelpunkt tritt die Entwicklung von *Expertensystemen*, in denen das Wissen und die Fähigkeiten eines menschlichen Experten wenigstens partiell angelegt sind.[19] Im Unterschied zum Menschen ist das Wissen eines Expertensystems auf eine spezialisierte Informationsbasis beschränkt ohne allgemeines und strukturelles Wissen über die Welt. Daher haben Expertensysteme eine Mittlerfunktion zwischen konventionellen numerischen Computern und Menschen.

Die *Architektur eines Expertensystems* [20] besteht aus den folgenden Komponenten: Wissensbasis, Problemlösungskomponente (Ableitungssystem), Erklärungskomponente, Wissenserwerb, Dialogkomponente. Wissen ist der Schlüsselfaktor in der Darstellung eines Expertensystems. Man unterscheidet dabei zwei Arten von Wissen. Die eine Art des Wissens betrifft die Fakten des Anwendungsbereichs, die in Lehrbüchern und Zeitschriften festgehalten werden. Ebenso wichtig ist die Praxis im jeweiligen Anwendungsbereich als Wissen der zweiten Art. Es handelt sich um heuristisches Wissen, auf dem Urteilsvermögen und jede erfolgreiche Problemlösungspraxis im Anwendungsbereich beruhen. Es ist Erfahrungswissen, die Kunst erfolgreichen Vermutens, das ein menschlicher Experte nur in vielen Jahren Berufsarbeit erwirbt.

Das heuristische Wissen ist am schwierigsten darzustellen, da sich der Experte meistens selber nicht seiner bewußt ist. Daher müssen interdisziplinär geschulte

---

[19] F. Puppe, Einführung in Expertensysteme, Berlin–Heidelberg–New York–London–Paris–Tokio 1988.
[20] L. Kredel, Künstliche Intelligenz und Expertensysteme, München 1988.

Wissensingenieure die Expertenregeln der menschlichen Experten in Erfahrung bringen, in Programmiersprachen darstellen und in ein funktionstüchtiges Arbeitsprogramm umsetzen. Diese Komponente eines Expertensystems heißt Wissenserwerb (knowledge acquisition).

Die Erklärungskomponente eines Expertensystems hat die Aufgabe, die Untersuchungsschritte des Systems dem Benutzer zu erklären. Dabei zielt die Frage „Wie" auf die Erklärung von Fakten oder Behauptungen ab, die durch das System abgeleitet wurden. Die Frage „Warum" fordert Gründe für Fragen oder Befehle eines Systems. Die Dialogkomponente betrifft die Kommunikation zwischen Expertensystem und Benutzer. Ein natürlichsprachiger Prozessor könnte die Akzeptanz des Systems auch für ungeübte Benutzer steigern und hat daher einen erheblichen Marktwert.

Spätestens seit Beginn der 80er Jahre umfaßt die KI-Forschung u. a. folgende Disziplinen[21]: *Natürlichsprachliche Systeme* tragen dazu bei, die Mensch-Maschine-Kommunikation zu verbessern. Hier geht es nicht um spekulative Simulationsabsichten oder um die Ersetzung eines menschlichen Dialogpartners. Mit solchen überzogenen Zielen werden nur Technikängste beschworen, wie die unglückliche öffentliche Diskussion um J. Weizenbaums ELIZA-Programm zeigt, mit dem angeblich ein Psychiater in einem Patientengespräch simuliert wird.[22] Die Absicht ist vielmehr, mit natürlichsprachlichen Systemen selbst Benutzer ohne Programmierkenntnisse den Umgang mit wissensbasierten Systemen zu erleichtern. Natürlichsprachliche Fragen, Antworten usw. werden dabei automatisch in mehr maschinenorientierte Programmiersprachen übersetzt, die unmittelbare Befehle für Aktionen des Computers, Roboters usw. enthalten.

Eine weitere Disziplin der KI-Forschung beschäftigt sich mit der *Bild- und Muster-Verarbeitung* auf der Grundlage visueller Daten. Diese Systeme werden zur Erkennung und Identifikation von Zuständen, Situationen, Ereignissen in einem wohldefinierten Anwendungsbereich benutzt, wie er bei Robotern, Industrieautomaten, Flugzeugnavigation, biomedizinischen Analyseverfahren usw. vorliegt. *Automatisches Beweisen*, eine dritte Disziplin der KI-Forschung, ist nicht nur für einfache Theorien der Mathematik interessant wie in den Anfängen der KI-Forschung. Heute werden Deduktionssysteme des automatischen Beweisens auch zur Programmverifikation und zur Überprüfung von Hardwarekonfi-

---

[21] W. Bibel / N. Eisinger / J. Schneeberger / J. Siekmann, Studien- und Forschungsführer Künstliche Intelligenz, Berlin–Heidelberg–New York–Tokyo 1987; N. J. Nilson, Principles of Artificial Intelligence, Berlin–Heidelberg–New York 1982; W. Bibel / J. Siekmann, Künstliche Intelligenz, Berlin–Heidelberg–New York 1982.

[22] J. Weizenbaum, Die Macht der Computer und die Ohnmacht der Vernunft, Frankfurt a.M. 1978.

guration verwendet. Die *Robotik* als weitere KI-Disziplin ist bereits eine Schlüsseltechnologie der Industrie und nicht mehr bloß ein Thema von Science-Fiction-Romanen wie früher.

Schließlich sind die *Expertensysteme* zu erwähnen, deren Aufbau bereits beschrieben wurde. Auf diesem Gebiet der KI nahm die Chemie historisch eine Pionierrolle ein. Gemeint ist das DENDRAL-Programm, das die speziellen Kenntnisse eines Chemikers in Massenspektroskopie benutzte, um molekulare Strukturformeln zu finden.[23] Allgemein und unabhängig von der chemischen Anwendung wird dabei die Problemlösungsstrategie *„Generate-and-Test"* verfolgt, die folgende Punkte beachtet:

a) Es gibt eine Menge von formalen Objekten, in der die Lösung enthalten ist.
b) Es gibt einen Generator, d.h. ein vollständiges Aufzählungsverfahren für diese Menge.
c) Es gibt einen Test, d.h. ein Prädikat, das feststellt, ob ein generiertes Element zur Lösungsmenge gehört, oder nicht.

Diese allgemeine Methode läßt sich durch folgenden Algorithmus, d.h. nach der Churchschen These durch folgende rekursive Funktion präzisieren:

Funktion GENERATE-AND-TEST (SET):
Wenn die zu untersuchende Menge SET leer ist,
dann Mißerfolg,
sonst
sei ELEM das nächste Element aus SET.
Wenn ELEM Zielelement,
dann liefere es als Lösung,
sonst wiederhole diese Funktion
mit der um ELEM verminderten Menge SET.

Für eine Übersetzung in die KI-Programmiersprache LISP müssen zunächst einige rekursive Hilfsfunktionen eingeführt werden wie GENERATE (generiert ein Element der gegebenen Menge), GOALP (ist eine Prädikatsfunktion, die T (true) liefert, wenn sein Argument der Lösungsmenge angehört, sonst NIL), SOLUTION (bereitet das Lösungselement zur Ausgabe auf), REMOVE (liefert die um das gegebene Element verkleinerte Menge). Beachtet man die üblichen Abkür-

---

[23] J. Lederberg / G. L. Sutherland / B. G. Buchanan / E. A. Feigenbaum / A. V. Robertson / A. M. Duffield / C. Djerasi, Applications of Artificial Intelligence for Chemical Inference I. The Number of Possible Organic Compounds. Acyclic Structures Containing C, H, O and H, *J. Am. Chem. Soc.* 91, 1969, 2973–2976; R. K. Lindsay / B. G. Buchanan / E. A. Feigenbaum / J. Lederberg, Applications of Artificial Intelligence for Organic Chemistry – The DENDRAL Project, New York 1980.

zungen aus LISP wie z.B. DE (Definition), COND (Condition), EQ (Equation), T (True) und die LISP-Konventionen (z.B. Klammerregeln) zur Abarbeitung einer Liste von Symbolen, dann erhält man folgende Darstellung des Algorithmus in LISP:

```
(DE GENERATE-AND-TEST (SET)
 (COND((EQ SET NIL) 'FAIL)
  (T(LET(ELEM(GENERATE SET))
   (COND(GOALP ELEM) (SOLUTION ELEM))
    (T(GENERATE-AND-TEST
     REMOVE ELEM SET))))))
```

Aus einer gegebenen unstrukturierten chemischen Formel wie z.B. C_5H_{12} werden systematisch alle Strukturen erzeugt, wie z.B. im folgenden ersten Schritt:

Von den systematisch erzeugten Strukturen chemischer Formeln werden einige als instabil oder widersprüchlich ausgeschieden. Im nächsten Schritt werden die entsprechenden Massenspektrogramme berechnet und mit den empirisch gewonnenen Massenspektrogrammen verglichen. Dieser Vergleich ist der Testschritt des Verfahrens GENERATE-AND-TEST, realisiert also technisch eine Methodologie zur Produktion von Vermutungen mit Ausscheidung der unmöglichen und Prüfung der wahrscheinlichen Varianten.

Bei der Analyse chemischen Denkens fällt auf, wie oft Chemiker nach Verbindungen, Reaktionen oder Anomalien suchen, die den jeweils untersuchten Substanzen und Phänomenen *ähnlich* sind. So heißen zwei Verbindungen umso ähnlicher, je mehr Teilstrukturen sie gemeinsam haben. Zwei Verbindungen heißen ähnlich, wenn sie dieselbe (oder eine ähnliche) Struktur im geometrischen Sinn haben. Sie heißen ähnlich, wenn sie trotz eventuell unterschiedlicher Struktur dieselben Reaktionsgruppen haben etc.

1976 wurde ein Expertensystem mit dem Namen CHEMIS für die organische Chemie entwickelt, dessen heuristische Problemlösungsstrategie an der Analogie- und Ähnlichkeitssuche des Chemikers orientiert ist.[24] CHEMIS wurde zunächst mit Basiswissen der organischen Chemie ausgestattet. Ein entsprechender *Elementarsatz* zur Beschreibung einer *chemischen Reaktion* lautet:

„n_1 Moleküle von Verbindung V_1 und n_2 Moleküle von Verbindung V_2, ...reagieren miteinander und liefern m_1 Moleküle von Vebindung W_1, m_2 Moleküle von Verbindung W_2, ...unter den Reaktionsbedingungen R_1, R_2..."

Dabei sind V_i bzw. W_j Kennzeichnungen für Input- bzw. Outputverbindungen, die als systematische Namen, Strukturformeln oder ID-Zahlen auftreten können. Ferner sind n_i und m_j stöchiometrische Zahlen. Reaktionsbedingungen werden durch Vektoren für z.B. Druck, Temperatur, Katalysator etc. dargestellt. Eine entsprechende Datenstruktur für diese Art der Beschreibung besteht aus einer Liste von Symbollisten wie der Inputliste von Paaren (nV), Outputliste von Paaren (mW) und der Liste von Reaktionsbedingungen.

Das erste empirische Basiswissen von CHEMIS bestand aus ca. 2000 Reaktionen und ebenso vielen Verbindungen und wurde mit empirischem Basiswissen für physikalische Daten von Verbindungen erweitert. Das gesamte Basiswissen kann benutzt werden, um systematisch Eigenschaften von gegebenen Verbindungen zu suchen. Es kann aber auch nach Reaktionen suchen, in denen eine gegebene Verbindung ein Input bzw. ein Output ist, bei denen eine Verbindung reagiert, bestimmte Reaktionsparameter hat oder bestimmte Nebenprodukte erzeugt. CHEMIS kann auch zur Suche nach Kettenreaktionen verwendet werden, die von einer gegebenen Verbindung zu einer anderen führen.

Das System startet mit einem gegebenen Basiswissen und wird schrittweise im Dialog mit einem Benutzer erweitert. Es stellt dem Benutzer Fragen, falls Widersprüche zwischen Input und Basiswissen auftreten und bisher akzeptiertes Wissen fallengelassen werden muß. Es sucht nach Mustern in der Datenbasis

---

[24] W. Kunz / H. Rittel / E. Nonnenmacher / B. Rami / R. Teubner / K. Ketterer, CHEMIS: ein wissensbasiertes Informationssystem für die organische Chemie. Informationswissenschaft- und praxis Bd. 7. Gesellschaft für Information und Dokumentation mbH, Frankfurt a.M. 1987.

und schlägt Regularitäten als Kandidaten für neue Regeln zur Erweiterung des Systems vor.

Unter heuristischem Gesichtspunkt ist entscheidend, daß verschiedene Konzepte von Ähnlichkeit bei der Problemlösungssuche von CHEMIS verwendet werden können.[25] Seien P(V) bzw. P(V') die Mengen von Reaktionspartnern von Verbindung V bzw. V'. Die *P(‚Partner')-Ähnlichkeit* von Verbindung V und V' relativ zur empirischen Basis wird durch die Kardinalzahl

$$P-\text{sim}(V,V') = \frac{|P(V) \cap P(V')|}{|P(V)|}$$

gemessen (‚sim' von engl. ‚similiar'). Es handelt sich um eine Zahl zwischen 0 und 1. Je näher die Maßzahl zu 1 ist, umso größer ist die P-Ähnlichkeit beider Verbindungen, umso häufiger kann V' durch V ersetzt werden, umso ähnlicher ist ihr Reaktionsverhalten.

Analog lassen sich andere Konzepte von Reaktionsähnlichkeit definieren. Sei z.B. out(V) die Menge der Verbindungen, die als Outputs derjenigen Reaktionen in Frage kommen, für die V ein Input ist. Jedes Element von out(V) ist also eine chemische Ableitung von V. Dann mißt die Kardinalzahl

$$A-\text{sim}(V,V') = \frac{|\text{out}(V) \cap \text{out}(V')|}{|\text{out}(V)|}$$

die *Ableitungsähnlichkeit* der Verbindungen V und V' relativ zur gegebenen empirischen Basis. Zwischen beiden Ähnlichkeitskonzepten gibt es eine strenge Korrelation. Verbindungen mit ähnlicher Reaktionsumgebung tendieren zu ähnlichen Ableitungen.

Die *erkenntnistheoretischen Beschränkungen* von CHEMIS sind offensichtlich. Das System ist auf das gegebene empirische Basiswissen beschränkt. Es kann nicht zwischen Haupt- und Nebenreaktionen unterscheiden. Viele Reaktionen haben mehr als zwei Input- und/oder Outputverbindungen, während die gegebenen Ähnlichkeitsmaße sich auf eine zweistellige Input-Output-Relation beschränken etc. In Nachfolgesystemen der ursprünglichen Version von 1976 konnten einige dieser Mängel von CHEMIS behoben werden. Prinzipiell gilt aber festzuhalten: CHEMIS beabsichtigt keine Simulation eines Chemikers. In dem Sinn ist es kein Beispiel für „künstliche chemische Intelligenz", aber eine technische Hilfe und damit ein Verstärker der „natürlichen Intelligenz" eines Chemikers.

---

[25] Vgl. auch H. W. J. Rittel, Similarity as an Organizing Principle of a ‚Knowledge Base' for Organic Chemistry, Brandt/Ugi, wie Anm. 7, 179–209.

Die Entwicklung von Chemikalien und Arzneimitteln erfordert mit konventionellen Methoden hohe Kosten und viel Zeit. Im Rahmen der KI ist es daher naheliegend, nach Softwaresystemen zur Unterstützung des ‚molecular design' zu suchen. Das Ziel für einen computergestützten Molekülentwurf wäre ein System, das Kandidaten chemischer Molekülstrukturen liefert, die gewünschte chemische, biologische oder medizinische Eigenschaften mit einer bestimmten Wahrscheinlichkeit erwarten lassen. Damit könnten Zeit und Kosten für weniger erfolgversprechende Entwicklungen bereits im Vorfeld vermieden werden.[26]

Erwähnt sei hier das System TUTORS (‚TUTORial System für molecular design'), das sich aus den Teilsystemen TUTORS-DB und TUTORS-SG zusammensetzt.[27] TUTORS-DB leistet Management und Analyse der Daten des Basiswissens. Funktionen des *Datenmanagements* sind der ‚molecular input', bei dem z.B. eine freihändig gezeichnete Struktur in eine Strukturformel übersetzt wird, das ‚molecular modeling', bei dem automatisch für eine vorgegebene zweidimensionale Strukturzeichnung die dreidimensionalen Koordinaten erzeugt werden, das ‚molecular display', das verschiedene Darstellungstypen von Molekülstrukturen zur Auswahl stellt etc. Die *Datenanalyse* leistet Mustererkennung von Molekülstrukturen, automatische Erkennung der häufigsten gemeinsamen Teilstrukturen und Berechnung der molekularen Orbitale und Mechanik. Das Teilsystem TUTORS-SG erzeugt die *Strukturkandidaten*, die gewünschte Eigenschaften wahrscheinlich besitzen. Als Programmiersprache wird FORTRAN 77 benutzt.

Die genannten KI-Systeme wurden gezielt für die Universitäts- und Industrieforschung der Chemie entwickelt. Aber auch die *Wissenschaftstheorie* hat in den letzten Jahren KI-Programme entwickelt, um Denkweisen des Chemikers zu simulieren.[28] Dahinter steht das bereits erwähnte wissenschaftstheoretische Erkenntnisinteresse an der Chemie, deren Methodologie sich nicht einfach auf Physik zurückführen läßt. Mit dieser Absicht konstruierte eine Forschergruppe um H. Simon Softwareprogramme, die aus empirischen Daten qualitative chemische Gesetzmäßigkeiten erkennen. Der Übergang von Beobachtungs- und Meßdaten zu allgemeinen Gesetzen wird in der Tradition empiristischer Wissenschaftstheorie durch Induktion erklärt. Simon, der an der Wissenschaftstheorie

---

[26] Vgl. auch T. H. Pierce / B. A. Hohne (Hg.), Artificial Intelligence. Applications in Chemistry, Washington 1986.

[27] S. Sasaki, Computer Software System for Molecular Design – TUTORS, Brandt/Ugi, wie Anm. 7, 229–243.

[28] K. Mainzer, Knowledge-Based Systems. Remarks on the Philosophy of Technology and Artificial Intelligence, *Journal for General Philosophy of Science* 21, 1990, 47–74.

R. Carnaps orientiert ist, will zeigen, wie die Gesetzeserkenntnis in der Chemie durch KI-Mustererkennung simuliert werden kann. Bezeichnenderweise nennt er seine Programme nach berühmten Chemikern der Vergangenheit wie GLAUBER, STAHL und DALTON. Diese wissensbasierten Systeme werden wie folgt durch Anfangs-, Zwischen- und Zielzustände, heuristische Regeln und Suchkontrollen charakterisiert:[29]

---

[29] P. Langley / H. A. Simon / G. L. Bradshaw / J. M. Zytkow, Scientific Discovery: Computational Explorations of the Creative Processes, Cambridge/MA 1987, 283ff.

GLAUBER	
Anfangszustand	Liste von Fakten, die nur konstante Terme enthalten
Zielzustand	Liste von Gesetzen betreffender Klassen mit Definitionen dieser Klassen
Zwischenzustände	gemischte Liste von Fakten und Klassen
Operatoren	*Form-class* definiert eine Klasse und substituiert sie in Fakten
	Determine-quantifier bestimmt Existenz- und Allquantoren
Heuristik	für *Form-law*: Wähle dasjenige Objekt, das in den am meisten analogen Fakten vorkommt.
	für *Determine-quantifier*: Quantifiziere allgemein, wenn die Daten es erlauben
Suchkontrolle	best-first-Suche ohne Rückwärtssuche (backtracking)

STAHL	
Anfangszustand	Liste von Reaktionen und betroffenen Substanzen
Zielzustand	Komponenten von den Verbindungen jeder Substanz
Zwischenzustände	Komponenten von einigen Substanzen, modifizierten Reaktionen
Operatoren und Heuristik	*Infer-components* entscheidet über die Komponenten einer Substanz
	Reduce streicht Substanzen, die auf beiden Seiten einer Reaktion vorkommen
	Substitute ersetzt eine Substanz in einer Reaktion durch ihre Komponenten
	Identify-components identifiziert zwei Komponenten als gleich
Suchkontrolle	depth-first-Suche eingeschränkt durch heuristische Bedingungen wie intelligentes Backtracking

DALTON	
Anfangszustand	Liste von Reaktionen und den Komponenten betroffener Substanzen
Zielzustand	Modell jeder Substanz, mit der Zahl der Atome jeder Komponenten
	Modell jeder Reaktion, mit der Zahl der Moleküle jeder Substanz
Zwischenzustände	Teilmodelle von einigen Substanzen und Reaktionen
Operatoren	*Specify-molecules* gibt an, wie oft eine Substanz in dieser Reaktion vorkommt
	Specify-atomes gibt die Zahl der Atome einer Substanz in einem gegebenen Molekül an
	Conserve particles bestimmt die bleibenden Zahlen von Atomen aufgrund der Erhaltung
Heuristik	für *Specify-molecules*: Betrachte nur Multipels der kombinierten Volumina
	für *Specify-atomes*: Bevorzuge einfachere Modelle vor komplexeren
Suchkontrolle	depth-first-Suche mit backtracking, eingeschränkt durch Heuristiken

Das System STAHL versucht offenbar, die Komponenten von chemischen Substanzen zu bestimmen, während DALTON bereits Modelle von Substanzen und Reaktionen entwickelt. Daher kann STAHL als Programm angesehen werden, das die Grundlage für ein detailliertes Strukturmodell nach DALTON legt. In diesem Sinn könnten, so die Hoffnung von Simon, immer komplexere Programme entwickelt werden, die bewährte Teilprogramme integrieren, um so dem Anspruch einer KI-Simulation des Chemikers immer besser gerecht zu werden.

Abschließend sei ein wissensbasiertes System erwähnt, das den Entdeckungsprozeß für ein chemisches Experiment simulieren will. Das Programm KEKADA wurde entwickelt, um den Entwurf eines biochemischen Experiments (Krebs' Entdeckung[30] einer chemischen Ringstruktur 1935) zu modellieren. Wie ein Wissensingenieur analysierten Simon und seine Arbeitsgruppe die Laborbücher von Krebs, definierten seine methodologischen Forschungsregeln und übersetzten sie in eine LISP-verwandte Programmiersprache.[31]

Das Programmmodul *problem-choosers* entscheidet, mit welchem Problem das System seine Bearbeitung beginnen soll. *Hypothesis-generators* erzeugt Hypothesen, wenn das System mit neuen Problemen konfrontiert wird. Die Module *hypothesis-proposers* und *strategy-proposers* wählen Arbeitsstrategien aus. Dann schlägt *experiment-proposers* die auszuführenden Experimente vor. Für den passenden Typ einer Heuristik sind *decision-makers* zuständig. Dann stellen *expectation-setters* Erwartungswerte auf und führen *experimenters* Experimente aus. Die Ergebnisse der *experimenters* werden durch *hypothesis-modifiers* und *confidence-modifiers* interpretiert. Falls anwendbar, kann das Modul *problem-generators* neue Probleme zu den *agenda* hinzufügen. Falls der Ausgang eines Experiments die Erwartungen verletzt, wird das Studium dieses überraschenden Phänomens zur Aufgabe *(task)* gemacht und zu den *agenda* gegeben. Jedes Modul des Systems ist ein Operator, der durch eine Liste von Produktionsregeln definiert ist. Als Beispiel seien einige Produktionsregeln des *experiment-proposers* genannt:

[E1] Falls die bevorzugte Strategie darin besteht nachzusehen, ob ein überraschendes Phänomen mit einer Klasse von Substanzen gemeinsam ist, dann gebrauche die *decision-makers* zur Auswahl einer Substanz A aus dieser Klasse und entscheide, dieses Phänomen mit A als Reaktionssubstanz zu studieren.

---

[30] F. L. Holmes, Hans Krebs and the Discovery of the Ornithine Cycle, *Federation Proceedings of American Societies for Experimental Biology* 39, 1980, 216–225.
[31] D. Kulkarni / H. A. Simon, The Process of Discovery: The Strategy of Experimentation, *Cognitive Science* 12, 1988, 139–175.

[E2] Falls ein Phänomen mit A als Reaktionssubstanz studiert wird und eine Hypothese angenommen wird, daß A die Substanz C mit B als ein Zwischenprodukt produziert, dann führe Experimente mit A und B aus und vergleiche Formationsanteile von C aus A und aus B.

[E3] Falls ein Phänomen mit A als Reaktionssubstanz studiert wird und eine Hypothese angenommen wird, daß A und B miteinander reagieren, um C zu bilden, dann führe Experimente mit A und B kombiniert und getrennt aus.

[E4] Falls die gewählte Hypothese lautet, daß in der untersuchten Reaktion A und B miteinander reagieren, um C zu bilden, und daß B die Quelle einer der Komponenten von C ist, dann führe ein Experiment mit A und B zusammen aus, bei dem entsprechende Parameter gemessen werden, um die Menge von C in Relation zu den Mengen von A und B zu bestimmen.

[E5] Falls die gewählte Hypothese lautet, daß die Reaktionssubstanz A in einem Experiment ein Katalysator ist, oder daß A ein Element oder eine Gruppe liefert und keine andere Möglichkeit von A besteht, eine Gruppe oder ein Element zu liefern, dann führe das Experiment über lange Perioden, aber mit sehr geringer Konzentration von A aus.

etc.

Neben spezifischen heuristischen Regeln, die sich auf das konkrete Anwendungsgebiet von Krebs beziehen, gibt es auch allgemeine Regeln, die Teil einer allgemeinen Forschungsmethodologie sind. Es ist bemerkenswert, daß eine besondere Regel von KEKADA den Fall bestimmt, daß ein experimentelles Ergebnis ein *„überraschendes Phänomen"* ist. Wissenschaftliche Entdeckung wird als gradueller Prozeß aufgefaßt, der durch Heuristiken für Problemlösungsstrategien gesteuert wird. Es soll sich also nicht länger um ein irrationales Ergebnis handeln, das völlig unerklärlich quasi wie der Blitz einschlägt. Bei dieser Auffassung wäre eine rationale Analyse von Forschungsprozessen von vornherein ausgeschlossen. Wissensbasierte Systeme dieser Art tragen sicher dazu bei, den chemischen Forschungsprozeß transparenter zu machen. Die Gefahr bestände allerdings in der Illusion, daß Forschung letztlich ein algorithmischer Prozeß sei, dessen Erfolg plan- und programmierbar wäre.

4. Der ‚Computer View' in der Chemie: Chancen und Verluste

Wissenschaftstheoretisch kann mit den bisherigen Expertensystemen dem menschlichen Chemiker keine maschinelle Konkurrenz gemacht werden. Immerhin gelingt aber eine systematische und technisch präzise Klassifizierung einfacher naturwissenschaftlicher Gesetze und Theorien, die Einblicke in die jeweilige Komplexität des Denk- und Forschungsaufwandes zuläßt.

Auf diesem Hintergrund kann Turings berühmte Frage aufgegriffen werden, die die frühen KI-Forscher bewegt hat: Können Maschinen „denken"? Sind Maschinen *„intelligent"*? Bis heute kann man nur folgendes sagen: Falls ein

Programm eine Struktur erzeugt, die als neues Konzept aufgefaßt werden kann, dann enthalten die benutzten Transformationsregeln implizit dieses Konzept und die entsprechende Datenstruktur. Ein Algorithmus, der die Anwendung dieser Regeln lenkt, macht die implizit gegebenen Konzepte oder Datenstrukturen explizit.

Dieser Tatbestand wird heute philosophisch unterschiedlich gedeutet. Vom *instrumentalistischen Standpunkt* stellt ein solcher Algorithmus keine schöpferische Fähigkeit dar. Er führt nur aus, was in ihn hineingesteckt wurde. Er bleibt ein (wenn auch hochkomplexes) Instrument des Menschen. Die Übertragung von Eigenschaften wie 'intelligent' und 'schöpferisch' auf Maschinen wird als Animismus der Technik zurückgewiesen.

Demgegenüber wendet der *Mentalismus* ein, daß auch menschliche Intelligenz nur Konzepte explizit macht, deren allgemeine Struktur in uns angelegt ist. Intelligenz kann danach verschiedene Träger haben. Das menschliche Gehirn mit seiner eigenen Denk- und Evolutionsgeschichte ist nur ein Beispiel für die Entwicklung „intelligenter Strukturen". Andere unabhängige Entwicklungen wie z.B. technische Systeme sind möglich, wenn sie auch vom Menschen eingeleitet wurden. Hinzu kommt das kosmologische Argument, daß „intelligente Wesen" in anderen Welten nicht nur möglich, sondern wahrscheinlich sind.

Der Streit zwischen Instrumentalismus und Mentalismus läßt sich nicht logisch und empirisch entscheiden. In der konkreten technischen Diskussion wissensbasierter Systeme überwiegt daher eine *pragmatische* Bewertung. Die faktisch existierenden Expertensysteme sind in ihrer methodischen Begrenzung klar durchschaubar. Als Ziel wird die Entwicklung erfolgreicher Werkzeuge betont, um technische, ökonomische und industrielle Probleme zu lösen.

Mit *Wissensverarbeitung* (knowledge processing) von sogenannten wissensbasierten Systemen (knowledge-based systems) ist dabei eine neue Art von komplexer Informationsverarbeitung gemeint, die von der älteren bloß numerischen Datenverarbeitung unterschieden wird. Die Wissensverarbeitung greift auf komplexe Transformationsregeln zur Übersetzung und Interpretation zurück, die durch ein hohes Niveau in der Hierarchie der Programmiersprachen (z.B. LISP oder PROLOG) bestimmt sind. Dieses Niveau ist näher zur Wissenschaftssprache z.B. eines Chemikers als frühere maschinennahe Programmiersprachen, aber offensichtlich nicht mit ihnen identisch. Auch die KI-Programmiersprachen erfassen daher nur Teilaspekte aus dem breiten Horizont eines menschlichen Forschers.

Die Technik des *‚Molecular Modeling'* ist eine zentrale Komponente in der KI der Chemie. Sie trägt in der Tat zu einer erheblichen Erweiterung der chemischen Anschauung bei, die objektiv darstellbar und vermittelbar wird. Wie

Strukturformeln und Stereochemie zeigen, zeichnet die Chemie seit jeher symbolische und graphische Informationsverarbeitung gegenüber anderen Naturwissenschaften aus. Es besteht allerdings die Gefahr, daß die Phantasie des Chemikers nur noch in vorprogrammierte Bahnen gelenkt wird, daß also Natur quasi nur noch über den PC-Bildschirm wahrgenommen wird. Die immer lauter werdende Kulturkritik an einer Mediengesellschaft, die soziale Wirklichkeit nur noch über den Fernsehbildschirm wahrnimmt, findet damit ihre Fortsetzung in den Naturwissenschaften (‚chemical Cyberspace').

Andererseits muß berücksichtigt werden, daß in dem heutigen komplexen und differenzierten Forschungsstadium der Chemie, in dem jährlich tausende neuer Verbindungen entwickelt werden, die große Zufallsentdeckung immer seltener wird. Das maschinelle „Gedächtnis" wird für die chemische Forschung unverzichtbar sein. Der Übergang von traditionellen Handbüchern und Sammlungen von Abstracts zu Datenbanken mit automatischem Datenmanagement und Bilddarstellung ist teilweise bereits vollzogen. Das computergestützte ‚molecular design' und ‚molecular modeling', das dem chemischen Laborexperiment vorgeschaltet wird, trägt bereits erheblich dazu bei, Zeit zu sparen, Kosten zu senken und Gefahren zu vermeiden.

Die Chemie hat mit ihren Produkten und Verfahren die moderne Welt mehr als jede andere Naturwissenschaft verändert. Jedes chemische Forschungsergebnis ist daher mit ökonomischen, finanziellen und sozialen Folgen verbunden, die ein *Labor- und Industriemanagement* mit einplanen muß. In welchem Umfang lassen sich solche Entscheidungsprozesse computergestützt durchführen?

Ein chemisches Produkt besteht nicht nur in der *Synthese* einer neuen Chemikalie oder eines neuen Medikaments. Die chemische *Analyse* stellt nämlich ein hochwertiges Informationsprodukt dar, das mit weitreichenden ökonomischen, finanziellen und sozialen Folgen verbunden sein kann. Dazu sei nur an die vielfältigen chemischen Analysen im Bereich der Umweltforschung erinnert. Präzision, Genauigkeit und Dauer einer Analyse hängen von der Ausstattung, Effizienz und dem Management eines Labors ab und schlagen sich damit auch in finanziellen Kosten nieder. Aufwand und Kosten müssen daher in einem geeigneten Verhältnis stehen. Die Information einer chemischen Analyse kann von der schlichten Auflistung von Meßergebnissen einer Stichprobe über erste statistische Auswertungen und Korrelationen mit Vergleichsfällen bis zu mathematischen Modellen mit Aufweis von ökonomischen, finanziellen und sozialen Folgen und entsprechenden Handlungsalternativen reichen. In einer ausgereiften Form können solche Modelle für computergestützte Entscheidungen im Labormanagement verwendet werden. Jedenfalls existieren erste Systeme, die Folgewirkungen von Laborentscheidungen voraussagen, um so das Management zu optimieren.³² Die traditionelle KI und Informatik hat sicher auch für chemische Anwendungen ihre *Grenzen* sowohl in der Hardware als auch Software. Was die Hardware betrifft, so wird die Strategie der ständigen Miniaturisierung in der Mikroelektronik bald schon an ihre physikalischen Grenzen stoßen. Das Chemikergehirn aus Silikon bleibt eine Illusion. Neue technische Durchbrüche mit einer anderen Hardwarestrategie kündigen sich bei den Biochips an.

Im Unterschied zu traditionellen von-Neumann-Computern, die komplexe Aufgaben nur Schritt für Schritt in Angriff nehmen können, besteht das menschliche Gehirn aus 70–80 Milliarden Nervenzellen, von denen jede mit tausenden von Nachbarn verbunden sein und zur gleichen Zeit arbeiten kann. *Neuronale Netze* simulieren diese Parallelstruktur des menschlichen Gehirns und erweisen sich damit als ebenso robust und fehlertolerant, so daß bei Ausfall eines Netzteils (analog einer Gehirnschädigung) dieselben Aufgaben von einem anderen Teil übernommen werden können. Darüberhinaus können sich neuronale Netze wie Nervenzellen des Gehirns selbst organisieren und lernen, indem sie Verbindungen zwischen einzelnen Prozessoren verändern.³³ Demgegenüber legt ein Wissensingenieur bei einem traditionellen Expertensystem ein für allemal fest, wie in einem begrenzten Problem- und Wissensbereich nach vorgegebenen Transformationsregeln Probleme zu lösen sind.

Der gesamte Bereich der Wahrnehmung und sensomotorischen Koordination von Bewegungsabläufen ist jedoch so komplex, daß er sich nicht in genau programmierte Regeln übersetzen läßt. Neuronale Netze haben daher bisher ihre größten wissenschaftlichen und industriellen Anwendungserfolge im Bereich der Mustererkenntnis (z.B. Handschriften- und Bilderkennung bei der Post, akustische Rundlaufdiagnostik von Motoren, Spracherkennung und Sprachgenerierung in der Kommunikationstechnik), aber auch Bewegungskoordinierung in der Robotik oder selbständiges Erkennen von Kurstrends bei der Aktienkursprognose. Es ist naheliegend und zu erwarten, daß *neuronale Netze* in der Chemie z.B. für die automatische und selbständige Mustererkennung³⁴ eingesetzt werden.

---

³² Vgl. auch H. E. Popp, Mensch – Mikrocomputer, Kommunikationssystem. Management Expertensystem in der Chemischen Industrie auf der Basis eines universellen Daten- und Prozeduralmodells auf einem Mikrocomputernetz, Diss. Regensburg 1984; B. G. M. Vandeginste, Computer-Aided Decision Making in Laboratory Management based on LIMS, Brandt/Ugi, wie Anm. 7, 245–271.

³³ K. Mainzer, Philosophical Concepts of Computational Neuroscience, *Parallel Processing in Neural Systems and Computers,* hg. R. Eckmiller / G. Hartmann / G. Hauske, Amsterdam–New York–Oxford–Tokyo 1990, 9–12.

³⁴ K. Varmuza, Pattern Recognition in Chemistry, Berlin–Heidelberg–New York 1980; E. Clementi / G. Corongin / J. Detrich / S. Chin / L. Domingo, Parallelism in Computational Chemistry, *J. Quantum Chem. Symp.* 18, 1984, 18.

Jedenfalls wird auch diese grundlegende Innovation nicht spurlos an der Chemie vorübergehen und sie weiter in das weltweite Netz der Informations- und Kommunikationstechnologien integrieren.

Um die Chancen der neuen Technologien zu nutzen, müssen wir als Wissenschaftstheoretiker zunächst ihre tatsächlichen Möglichkeiten und Grenzen analysieren, um mögliche Gefahren zu erkennen, aber auch um überzogene Spekulationen und damit verbundene Ängste zu vermeiden. In dem Zusammenhang ist es nützlich, sich an die ursprüngliche Bedeutung des Begriffs ‚*Technologie*‘ zu erinnern – nämlich Lehre von den *technischen Instrumenten* zur Lösung (letztlich) menschlicher Probleme. Im Bereich der Chemie bleibt also die KI-Technologie selbst im Fall von ‚Molecular Modeling‘, Expertensystemen und neuronalen Netzen ein hochentwickeltes Instrument des Chemikers, um chemische Probleme zu lösen – nicht mehr, aber auch nicht weniger.

Die Natürlichkeit der Chemie

Hubert Markl

Von der „Natürlichkeit der Chemie" zu sprechen muß heutzutage zugleich trivial und provokativ wirken. Trivial für den Naturwissenschaftler, denn womit soll sich die Chemie denn sonst befassen als mit den natürlichen Eigenschaften der Stoffe, aus denen der Kosmos nun einmal besteht. Provokativ hingegen für jene vielen, die von Chemie zu wenig wissen, dafür aber von dem, was als natürlich gelten darf, um so mehr zu wissen meinen: Für sie muß die „Natürlichkeit der Chemie" ein zum Widerspruch reizender Widerspruch in sich selbst sein, ein – da es sich bei den so Gereizten in der Regel eher um geisteswissenschaftlich Vorgebildete handeln wird, sollte man es vielleicht etwas gelehrter ausdrücken – Oxymoron, die rhetorische Verbindung zweier sich ausschließender Begriffe.

Dabei steckt das erläuterungsbedürftige Problem auf den ersten Blick nicht so sehr im Begriff „Chemie". Es ist ja bekannt, worum es sich dabei handelt: um die Wissenschaft von der Zusammensetzung, der Entstehung und den Eigenschaften aller natürlich vorkommenden Stoffe und von den Möglichkeiten ihrer künstlichen Veränderung – vorzugsweise zur praktischen Nutzanwendung. So leichthin gesagt gewiß nicht falsch, doch vielleicht dabei nicht jedermann genügend verdeutlichend, wie weitreichend das ist, was uns dieser Zweig der Naturwissenschaft an Kenntnissen und Möglichkeiten erschließt: Von den Stoffen, aus denen die Gestirne sind (wenigstens viele davon), bis zu den Stoffen, die menschliche Gehirne instand setzen, den Geist zu entfalten, mittels dessen sich die materielle Welt selbst einsichtig zu werden vermag.

Ob das wirklich alles nur auf Chemie beruht, darf gewiß als ein offenes Erkenntnisproblem dahingestellt bleiben, aber daß wir nichts, was uns in der sinnlich erfahrbaren Welt entgegentritt, wirklich verstehen, wenn wir nicht *auch* das stoffliche Substrat ihrer Erscheinungen begreifen, das darf als ausgemacht gelten. Mit anderen Worten: Ohne Chemie gibt es keine Erkenntnis der Wirklichkeit, in der wir existieren.

Die philosophische Substanzenlehre hat sich seit den Uranfängen naturphilosophischer Denkanstrengungen vielfältig bemüht herauszufinden, welcher Art die Grundprinzipien sein könnten, die die Welt im Innersten ausmachen, ob es ausreicht – wie der Materialismus meint –, alle Erscheinungsformen *allein* auf ihr stoffliches Substrat zu reduzieren, oder ob man nicht umhin kann, wenigstens zwei Prinzipien des Seins anzuerkennen: Substanz und Form, Körper und Geist, Leib und Seele, *res extensa* und *res cogitans*, Kraft und Stoff, oder gar drei, etwa die Substanz, die Form und das Vacuum, das allem vorausgeht; oder Stoff, Energie und Information, wie es heute manche gern darstellen. Die moderne Relativitätstheorie und Quantenphysik haben zwar diese Diskussion in das andere – von der idealistischen Philosophie, wenn auch in anderem Sinne, vorgezeichnete – monistische Extrem vorangetrieben, indem sie, in Einsteins Massen-Energie-Äquivalenzformel gefaßt, auch alles Stoffliche, mit dem Quadrat der Lichtgeschwindigkeit vervielfacht, nur wieder als geballte Energie erkannten. Aber wie immer: Sieht man von esoterischen epistemologischen Klügeleien ab, sind sich doch alle Erklärungsversuche darin einig, daß jedenfalls die sinnlich erfahrbare Wirklichkeit Substanz genug besitzt, ohne deren Verständnis sie uns unerklärlich bliebe. Und deshalb ist auch keine Naturphilosophie, die nach wahrer Erkenntnis strebt, denkbar, die nicht zuerst zur Kenntnis nehmen müßte, was uns die naturwissenschaftliche Chemie über diese materielle Wirklichkeit zu lehren weiß. Etwas boshaft zugespitzt ausgedrückt: Zwar könnte der Geisteswissenschaft durch philosophisches Ungeschick gelegentlich der Geist ausgehen, zwar wird den Elementarteilchenbeschleunigungsphysikern immer ungewisser, was Materie wirklich ist, der Chemie dürfte solches Schicksal erspart bleiben – die Realität, aus der die Moleküle sind, wird auch der Fortschritt der Wissenschaft nicht hinwegeskamotieren: Der Chemie wird bestimmt niemals der Stoff ausgehen! Aber übersehen wir auch nicht eine fatale Folge dieser Tatsache: Wo alles chemisch ist, wird kaum ein Unfall, kaum eine Katastrophe nicht auch ihre chemischen Seiten haben – das wird der Chemie in den nächsten Jahrzehnten das Leben bestimmt nicht einfacher machen!

Soweit zur Chemie und soweit zugleich bereits zu einem ganz wesentlichen Aspekt ihrer Natürlichkeit. Denn wenn Chemie die wissenschaftliche Erforschung aller Zustandsformen der Materie über der Stufe der Elementarteilchen bedeutet, so kann es – und dies ist eben der triviale Aspekt dieses Themas – gar nicht anders sein, als daß wir die Natürlichkeit der Chemie eben als selbstverständlich konstatieren müssen.

Warum kann es dann im Verständnis der Öffentlichkeit als so ausgemacht gelten, daß „Chemie" das gerade Gegenteil von „Natur" sein muß, daß „chemisch" fast gleichbedeutend mit „unnatürlich", ja geradezu mit „widernatürlich" geworden ist? Wie kann es überhaupt dazu kommen, daß „chemisch" und „biologisch" im Sprachgebrauch des Alltags und der Medien geradezu selbstverständlich

Die Natürlichkeit der Chemie

antithetisch verwendet werden: chemische Arzneimittel – hochverdächtig; biologische oder Natur-Heilmittel – her damit! Was ist das für ein kurioser Naturbegriff, der chemisch für unnatürlich, natürlich oder biologisch aber als unchemisch ausgibt, ohne sich damit schon durch die konfuse Redeweise als närrisch zu disqualifizieren?

Man kann dies nur verstehen, wenn man unterstellt, daß man offenbar mit gottserbärmlich mageren Chemiekenntnissen in Wort und Schrift, im Fernsehen und im politischen Forum lautstark zu Wort kommen kann, und wenn man weiter unterstellt, daß solche Wort- und Meinungsführerschaft auch nicht dadurch behindert wird, daß man herzlich wenig davon weiß, was wirklich als natürlich gelten darf, d. h., wie es in der Natur, vor allem in der lebendigen Natur eigentlich zugeht, oder noch genauer: *wie chemisch es in ihr* zugeht.

Lassen Sie mich dazu hinführen, indem ich noch einmal auf einen Punkt zurückkomme, über den ich einleitend zu rasch hinweggegangen bin, obwohl er von gar nicht zu überschätzender Bedeutung für unser gesamtes Weltbild ist. Es ist wohlbekannt, daß die antiken, vor allem die vorsokratischen Philosophen viele Gedanken darauf verwandten, aus welchen, vor allem aus wie vielen nicht weiter unterteilbaren Elementen die Welt zusammengefügt sei: Für Thales war das Wasser dies Urelement, für Anaximenes die Luft, für Parmenides Feuer und Erde, für Heraklit nur das Feuer – also Energie –, aus dem als abgeleitete Erscheinungsformen Luft, Wasser und Erde hervorgehen sollten – eine fast schon nacheinsteinische moderne Vision der Wirklichkeit. Platon und Aristoteles nahmen als fünftes Element den Äther hinzu. Empedokles dachte sich die vier zuerst genannten Elemente aus unwandelbaren Korpuskeln zusammengesetzt, während die Atomisten entweder nur eine Grundteilchensorte (Leukipp) oder mehr als vier Arten (Demokrit) annahmen, die in wechselnder Kombination und Bewegung die bunte Vielfalt der Wirklichkeit hervorbringen sollten.

Warum zähle ich hier all diese Varianten spekulativ-philosophischer Naturerklärung auf, sind Demokrits Atome denn heute keine ollen Kamellen? Die Erinnerung daran hilft, damit wir uns noch einmal in den Weltbildzustand zurückversetzen, wie er sich – in vielen weiteren Variationen, man denke nur an Leibnizens Monadenlehre – bis zum Beginn des 19. Jahrhunderts für alle Menschen darstellte, die sich darüber überhaupt Gedanken machen mochten: Ob die Welt aus solchen Elementarteilchen zusammengesetzt war und wie viele davon es geben mochte, blieb offenkundig ins Belieben philosophischer Gedankenspiele gestellt, und wer sich auf den skeptischen Standpunkt stellen wollte, man wisse darüber überhaupt nichts Zuverlässiges, oder auf den fantastisch imaginären, es könne in der Welt unvorstellbar viele neue Elemente und damit Phänomene der Wirklichkeit geben, denen war mit guten Gründen kaum zu widersprechen. Vor solchem Hintergrund muß man sich jenen dramatischen, in wenigen Jahrzehnten der menschlichen Geistesgeschichte durch experimentell-naturwissenschaftliche, vor allem durch chemische Forschungsergebnisse geradezu erzwungenen Wandel dieses Weltbildes bewußtmachen, der mit den Erklärungsversuchen der kinetischen Theorie der Wärme im 18. Jahrhundert einsetzte und über die Gasgesetze, das Massenerhaltungsgesetz von Lavoisier, das Gesetz der konstanten Proportionen von Proust und das der multiplen Proportionen von Dalton zwangsläufig zu einer wissenschaftlich begründeten Atomtheorie führte und – naturphilosophisch betrachtet – mit dem 1869 von Meyer und Mendelejew zuerst richtig erkannten Periodensystem der Elemente und dessen quantenphysikalischer Begründung in unserem Jahrhundert den eigentlichen Abschluß fand. Mit einem Mal war sozusagen die Debatte über die Existenzmöglichkeiten von Materieelementen praktisch abschließend beantwortet, und zwar nicht nur für die Laboratorien britischer, französischer, deutscher oder russischer Chemiker, sondern für jeden, auch den fernsten Fleck auf und tief im Innersten unserer Erde, für jeden Planeten, für jede Galaxie bis hin in die weitest entlegenen Fernen des Weltalls, in die kein Mensch je eindringen wird, bis zurück zum Anbeginn der Zeit und im voraus, solange dieses Weltall künftig bestehen wird. Erkenntnistheoretisch und erkenntnispraktisch muß man diesen Schritt der Chemie zur Erklärung der Existenzbedingungen der ganzen Natur als kaum weniger umwälzend, ja geradezu schockierend ansehen – gegenüber dem vorangegangenen Zustand unbeschränkt-beliebiger Spekulationsmöglichkeiten über die materielle Zusammensetzung ferner Welten –, als wenn heute ein Mathematiker käme und uns sagte, er könne beweisen, daß die Reihe der ganzen Zahlen bei einem bestimmten Wert aufhöre; wir wissen, daß dies logisch unmöglich ist, aber es muß im Grunde kaum anders eingeschätzt werden, daß die Chemiker gegen Ende des vergangenen Jahrhunderts mitteilten: So und nur so viele natürliche Elemente mit folgenden definierbaren Eigenschaften gibt es, ein für allemal, hier wie überall – that's it! Das Imaginationstheater unbegrenzter Möglichkeiten ist hiermit geschlossen!

Zugleich – und dies ist wohl die dialektische List der naturwissenschaftlichen wie aller Geschichte – haben uns die gleichen Chemiker allerdings ungefähr gleichzeitig und von Jahr zu Jahr immer überzeugender klarmachen können, daß aus diesen abschließend aufgelisteten kaum 100 natürlich vorkommenden Elementen und ihren paar hundert Isotopen nicht nur sehr viele, sondern buchstäblich *unendlich* viele vielatomige Moleküle aufgebaut werden können, und zwar bereits in der Natur selbst, nicht erst durch künstliches Eingreifen des Menschen. So haben die Chemiker mit ihrer nüchtern-buchhalterischen Schlußabrechnung der Debatte über die vormals potentiell grenzenlose Vielfalt der Grundbausteine der Natur zugleich den Blick auf noch viel größere, auf eine geradezu unvorstellbare

Vielfalt stofflicher Phänomene auf der nächsthöheren Ebene der Komplexität geöffnet und damit den Chemiestudenten, Diplomchemikern und Doktoren der Chemie aller Völker auf immer und ewig ein unausschöpfliches Arbeitsfeld eröffnet, der chemischen Industrie ein ebenso unerschöpfliches Wachstumspotential erschlossen und die Autoren, Herausgeber und Verleger chemischer Fachliteratur bis ans Ende der Zeiten (jedenfalls aber der wissenschaftlich-technischen Industriezivilisation) dazu verdammt, in immer mehr Fachzeitschriften und immer mehr Monographien, Handbuchserien und Datenbanken immer mehr chemische Formeln, Analyse- und Synthesevorschriften anzuhäufen und abzuspeichern.

Wenn: ja wenn es denn recht verstanden wird, was hiermit zur Natürlichkeit der Chemie ausgesagt wird. Denn all dies gilt so unumschränkt ins Unendliche ausgreifend eigentlich nur, wenn wir uns bewußtmachen, daß alle komplexe Materie der Welt ausschließlich aus denselben – relativ wenigen – chemischen Elementen aufgebaut ist, d. h. aber nichts anderes, als daß dies also auch für alle Lebewesen gelten muß, deren makromolekular-chemische Vielfalt aus prinzipiellen Gründen so unbegrenzt ist, daß es niemals ein Ende damit haben kann, chemisch zu analysieren und zu beschreiben, was molekular in unserer Welt existenzfähig ist. Gerade weil eben auch alle Lebewesen, die es je gegeben hat und die es je geben kann – die Engel und andere Geister einmal ausgenommen –, in all ihrer biologischen Natürlichkeit immer auch chemisch-natürlich sind, hat die Chemie – biochemisch ergründet oder errötet – ein tatsächlich unausschöpfbares Wirkungsfeld, dessen Grenzen der Möglichkeiten für neue Erscheinungsformen für Moleküle und aus ihnen aufgebaute Zellen und Organismen auch theoretisch nicht eingrenzbar sind.

Um es an einem Beispiel genauer festzumachen: Wir wissen seit Watson & Crick, wie die Erbanlagen aller uns bekannten Lebensformen chemisch aufgebaut sind: Die Nukleinsäuren gleichen Perlenschnüren funktionsbestimmender Moleküle von viererlei Art, deren genaue Reihenfolge jeweils bestimmt, aus welchen Eiweißkörpern die Zellen eines Lebewesens aufgebaut sind. Nehmen wir nur eine einfache Lebensform, eine Mücke, eine Fliege, die wir achtlos verscheuchen oder zertreten: Die Entwicklung eines solchen Wunderwerks der Biotechnik wird durch grob geschätzt 10 000 Gene programmiert, was – wieder ganz überschlägig – 10 Millionen Nukleotidperlen auf den Genketten entspricht. Rein theoretisch betrachtet, lassen sich diese 10 Millionen Genbausteine in geradezu aberwitzig vielen verschiedenen, individuellen Variationen anordnen, d. h. nichts anderes, als in ebenso vielen verschiedenen chemischen Molekülen aufgebaut denken. Eine Zahl mit Tausenden von Nullen reicht nicht hin, diese Möglichkeiten abzuschätzen – zum Vergleich: die Gesamtzahl aller Protonen und Neutronen des Universums beträgt kaum ein Hundertstel davon!

Und nun kann man weiter multiplizieren, indem man sich bewußt macht, daß es auf unserer Erde wahrscheinlich Dutzende von Millionen solcher Spezies gibt, die wahrscheinlich wiederum weniger als ein Tausendstel der Zahl der Spezies ausmachen, die je gelebt haben. Und jede dieser Spezies existierte in einer Vielzahl, bis zu Milliardenzahl von Individuen, deren jeweilige Körper wieder von Hunderten und Tausenden verschieden zusammengesetzter Moleküle aufgebaut werden, so daß jedes einzelne dieser Myriaden von Individuen chemisch in irgendwelchen Eigenschaften ganz und gar einzigartig ist oder gewesen sein muß. Was sind dagegen schon die paar Millionen Molekülsorten, die Chemiker bis heute künstlich hergestellt haben? Eine solche grobschlächtige Betrachtung gibt uns ein Gefühl dafür – denn wirklich begreifen kann man solche Riesenzahlen nicht –, wie unausschöpflich das Meer chemischer Zustandsmöglichkeiten ist, das mit der Entwicklung der Lebewesen und der sie aufbauenden polymeren Makromoleküle entstanden ist, obwohl die Zahl der Arten von Elementarbausteinen so streng begrenzt ist, wie es das Periodensystem uns zeigt. Selbstverständlich kommt erst im Zusammenspiel dieser Moleküle in lebenden Systemen ihr schöpferisches Potential zum Ausdruck, aber das ist nun einmal das Schicksal der Chemie: Wenn's wirklich interessant wird, wird entweder Physik oder Biologie daraus – vor allem letztere!

Diese Natürlichkeit der Chemie ist also eine durchaus fantastische, vielfältig formen- und eigenschaftsreiche Natürlichkeit. Vor allem umfaßt sie ganz und gar, was manchen, die so kritisch auf alles „Chemische" blicken, gerade im Gegensatz zur Chemie als das Wesen des Natürlichen erscheint: die Natürlichkeit des Lebens. In einem Wort gesagt: Die Natürlichkeit des Lebens ist eben auch die Natürlichkeit der Chemie des Lebens.

Und deshalb gibt es kein Verständnis der lebendigen Natur und ihrer Formenvielfalt ohne das Verständnis der chemischen Strukturen und Mechanismen, die ihr zugrunde liegen:

– Wir können nicht verstehen, wie Zellen wachsen und wie sie sich vermehren, wie sich Organe bilden, wie Pflanzen ihre Substanz aus Nährsalzen, Kohlensäuregas und Licht aufbauen und wie sie dadurch alles tierische und menschliche Leben mit Nahrung versorgen; wir verstehen nicht, wie sich der Boden, in dem Pflanzen wurzeln, und die Luft, die alle Lebewesen atmen, bilden und erneuern; wir verstehen nicht, was das Leben wirklich ist, und auch nicht, was den Tod bewirkt, wenn wir all das nicht auch chemisch verstehen.

– Wir verstehen weder die Entstehung des Lebens auf der Erde noch die Evolution der Abermillionen Lebensformen und ihrer spezifischen genetischen Anpassungen, wenn wir nicht auch die chemischen Grundlagen dieses genetischen Anpassungswandels verstehen.

Die Natürlichkeit der Chemie   145

— Wir können das Zusammenspiel der Zellen in einem Organismus und die Immunmechanismen seiner Abwehr von Parasiten und Krankheitserregern sowenig verstehen wie die Beziehungen zwischen Eltern und Nachkommen, Geschlechtspartnern, Individuen eines Sozialverbandes der gleichen Art und der symbiotischen, parasitären oder Räuber-Beute-Beziehungen zwischen verschiedenen Arten von Lebewesen, wenn wir nicht die tausendfältige Rolle chemischer Signale, chemischer Angriffswaffen und chemischer Abwehrmechanismen durchschauen; keine Krankheit, die sich ganz ohne Rückgriff auf chemische Bedingungen erklären ließe, und keine Heilung, ohne daß auch chemische Prozesse dabei im Spiele wären.
— Gerade die Wechselbeziehungen von Organismen in natürlichen Lebensgemeinschaften, dieser Inbegriff dessen, was den meisten als Bild des Natürlichen vor Augen steht, wären uns ganz unbegreiflich, wenn wir sie nicht durch und durch von chemischen Prozessen durchwirkt erkennten: Das reicht von den Stoffflüssen der biogeochemischen ökologischen Kreisläufe, die Ökosystemen Beständigkeit verleihen, bis zu kuriosen Details, wie etwa jenem, daß manche tropischen Bäume sich die Produktion teurer chemischer Abwehrstoffe gegen ihre Freßfeinde ersparen, indem sie mit weniger Energieaufwand, also preiswerter, Ameisenvölkern Herberge und spezielle chemische Nährstoffe zur Bezahlung bieten, die nun ihrerseits wieder, mit chemischen Giftspritzen versehen, die Verteidigung ihres pflanzlichen Wohltäters gegen Feinde aller Art übernehmen: Wer einmal versehentlich auf einen solchen Baum zu klettern suchte, wird es niemals wieder vergessen. Alles schönste Ökologie und alles schönste Chemie: Die Natürlichkeit des Lebens ist durch und durch, wenn auch keineswegs ganz und gar die Natürlichkeit seiner Chemie!

Aber halten wir doch bei der biologischen Natur nicht inne. Nicht nur, daß alles, was ich bisher gesagt habe, ohne Abstrich auch für unsere eigene leibliche Existenz gilt. Es gäbe auch keine Kultur ohne den Beitrag, den chemische Prozesse von Anbeginn dazu lieferten. Wir wissen heute zum Beispiel, daß sich unsere menschlichen Vorfahren in den Savannen Afrikas im Fortschreiten der Menschheitsentwicklung unter anderem vor allem dadurch immer mehr von ihren Tierprimatenverwandten in der Nutzung natürlicher Ressourcen unterschieden, daß sie ihre Nahrung durch Kochen – wozu ihnen die chemische Energiefreisetzung des Feuers diente – und durch biotechnologische Fermentationsverfahren wesentlich intensiver zu nutzen und vielfältiger zu erschließen vermochten als diese; die besonderen chemischen Eigenschaften natürlicher Werkstoffe ermöglichten ihnen die Nutzung als Werkzeuge, Bau- und Bekleidungsmaterialien; wir kennen keine Kultur ohne die kunstvolle Nutzung von Naturfarbstoffen – durch und durch reine Chemie! –, keine, die nicht auf chemische

Pflanzenbestandteile und andere Naturstoffe als Heilmittel, als betörende Düfte, aber auch als Rauschdrogen und als Gifte zu Jagd und Verteidigung angewiesen gewesen wäre. Es gäbe also nicht nur keine Natur ohne Chemie, für die menschliche Kultur gilt dies nicht anders.

Und selbst wenn wir die höchsten, die ganz besonderen Leistungen menschlichen Wesens betrachten: den Geist, der uns beseelt, die Gefühle und Empfindungen, die uns erfüllen – sie sind gewiß nicht chemischer Natur, wie ein primitiver Materialismus dies annehmen zu dürfen meinte, aber ebenso gewiß ist es auch, daß kein Gedanke unser Gehirn durchzuckt, kein Gefühl der Freude oder des Leids uns bewegt, keine Leidenschaft in uns aufsteigt, ohne daß es dazu einer überaus vielfältig vernetzten molekularen Maschinerie unserer Nervenzellen und unseres Hormonsystems bedürfte, ohne deren chemisch-lebendiges Funktionieren das Licht unseres Bewußtseins und seiner Empfindungen und Wünsche verglimmt wie der Docht einer verlöschenden Kerze.

Das Verständnis dieser lebendigen Natürlichkeit der Chemie, dieser unabweisbaren chemischen Wirklichkeit aller Natur, unsere eigene eingeschlossen, eröffnet nun allerdings eine ganz andere Perspektive auf das, was in der Öffentlichkeit gemeinhin im Vordergrund steht, wenn heute von der „Chemie" und dem, was sie für uns bedeutet, die Rede ist. Da geht es ja fast ohne Ausnahme darum, den Eindruck zu erwecken, weil das „Chemische" im Widerspruch zum „Biologisch-Natürlichen" steht, bräuchte man allem, was die Chemie hervorbringt, nur zu mißtrauen und es zu meiden, und schon breche das goldene Zeitalter sanfter, gefahrloser Natürlichkeit an, von dem die besonders schlecht Unterrichteten meinen, es habe geherrscht, bevor der Zivilisationsmensch sich auf den unheilvollen wissenschaftlich-technischen Holzweg begab. Eine solche absurde, wenn auch heute keineswegs ganz ungewöhnliche Sicht der Dinge führt in zweifacher Weise in die Irre:

– Erstens verkennt sie völlig, daß der Mensch als Natur- wie als Kulturwesen seit jeher ohne die Nutzung chemischer Prozesse und Produkte überhaupt nicht lebensfähig gewesen wäre und daß dies künftig für eine gewaltig vermehrte Menschheit weniger denn je gelten könnte: Alle materiellen Ressourcen, deren wir selbst bei bescheidensten Ansprüchen bedürfen (und wann wäre der Mensch je so bescheiden gewesen, wie er zu sein vermöchte, es sei denn in Sonntagsappellen?), sind chemische Ressourcen, die wir nur mit chemischen Methoden erschließen, aufbereiten, nutzbar machen können; wir leben auch heute wie jeher ganz überwiegend von chemisch gespeicherter und freigesetzter fossiler Energie; auch Atomenergie wird uns nur dann verfügbar und bis in die ungelösten Details der Entsorgung beherrschbar, wenn wir die chemischen Methoden zur Gewinnung und zum Umgang mit den Kernbrennstoffen durch und durch verstehen; und selbst wenn irgendwann einmal, was wir uns auf lange Frist ja gewiß wünschen möchten, die unerschöpfliche Kernenergie im Sonnenreaktor die Energieversorgung der Menschheit sicherstellen sollte, dann wissen wir schon heute, daß die photovoltaischen Solarzellen das Resultat chemischer Materialforschung und innovativer chemischer Produktionsverfahren sein werden und daß auch – wenn sie uns so verfügbar wird, wie dies für grüne Pflanzen seit jeher gilt – die photolytische Wasserspaltung und Wasserstofferzeugung mit Sicherheit zuallererst erfordert, daß uns chemische Forschung und Entwicklung zu ganz neuartigen Katalysatoren, Speicher- und Umsatzverfahren verhilft. Gerade wer vieles, was uns chemische Technologie heute beschert, für gefahrvoll und unerwünscht ansieht, muß doch erkennen, daß nur bessere chemische Verfahren unsere Existenz in der Zukunft sichern und die sich häufenden belastenden Abfälle unseres bisherigen chemischen Wirtschaftens gefahrlos beseitigen können. Wer sich in eine bessere Welt ohne Chemie – aber mit unabänderlich 5 bis 10 Milliarden Menschen – hineinträumt, würde uns mit fest geschlossenen Augen zielgerichtet in den Untergang steuern. Gerade weil wir in fast jedem Detail unserer Existenz chemische Wesen sind, chemischer Ressourcen und chemischer Prozesse genauso zum Dasein bedürftig wie alle Pflanzen, Tiere und Mikroorganismen, die unsere unentbehrliche natürliche Umwelt ausmachen, gibt es für uns keinen Weg aus der Chemie in eine vorgeblich biologisch-ökologisch-natürliche Existenz: Auch eine ökologisch natürlichere, umweltschonendere, langfristig lebensfreundlichere Lebens- und Wirtschaftsweise des Menschen wird immer eine in tausendfältiger Weise von chemischen Prozessen und Produkten getragene Lebens- und Wirtschaftsweise sein müssen. Auch der ökologische Umbau der Wirtschaft wird nicht Chemie durch Natur ersetzen, weil dies schon logisch unsinnig wäre, sondern er wird allenfalls unerwünschte chemische Verfahren und Produkte ersetzen können. Wenn, um ein beliebiges Beispiel herauszugreifen, chemische Abfallprodukte von Fossilenergiekraftwerken und Kraftfahrzeugen – denn chemisch betrachtet ist jedes Auto ein Müllauto – und agrarische Überschußdüngung Atmosphäre, Böden und Gewässer derart mit Stickoxiden belasten und übersäuern, daß der Nährstoffhaushalt unserer Waldbäume so durcheinandergerät, daß sie an Über- und Unterernährung zugleich erkranken – ein makabres Abbild einer zugleich an Völlerei und Mangel krankenden Menschheit, die dafür verantwortlich ist! –, dann hilft es uns überhaupt nicht und den kranken Bäumen schon gar nicht, die „Chemie" zu verteufeln, weil die Krankheitsursachen chemischer Natur sind. Wir sind vielmehr herausgefordert, chemische Verfahren – von der Rauchgasreinigung bis zur katalytischen Abgasnachverbrennung – und ökochemisch zuträglichere Düngemethoden in der Landwirtschaft zu entwickeln, die die schädlichen chemischen Folgen mindern, ohne zugleich die Grundlagen unseres Wirtschaftens zu zerstören.

Dies ist also die eine Seite der richtigen Perspektive der Natürlichkeit der Chemie: Wir können schon als Naturwesen nicht ohne funktionsfähige chemische Produktionsbasis existieren, und wir können dies noch viel weniger als Kulturwesen, zumal mit dem Anspruch an Güterversorgung und Existenzsicherung, ohne die uns Zivilisationsmenschen ein Dasein nicht erträglich, geschweige denn erstrebenswert erscheint.

– Der andere Aspekt dieser Perspektive der Natürlichkeit der Chemie ist jedoch nicht weniger wichtig. Wir müssen dazu erst einmal richtig ins Auge fassen, was es bedeutet, daß wir Menschen genauso wie alle Lebewesen natürlich-chemisch funktionieren. Wir können nämlich nicht nur nicht ohne chemische Verfahren und Produkte auskommen: Wir sind als chemisch funktionierende Wesen auch ständig und unvermeidlich von Natur aus und von der Natur her chemisch verletzlich und bedroht. Darin liegt vielleicht die größte Gefahr einer verblendeten Perspektive, die alles Natürliche wohltätig und harmlos und alles – immer als künstlich-unnatürlich mißverstandene – „Chemische" als gefahrvoll und schlecht ansieht. Am deutlichsten wird dies wohl, wenn wir die nicht enden wollende Litanei täglich beklagter chemischer Gesundheitsgefährdung im Vergleich zu gefahrlos hingestellten natürlicheren Lebensweisen betrachten. Man möchte ja lachen, wenn es nicht zum Weinen wäre, wenn Menschen, die sich mit Alkoholfluten vergiften, allen Ernstes meinen, das Gefährliche in Bier oder Wein seien Spurenmengen an Nitrosaminen oder Submikrogrammreste von Pflanzenschutzmitteln, die in ihnen möglicherweise mit den ultraempfindlichsten Nachweisverfahren moderner analytischer Chemie gefunden werden könnten (manche wollen uns sogar glauben machen, Bier sei in beliebigen Mengen gesundheitsfördernd, solange es nur nach dem altdeutschen Reinheitsgebot gebraut wird). Leute mit Halbzentnerübergewichten sorgen sich vor der Einverleibung des nächsten Schweinekoteletts oder der fünften Buttercremeschnitte nicht etwa vor der lebensbedrohenden Fettzufuhr, sondern wegen chlorierter Kohlenwasserstoffspuren, die in ihnen enthalten sein könnten. Mütter fürchten, daß ihre Kinder mit künstlich gedüngtem Gemüse vergiftet werden könnten, während die lieben Kleinen schon mit 13 Jahren getreu dem Vorbild ihrer sorgenden Eltern die tägliche Zigarettenration nicht entbehren können. Und manche scheinen zu glauben, das Gefährlichste, was einem von selbstgesammelten Pilzen drohen könne, sei das radioaktive Cäsium. Jawohl: Chemie ist lebensgefährlich, vor allem in großen Mengen: mit Fett, Zucker, Alkohol, Nikotin und manchem anderen Genußmittel und mißbrauchten Medikamenten ist wahrhaftig nicht zu spaßen.

Nur wer die falsche Vorstellung hegt, chemische Produkte und damit chemische Bedrohungen unseres Alltagslebens hätten ihren Anfang mit den Farbenfabriken Mitte des letzten Jahrhunderts genommen, kann übersehen, wie chemisch-gefährlich eigentlich die ganz normale Natur für uns ist und wie gefahrvoll daher der Verzicht auf künstlich-chemische Produkte und die Rückkehr zu dieser vorindustriellen chemischen Natürlichkeit der Natur für uns werden müßte. Die Nebenwirkungen des DDT-Verbotes haben mit Sicherheit mehr Menschen das Leben gekostet als die Nebenwirkungen des DDT. Nicht nur, daß der Verzicht auf chemische Nahrungskonservierung – aus Angst vor den damit möglicherweise verbundenen Restrisiken – uns der vielfach größeren Gefahr der Vergiftung durch natürliche Giftstoffe aussetzt, von krebserzeugenden Aflatoxinen aus verschimmelnden Produkten bis zu der tödlichen Bedrohung durch Botulinustoxin. Auch dem Glauben, daß traditionell konservierte Nahrung bekömmlich, modern-chemisch konservierte hingegen gefährlich sei, kann nur der anhängen, der die Krebsgefährdung durch die Räucherverfahren unserer Vorfahren gering schätzt, weil er nicht bedenkt, daß diese Vorfahren nur deshalb dadurch kaum zu Schaden kommen konnten, weil sie – von traditioneller Landwirtschaft nicht vor regelmäßigen Hungersnöten bewahrt und von traditioneller Medizin vor keiner tödlichen Infektionskrankheit geschützt – in aller Regel längst jämmerlich starben, bevor sich ein Tumor entwickeln konnte. Ich bin, wie wahrscheinlich jeder Naturwissenschaftler, sehr für Medizin, die in Erfahrung gründet, eingenommen: Gerade deshalb will mir die Erfahrung mit den Erfolgen jener Medizin nicht aus dem Kopf, die vor der Entwicklung der wissenschaftlich begründeten Heilkunde einige Jahrtausende lang ungestört Zeit hatte, sich an der gesamten Menschheitsbevölkerung umfassend und von der Schulmedizin unbehindert gegen Krankheiten aller Art zu bewähren. Sehr vertrauenerweckend sieht diese Erfahrungsbilanz allerdings weder bei uns noch in anderen Kulturen aus: 10 bis 30% Säuglingssterblichkeit, eine durchschnittliche Lebenserwartung von eher unter als über 30 Jahren. Wenn es gestattet ist, aus Erfahrung zu lernen, sollte es sich die sogenannte traditionelle Naturheilkunde vielleicht gut überlegen, ob sie sich einen großen Gefallen tut, wenn sie sich als Erfahrungsmedizin anpreist. Es darf schon wundernehmen, wenn manche Hersteller sogenannter traditioneller Naturheilmittel fordern, daß ihre Produkte ohne jedermann überzeugenden Wirkungsnachweis und ohne detaillierte Toxizitätsprüfung der Inhaltsstoffe vertrieben werden dürfen – weil sie nämlich aus natürlichen Pflanzen und nicht künstlich chemisch gewonnen werden –, wenn wir gleichzeitig wissen, daß natürliche Pflanzen zur Abwehr ihrer Freßfeinde gerade einige der potentesten Gifte und Karzinogene, die uns bekannt sind, in erheblichen Mengen produzieren. Unter den Hunderttausenden von Pflanzenarten sind es vermutlich nur wenige Tausend, die uns als Nahrung dienen können: die anderen schützt ihre natürlich-chemische Giftabwehr gegen Feinde. Gifte sind leider das Biologisch-Natürlichste auf der Welt! Es ist eben nicht Zufall, sondern Sprachweisheit, wenn wir das gleiche Wort „Drogenhändler" für den wohltätigen Apotheker und den Rauschgiftverbrecher anwenden können: Die Natürlichkeit der Chemie selbst macht sie uns ambivalent! Einige unserer wichtigsten Therapeutika sind nichts anderes als hochpotente natürliche Gifte!

Es mangelt auch nicht an Beispielen dafür, daß traditionelle Naturheilmittel gefährliche Giftstoffe enthalten können, obwohl sie seit Jahrhunderten als vermeintliche Heilmittel verabreicht wurden. Auch Rauschdrogen sind ja nicht deshalb harmlos, weil sie zum traditionellen Bestand menschlicher Erfahrung gehören. Ich fände es jedenfalls – wie eine zu Recht kritische Öffentlichkeit – ganz unakzeptabel, wenn die pharmazeutisch-chemische Industrie mit der Begründung auf dem Absatz von Produkten beharren würde, man habe diese doch sozusagen traditionell schon seit langem verkauft und sie seien daher doch aus Erfahrung bewährt, ohne erst ihre Harmlosigkeit bei bestimmungsgemäßem Gebrauch und ihre therapeutische Wirksamkeit beweisen zu müssen.

Gerade diese Natürlichkeit der Chemie, die uns chemisch verletzlich macht, sollte uns davor warnen, das Natürliche für chemisch harmloser als das Künstlich-Chemische zu halten. Vielmehr sollte uns gerade unsere chemische Natur wie die chemische Natur allen Lebens dazu veranlassen, nichts für selbstverständlich harmlos zu halten, was in den chemischen Haushalt unseres Körpers wie der Natur einzugreifen vermag, woher es auch immer stammen mag, ob aus der Natur oder aus dem Chemielabor.

Freilich zwingt uns der Fortschritt chemischen Wissens und chemischer Kunstfertigkeit, zugleich weniger angstpanisch und vorsichtiger auf diese Tatsache zu reagieren.

Weniger angstpanisch, weil uns nämlich der Fortschritt der Empfindlichkeit analytisch-chemischer Methoden bald in die Lage versetzen wird, wenige Moleküle einer jeden beliebigen Substanz in unserer Umwelt, in unseren Getränken und unserer Nahrung nachzuweisen. Wenn wir nicht endlich von Paracelsus diesmal ein wirklich wohlbestätigtes erfahrungsmedizinisches Prinzip zu lernen vermögen, daß die Dosis das Gift macht und nicht die chemische Zusammensetzung eines Stoffes, geschweige denn seine natürliche oder künstliche Herkunft, dann wird uns die absolut idiotische Furcht vor einzelnen Molekülen in Kürze nicht an den gefürchteten Giften, sondern an der Furcht vor den allgegenwärtigen Giften erkranken lassen. Man hat in jüngster Zeit viel zu Recht Rühmenswertes über Wolfgang Pauls – unseres jüngsten und wahrscheinlich zugleich ältesten Nobelpreisträgers – fantastische Ionen- und Atomfallen gehört. Nun, ich fürchte mit dem Entdecker, daß wir mit dieser Erfahrung, die die massenspektrometrische Analytik von Miniaturmengen aller möglichen Substanzen möglich machte, alle miteinander in eine Falle unnötiger Chemiefurchthysterie geraten sein könnten, aus der uns nur ein besseres Verständnis chemisch-toxikologischer Grundprinzipien wieder befreien kann, vor allem aber die Einsicht, daß es in einer Welt gar nicht seltener, potenter natürlich-chemischer Gifte, mit denen unser Stoffwechsel ganz überwiegend fertig zu werden vermag, unsinnig wäre, sich vor Mikrospuren künstlich entstandener Gifte zu Tode zu ängstigen, deren Konzentrationen weit unter jeder realistischen Gefährdungsschwelle liegen. Wer aus Angst vor Risiken nichts mehr riskieren will, lebt nämlich am Ende besonders riskant: denn der einzige No-Risk-Level des Lebens ist der Zustand des Todes. Leben selbst ist immer gefährdet. Wer uns aus Angst vor allen Risiken aus allem Möglichen auszusteigen raten möchte – es soll ja solche geben, die das wohlmeinend tun –, am besten gleich aus der ganzen Industriezivilisation, der erinnert ein wenig an den, der aus dem fahrenden Auto springt (weil ihm plötzlich das Fahrtrisiko zu groß erscheint) oder von Bord eines Ozeandampfers auf hoher See (weil der ja untergehen könnte): Wer zu Recht vor den Langfrist- und Nebenfolgen einer Technologie warnt, ist immer gut beraten, auch die Langfrist- und Nebenfolgen des Verzichts auf sie im Auge zu behalten. Es gibt eben auch Nebenfolgen des Warnens vor Nebenfolgen. Wir dürfen gewiß nicht alles, was wir können. Aber dürfen wir deshalb alles verhindern, was wir verhindern können? Es ist nicht immer der der beste Ratgeber, der am meisten Angst einzujagen versteht, weil er seine Besorgnisse am lebhaftesten auszumalen weiß.

Aber wir sollten nicht nur weniger panisch reagieren, sondern zugleich auch vorsichtiger sein, indem wir ständig auf der Hut sind und immer erneut überprüfen, ob sich nicht das vermeintlich Harmlose doch als unerwartet schädlich erweist; es wird uns mit Sicherheit nicht erspart bleiben, hier durch ständig wachsame Praxisbeobachtung und wissenschaftliche Forschung immer neu hinzuzulernen und im nachweislichen Gefahrenfall möglichst unverzüglich auf – natürliche oder künstliche – chemische Produkte zu verzichten, die sich wider Erwarten als nachteilig oder gefährlich erweisen. Die vollhalogenierten Fluorchlorkohlenwasserstoffe sind dafür jetzt ein gutes Beispiel: Sie wurden und werden ja nicht aus naturgefährdender Bosheit und menschenverachtender Profitgier entwickelt und in Massen vermarktet, sondern weil sie sich als geradezu einzigartig harmlose, ungiftige, temperatur- und reaktionsbeständige Stoffe vielfältig brauchbar erwiesen hatten. Was sie allerdings so ungemein nützlich erscheinen ließ, macht sie nun – wie wir jetzt besser verstehen – ebenso ungemein problematisch, wenn sie in der Atmosphäre erst ihr Treibhauspotential und – in größere Höhen emporgeschwebt – auch noch ihr Ozonabbaupotential entfalten: Reaktionsträge wie sie sind, kann erst dort oben hochenergetische Sonnenstrahlung die Moleküle zerlegen und die verhängnisvollen katalytischen Kettenreaktionen in Gang setzen. Dieses Beispiel ist in verschiedener Hinsicht höchst lehrreich:

Erstens lehrt es uns, daß die Naturwissenschaft hier ganz und gar nicht versagt hat: Sie hat das „Ozonloch" und seine UV-Strahlungsgefahren entdeckt (und nicht etwa, wie manche zu glauben scheinen, Soziologen oder Klimakatastrophenpolitiker); sie hat darüber hinaus schon wenige Jahre später seine Ursachen so überzeugend aufzuklären vermocht, daß sich heute auch die – jedenfalls die deutsche – Chemieindustrie den finanziell schmerzlichen Schlußfolgerungen zur Produktionsaufgabe nicht entzieht; und sie muß, da sie schließlich, wenn auch unwillentlich, die Entstehung des Problems durch Erfindung dieser Stoffe herbeiführen half, nun auch für Abhilfe durch chemische Ersatzlösungen sorgen, und sie tut dies auch nach Kräften.

Zweitens lehrt uns dieses Beispiel einmal mehr, daß etwas höchst Nützliches deshalb keineswegs besonders unschädlich zu sein braucht; es gilt bei jeder Handlung wie jedem Produkt, die Vor- und Nachteile abzuwägen, im vornhinein, soweit überschaubar, aber auch laufend weiter, da keine noch so perfekte Technikfolgenabschätzung alle möglichen späteren Folgen im voraus abschätzen kann. Technikfolgenabschätzung ist also kein Verfahren, mit dem wir die Zukunft für alle Zeit im voraus durch Simulation aller Denkmöglichkeiten risikofrei machen können, sondern es muß ein Verfahren sein, das ständig mit allen Methoden wissenschaftlicher Erkenntnis neue Erfahrungen über die Umstände unseres Lebens zu machen sucht und daraus das weitere Handeln anleitet.

Drittens lehrt uns das Beispiel des FCKWs, daß auch das völlig Harmlose, Ungiftige, Unbrennbare, Umweltfreundliche – wenn es nur massenhaft vervielfacht angewandt wird – unerwartet höchst gefährlich zu werden vermag. Auch die Kohlenstoffverbrennung zur Energiegewinnung ist ja als solche ein geradezu märchenhaft naturgemäßes und umweltfreundliches Verfahren, und die Kohlensäure könnte nicht harmloser sein, wenn, ja wenn auf diese Weise einige Millionen und nicht einige Milliarden Menschen ihren Energiehunger stillen würden. Kein halbes Gramm CO_2 atmet jeder von uns pro Minute aus – aber die gesamte Menschheit gibt allein per Atemluft pro Jahr mehr als eine Milliarde Tonnen von sich, dazu kommen noch fast zwanzigmal soviel durch Fossilenergiegewinnung.

Man ist fast geneigt, dies als die wichtigste ökologische Gesetzmäßigkeit der menschlichen Massengesellschaft zu erkennen: Nichts ist harmlos, was Menschen milliardenfach tun; mit 10^9 multipliziert, wird selbst das unschuldigste Vergnügen schnell zum Problem. Zum größten Problem wird, milliardenfach geübt, vor allem die harmloseste, natürlichste und schönste aller menschlichen

Die Natürlichkeit der Chemie

Verhaltensweisen: die Begegnung liebender Menschen verschiedenen Geschlechts! Welch Paradox: die Intimsphäre als globales Problem! Es möchte wohl sein, daß uns nicht so sehr die Großtechnik bedroht als der milliardenfach kleintechnische Alltag. Die vielen kleinen Leute rund um die Welt sind nicht nur die Hauptleidtragenden dieser Entwicklung, sondern auch ihre Hauptursache: Wer die Missetäter sucht, muß nur in den Spiegel blicken: in den aus Glas, nicht den aus Hamburg!

In der Wissenschaft hat es sich eingebürgert, große Zahlen in Dreierschritten von Zehnerpotenzen mit Worten auszudrücken: 10^3 als Kilogramm wohlvertraut; 10^6: als Megawatt vielen schon etwas unheimlich; 10^9 aber, das ist eine Giga-Quantität. Zu solch vielfacher Giga-Größe ist die menschliche Population seit kaum mehr als 100 Jahren herangewachsen: Riesenmenschheit, Riesenprobleme, riesenhafte Folgen, die uns Tag für Tag bedrohlicher bewußt werden. Wir können uns das gar nicht kraß genug verdeutlichen. Vielleicht hilft diese Abschätzung: In den 100 Jahren von 2000 bis 2100 werden annähernd genauso viele Menschen auf unserer Erde leben wie in den vergangenen 2000 Jahren seit Christi Geburt zusammengenommen. 10% aller Menschen der Spezies Homo sapiens, die in 300 000 Jahren geboren wurden, leben jetzt! Doch damit nicht genug: Will man den durchschnittlichen Pro-Kopf-Energie- und Ressourcenverbrauch dieser Giga-Menschheit mit dem vor einigen hundert Jahren vergleichen, so muß man ihn noch einmal mit dem Tausendfachen vervielfältigen. Was ihre ökologische Wirkung betrifft, hat sich die Menschheit seither daher noch tausendfach stärker vermehrt, als die Bevölkerungszahlen anzeigen: Als globale Endverbraucher lasten wir sozusagen nicht nur viele Milliarden, sondern viele Billionen Einheiten schwer auf der Biosphäre! Kann es ein Zufall sein, daß man diese 10^{12} in der Wissenschaft Tera-Einheiten nennt? Téras: damit bezeichneten die Griechen eine monströse Mißgeburt. Es gibt fast nichts, was wir tun können, wovor einem – mit 10^{12} multipliziert – nicht buchstäblich schaudern müßte. Darin liegt wahrscheinlich das größte, das nur allzu natürlich-chemische Problem der menschlichen Existenz. Die Berge und Meere von Abfällen (allein die organischen Ausscheidungen dieser Tera-Menschheit und ihrer annähernd 15 Milliarden Haus- und Nutztiere häufen sich pro Jahr auf mehrere Milliarden Tonnen an!) müssen uns genauso in ihrer Monstrosität erschrecken wie die gewaltigen Mengen an Nahrungsmitteln, Energievorräten, Rohstoffen und Gebrauchsprodukten, deren diese unmäßig angeschwollene Menschenbevölkerung Jahr für Jahr über die nächsten Generationen zwangsläufig bedarf – ob dabei der Wirtschaftsausstoß nun weiter mit regelmäßigen Prozentschritten anwächst oder nicht, das kann schon nur noch das Tempo, nicht die Richtung dieser Entwicklung beeinflussen. Wer die Natur bewirtschaften will – wie es der Mensch nun einmal zwangsläufig muß –, sollte erst einmal sich selbst der Selbstkontrolle unterwerfen: seine Bedürfnispalette, sein Nachfragepotential. Aber ach, wir wissen es ja nur zu genau: sehr rasch wird uns dies wohl nicht gelingen. 70% der Menschheit wünschen sich ja erst einmal die Probleme der restlichen 30%! Umdenken wäre gewiß angebracht, aber wie viele von uns denken eigentlich nur im Kreis der Konjunkturzyklen herum?

Auf diese von uns selbst herbeigeführten verhängnisvollen Bedingungen unserer chemischen Natürlichkeit wird darüber hinaus der biochemische Erfindungsreichtum der lebendigen Natur um uns herum bestimmt nicht nur passiv-duldend reagieren. Im Gegenteil: Während Tausende Spezies dahinschwinden, ergreifen andere ihre Chance zur Vervielfältigung. Milliarden Tonnen Menschen-, Schweine-, Rinder- oder Geflügelfleisch und Milliarden Tonnen an Nutzpflanzen und Feldfrüchten dürften der bestgedeckte Tisch sein, der Parasiten und Krankheitserregern seit Anbeginn des Lebens auf der Erde jemals gedeckt worden ist. Erfahrungsmedizin wird uns, so fürchte ich, gegen diesen evolutiven Ansturm von Organismen, die dieses Angebot zu unseren Lasten ausbeuten wollen und können, allein deshalb nicht helfen können, weil es zu solchen Erfahrungen in der Menschheitsgeschichte bisher keine Gelegenheit gab. Wir können auch gar nicht sicher sein, ob das, was wir bisher an chemischen oder immunchemischen Bekämpfungsmethoden gegen solche schädigenden Organismen entwickeln konnten, auch künftig ausreichen wird. Wir wissen nur eines: Wir werden alle Methoden der Abwehr brauchen, die uns zu Gebote stehen. Wir wissen nicht, was uns droht, und wir wissen nicht, was uns dagegen noch einfallen wird: Wir wissen nur, daß wir mehr als heute wissen müssen und wissen können, wenn wir die Herausforderung bestehen wollen.

Ich bin daher der Überzeugung, daß aus dieser gewiß etwas düster-realistischen Perspektive der Natürlichkeit der Chemie, die unsere Existenz bestimmt und bestimmen wird, kaum eine andere Schlußfolgerung gezogen werden kann, als daß es all unserer wissenschaftlich-technischen Findigkeiten und Fertigkeiten bedürfen wird, um in den nächsten Generationen auch nur die dringendsten Probleme zu meistern, denen wir uns nolens volens konfrontiert sehen werden, weil wir sie nolens volens erzeugen, selbst wenn wir uns noch so sehr anstrengen sollten, künftig umweltfreundlicher zu leben und zu wirtschaften.

Wenn wir aber jene Wirtschafts- und Lebensweisen, deren bedrohliche Folgen uns deutlich werden, künftig vermeiden und durch verträglichere Formen ersetzen wollen, werden wir vor allem anderen darauf angewiesen sein, daß sich chemische Forschung und chemische Technologie in der Zukunft in der Erneuerung und Verbesserung aller Produktions-, Verbrauchs- und Entsorgungsprozesse genauso bewähren, wie sie sich in der Vergangenheit darin bewährt haben, den

Die Natürlichkeit der Chemie

dramatischen – und zunächst so erfreulich erscheinenden – Wandel der Lebensverhältnisse herbeizuführen, der uns nun bedrängt. Wer Probleme schafft, muß helfen, Probleme zu lösen. Wir haben kein besseres Werkzeug dafür als wissenschaftliche Einsicht und technischen Einfallsreichtum. Aber das Werkzeug allein reicht nicht aus: es bedarf auch der kritisch urteilenden Vernunft, um die Hand zu führen, die es nutzt.

Ich meine auch, deutlich genug gemacht zu haben, daß man hierbei keine Grenzlinie zwischen rein chemischer Forschung und Produktion und biologischer Forschung und Produktion zu ziehen vermag. Zwar gibt es keinen Zweifel daran, daß die bekannten chemisch-technischen Verfahren zur Herstellung anorganischer und organischer Produkte auch künftig eine große Zahl notwendiger neuer verbesserter Produkte hervorbringen werden, aber ebensowenig dürfte daran zu zweifeln sein, daß wir erst dann werden behaupten können, auch in der technischen Chemie die „Natürlichkeit der Chemie" voll zur Geltung gebracht zu haben, wenn wir die chemischen Produktionsprozesse der lebendigen Natur selbst für unsere Bedürfnisse umfassend nutzbar machen.

Mikroorganismen, Pflanzen und Nutztiere erzeugen seit jeher unzählige Stoffe, auf die wir allesamt angewiesen sind; die chemischen Fabriken der Natur sind die lebenden Zellen. Natur- und Umweltschutz bewahren die größte chemische Schatzkammer, die uns die Vorsehung oder die Evolution oder beide zusammen geschenkt haben. Je mehr es uns gelingt, mit Fortschreiten biotechnologischer und gentechnischer Verfahren diese natürlichen Herstellungswege dessen, was wir benötigen, zu nutzen und Rohstoffe und therapeutische Wirkstoffe zu gewinnen, die uns bisher unzugänglich waren, Pflanzen und Nutztiere schädlingsunempfindlicher zu machen, unvermeidliche Abfälle durch geschickte technische oder biotechnische Weiterverwertung zu nutzen oder so weit zu konzentrieren und abzubauen, daß sie schließlich gefahrlos verbrannt oder gelagert werden können, um so eher werden wir imstande sein, auch ökologische Probleme zu lösen, die uns heute noch unlösbar erscheinen – vorausgesetzt, daß es uns rechtzeitig gelingt, unserer Massenvermehrung Einhalt zu gebieten. Die Chemie der Zukunft wird sich mehr als je zuvor nicht nur um die Herstellung und den sicheren Einsatz ihrer Produkte zu kümmern haben: sie wird immer mehr Verantwortung für den gesamten Zyklus von Rohstoffgewinnung bis Abfallentsorgung oder -wiederverwendung zu tragen haben. Wie heißt es heute so schön vom Müll in altgermanischem Stabreim? Vermeiden, vermindern, verbrauchen, verbrennen, vergraben – aber hoffentlich nichts verbergen und nichts vergessen! Es wird heute oft gefordert, die künftige technische Chemie solle eine „sanfte" Chemie sein, die naturverträgliche Produkte erzeugt und ihre Abfälle auf möglichst natürlichem Wege und möglichst vollständig entsorgt. Sehr schön! Aber diese natürliche Chemie gibt es in Wirklichkeit längst: nämlich in den biologisch-chemischen Produktionsprozessen (wenn es dabei auch nicht ausschließlich sanft zugeht: man denke nur an natürlich-chemische Giftstoffe und Krankheitserreger). Der Übergang von einer ausschließlich oder überwiegend „harten" klassisch-technischen Chemie zum flexiblen Einsatz biochemisch-biologisch – und das heißt auch: gentechnisch – gesteuerter Produktions- und Abbauprozesse eröffnet die Chance, die unabsehbare Vielfalt chemischer Verfahren zu nutzen, die die evolutionären Erfindungen natürlicher Chemie der Lebewesen in ihren genetischen Anlagen auf Vorrat halten, die sich allein deshalb besser in natürlich-biologische Zusammenhänge einfügen lassen sollten, weil sie ja selbst von der andauernden Funktionsfähigkeit lebender chemischer Systeme abhängig sind.

Zwar werden uns gewiß auch auf dem Weg zu solchen neuen Produktionsweisen wieder neue Risiken bevorstehen, die der Erforschung bedürfen und gegen die wir ohne unnötige Angstpanik wachsam bleiben müssen: Es gibt sowenig ein Leben ohne Risiken, wie es eine Produktion ohne Abfall oder einen Energieumsatz ohne Entropiezunahme gibt. Das ist nicht neu, wir sind uns heute wahrscheinlich nur deutlicher bewußt geworden, daß dies eine Bedingung des Lebens ist und nicht etwa eine Unzulänglichkeit, die man mit Hilfe des Erkenntnisfortschritts zu überwinden vermöchte. Der nicht hundertprozentigen Vorhersehbarkeit dessen, was gentechnische Produktionsverfahren zur Folge haben könnten, entspricht, daß niemand vorherzusehen vermag, was die genetische Naturtechnologie von Mutation und sexueller Rekombination unzähliger Organismen für uns noch an Überraschungen birgt. Wissenschaft und Forschung, auch chemische Wissenschaft und Forschung sind nicht imstande, uns ganz von der Bedrohtheit unseres Daseins zu befreien: Sie können uns aber helfen, Gefahren klarer zu erkennen, sie nüchterner einzuschätzen und viele von ihnen immer wieder zu überwinden, allerdings ohne die Garantie, daß uns dies immer gelingt. Die Chemie – in Forschung wie in Entwicklung und Produktion – muß auch künftig dazu ihren Beitrag leisten, nicht als ein Korrektiv der Natur, nicht als ihr Ersatz und schon gar nicht wider die Natur: sondern gerade weil sie durch und durch in den Existenzbedingungen der Natur selbst wurzelt. Die Natürlichkeit der Chemie ist kein Freibrief zum sorglosen Umgang mit den unbegrenzten Möglichkeiten chemischer Forschung und Technik. Im Gegenteil: Alles Leben auf unserem Planeten, unser eigenes eingeschlossen, ist viel zu chemisch natürlich, um nicht von dieser Natürlichkeit der Chemie genauso gefördert wie bedroht werden zu können. Es bedarf der Einsicht in die chemischen Zusammenhänge unserer Wirklichkeit, wenn wir in diesem Spannungsfeld zwischen Nutzen und Schaden der Chemie auch künftig vernünftig wählen und vernünftig handeln können sollen.

Nicht weniger Chemie, sondern besseres Verständnis der chemischen Grundlagen unseres Daseins und der Möglichkeiten, die sie uns bieten, muß daher das Ziel sein. Noch einmal: Wir dürfen bestimmt nicht alles, was wir können, das ist moralisch fast schon trivial. Aber daraus folgt nicht, daß wir etwas schon deshalb nicht tun dürfen, weil wir es können und weil Risiken damit verbunden sind. *Abusus non tollit usum:* Bemühen wir uns auch künftig um den rechten Gebrauch unserer Möglichkeiten.

Erstveröffentlichung in: H. Markl, Wissenschaft im Widerstreit, Weinheim (VCH Verlagsgesellschaft mbH) 1990, 23–49.

III
Zur Wissenschaftstheorie und Philosophie der Chemie

Chemie als Kulturleistung

Peter Janich

Einleitung

Jede Wissenschaft hat ihre Innen- und ihre Außenansicht. Diejenigen, die eine Fachwissenschaft betreiben, die Experten also, bilden sich selbstverständlich eine Meinung von ihrer Disziplin, eine „Innenansicht". Aber auch Außenstehende, ob nun Wissenschaftler von Nachbarfächern oder aus fachfernen Fakultäten, ob Laien, Politiker oder Abnehmer der Ergebnisse einer Wissenschaft, auch sie bilden sich Meinungen, die ich die „Außenansicht" nenne.

Schon von der unterschiedlichen Kompetenz der Beteiligten her liegt es nahe, daß Innen- und Außenansicht verschieden sind, ja, sie klaffen nicht selten weit auseinander oder sind sogar miteinander logisch unverträglich. So entsteht das theoretische Problem, welche der Ansichten eines Faches die wahre sei.

Selbstverständlich hat auch die Philosophie eine Innen- und eine Außenansicht, und ich vermute, daß es zur Außenansicht der Philosophie gehört, im Stellen solcher Wahrheitsfragen einen konsequenzenlosen Luxus zu sehen, insbesondere dort, wo es schon faktische Konsense gibt, etwa den Konsens der Chemiker in der Innenansicht ihres Faches.

Ich möchte freilich aus der Innenansicht meines Faches Philosophie heraus dafür argumentieren, daß eine Reflexion von Wissenschaftsverständnissen, z.B. der Chemie, kein konsequenzenloser Luxus ist, sondern ein höchst praxisnahes Gebot. Das heißt, es gibt auch praktische Probleme, die eine Diskussion von Wissenschaftsverständnissen verlangen.

Es hieße Binsenweisheiten erzählen, wollte ich ausführlich darlegen, daß die moderne Chemie unsere technische Zivilisation entscheidend mitträgt und mitprägt. Ob Sie an die pharmazeutische oder die Kunststoff-, die Farb- oder Nahrungsmittelchemie, Chemie in Landwirtschaft oder Technik oder wo auch immer denken, es wird sich kaum ein Lebensbereich finden lassen, für den die moderne Chemie nicht von Bedeutung ist. Andererseits ist die Chemie – vor allem die chemische Industrie, ihre Produkte und Nebenfolgen ihrer Produktion und Verwendung – ins Zentrum einer vielfältigen Kritik gerückt, der die Industrie wieder auf vielen Ebenen entgegentritt, etwa mit den kürzlich in den Zeitungen zu findenden PR-Maßnahmen.

Wie sachlich oder wie polemisch diese Debatte auch geführt wird, ob eher Nutzen oder Schaden durch die moderne Chemie behauptet wird, auf allen Seiten wird selbstverständlich gestritten oder argumentiert auf der Grundlage von Meinungen und Ansichten über die Chemie. Man sollte sich deshalb um sie kümmern.

Ich lasse dahingestellt, ob man die Chancen eher optimistisch oder eher pessimistisch beurteilen soll, sich mit philosophischen Klärungsangeboten des Chemieverständnisses in diesem Streit Gehör zu verschaffen. So viel aber ist sicher: wo Mißverständnisse oder gar Irrtümer im Spiel sind, werden Kontroversen dadurch eher belastet als konstruktiv. Am Ende mögen Sie selbst beurteilen, ob eine philosophische Klärung des Chemieverständnisses praktische Konsequenzen haben kann oder nicht.

1. Zur Innenansicht der Chemie

Um mich meinem Gegenstand, der heutigen Wissenschaft Chemie, zu nähern, wende ich mich zuerst an ihre Vertreter. Wie sehen sie ihr Fach? Wenn ich Ihnen sogleich einige Zitate aus Lehrbüchern für Chemiker vortrage, so darf man sicher fragen, wie repräsentativ meine Auswahl ist. Hier kann ich Ihnen wenig mehr anbieten als die Erfahrung, daß gelegentlich von mir befragte Kollegen aus der Chemie die von mir ausgewählten Äußerungen jedenfalls nicht für untypisch halten. Zu Lehrbüchern zu greifen, scheint mir schon dadurch gerechtfertigt, daß sie ja die Institution sind, die von ihrem Ziel her ausdrücklich der Meinungsbildung unter jungen Chemikern dient und sicher auch einen nicht zu unterschätzenden Multiplikatoreffekt hat.

Das Lehrbuch *Anorganische Chemie*, Band 1, von Max Schmidt (Mannheim 1967) beginnt seine Einleitung folgendermaßen:

„Chemie ist eine Naturwissenschaft. Sie beschäftigt sich mit dem Studium der entweder direkt durch die Sinne oder indirekt durch geeignete Instrumente zugänglichen stofflichen Umwelt des Menschen. Im Verlauf der interessanten historischen Entwicklung der Chemie ... ist es gelungen, die unbeschreibliche Mannigfaltigkeit der Erscheinungsformen der uns bekannten Materie zurückzuführen auf verhältnismäßig wenige, genau definierte Bausteine, die sogenannten chemischen Elemente. Wir kennen heute hundertvier Elemente", und später:

„Chemie ist somit die Wissenschaft, die sich mit den Kombinationsmöglichkeiten der bekannten einhundertvier Elemente beschäftigt."

Hier wird Chemie also einerseits als *Natur*wissenschaft und andererseits als eine Wissenschaft von der Kombination der bekannten hundertvier Elemente definiert. Aber sind die chemischen Elemente tatsächlich Naturgegenstände? Trifft, um mit der praktischen Seite der Laborchemie zu beginnen, ein Chemiestudent, der zum ersten Mal in ein Labor kommt, auf Natur in Flaschen? In Wahrheit sind die Reagenzien, an denen er Chemie zu lernen beginnt, hoch entwickelte technische Industrieprodukte, die nach Katalogen bestellt werden, in denen z.B. der Reinheitsgrad quantitativ angegeben wird. Nur weil die Wissenschaft Chemie einen langen historischen Forschungsprozeß hinter sich hat, sind „chemische Elemente" technisch verfügbar, und der Chemiestudent muß viel von Chemie gelernt und verstanden haben, wenn er weiß, was ein Element ist, oder etwas sorgfältiger ausgedrückt, wie der terminus technicus „Element" in der Chemie zu verwenden ist.

Ich bleibe bei Versuchen, die Chemie von ihrem Gegenstand her zu definieren, den Elementen also, von denen man dann gerne sagt, sie zeigten ein „naturgesetzliches Verhalten", was immer auch der Chemiker zu ihrer Darstellung zu tun oder zu wissen habe. Diese Naturgesetze, menschenunabhängig, seien im Lauf der Chemiegeschichte entdeckt worden.

Die verbreitete Matapher von der Entdeckung suggeriert, daß es dabei lediglich um die Entfernung einer Decke oder eines Deckels gehe, wie man verdeckendes Laub beiseite schiebt, um dadurch einen Steinpilz zu finden, der so, wie er gefunden wird, von Natur aus da ist. Und die Rede von „Naturgesetzen" ruft für den Chemiker keineswegs die Auffassung hervor, es handle sich dabei zunächst um Sätze, sprachliche Gegenstände also, deren Gesetzescharakter allein dadurch entsteht, daß der Mensch sie nach bestimmten, ebenfalls vom Menschen frei gewählten Kriterien, von nicht gesetzesartigen Sätzen unterscheidet. Der Chemiker wird wohl in erster Linie die Vorstellung haben, die von Natur aus vorhandenen Naturgesetze würden durch die Bemühungen der Chemie entdeckt. Die Wissenschaft Chemie, obwohl unbestritten von Menschen betrieben, wird gesehen als naturbestimmt, wofür Philosophen sagen, sie wird „*naturalistisch*" gesehen.

Um mich gegen den Vorwurf der Überinterpretation eines einzelnen Zitates zu sichern, ziehe ich noch ein zweites Beispiel heran, um dann auf die Chemiegeschichte überzugehen, in der es ja allemal ohne Zweifel um eine historische Praxis, also um ein Stück menschlicher Kultur geht, und dennoch naturalistisch argumentiert wird.

Das Lehrbuch *Inorganic Chemistry. Principles of Structure and Reactivity* von F. Huheey (2. Aufl. 1980) beantwortet die Frage „What is inorganic chemistry?"

mit: „Inorganic chemistry is any phase of chemistry of interest to an inorganic chemist."

Damit befindet sich der Autor auf der Höhe einer empiristischen Wissenschaftssoziologie, die, etwas polemisch formuliert, die Definition einer wissenschaftlichen Disziplin vom Türschild des entsprechenden Instituts abliest. Wer in einem Institut für anorganische Chemie arbeitet, ist ein anorganischer Chemiker, und was er tut, ist anorganische Chemie. Hier werden also nicht mehr nur Stoffe und ihre naturgesetzlichen Eigenschaften als naturgegeben genommen, sondern Institutionen, Praxen, Wissensbestände, Vorgeschichten, Zwecke und Werte usw. Dieses alles läßt sich dann nur noch beschreiben, im günstigen Falle erfahrungsgestützt.

Hier hat sich ein grober Positivismus durchgesetzt, der den Bereich des Behauptens und Beschreibens für wissenschaftsfähig, den des Sollens und Vorschreibens für nicht wissenschaftsfähig hält. Dies verdient hier nicht zuletzt deshalb Erwähnung, weil die Chemie als technisch folgenreiche Wissenschaft sich alsbald der Forderung nach technology assessment konfrontiert sehen wird, wo Klarheit gefordert ist, ob man es bei den Folgen der Chemie mit unabweisbaren Naturereignissen oder mit verantwortungspflichtigen Handlungsfolgen zu tun hat.

Das Risiko, die Chemie naturalistisch zu sehen und damit nicht mehr nach historischen Bedingungen, nach Forschungszielen, nach Mittel-Zweck-Zusammenhängen und weiteren Rechtfertigungsproblemen des chemischen Forscher- und Produzentenhandelns zu fragen, erfaßt auch die Chemiegeschichtsschreibung. Für den dort anzutreffenden Naturalismus greife ich beliebig zwei Beispiele heraus: In *Geschichte der Chemie* von I. Strube, R. Stolz und H. Remane (1984) heißt es über „Ziele und Aufgaben der Geschichte der Naturwissenschaften, insbesondere der Geschichte der Chemie":

„Der Grund für das gesteigerte gesellschaftliche Interesse an der Geschichte der Wissenschaft und ihrer Disziplinen ist vor allem darin zu suchen, daß man sich seit einigen Jahrzehnten darum bemüht, ‚Wissenschaft' als gesamtgesellschaftliche Erscheinung zu erfassen und die Gesetzmäßigkeiten ihrer Entwicklung sowie die ihrer Einzeldisziplinen zu erforschen und aufzudecken. Vordergründige Aufgabe ist es dabei, den Stellenwert zu bestimmen, den die Wissenschaft und speziell die Naturwissenschaften in der Entwicklung der menschlichen Gesellschaft eingenommen haben und künftig einnehmen werden. Letztliches Ziel dieser Untersuchungen ist es, aus der *Kenntnis der Gesetzmäßigkeiten der bisherigen Entwicklung* der Naturwissenschaften deren *zukünftige Entwicklungstendenzen vorauszusagen* und ihre Entwicklungswege so beeinflussen zu können, daß neue Forschungsergebnisse und deren technologische Umsetzungen den gesellschaftlich höchsten Nutzen gewährleisten." (Hervorhebungen von mir)

Man sieht, noch nicht einmal die Berücksichtigung gesellschaftlicher Relevanz und ein Abschied von der Zweckfreiheit der Naturwissenschaft schützt davor, Chemiegeschichte als menschliche Praxis in derselben Weise erkennen zu wollen, wie der Physiker den Lauf der Planeten oder die Wurfparabel.

Diese naturalistische Chemiegeschichtsschreibung hat selbst bereits eine Tradition und darf als unter Chemikern etabliert gelten. So liest man in Albert Ladenburgs angesehenem Buch *Vorträge über die Entwicklungsgeschichte der Chemie von Lavoisier bis zur Gegenwart* (1. Aufl. 1869, 2. Aufl. 1907) in der ersten Vorlesung:

„...immerhin gehört die Geschichte menschlichen Handelns und Wissens zu den interessantesten Forschungen. Wenn wir uns zu den Anhängern der Darwinschen Theorie zählen und derselben eine berechtigte Ausdehnung geben, so gewinnt der Rückblick auf vergangene Jahrhunderte an Bedeutung. Wir müssen dann in der Entwickelung einen stetigen Fortschritt erkennen, die Geschichte ist nicht mehr die Nebeneinanderreihung einzelner Tatsachen, wie sie zufällig chronologisch aufeinanderfolgen, sondern sie enthält die Schule des menschlichen Geistes und seiner Civilisation." Danach ist Chemiegeschichte also naturgesetzliche Evolution.

Beiden zitierten Texten ist gemeinsam, daß sie nicht eine schlichte Chronologie genialer Chemikerleistungen schreiben wollen, sondern gerade auf gesellschaftlichen Nutzen, auf menschliche Bedürfnisse und verantwortliches Handeln, ja auf die Entfaltung der menschlichen Kultur hinaus wollen, also Chemie *als Kulturleistung* sehen wollen und doch nur Natur oder Naturgesetzliches finden.

Hier treten sich offensichtlich zwei prinzipiell verschiedene Betrachtungsweisen der Chemie gegenüber, eine naturalistische und eine kulturalistische, die näher zu erläutern sind.

2. Naturalismus versus Kulturalismus

Mit den Wörtern „naturalistisch" und „kulturalistisch" werden zwei grundsätzlich verschiedene Betrachtungsweisen der Gesamtwirklichkeit, also der natürlichen wie der kultürlichen, bezeichnet. Der „Naturalist" interpretiert *Kultur als Teilbereich der Natur*, und begründet sein Programm etwa damit, daß der Mensch als Kulturträger und die zivilisatorisch veränderte Welt immer auch Natur und in diesem Sinne Naturgesetzen unterworfen seien; der „Kulturalist" stellt dagegen das menschliche Handeln ins Zentrum seiner Beschreibung der Gesamtwirklichkeit und betrachtet dabei *Natur als Gegenstand menschlicher*

Praxis, von Ackerbau und Viehzucht bis zum Gegenstandsbereich moderner Naturwissenschaften. Nicht zufällig ist, daß diese Alternative aufs engste verknüpft ist mit der Einteilung von Fachwissenschaften in *Natur- und Kulturwissenschaften*. (Die Bezeichnung „Kulturwissenschaften" ist der verbreiteteren „Geisteswissenschaft" vorzuziehen, weil sie irreführende Anklänge an das fortwährende Körper-Geist-Problem mit der selbst problematischen Annahme vermeidet, die Naturwissenschaften seien für das Körperliche, die Geisteswissenschaften für das Geistige zuständig.) In einer groben, aber nicht falschen Vereinfachung läßt sich behaupten, daß Naturwissenschaftler die Welt praktisch immer naturalistisch, Kulturwissenschaftler die Welt meistens kulturalistisch verstehen und sich gern darin einig sind, daß der Kulturwissenschaftler wenig oder nichts von Natur und Naturwissenschaft, der Naturwissenschaftler wenig oder nichts von Kultur und Kulturwissenschaften versteht. Dafür hat sich inzwischen die soziologisierende Rede von den „zwei Kulturen" durchgesetzt, die paradoxerweise selbst eine bloß naturalistische ist.

Unter einem „naturalistischen" Verständnis der Naturerkenntnis, für die stillschweigend nur noch die Naturwissenschaften als diskussionswürdige Beispiele gelten, wird also der Versuch verstanden, Verfahren (und der Hoffnung nach auch Erfolge) der Naturwissenschaften auf diese selbst, also auf die Erforschung der Naturforschung zu übertragen. Der *Gegenstand der Naturforschung* wird damit nicht mehr *von dieser selbst* unterschieden. Die Formen, in denen dieser Naturalismus auftritt, sind vielfältig und decken ein breites Spektrum von naiven und plumpen bis zu höchst raffinierten und feinsinnigen Versuchen ab, Natur und menschliche Naturerkenntnis nach dem selben Muster zu beschreiben. Es erübrigt sich, weitere Beispiele dafür zu geben, weil das naturalistische Naturwissenschaftsverständnis derart vorherrschend ist, daß es praktisch überall auftaucht, ob nun in der Geschichtsschreibung der Naturwissenschaften oder in der Wissenschaftstheorie, in der Biologie der Erkenntnis oder in der Informationstheorie, in der Gehirn- oder Künstliche-Intelligenz-Forschung, in der Psychologie oder selbst in Spielarten positivistisch betriebener Kulturwissenschaften – und praktisch überall assistiert von einer philosophischen Begleitung, die sich auf eine Pauschalzustimmung zu naturwissenschaftlichen Resultaten stützt und auf ein Beschreiben und Analysieren der Wissenschaften beschränkt.

Selbst die öffentliche Meinung, nach der Naturwissenschaften und eine durch sie getragene Technik als Schicksal zu nehmen seien, das in kaum beherrschbarer Weise mit einer Mischung von Fortschritt und Verlust der Menschheit zustoße, ist in erster Linie naturalistisch geprägt. Das ist wenig überraschend. Popularisierung und Aufbereitung moderner wissenschaftlicher Naturerkenntnis für den interessierten Laien erfolgt üblicherweise durch Naturwissenschaftler und ist ebenso naturalistisch wie die Beschreibung von Naturforschung durch solche Strömungen, die aus ökologischen, sozialpolitischen oder moralischen Gründen nach Alternativen zu unserer oder in unserer naturwissenschaftlich-technischen Zivilisation suchen.

3. Naturwissenschaften kulturalistisch verstehen

„Kultur" leitet sich seiner Begriffsgeschichte nach ab vom lateinischen Wort für Ackerbau und führt damit von Anfang an die Bedeutung eines *menschlichen Eingriffs in die Natur* mit sich. Ackerbau, allgemeiner, verändernde Bestellung einer natürlichen Landschaft oder belebten Natur (einschließlich der Tierwelt) nach menschlichen Zwecken, geleitet vom Ziel verbesserter landwirtschaftlicher Erträge oder erhöhten Nutzens für den Menschen, enthält begrifflich die Trennung zwischen einer *Natur als dem vom Menschen nicht Gemachten* von den Veränderungen und Erzeugnissen durch menschlichen Eingriff in die Natur.

Wo aber „Natur" so definiert wird, daß sie das vom Menschen nicht Gemachte ist, ist der entscheidende Unterschied zwischen Natur und Naturwissenschaft bereits fixiert: im Unterschied zur Natur ist die Natur*wissenschaft* ein *Kultur*produkt. Sie ist gemeinschaftlich von Menschen unter historisch wechselnden Umständen hervorgebracht. Ein erster Schritt auf dem Weg zu einem kulturalistischen Verständnis der Naturerkenntnis besteht also darin, diesem – ja von niemandem bestrittenen – Sachverhalt gerecht zu werden und wissenschaftliche Bemühungen um Naturerkenntnis unter dem Aspekt *zweckgerichteter menschlicher Handlungen* zu sehen. Die Frage nach den Zwecken und den Mitteln, nach Herkunft und Rechtfertigung von Zwecken, nach den naturforschenden Akteuren und ihren historischen Handlungsumständen, nach ihren spezifischen Handlungsweisen (griechisch: Methoden) und nach Handlungsfolgen treten damit in Konkurrenz zu den Aspekten, die im Rahmen eines naturalistischen Verständnisses von Naturerkenntnis seit langem diskutiert werden.

Von den vielen Aspekten, die in kulturalistischer Betrachtung zum Tragen kommen, möchte ich nur einen, allerdings sehr wichtigen, hervorheben, nämlich den der Sprache, ohne die auch eine experimentelle Naturwissenschaft nicht auskommt. Statt aber auf diffizile wissenschaftstheoretische Probleme zur chemischen Fachsprache einzugehen, greife ich die Fachbezeichnung „Chemie" selbst als ein Sprachproblem heraus, um daran ein erläuterndes Beispiel zu geben.

Während wir bei anderen Fachwissenschaften schon sprachlich den Gegenstandsbereich anders bezeichnen als die Wissenschaft darüber – wir unterscheiden z.B. zwischen psychisch und psychologisch, physisch und physikalisch, archaisch und archäologisch, ja neuerdings sogar zwischen technisch und technologisch – haben wir keine vergleichbare Unterscheidungsmöglichkeit für „chemisch". Heißt nun der Gegenstandsbereich der Chemie „chemisch", so daß z.B. Vorgänge der Photosynthese lange vor Entstehung des Menschen „chemisch" heißen, oder bezeichnet „chemisch" eine Wissenschaft als Komplex menschlicher Handlungen und ihrer Ergebnisse, so daß es konsequenterweise nichts Chemisches gäbe, das älter als ein paar hundert Jahre wäre?

Beim Fehlen einer so wichtigen Unterscheidungsmöglichkeit liegt es nahe, nach historischen Gründen zu fragen – und man erlebt die nächste Überraschung, etwa im Vergleich zur Nachbardisziplin Physik. Chemie dürfte wohl die einzige Wissenschaft sein, bei der die Etymologie ihrer Fachbezeichnung unbekannt ist. Es gibt auch keine Begriffsgeschichte für das Wort Chemie, die Hinweise auf die Geschichte der Chemieverständnisse gäbe – wie dies etwa bei den veränderten Verwendungsweisen und damit Verständnissen des Wortes „Physik" in der Antike, in der Klassischen Physik des 17. Jahrhunderts und in der Modernen Physik des 20. Jahrhunderts der Fall ist. Die Chemie hat, so zeigt schon die sprachtheoretische Untersuchung ihrer Fachbezeichnung, gegenüber vergleichbaren Naturwissenschaften eine Sonderrolle; wie ist es dazu gekommen?

4. Zur Kulturgeschichte der Chemie

Bekanntlich beginnt Kulturgeschichte nicht mit Wissenschaft oder Philosophie, sondern mit Zivilisation. Betrachtet man deren erste Anfänge mit dem Ziel, sie auf die Gegenstandsbereiche oder Zuständigkeiten der heutigen Naturwissenschaften Physik, Chemie und Biologie zu verteilen, so zeigen sich die Bereiche, die heute in der Chemie verwissenschaftlicht sind, als eminent wichtig, jedenfalls nicht als weniger wichtig denn die von Physik und Biologie: Gewinnung und Verarbeitung von Nahrungsmitteln, die Handlungen des Gerbens und Färbens, Gewinnung und Verarbeitung von Werkstoffen, Heilkunst u. a. m. sind von Anfang an von zentraler Wichtigkeit. Dies bleibt so auch durch die gesamte Kulturgeschichte bis zum heutigen Tag.

Physik und Biologie aber gewinnen in der Geistesgeschichte eine Rolle, die der Chemie verwehrt bleibt. Insbesondere im Hinblick auf die wichtigsten Phasen der Verwissenschaftlichung der Physik fällt die Chemie zurück, was ihr auch heute noch einträgt, daß sie ein Stiefkind der Philosophen und Wissenschaftstheoretiker geblieben ist. Dies möchte ich an drei Phasen erläutern, in denen die Physik erst ihre *Theoriefähigkeit* (nämlich in der griechischen Antike), dann ihre

Empiriefähigkeit (nämlich mit Beginn der Klassischen Physik im 17. Jh.) und schließlich ihre *Philosophiefähigkeit* (etwa Mitte des 19. Jh.s) gewonnen hat.

Unter „Theoriefähigkeit" verstehe ich, daß ein Wissenschaftsbereich „more geometrico", d.h. nach dem Vorbild der geometrischen Theorie in den „Elementen" von Euklid gefaßt wird. Zwar gibt es in der Antike keine Physik, wie wir sie mit dem Beginn der (wissenschaftlichen) Neuzeit seit dem 17. Jh. verstehen, wohl aber (z.B. von Eudoxos und von Euklid) eine Astronomie, von Euklid eine Optik (eine Untersuchung von Reflexionsgesetzen) und bald auch eine archimedische Statik.

Als Minimalkennzeichen für *Theorie* sind dabei zu nennen: ein eigenes, einschlägiges Vokabular, vorgestellt in Definitionen; einige bereichsspezifische Grundsätze, ob sie nun Postulate oder Axiome heißen; und die Auffassung, daß ein Wissensbereich durch logisches Argumentieren aus den Definitionen und Grundsätzen aufgespannt wird. In diesem Sinne ist Physik, wenigstens in einigen ihrer Teildisziplinen, schon in der Antike theoriefähig.

Zwar entspinnt sich auf dem Feld der Geometrie aus Anlaß der Entdeckung der Inkommensurabilität von Seite und Diagonale im Pentagramm oder im Quadrat eine Debatte um die Bedingungen von Vergleichbarkeit – mit dem Resultat, nur Gleichartiges dürfe verglichen werden – und diese Debatte erstreckt sich auch auf Qualitäten, für die heute die Chemiker zuständig sind, wie z.B. süß und sauer, das man nicht mit warm und kalt, sondern allenfalls mit bitter oder salzig vergleichen dürfe, aber es entwickelt sich daraus kein Ansatz zu einer Theorie.

Dies hat u. a. den historischen Grund, daß sich sogleich die großen Philosophen Platon und Aristoteles erkenntnistheoretisch (in heutiger Diktion) der Gebiete Mathematik und Physik bemächtigt und dabei etwas übersehen oder absichtlich übergangen haben, das wir heute das *operationale Fundament* dieser Wissenschaften nennen würden. So verweist z.B. schon die geometrische Terminologie bei Euklid darauf, daß sich die Grundbegriffe der ebenen Geometrie auf eine Zeichenpraxis, die Grundbegriffe der Stereometrie aber auf die Steinmetzkunst beziehen. Wäre dieser Bezug auf die handwerkliche oder Herstellungsebene der Gegenstände von Geometrie nicht philosophisch ignoriert worden, hätte aus heutiger Sicht auch die (damals durchaus hochstehende) handwerkliche Praxis z.B. der Metallgewinnung und -veredlung oder andere Stoffumwandlungen Beachtung als Grundlage einer Wissenschaft finden können – will sagen, die damalige Lebenswelt gibt keinen Grund her, daß Chemie nicht theoriefähig wurde.

Dieses antike Erbe ist die Chemie auch im 17. Jh. nicht losgeworden, als Galilei, gegen den Aristotelismus gewandt, die *experimentelle Methode* praktisch in die Naturwissenschaften eingeführt hat. Man braucht nur die Physik in der zweiten Hälfte des 17. Jh.s und die damals gemachten Experimente anzusehen, um zu erkennen, daß schon eine Reihe von Parametern meßbar gemacht waren – vom Volumen über das Gewicht zum Luftdruck und zur Temperatur – die eine messende und experimentierende Chemie erlaubt hätten – wäre eben nicht durch die akademische Tradition der antiken Philosophie die Beherrschung von Stoffeigenschaften aus dem Bereich der Wissenschaftsfähigkeit ausgeschlossen worden. So hat eine Wissenschaft, die wir heute für eine experimentelle par excellence halten, trotz Vorliegens aller methodischer Möglichkeiten, die Empiriefähigkeit im Sinne experimenteller Fundierung verpaßt.

Als sich schließlich die Chemie mit einer Zeitverzögerung von ein- bis zweihundert Jahren anschickt, mit den Theorien von Dalton, Avogadro, Gay Lussac und schließlich der Oxydationstheorie von Lavoisier selbst eine Experimentalwissenschaft nach allen Regeln der Kunst zu werden, ist ihr die Physik wieder einen wesentlichen Schritt in der Ausbildung des heutigen Naturwissenschaftsverständnisses voraus: die Physik gerät in mehrere Grundlagenkrisen und nötigt ihren Vertretern eine Metadiskussion auf, in der Methoden, logische und mathematische Formen ihrer Theorien und anderes mehr diskutiert werden. Die Physik tritt damit in Konkurrenz zu philosophischen Erkenntnis- und Wissenschaftstheorien.

Es sind die bekannten Probleme der Physik des 19. Jhs., etwa, daß sich die Maxwell-Hertzsche Elektrodynamik nicht in die galileiinvariante Mechanik einpassen ließ, die Konkurrenz der neu entdeckten nichteuklidischen Geometrien die Frage nach der „wahren" oder physikalisch brauchbarsten Geometrie aufwarf und andere, kurz, es sind die Probleme, die der Vorgeschichte von relativistischer und Quantenphysik zuzurechnen sind. Sie haben der Physik ihre Naivität bezüglich Grundbegriffen von Raum, Zeit, Kausalität, aber auch bezüglich ihrer Methoden genommen. Heute gehört die Reflexion auf Methoden z.B. im quantenphysikalischen Meßprozeß, oder auf die Bestimmungen physikalischer Grundbegriffe zu den von Physikern im Bereich ihrer „Naturwissenschaft" mitbetriebenen Aufgaben. (Aus Zeitgründen kann ich Analoges für die Biologie nicht ausführen, aber schon die Nennung der sogenannten „evolutionären Erkenntnistheorie" signalisiert, daß die Biologen einen erkenntnistheoretischen Anspruch gleich dem der relativistischen Physik entwickelt haben, über die Erkennbarkeit von Natur naturwissenschaftliche Aussagen machen zu können, und so in Konkurrenz zur Philosophie getreten sind.)

Auch die Chemie hatte Umbrüche im Grundsätzlichen zu bewältigen, etwa die Auflösung der strengen Grenze zwischen organischer und anorganischer Chemie durch die Entdeckung der Harnstoffsynthese, aber sie hat sich nicht von ihrer technisch-praktischen Ausrichtung weg und zur Philosophie hin bewegt. Es gibt heute so gut wie keine „Philosophie der Chemie", oder auch nur eine wissenschaftstheoretische Aufarbeitung ihrer metatheoretischen Fragen – sei es nun durch Chemiker oder durch Philosophen. Eine philosophische Diskussion von Chemieverständnissen, wie ich sie mit meinem Vorschlag eines kulturalistischen Verständnisses vorzuführen versucht habe, bewegt sich in Neuland und kann allenfalls programmatisch eine Befassung der Wissenschaftstheoretiker mit Problemen der Chemie anregen. Daß es dabei nicht lediglich um das Ausfüllen weißer Flecken auf einer philosophischen Landkarte geht, sondern auch um praktische Konsequenzen, möchte ich zum Schluß am Beispiel von Chemie und Ökologie demonstrieren.

5. Chemie und Ökologie

Wissenschafts- und folglich Chemieverständnisse spielen in der Debatte um Segen oder Fluch der Wissenschaften eine zentrale Rolle – so hatte ich eingangs die Naturalismus-Kulturalismus-Kontroverse für wichtig erklärt. Ich möchte deshalb am Beispiel der Ökologie zeigen, wie sich ein kulturalistisch geschärfter Blick auf die Chemie auswirkt.

Unbestreitbare Umweltbelastungen durch unsere technische Zivilisation haben nicht nur zu Protest und Diskurs, sondern auch zu Programmen und Rezepten geführt, unter denen das Plädoyer für eine Minimierung menschlicher Eingriffe in die Natur herausragt und Unterstützung von sehr verschiedenen Grundlagen her erfährt.

– Es sind zum einen schwärmerische, wenn auch in ihren Motivationen nicht zu beargwöhnende Plädoyers für ein einfaches oder einfacheres, z.B. weniger energieaufwendiges Leben (bis hin zu Empfehlungen eines neuen „zurück zur Natur!").

– Es sind zum zweiten Plädoyers aus weltanschaulichen, nicht zuletzt christlich religiösen Positionen heraus, die Natur als Gottes Schöpfung zu betrachten und ihr ein Eigenrecht auf Unverletztheit einzuräumen – bis hin zu Vorschlägen, die Natur zu einem eigenen Rechtssubjekt zu erklären, dessen Rechte stellvertretend von Verbänden wahrzunehmen seien.

– Es sind schließlich drittens aus den Naturwissenschaften kommende, vor allem von einigen Evolutionsbiologen oder Naturhistorikern entwickelte Überlegungen, die Naturgeschichte gleichsam sub specie aeternitatis zu betrachten und darin der menschlichen Natur- und Kulturgeschichte nur ein Durchgangsstadium zuzubilligen. In ein paar Milliarden Jahren sei ohnehin alles vorbei. Der naturwissenschaftliche Kosmologe oder Kosmogon hat dabei den archimedischen

Punkt außerhalb der Welt gegenüber der Natur eingenommen. Die Auffassung einer Natur, die so recht natürlich nur ohne den Menschen, nur als naturbelassene oder unberührte sei, übersieht freilich, daß der Mensch schon natürlich durch sein schlichtes, naturhistorisches Auftreten und Vorhandensein, durch seinen Stoffwechsel, ein Störer der fiktiven Restnatur ist.

Auch noch der Naturgeschichte (im Sinne eines natürlichen, d.h. nicht kultürlichen Geschehens) ist zuzurechnen, daß der Mensch ein Mängelwesen ist, das nur mit Hilfe von Technik und Kultur überleben kann, von Kleidung und Behausung über Nahrung und Werkzeuggebrauch bis zur modernen, auf Naturwissenschaften gestützten industriellen Erhöhung der Tragekapazität der Erde für die überbordende Menschheit. Technik ist ein Urhumanum, nicht ein disponibler Luxus, der zu einem technikfrei existierenden Menschengeschlecht hinzukommen kann oder auch nicht. Der Mensch hat nicht die Wahl, ob er ein Kulturwesen sein möchte oder nicht, *er ist es von Natur aus*.

Die Wahl, die er hat (abgesehen von der wohl dringendsten, seine eigene Vermehrung zu begrenzen) ist die, ob er als in die Natur Eingreifender dies möglichst wissend oder ohne verläßliches Wissen tut. Was immer man über defizitäre Selbstverständnisse der Naturwissenschaften sagen mag, sicher ist, daß ein solches Wissen allemal die von den Naturwissenschaften erreichte Verläßlichkeit haben muß, denn wir haben kein verläßlicheres.

Naturwissenschaftliches Kausalwissen, im Labor gewonnen und auf die Verhältnisse in der Umwelt im Großen übertragen, ist *Kausalwissen*, das seine Geltung der *Intervention in Natürliches* verdankt. Das heißt, nur wo wir technisches Interventionswissen über Natur haben, haben wir verläßliches Kausalwissen – das darf als wissenschaftstheoretisch unbestritten gelten.

Wo also dafür argumentiert wird, der Mensch solle möglichst verantwortungsvoll und damit möglichst auf der Grundlage verläßlichen Wissens handeln, ändert sich mit dem *Verständnis der Naturwissenschaft* auch das *Verständnis der Natur* durch die Wissenschaft: Natur ist nicht die vom Standpunkt des lieben Gottes aus gesehene Schöpfung, sondern immer als wissenschaftlich erkannte Natur eine Natur für den Menschen. Pointiert gesagt, *erkannte Natur*, gegenüber der verantwortungsvoll gehandelt werden soll, ist immer zivilisatorisch *veränderte Natur*. Das Plädoyer für belassene oder unberührte Natur, für Natur als Reservat, mag für spezielle Zwecke und lokal seinen Sinn haben, als grundsätzliche Auffassung zur Verbesserung unserer Zivilisation ist sie verfehlt. Nicht ein Eigenrecht der Natur, sondern die Zuträglichkeit von Eingriffen in die Natur für den Menschen sind – aus kulturalistischer Sicht der Naturwissenschaften – zu beachten.

Ersichtlich folgt daraus nicht, daß die Chemie, gar im großtechnischen Umfang, nun alles machen soll oder darf, was sie technisch kann. Aber aus einem kulturalistischen Verständnis der Chemie folgt, daß sie Teil unverzichtbarer Lebensermöglichung für Menschen auch auf dem Gebiet der Veränderung, ja Beseitigung ursprünglich natürlicher Verhältnisse ist, und daß sie als solcher legitim, aber auch legitimationspflichtig in ihren Folgen gegenüber den Menschen in lebenden und nachfolgenden Generationen ist.

Chemie kulturalistisch zu sehen, wertet sie also einerseits auf zum unverzichtbaren Teilgebiet menschlicher Kultur, bürdet ihr aber andererseits eine Legitimationspflicht für Handlungsfolgen auf. Aber da ein Abwägen solcher Folgen ohnehin nicht ausbleiben kann, mag es schon ein kleiner Fortschritt in praktischer Hinsicht sein, dieses Abwägen nicht mit naturalistischen Mißverständnissen zu belasten.

Die „chemische Grundlage" der Kulturwissenschaften

Weyma Lübbe

Der Titel dieser Bemerkungen zum Dialog zwischen Chemie und Kulturwissenschaften liest sich, als gäbe es für die Forderung nach Intensivierung des Dialogs eine eindeutige Basis „in den Sachen selbst" – wenn da nicht die Anführungszeichen wären. Die Distanz, die in den Anführungszeichen zum Ausdruck kommt, ist denn auch tatsächlich eine Distanz gegen die Überschätzung der Relevanz der Chemie für die Zwecke und Aufgaben der Kulturwissenschaften. Die Relevanz der Chemie für die Kulturwissenschaften wurde in dem hier dokumentierten Forum gelegentlich sehr prinzipiell begründet – nämlich mit dem Argument, kulturelle Vorgänge seien eben immer auch chemische Vorgänge, und daher könne man sie unmöglich ganz verstehen, ohne etwas von Chemie zu verstehen. Dieses Argument tauchte in den formellen und informellen Diskussionen während des Forums häufiger auf, und man berief sich dabei unter anderem auf den Vortrag von Hubert Markl. Der Passus in Markls Vortrag, der das nahelegte, lautet, „daß wir nichts, was uns in der sinnlich erfahrbaren Welt entgegentritt, wirklich verstehen, wenn wir nicht *auch* das stoffliche Substrat ihrer Erscheinungen begreifen ... Mit anderen Worten: Ohne Chemie gibt es keine vollständige Erkenntnis der Wirklichkeit, in der wir existieren" (Markl 1992: 139).

    Wenn das auch für die kulturelle Wirklichkeit, in der wir existieren, zutreffen soll – wie ist es dann zu verstehen, daß in den allermeisten Fällen die Kulturwissenschaftler sich um die chemische Seite der von ihnen studierten Vorgänge ganz und gar nicht zu kümmern pflegen? Entweder ist das zu bedauern und man muß schleunigst Abhilfe schaffen – oder es stimmt etwas mit dem Argument nicht. Ich plädiere für die zweite Alternative und will das im *ersten* Teil dieser Bemerkungen etwas erläutern und mit Anschauung füllen, indem ich als Exempel eine Kontroverse zwischen einem sehr berühmten Chemiker und einem sehr berühmten Kulturwissenschaftler heranziehe. Diese Kontroverse ist schon länger her – 1909 war das, und die Beteiligten waren Wilhelm Ostwald und Max Weber. Warum ich so weit zurückgreife, das erläutere ich später.

Der *zweite* Teil geht der Frage nach, was sich aus dem ersten Teil für das Projekt „Chemie und Geisteswissenschaften" ergibt. Denn falls die These stimmt, daß die Erkenntnisse der Chemiker im allgemeinen für die Arbeit der Kulturwissenschaftler irrelevant sind, ist das Ergebnis für den Dialog „Chemie und Geisteswissenschaften" zunächst ein negatives. Die Disziplinengrenze zwischen Chemie und Kulturwissenschaften stellt sich dann als eine unproblematische und unter Arbeitsteilungsgesichtspunkten zweckmäßige Disziplinengrenze dar. Das bedeutet, daß ein Dialog hier gar nicht dringlich, ja im Normalfall nicht einmal zweckmäßig ist. *Positiv* ergibt sich daraus für das Verhältnis von Chemie und Geisteswissenschaften folgendes: Es ergibt sich der Zwang, die offenbar hier und da empfundene Notwendigkeit des Dialogs viel konkreter zu bestimmen und viel spezieller zu begründen. Die gelegentliche Relevanz über die im allgemeinen sinnvolle Disziplinengrenze hinweg ist nämlich, wie ich meine, in fast jedem Einzelfall nach Art, Ausmaß und Gründen verschieden gelagert – so verschieden, daß es vermutlich keinen Sinn hat, daraus ein Gesamtproblem „Chemie und Geisteswissenschaften" zu bilden.

I.

Kulturelle Vorgänge, so meint man, sind immer auch chemische Vorgänge – oder „involvieren" chemische Vorgänge oder haben eine chemische Grundlage, ein chemisches „Substrat". Man sieht, eine ganz genaue Formulierung für das Gemeinte drängt sich zunächst nicht auf. Man denkt an die Mode, an das Kochen, an die bildende Kunst, und es scheint klar, was gemeint ist. Das Färben von Stoffen, das Konservieren von Lebensmitteln, das Gießen einer Bronzefigur – das sind in der Tat zugleich kulturelle und chemische Vorgänge. Nun gibt es aber auch Beispiele für kulturelle Vorgänge, bei denen keineswegs klar ist, was gemeint sein könnte. Um gleich mit den komplizierten Fällen anzufangen: Ist auch der kulturelle Vorgang, den die Religionstheoretiker „Säkularisierung" nennen, zugleich ein chemischer Vorgang? Welches chemische Substrat hat der Vorgang, den die Ökonomen „Inflation" nennen? Worin besteht, chemisch gesehen, die „Krise des Gewaltenteilungsprinzips" oder die „Verwirklichung der Chancengleichheit im Bildungswesen"?

Offenbar gibt es eine ganze Reihe kultureller Vorgänge, bei denen man zunächst nicht einmal weiß, in welche Richtung man denken soll, wenn es um ihre „chemische Seite" oder „chemische Grundlage" geht. Hätte man beim Vorgang der Säkularisierung etwa an die chemische Seite religiöser Handlungen zu

Die „chemische Grundlage" der Kulturwissenschaften   177

denken? Sicherlich, in Weihrauch, Hostien und dergleichen haben bestimmte religiöse Handlungen, als Handlungen mit chemischen Stoffen, eine chemische Grundlage. Aber was hätte als die „chemische Seite" des kulturellen Schwindens solcher Handlungen zu gelten? Der sinkende Verbrauch jener Stoffe wohl kaum. Denn das ist, wie jedes Sinken oder Steigen der Nachfrage nach Gütern, in keinem vernünftigen Sinne des Wortes ein chemischer Vorgang. Etwas plausibler scheint es schon, auf der Suche nach der „chemischen Seite" des Säkularisierungsprozesses in eine ganz andere Richtung zu denken, nämlich an den Einfluß der neuzeitlichen Wissenschaften, darunter der Chemie, auf das Zerbrechen des religiösen Weltbilds. Aber der Einfluß der Chemie auf den Säkularisierungsprozeß ist ebenfalls kein chemischer Vorgang – genausowenig wie der einschlägige Einfluß der Astronomie ein astronomischer Vorgang ist. Sondern beides sind wiederum kulturelle Vorgänge.

Also nochmals – was ist gemeint, wenn behauptet wird, kulturelle Vorgänge seien immer auch chemische Vorgänge, und allein schon aus diesem Grunde sei die Chemie kulturwissenschaftlich relevant? Vielleicht hat man nur gerade an Beispiele wie „Säkularisierung", „Inflation" und dergleichen nicht gedacht und schränkt die These entsprechend den Beispielen vom Kleiderfärben und Lebensmittelkonservieren auf kulturelle Vorgänge ein, die diesen Beispielen analog sind. Ich komme später auf die Frage zurück, wie es mit der kulturwissenschaftlichen Relevanz der chemischen Seite solcher Vorgänge steht, die tatsächlich zugleich chemische Vorgänge sind. Aber zunächst vermute ich, daß hinter der These, kulturelle Vorgänge seien immer auch chemische Vorgänge, mehr steckt als der zu weit verallgemeinerte Gedanke an solche Beispiele. Ich vermute, daß zumindest auch eine Überlegung der folgenden, in der Tat sehr grundsätzlichen Art eine Rolle spielt: Wann immer überhaupt etwas passiert, so die Überlegung, passiert jedenfalls auch physikalisch und allermeistens auch chemisch etwas: Bewegungen, Energieumwandlungen, Änderungen von Aggregatszuständen usw. Denn wenn ein Vorgang überhaupt ein wirklicher, ein realer Vorgang ist, dann muß er an oder mit etwas Wirklichem vor sich gehen, und das Wirkliche ist hienieden nun einmal chemisch oder doch mindestens physikalisch strukturiert: die Wirklichkeit hat physikalische und chemische Gestalt. Deshalb, so die Annahme, *müssen* auch kulturelle Vorgänge, als reale Vorgänge, eine physikalische und gegebenenfalls eine chemische Seite haben.

Auf Überlegungen dieser Art stützt sich eine wissenschaftssystematische Vorstellung, die zumindest im 19. Jahrhundert sehr verbreitet war. Das ist die Vorstellung von einer Hierarchie oder Stufenordnung der Wissenschaften:

Zuunterst, als breitestes Fundament, ruht die Physik, denn alles hat physikalische Gestalt (d.h. Masse, Ausdehnung usw.) und über alles herrschen daher die Gesetze der Physik; darauf erhebt sich, etwas schmaler, die Chemie, und über ihr die Biologie, wiederum etwas schmaler, weil alles Leben chemisch ist, aber nicht alles Chemische lebt. Und zuoberst folgen die Kulturwissenschaften als Wissenschaften von den „höheren", nämlich den geistigen Betätigungen jenes speziellen Gegenstands der Biologie, den man „animal rationale" nennt – also des Menschen, des Gegenstandes der Anthropologie. In diesem Bild erhält die Vorstellung von einer chemischen „Basis" der Kulturwissenschaften scheinbar eine eindeutige, in Wirklichkeit jedoch lediglich eine metaphorisch anschauliche Form. Denn was die Pyramidenmetapher logisch und methodologisch bedeutet, welches ihre wissenschaftstheoretischen Konsequenzen sind, das ergibt sich aus dem Bild nicht. Es handelt sich zunächst lediglich um die Veranschaulichung einer vagen Intuition. In Fällen mangelnder Vertrautheit mit den Themen und Gesichtspunkten der Kulturwissenschaften hat sie, wie wir gleich am Beispiel Ostwalds sehen werden, ihre Anhänger gelegentlich zu absurden Konsequenzen verleitet.

Probieren wir zunächst zwei naheliegende Deutungen aus. Bedeutet die Pyramidenmetapher, daß die theoretischen Grundbegriffe der jeweils unteren Disziplinen zugleich Grundbegriffe der jeweils darüberliegenden sind? Wäre also, zum Beispiel, der Begriff des „Massenpunkts" ein Grundbegriff der Anthropologie, weil auch Menschen etwas wiegen? Oder wäre der Begriff des „Schmelzpunkts" ein Grundbegriff der Archäologie, weil auch die Erzeugnisse der Bronzezeit geschmolzen werden können? Offenbar ist das nicht so. Aber die Beispiele legen eine weitere Deutung der Metapher nahe: Vielleicht ist ihre wissenschaftstheoretische Konsequenz die, daß die Gesetze, die für die Gegenstände oder Objekte der jeweils unteren Disziplinen gelten, auch auf die Gegenstände der jeweils höheren Disziplinen Anwendung finden? Aber auch diese Interpretation läßt sich rasch ad absurdum führen: Niemand wird, zum Beispiel, behaupten wollen, daß das Gesetz der multiplen Proportionen auch für jene Verbindung gelte, die unter der Bezeichnung „Ehe" das Interesse der Sozialwissenschaftler findet, oder daß auch der Stoff, den Literaturwissenschaftler zum Gegenstand ihres Interesses machen, wenn sie Fontanes *Effi Briest* analysieren – daß auch dieser Stoff einen Schmelz- und einen Siedepunkt aufweise. Die Gesetze der Chemie gelten eben doch nur für chemische Verbindungen und chemische Stoffe, während für soziale Verbindungen und literarische Stoffe die Regeln der Soziologie und der Literaturwissenschaft gelten.

Sicherlich – so hat die These von der chemischen Grundlage der Kulturwissenschaften in diesem Forum niemand gemeint. Aber die Frage bleibt eben: Was genau war denn stattdessen gemeint? Ich kann das nicht beantworten. Aus dem Faktum, daß selbst ausgewiesene Kenner der hier einschlägigen wissenschaftstheoretischen Reduktionismusdebatten – deren sehr anspruchsvolle und verzweigte Argumentationen in diesem Forum gar nicht diskutiert wurden[1] – auf die Frage, ob denn nun der Reduktionist oder der Antireduktionist recht habe, mit „yes and no" (!) antworten (Hoyningen-Huene 1989, 41), schließe ich, daß etwas ganz Genaues vermutlich (und verständlicherweise) nicht gemeint war. Das war bei Wilhelm Ostwald, dem einschlägige wissenschaftstheoretische Detailkenntnisse ebenfalls nicht zu Gebote standen, auch so. Unbeschadet dessen hat sich dieser große Chemiker sehr entschieden über die vermeintlichen kulturwissenschaftlichen Konsequenzen der Stufenthese geäußert. Er sei daher hier mit einigen seiner Äußerungen zu den chemischen Grundlagen der Kulturwissenschaften zitiert. Mit Max Webers kritischer Reaktion erreichen wir dann auch den Übergang vom destruktiven zum konstruktiven Teil dieser Überlegungen.

Ich greife so weit in die Geschichte der Reflexion des Verhältnisses von Natur- und Kulturwissenschaften zurück, weil die Jahrhundertwende für alle Fragen, die die „zwei Kulturen" betreffen, eine besonders interessante Zeit ist. Die Jahrhundertwende ist die Gründerzeit der ausdifferenzierten kulturwissenschaftlichen Disziplinen, wie wir sie heute kennen. Die Psychologen, die Soziologen, die Juristen, die Historiker, die Ökonomen, die Sprachwissenschaftler – alle steckten damals in Methodenstreitigkeiten, und in vielen Fällen hat der jeweilige Ausgang den ersten Institutionalisierungsschub der Disziplin und damit ihre weitere Entwicklung beeinflußt. Es ist wahr, daß die Kulturwissenschaftler damals nicht in erster Linie mit den Naturwissenschaftlern stritten, sondern vor allem untereinander. Aber die Naturwissenschaften waren in diesen Debatten gleichwohl omnipräsent. Denn sie hatten als kumulative, immer erneut erfolgreiche Wissenschaften das Wissenschaftsverständnis generell und die wichtigsten wissenschaftstheoretischen Grundbegriffe und Grundannahmen geprägt. Zum Beispiel den Begriff der Kausalität, der unter dem Einfluß der

---

1 Der am ehesten einschlägige Vortrag von Reinhard Löw lag als Manuskript vor, konnte aber nicht gehalten werden.

exakten Wissenschaften mit der Vorstellung von Gesetzmäßigkeit identifiziert wurde; oder die Vorstellung, daß komplexe Vorgänge in „letzte Elemente" zerlegt werden müßten, um voll verstanden zu sein. Entsprechend groß waren, zum Beispiel, die Probleme eines reflektierten Umgangs mit der Kausalitätskategorie in den historischen Wissenschaften, deren Gegenstand so gar keine naturgesetzliche Verlaufsform zeigen wollte; und was die „letzten Elemente" kultureller Vorgänge angeht, so griff man zwar nicht bis auf die chemischen Elemente zurück, aber es sollten hier und da doch letzte psychologische oder gar physiologische Tatbestände als diejenigen Elementarursachen dienen, aus denen die kulturelle Wirklichkeit des Handelns und seiner Folgen so zu deduzieren sei wie etwa das Bewegungsverhalten eines physikalischen Körpers aus seiner Masse und den Kräften, die auf ihn wirken.

Max Webers *Gesammelte Aufsätze zur Wissenschaftslehre*, die in den ersten beiden Jahrzehnten dieses Jahrhunderts entstanden sind, geben ein dichtes Bild von der Komplexität der Methodendebatten, die das Entstehen der kulturwissenschaftlichen Einzeldisziplinen begleiteten. Einer von Webers Texten trägt den Titel „'Energetische' Kulturtheorien" (Weber 1988, 400 ff.). Es handelt sich um eine Rezension eines Büchleins von Wilhelm Ostwald mit dem Titel *Energetische Grundlagen der Kulturwissenschaft* (Ostwald 1909). Das Büchlein war 1909 erschienen, also im gleichen Jahr, in dem Ostwald für seine Verdienste auf dem Gebiet der physikalischen Chemie den Nobelpreis erhielt.

Eine derart vernichtende Rezension habe ich selten gelesen. Es ist freilich nicht bekannt, daß Wilhelm Ostwald sich durch die Einwände seines kulturwissenschaftlichen Kollegen hätte beirren lassen. Hören wir eine Stelle aus einem späteren Text, nämlich aus Ostwalds Buch *Der energetische Imperativ* von 1912: „Die Pyramide der Wissenschaften läßt oberhalb der energetischen Wissenschaften die biologischen und soziologischen erkennen. ... Erst nachdem man die Grundsätze der Energetik auf alle Gebiete des menschlichen Wissens angewendet hat, die oberhalb liegen, erst also nachdem man alles biologische, psychologische und soziologische Denken bezüglich seiner energetischen Grundlagen in Ordnung gebracht hat, wird es möglich sein, an jene höheren Stufen überhaupt erst zu denken" (Ostwald 1912, 12 f.). Was hieß es nun für Ostwald, die Kulturwissenschaften „bezüglich ihrer energetischen Grundlagen in Ordnung zu bringen"? Es hieß, endlich auch kulturwissenschaftlich die Konsequenzen aus dem universellsten und daher notwendig auch für die Kulturwissenschaften gültigen Gesetz der energetischen Wissenschaften zu ziehen, nämlich dem zweiten Hauptsatz der Thermodynamik. Und wie geschieht das? Man muß jede kulturelle Tätigkeit unter dem Gesichtspunkt der – Energieersparnis analysieren. Denn „Grund und Zweck ... jeder Kultur überhaupt" lasse sich „auf die allgemeine Formel bringen, daß sie eine immer vollständigere

Besitzergreifung und bessere Verwertung der vorhandenen Energien zum Zieleˮ habe (Ostwald 1911, 382 f.). Entsprechend erfährt man dann zum Beispiel unter dem Titel „Die energetischen Elemente des Rechtsbegriffsˮ, daß die Rechtsordnung ihre Entstehung keinem anderen Zweck verdanke als der Beendigung der im Kampfe antagonistischer Interessen stattfindenden Energievergeudung (ebd., 392 ff.). Kein Wunder, daß auch Ostwalds Landhaus, in das er sich zur Ausarbeitung der universellen Konsequenzen seines energetischen Grundgedankens zurückzog, nicht „Waldesruhˮ oder dergleichen hieß, sondern – nach der universellen Grundlage auch des Landlebens – Landhaus „Energieˮ.

Ostwalds kulturwissenschaftliche „Leistungenˮ gehören gewiß in das Kuriositätenkabinett der Geschichte des Verhältnisses von Natur- und Kulturwissenschaften. Um zu bemerken, daß Ostwald hier etwas mißverstanden hat, braucht man nichts als common sense. Die Analyse der wissenschaftstheoretischen Mißverständnisse dagegen, der unbemerkten begrifflichen Verschiebungen und logischen Fehlschlüsse, des ständigen Wechselbads vom Sein zum Sollen und zurück – diese Analyse, die Max Weber in seiner Rezension ein Stück weit durchgeführt hat, ist alles andere als eine Sache des bloßen common sense. Ich gebe nur das für unseren Zusammenhang wichtigste Resultat dieser und ähnlicher Klärungsbemühungen Max Webers wieder: Es lautet, daß „nicht die ‚*sachlichen*‘ Zusammenhänge der ‚*Dinge*‘, sondern die *gedanklichen* Zusammenhänge der *Probleme* ... den Arbeitsgebieten der Wissenschaften zugrunde[liegen]ˮ (Weber 1988, 166). Das ist, so aus dem Zusammenhang genommen, einseitig ausgedrückt, denn auch die Beherrschung bestimmter Methoden, die dann in sehr verschiedenen Problemzusammenhängen eingesetzt werden können, ist ein wichtiger Gesichtspunkt der wissenschaftlichen Arbeitsteilung. Aber Webers Diktum enthält für unseren Zusammenhang einen wichtigen Punkt: Selbst in den Fällen, in denen einem kulturellen Vorgang ein chemischer Vorgang einigermaßen plausibel als die „chemische Seiteˮ dieses Vorgangs zugeordnet werden kann – man denke nochmals an das Kochen oder an das Gießen der Bronzefigur –, selbst dann bedeutet das nicht eo ipso, daß das kulturwissenschaftliche Interesse an diesem Vorgang sich auch auf die chemische Seite des Vorgangs zu erstrecken hätte. Sondern das ist erst dann der Fall, wenn die chemische Seite des Vorgangs für den Kulturwissenschaftler in irgendeiner Weise zum Problem wird – zum Beispiel und insbesondere dadurch, daß die chemische Seite des Vorgangs den Handelnden selbst zum Problem wird, aus deren Ansichten und Absichten der Kulturwissenschaftler die kulturellen Vorgänge erklärt. Dann passiert es, daß die verschiedenen Disziplinen, die unsere Alltagserfahrungen „unter ganz verschiedenen, gänzlich selbständigen Gesichtspunkten ... bearbeiten ..., [sich] in ihren Objekten ... kreuzen und wieder begegnenˮ (Weber 1988, 413).

Wo und wie dieser Fall des Sichkreuzens der Wissenschaften in ihren Objekten etwa im Verhältnis der Chemie zu den Geisteswissenschaften eintreten könnte – das herauszufinden war unter anderem der Sinn dieses Forums. Ich will daher im folgenden in aller Kürze noch etwas über die Schwierigkeiten der Beantwortung dieser Frage sagen.

II.

Eine klare und vollständige Wissenschaftssystematik, also eine nach eindeutigen sachlichen Gesichtspunkten gestaltete Einteilung der wissenschaftlichen Disziplinen haben wir auch heute nicht – weder institutionell noch als wissenschaftstheoretisches Ideal. Wir unterscheiden die Wissenschaften bald nach „Gegenständen", bald nach Methoden, bald nach Erkenntnisinteressen, und was insbesondere die Nichtnaturwissenschaften angeht, so wissen wir nicht einmal, ob wir sie „Geistes-"; „Kultur-", „Geistes- und Sozial-" oder „Humanwissenschaften" nennen oder ob wir sie überhaupt in einen Topf werfen sollen. Was diese letzte Schwierigkeit angeht, so folgt aus ihr, daß zunächst gar nicht klar ist, mit wem genau ein Chemiker eigentlich ins Gespräch kommen möchte, wenn er sagt, er wolle mit „den Geisteswissenschaftlern" ins Gespräch kommen.

Wenn man nach der personellen Zusammensetzung dieses Forums urteilt, kommt man zu dem Schluß, daß mit den „Geisteswissenschaftlern" in diesem Zusammenhang offenbar im wesentlichen die Philosophen gemeint sind. Das ist eine ziemlich enge Auswahl aus dem möglichen Spektrum geisteswissenschaftlicher Gesprächspartner. Aber selbst diese enge Auswahl ergibt noch keinen eindeutigen Hinweis darauf, welches oder welche Erkenntnisinteressen dem Dialogwunsch zugrundeliegen. Denn mit den unterschiedlichen Gebieten der Philosophie steht es ganz wie mit den unterschiedlichen Disziplinen der Kulturwissenschaften: Sie sind nach Erkenntnisinteressen, Erkenntnisgegenständen und Erkenntnismitteln unter sich vollständig heterogen. Die Beziehungen, zum Beispiel, zwischen Chemie und Erkenntnistheorie sind daher ganz und gar anders gelagert als die Beziehungen zwischen Chemie und Kulturphilosophie; wieder ganz anders die Beziehungen zwischen Chemie und Ethik; nochmals anders die zwischen Chemie und Wissenschaftsgeschichte, und so fort. Analoges gilt für die nichtphilosophischen Gebiete der Kulturwissenschaften: Für den Juristen, der die strafprozessuale Bedeutung eines mit chemischen Verfahren gewonnenen Indizes zu beurteilen hat, wird die Chemie an anderer Stelle und in anderer Weise relevant als etwa für den Literaturwissenschaftler, der zum besseren Verständnis von Goethes *Wahlverwandtschaften* sich über die Natur und Tragfähigkeit von Goethes Chemiekenntnissen informieren möchte.

Kurz, in jedem der vielen denkbaren Fälle einer ein- oder beiderseitigen Relevanz von Chemie und Kulturwissenschaften ändert sich jeweils – und jetzt zähle ich nur ein paar Unterscheidungsmerkmale interdisziplinärer Gesprächssituationen auf, die vor Beginn eines Dialogs jeweils zu klären wären – 1. wer hier Lernender und wer Lehrender ist (dieses Verhältnis ist nämlich keineswegs in allen Fällen eines fruchtbaren Dialogs ein symmetrisches; m.E. ist eher das Gegenteil der Fall), 2. wie weit die theoretischen Grundlagen einer Disziplin oder praktische Anwendungsprobleme oder schließlich Fragen der Legitimität (des Forschens oder Anwendens) betroffen sind, 3. ob jeweils möglichst alle oder nur thematisch speziell betroffene Vertreter einer Disziplin in den Dialog zweckmäßigerweise einzubeziehen sind, 4. das Ausmaß, in dem es Sinn hat, speziell den wissenschaftlichen Nachwuchs in den Dialog einzubeziehen, 5. das Ausmaß, in dem es Sinn hat, die Presse zu beteiligen oder sonstwie für Öffentlichkeit zu sorgen, usw. Man sieht, daß es unwahrscheinlich ist, daß alle Dialoginteressen und Dialogformen in ein und demselben Symposium, Forum oder Sommerseminar sich treffen und dort auf ihre Kosten kommen können. Sieht man darüber hinweg, dann kann es passieren, daß man mit Medienvertretern Grundlagenprobleme der Wissenschaftstheorie diskutiert und umgekehrt mit Erkenntnistheoretikern Akzeptanzdebatten führt – und am Ende, kein Wunder, ist niemand so recht zufrieden.

Literatur

Hoyningen-Huene, P. (1989), Epistemological Reductionism in Biology: Intuitions, Explications, and Objections, *Reductionism and Systems Theory in the Life Sciences,* ed. P. Hoyningen-Huene/F.M. Wuketits. Amsterdam: Kluwer Academic Publishers, 29–44.
Markl, H. (1992), Die Natürlichkeit der Chemie, in diesem Band, 139–157.
Ostwald, W. (1909), Energetische Grundlagen der Kulturwissenschaft, Leipzig: W. Klinkhardt.
Ostwald, W. (1911), Die Forderung des Tages, 2. Aufl., Leipzig: Akademische Verlagsgesellschaft.
Ostwald, W. (1912), Der energetische Imperativ, Leipzig: Akademische Verlagsgesellschaft.
Weber, M. (1988), Gesammelte Aufsätze zur Wissenschaftslehre, 7. Aufl., Tübingen: J.C.B. Mohr (Paul Siebeck).

Chemie und Leben.
Kann die Chemie das Leben erklären?

Reinhard Löw

Schon nach kurzem Nachdenken scheint der etwas reißerische Titel eigentlich harmlos, denn „erklären" ist ja keine chemische Reaktion, sondern eine Lebensäußerung menschlichen Lebens, genauer: geistigen Lebens, und da muß auch mindestens ein Subjekt da sein, das etwas erklärt, vielleicht eines, dem etwas erklärt wird. Aber so leicht ist die Frage nicht abgewehrt. Denn gerade diese erste, einfache Antwort wird heutzutage wissenschaftlich bestritten, am konsequentesten in der Sozio-Biologie, ein bißchen weniger konsequent in der Evolutionären Erkenntnistheorie, welche beide aus dem Prinzip der natürlichen Erklärbarkeit allen Geschehens nicht nur das Leben natürlich erklären, sondern auch das Erklären natürlich erklären, so daß die Chemie nicht nur das Leben erklärt, sondern auch mich, meine Themenfrage und auch alle Sie, liebe Leser.

Dieser reizvollen Entgegenstellung sollen die folgenden Überlegungen gelten, und zwar in vier Schritten: erstens einem kurzen Abriß der Argumentation, aus welcher die chemische Sicht von Leben und Mensch ihre Stärke bezieht; zweitens einer Kritik dieser Sicht, drittens einem konstruktiven Gegenvorschlag und viertens einer praktischen Nutzanwendung.

I. Das Leben von der Chemie aus

Die chemische Auffassung des Lebens kann in ihrer Konsequenz alle Phänomene der Wirklichkeit wenigstens für prinzipiell erklärbar halten und ebenso prinzipiell auf übernatürliche Eingriffe verzichten. Die Stärke der chemischen Argumentation besteht zunächst darin, daß sie einen großen Abschnitt dieser natürlichen Weltanschauung, die man auch „Evolutionismus" nennt, abdecken kann: Sie ist zuständig vom Beginn der Existenz chemischer Elemente an – davor, seit dem Urknall, ist es die Physik –, und die chemische Argumentation reicht dann bis über die Lebensentstehung hinaus mindestens bis zu den primitiven Lebensformen, wenn nicht, so die genannte Disziplin der Sozio-Biologie, bis wenigstens zur Apokalypse.

Es ist eine Weltanschauung, die der Evolutionismus darstellt und nicht etwa eine naturwissenschaftliche Theorie. Man kann zwar die Evolutionstheorie in einem naturwissenschaftlich vernünftigen Rahmen als Theorie oder Hypothese vertreten, und das geschieht nicht selten. So wie sich allerdings die Theorien unserer Öffentlichkeit darbieten, in den Volks- und Oberschulen, im Universitätsstudium, vor allem aber in allen Medien, da wäre es reine Koketterie, von einer Hypothese zu sprechen. Vielmehr erzählen weißbärtige Professoren im Märchenonkel-Erzählton, wie „das Leben" leben lernte, oder wie sich die Lippenblütler die Schmetterlinge zur Befruchtung heranzüchteten, und natürlich wie der Affe Mensch wurde. Diese Einsichten werden allgemein als „dritte kopernikanische Revolution" gepriesen, in so bekannten philosophischen Fachzeitschriften wie dem *Spiegel*, dem *Stern* und in der *Zeit*.

Für unser Thema sind in diesem ersten Schritt jetzt aber drei Begriffe näher zu untersuchen, und zwar hinsichtlich ihrer Stärke: die Begriffe Leben, natürliche Erklärung, Subjektivität. Sie nehmen sich in der chemischen Argumentation (als Ausschnitt des konsequenten Evolutionismus) wie folgt aus:

Die natürliche Entstehung des Lebens geht vor sich unter den Bedingungen der erkaltenden Erde, als – wie bewiesen im berühmten Miller-Experiment – aus Wasser und Uratmosphäre, aus Methan und Ammoniak, unter Blitzentladungen in kurzer Zeit verschiedene Aminosäuren und sogar komplexe Zusammensetzungen daraus entstanden.

Würde man, wie im 19. Jahrhundert Friedrich Engels, das Leben definieren als die „Daseinsweise der Eiweißkörper", dann wäre mit dem Miller-Experiment die Frage nach der Entstehung des Lebens schon gelöst. Freilich erscheint uns heute die Antwort zu billig. Bei einer Definition des Lebens, die neben der molekularen System-Struktur auch dynamische Elemente berücksichtigt – Stoffwechsel, Fortpflanzung, Mutationsfähigkeit –, reicht dieses Experiment nicht aus. Und so vergingen noch fast 20 Jahre, bis der Nobelpreisträger und Biochemiker M. Eigen mit einer Theorie an die Öffentlichkeit trat, die den Überschritt zwischen Anorganischem und Organisch-Lebendigem plausibel vollzog: die des „Hyperzyklus".

Uns interessieren hier nicht die Einzelheiten dieses mathematisch wie molekular-chemisch genialen Entwurfs. Es genügt zu wissen, daß sich mit ausreichend großer Wahrscheinlichkeit dartun läßt, wie sich aus den Einzel-Bausteinen der „Ursuppe" eine zyklische Anordnung entwickeln konnte, bei der nicht nur die einzelnen Bausteine in Form kleiner Zyklen sich selbst reproduzierten, sondern diese auch Enzyme herstellten, welche an der Selbstreproduktion des Nachbarn katalytisch beteiligt waren. Kommt es einmal zu einem Hyperzyklus in der „Ursuppe", dann schlägt dieser alle nicht ganz so erfolgreichen Konkurrenten – andersartige Zusammenlagerungen und Verbindungen, die sich zum Beispiel nur teilweise oder nur fehlerhaft reproduzieren können – in Windeseile dank hyperbolischen Wachstums aus dem Feld. So erklärt diese Theorie zugleich, fast nebenbei, die Tatsache, daß es nur einen einzigen genetischen Code bei den Lebewesen dieser Erde gibt.

Für die Stärke der Argumentation ist es besonders wichtig festzuhalten, daß bei diesem Übergang nirgendwo Eingriffe einer übernatürlichen oder unerklärlichen Macht angenommen werden müssen: die „Selbstorganisation der Materie" erfolgt gemäß den Gesetzen von Chemie und Physik, und sie ist mathematisch und systemtheoretisch zu rekonstruieren. Eines freilich leuchtet dabei nicht ganz ein: wenn der Unterschied zwischen vor und nach dem Übergang nichtlebendig/lebendig nur in einer Neugruppierung chemischer Verbindungen besteht, warum dann dabei von „Leben" die Rede ist: ist es nicht nur eine vorläufige, nichtwissenschaftliche und eigentlich überflüssige Bezeichnung?
Das soll erst im zweiten Teil untersucht werden.

Der zweite für diese Evolutionsargumentation wichtige Begriff ist der der natürlich-kausalen Erklärung. Von der jetzigen Naturwissenschaft her gesehen handelt es sich um den Erklärungsbegriff im Sinne des Schemas der amerikanischen Wissenschaftstheoretiker Hempel und Oppenheim. Demnach gilt ein Ereignis B als erklärt, wenn ein oder mehrere Ereignisse A angegeben werden können, die in einer naturgesetzlichen Verknüpfung mit B stehen. „Erklärung" heißt also: Angabe der Antecedensbedingungen, der definierten vorausliegenden Ereignisse plus zuständige Naturgesetzlichkeit.

Vom Evolutionsweltbild her ist das nicht zufällig der jetzt gültige Erklärungsbegriff: er hat sich durch *trial* und *error* herausgebildet, weil er am zutreffendsten wiedergibt, wie sich in der Natur tatsächlich Fortschritte abspielen. Der Kausalitätsbegriff, so die Evolutionäre Erkenntnistheorie, bilde sich im Großhirn durch leidvollen Umgang mit der Außenwelt, ganz analog zu dem Ausspruch des Biologen Simpson: „Der Affe, der keine realistische Wahrnehmung von dem Ast hatte, nach dem er sprang, war bald ein toter Affe und gehörte deswegen nicht zu unseren Ahnen."

Der dritte für die Evolutionsargumentation wichtige Begriff, der hier verhandelt werden soll, ist der der Subjektivität. Wenn konsequent argumentiert wird, wie bei R. Dawkins in seinem Buch *Das egoistische Gen*, dann handelt es sich bei der Subjektivität um eine Illusion mit Überlebensvorteil. Denn es ist für einen Organismus – Überlebensmaschine nennt ihn Dawkins – von Vorteil, ein

Gefühl der Einheit zu haben, sonst würde er bei Hunger vielleicht nicht nur an den Fingernägeln kauen, sondern die ganze Hand grillen und verspeisen. Subjektivität ist ein Überlebensvorteil, der durch das nach evolutionistischen Prinzipien erklärbare Zentralnervensystem zustandekommt. Sie ist eine Illusion, die an Komplexität gebunden ist, und, so Dawkins konsequent weiter, demnach sollte man komplizierten Rechenmaschinen auch Selbstbewußtsein zuschreiben – ich würde ergänzen: und ihnen das Wahlrecht und den Führerschein erteilen, wenn sie 18 sind.

Fazit des ersten Schritts:
Die Stärke der chemischen, im weiteren Sinne evolutionistischen Auffassung des Lebens und damit der Themenfrage besteht darin, daß sie sich nahtlos in das Evolutionsparadigma der natürlichen Erklärbarkeit allen Geschehens einfügt. Die Integrationskraft dieses Paradigmas ist unbestritten. Es leidet nur an einigen logischen Schwierigkeiten, wie sich im folgenden Schritt zeigen wird.

II. Kritik am Chemiker, der das Leben aus der Sicht der Chemie sah

Die folgende Kritik nimmt die Tatsache zum Ausgangspunkt, daß es ja nicht die Chemie selbst ist, die das Leben sieht, sondern daß es immer nur Chemiker sind, die das Leben aus dem Blickwinkel der Chemie sehen. „Aus dem Blickwinkel", aber doch mit dem Subjekt des Chemikers als Blickendem.

Diese Kritik ist in zwei Vorbemerkungen und drei Hauptbemerkungen gegliedert. Das Thema der Hauptbemerkungen kennen wir schon – es bezieht sich auf die Begriffe Leben, Kausalerklärung, Subjektivität –, die Vorbemerkungen sollen ihm nur den Boden bereiten. Die Vorbemerkungen beziehen sich auf den Wahrheitsanspruch des konsequenten chemischen Evolutionismus und auf die Ausgangslage von Erklärungen überhaupt.

Zum Wahrheitsanspruch des Evolutionismus:
Gesetzt nämlich, diese Theorie, wie sie etwa von R. Dawkins konsequent vertreten wird, wäre wahr: Wie nimmt sie sich in ihrer eigenen Sicht aus? Zunächst einmal ist auch die Theorie ein Vorkommnis in der Evolution. Sie ist zugleich das Produkt einer besonderen englischen Überlebensmaschine vom Typ „Richard Dawkins", deren egoistische Gene ihren Selektionsvorteil unter anderem im Aufstellen und Publizieren dieser Theorie „suchen". Sie *tun* es, und im Rückblick wird sich zeigen, ob es ein Überlebensvorteil war oder nicht. Um die Chance dafür zu erhöhen („um"... „zu"), hat die Maschine die Theorie in Verbindung mit dem sonst sinnlosen Begriff „Wahrheit" gebracht: Sie schreibt, es sei „wirk-

lich" so, wie sie es schreibt. Das macht gewöhnlich Eindruck, wenn es auch gemäß der Theorie absolut sinnlos ist. Denn als Theorie ist sie wie jede andere, noch so absurde Theorie: Evolutionsprodukt einer besonderen Maschine. Sie kann zwar „Wahrheitsansprüche" stellen wie jede andere Theorie auch, aber das ist nur ein weiterer Trick der Gene. Von Wahrheit in einem Sinn, der über Durchsetzungserfolg hinaus noch etwas bedeutet, ist prinzipiell nicht die Rede. Zwar kann Dawkins mit einem anderen Wissenschaftler sogar über solche Probleme diskutieren. Aber es ist dann der Versuch zweier Computer, einander wechselseitig ihre Programme aufzuzwingen. Sich hier durchsetzen hat etwas mit Gewalt, mit dem „Recht auf Wahrheit durch den Stärkeren" zu tun. Aber nichts mit Wahrheit. Im selben Moment, in dem der Evolutionismus „wahr" wäre, würde er sich den Boden unter den Füßen wegziehen. Nicht nur Religion, Ethik, Kultur wären spezielle Anwendungsgegenstände des Evolutionismus, sondern er selbst würde zu einer seiner eigenen Unterabteilungen. Wenn die Bücher der Evolutionisten „die Wahrheit" enthielten, dann müßten wir sie als Selektionsstrategie ihrer Autorengene lesen. Und somit: Die „Wahrheit" des Evolutionismus besteht darin, daß es für ihn überhaupt keine Wahrheit geben kann, einschließlich dieser. Er ist ein einziges, ungeheuerliches Paradox, dessen Kern in dem Satz besteht: „Jetzt lüge ich!"

Fazit:
Der Wahrheitsanspruch des Evolutionismus hebt sich selbst auf. Er kann in seinem eigenen Verständnis nicht wahr sein, sondern er ist nur der wissenschaftlich angestrichene Ausdruck eines ebenso paradoxen wie radikalen theoretischen Nihilismus.

Zweite Vorbemerkung zur Ausgangslage von Erklärungen innerhalb unserer Wirklichkeit:
Gemeinhin heißt es im Evolutionismus, die Ausgangslage bestehe im Urknall und dann in Materie und Naturgesetzen. Das ist ein Irrtum.
    Ausgangspunkt für jede Erklärung der jetzigen Wirklichkeit einschließlich der evolutionistischen Erklärung ist diese Wirklichkeit selbst. Das ist entscheidend. Bevor mit dem Erklären, dem evolutionären Genetisieren und Rekonstruieren der Wirklichkeit begonnen werden kann, muß man sich darüber verständigen, was alles zu dieser Wirklichkeit gehört und was nicht. Die Diagnose des „das ist jetzt vorhanden, das gibt es" steht logisch vor dem evolutionären Erklären. Der konsequente Evolutionist entlarvt Ethik, Religion, Kunst u.ä. als Illusionen. Er kann sie nicht innerhalb seines Systems konstruieren: also gibt es sie für ihn nicht, d.h. nur als Illusion.

Das erste stimmt, doch das zweite ist falsch. Der Evolutionist kann sie in der Tat nicht konstruieren. Aber da die Wirklichkeit von Sittlichkeit, Religion, Kunstschönheit realer ist als die von sekundären Rekonstruktionen, ist die Rekonstruktion gescheitert und nicht das in Frage stehende Phänomen wegerklärt.

Von diesen beiden Vorbemerkungen aus wenden wir uns nun nochmals den drei Begriffen Leben, Kausalerklärung, Subjektivität zu. Zuerst zum Leben, das ich allerdings mit der Subjektivität gemeinsam behandle. Die verschiedenen wissenschaftlichen Definitionen – Daseinsweise der Erweißkörper bei Engels, Reproduktion plus Stoffwechsel plus Mutabilität (die Schule von M. Eigen) oder „Leben als das Haben eines genetischen Programmes" (Ernst Mayr) habe ich schon erwähnt. Ihnen allen korrespondiert jeweils ein bestimmter Lösungsvorschlag für das Problem der Entstehung des Lebens.

Aus diesen drei Lösungsvorschlägen ergibt sich ohne Anstrengung als erste Einsicht, daß die Problemlösung offensichtlich davon abhängt, auf welche Definitionen von „Leben" sich gerade die Biologen in ihrer Mehrzahl geeinigt haben. Doch die Reichweite eines solchen Vorhabens scheint nicht allzu groß. Wie steht es nämlich um weitere Lebensdefinitionen, etwa die des ersten großen Biologen überhaupt, Aristoteles, der schreibt, Leben heißt Seele haben, und das bedeutet: Ursache von Bewegung sein können? Oder die Definition von I. Kant: Leben ist Bewegung im transzendentalen Verstande? Alle diese Definitionen treffen ja offensichtlich auch ein Merkmal des Lebendigen: seine Subjektivität, seine Innerlichkeit, seine Freiheit, sein Streben und Fühlen und Wahrnehmen. Wie es zu all dem kommt, das ist mit den hübschen ringförmigen Molekülanordnungen und schnellen chemischen Reaktionen nämlich nicht erklärt, und ich möchte behaupten, es ist prinzipiell unerklärbar. Denn Naturwissenschaften handeln vom Positiv-Faktischen, handeln von dem, was sich gemäß bestimmter Naturgesetze verhält und verändert. Die eben angesprochenen Merkmale des Lebendigen haben aber alle etwas mit Negativität zu tun; Lebendiges grenzt sich ab gegen sein Medium, hebt sich heraus gegen seine Umwelt, will *selber* etwas. Zu dieser Negativität des *Sich*-Unterscheidens von anderem kann aber eine Wissenschaft, die nur das Positiv-Faktische zuläßt, nicht kommen. Das bedeutet, daß das Lebendige in der Biologie immer unter Ausblendung dieser Subjektivitätsphänomene gesehen wird, deutlicher gesprochen: Moderne Biologie scheint die Wissenschaft vom Lebendigen zu sein, insoweit es nicht lebt.

Als Gegeneinwand könnte man sagen, das seien eben zwei verschiedene Auffassungen vom Lebendigen, man kann es so sehen oder so, und im Rückgriff auf Niels Bohr könnte man weiter geltend machen, es handle sich um komplementäre, einander nicht ausschließende, sondern ergänzende, wenn auch unvermittelbare Sichtweisen. Diesem Einwand samt seiner Ergänzung möchte ich allerdings entgegenhalten, daß es sehr wohl eine Vermittlung zwischen den naturwissenschaftlichen und den naturphilosophischen Lebensmerkmalen gibt, und zwar eine real existierende Vermittlung. Diese ist nichts anderes als unser je eigener aktiver wie passiver Lebensvollzug unseres Lebens. Es ist nicht so, daß Biologen mehrheitlich darüber zu entscheiden hätten, was Leben ist, so daß man hinterher seine Entstehung aus Materie erklären kann. Nein, erst leben wir jeder selber; dann können wir uns darüber Gedanken machen, was zum menschlichen Leben alles dazu gehört, das organisch-vegetative Leben, das sensibel-fühlende Leben, das Denken und Erkennen, Moral, Kunst, Religion, natürlich auch Wissenschaft. Dann können wir diesen Lebenserfahrungs-Ausgangspunkt auf andere Bereiche übertragen, wobei wir einige Abstriche aus der Fülle des von uns erfahrenen Lebens machen müssen. Beim Übergang zum Tier sehen wir von der Dimension des Moralischen und dem Religiösen ab, von bewußtem Denken usw.; wir behalten hingegen die vegetative Selbsterhaltung bei, die Fortpflanzung, die Selbstdarstellung, die Wahrnehmung, das Gefühl, die Selbstbeweglichkeit – und darin überragen die Leistungen des Tierreichs die des Menschen bisweilen bei weitem! Bei den Pflanzen gibt es dann noch weitere Abstriche, auf die wir hier nicht weiter eingehen können. Entscheidend ist allerdings, daß diese absteigende Reihe der Übertragung die Wesensmerkmale des Lebendigseins aus dem konkreten menschlichen Selbstvollzug des Lebens nimmt. Das ist der einzig gangbare phänomenologische Weg. Umgekehrt den Selbstvollzug menschlichen Lebens ausgehend vom Urknall, von Steinen, Methan, Ammoniak und Blitzentladungen verstehen zu wollen, das ist das hoffnungsvolle Unterfangen Münchhausens im Sumpf, wenn er an seinem Schopfe zieht.

Freilich lassen sich gegen diese Einsicht noch zwei biologische Strategien entwickeln. Die erste ist die der Sozio-Biologie, die selbst beim Menschen Subjektivität und Ich-Bewußtsein leugnet, weil sie das nicht biologisch konstruieren kann. Damit ist freilich auch die philosophische Diskussion am Ende. Wer die Authentizität des eigenen Lebensvollzugs leugnet, der ist, mit Hegel, der sich selbst vollbringende Skeptiker, den man am besten alleine in seiner Ecke läßt.

Die zweite Strategie ist die der Annahme von „Fulgurationen" (K. Lorenz), dem blitzartigen Auftreten völlig neuer Eigenschaften von Systemen durch den Zusammenschluß von Subsystemen. Leben, Bewußtsein, Sittlichkeit sollen solche Fulgurationen gewesen sein.

Ich kann hier aus Platzgründen nicht darauf eingehen, habe das mehrfach an anderer Stelle ausführlich getan und fasse daher nur zusammen.[1] Wenn bei einer

---
[1] Vgl. R. Löw, Evolution und Erkenntnis, in: Konrad Lorenz u.a. (Hg.), *Evolution des Denkens*, München: Piper, 1983, 331–360.

solchen Fulguration etwas wirklich Neues aufgetreten sein soll, dann ist der Hauptsatz der natürlichen Erklärbarkeit allen Geschehens durchbrochen. Das gesteht der in diesen Fragen immer tief nachdenkende Konrad Lorenz in seinem Buch *Die Rückseite des Spiegels* auch zu: es verbleibe „ein nicht rationalisierbarer Rest". Wäre der, wohlgemerkt: *kausale* Zusammenschluß von Subsystemen *nur* ein natürlich kausaler Vorgang, dann gäbe es diesen Rest nicht – und das Neue wäre nicht neu. Wie gesagt, das ist hier nicht zu vertiefen, das erfordert einen eigenen Aufsatz, und dasselbe gilt für die genaue Erörterung des Status, den man der Theorie der Evolution im Sinne Darwins zumessen kann. Ich meine, ihr Status wäre der einer vernünftigen und empirisch gut bestätigten Theorie über die materiellen Bedingungen der Entwicklungsgeschichte, unter welchen die Entstehung von tatsächlich irreversibel Neuem sich vollzieht.[2]

Wir wenden uns nun dem noch ausstehenden Begriff der kausalen Erklärung kritisch zu, und zwar zunächst dem der Ursache.

Ursache, man sollte sich ruhig auch mal einen Bindestrich zwischen Ur und Sache denken, griechisch *aitia*, lateinisch *causa*, hat für die Antike von Anfang an etwas mit dem menschlichen Handlungsbegriff zu tun. *Aitia* bedeutet ja auch Schuld des Verursachenden, und die Ur-Sache von Handlung ist der Mensch selber. So auch das Mittelalter: Prototyp der Ursache ist der Mensch, der mal dies, mal das tut; also *eine* Ursache, viele, ganz verschiedene Wirkungen. Die Frage stellt sich, inwiefern man dann aber in der Natur von Ursachen sprechen kann. Wir übergehen die bei Aristoteles oder Thomas von Aquin auf höchstem Niveau geführte Diskussion und wenden uns der Neuzeit zu, und zwar David Hume. Hume hat ganz richtig erkannt, daß wir Ursache-Wirkungs-Zusammenhänge in der Natur gar nicht sehen können. Wir sehen nur regelmäßige Aufeinanderfolgen und, so seine These, aufgrund unserer *Gewöhnung* schließen wir von Grund/Folge auf Ursache/Wirkung. Das erklärt freilich nicht, warum wir das in manchen Fällen machen und in anderen nicht, z.B. nicht im Verhältnis vom Krähen des Hahns und dem anschließenden Aufgehen der Sonne, beim Verhältnis von Wind und rotierender Windmühle aber schon. Lassen wir dies hier als Frage und machen noch einen Sprung, jetzt in die gegenwärtige philosophische Diskussion um den Kausalitätsbegriff. Die sogenannte „interventionistische Kausalitätstheorie" hat sich das Problem des Feststellens einer Wirkung vorgenommen, und hier kann man sagen: Fest-Stellung im engeren Sinn. Wir Men-

---

[2] Man muß freilich schon auf die Verführung durch die Sprache achtgeben: es entwickelt sich ja nicht eine Art zu einer anderen, sondern ein Individuum geht aus anderen hervor. Die Redeweise, daß „mein Vater sich zu mir entwickelt", ist offensichtlich unsinnig. Und selbst „sich fort-pflanzen" ist mißverständlich: ich pflanze ja nicht *mich* fort, sondern es entsteht ein neues „Ich", das von „sich" auf ontologisch neue Weise spricht.

schen grenzen nämlich ein Ereignis in der Außenwelt als Wirkung ab von anderen, *wir* isolieren dieses Ereignis und fragen nach den Bedingungen seines Entstehens. Dies können wir aber nicht anders als durch die moderne Art des Fragens, durch Experimente, durch Variieren der Ausgangsbedingungen, durch handelndes Eingreifen.

Von A als der Ursache einer Wirkung B zu sprechen heißt dann, daß sich ein gesetzesartiger Zusammenhang von A und B ermitteln ließ, *wenn A variiert wurde*. Das entspricht dem Erklärungsschema von Hempel und Oppenheim, bei welchem ein Ereignis B als erklärt gilt, wenn die Antecedentien A und die gesetzesartige Verknüpfung mit B angegeben werden können. Dabei bleibt nun freilich die Diskussion nicht stehen, denn beim Versuch, dieses Schema als Grundlage eines objektiven Naturverständnisses zu nehmen, entdeckte man, daß erstens das Isolieren des Ereignisses B als Wirkung willkürlich ist, daß zweitens das Heranziehen nur *einer* Ausgangsbedingung oder weniger solcher ebenso willkürlich, also subjektiv ist, und daß drittens und schlimmstens alle Naturgesetze bei hinreichend vorgetriebener Genauigkeit statistische Gesetze sind, der Begriff einer „statistischen Erklärung" aber ein Unding ist, weil er im wesentlichen auf die psychologische Erwartungshaltung von Naturwissenschaftlern hinausläuft. Wir sehen, daß der Versuch der Präzisierung und der Objektivierung des Ursache-Begriffs dazu führt, daß er aufgelöst wird. Wolfgang Stegmüller, der bekannte Wissenschaftstheoretiker, schrieb ganz folgerichtig, „daß für kein Ereignis in der Welt eine wissenschaftlich haltbare kausale Erklärung existiert".

Das ist ebenso konsequent wie redlich, jedenfalls verglichen mit der Kausalitätsauffassung der evolutionären Erkenntnistheoretiker. Dort wird nämlich der Versuch der Präzisierung gar nicht erst unternommen, sondern man findet etwa bei Wuketits in seinem Buch *Biologie und Kausalität*: „Kausalität bedeutet den Zusammenhang von Ursache und Wirkung." Wenn man nun, in logischem Masochismus, den sonst noch auftretenden Bedeutungen des Kausalitätsbegriffs in seinen Büchern nachgeht, so stößt man auf mindestens drei:
– daß Kausalität eine Realkategorie ist,
– daß Kausalität eine Denkkategorie ist,
– daß sie Denkkategorie schließlich wegen eines weiteren kausalen Bezugs zwischen Realität und Denken geworden ist.

Ganz wohl ist Wuketits dabei auch nicht, deswegen wird am Ende alles zusammen als Kausal-*Hypothese* bezeichnet, die immerhin wohlbewährt sei. Als Wuketits unlängst bei einer Diskussion solch virtuose Zirkel vorführte, stöhnte ein Zuhörer – ich war es nicht – : „Das ist doch Wahnsinn." Wuketits darauf schlagfertig: „Ja, aber mit Methode!"

Und hierzu von mir noch der Kommentar eines anderen Österreichers, Heimito von Doderer: „Die Sprache hat eine verflixte Tendenz zur Wahrheit in sich."
Doch zurück zum anderen Niveau der Kausalitätsdiskussion.

Was die interventionistische Kausalitätstheorie wiederentdeckt hat, ist eine recht alte Einsicht in folgenden Sachverhalt. Wenn ich sage, daß A die Ursache von B ist, dann meine ich damit: wenn *ich* die Ursache von A bin, kann *ich* auch die Ursache von B genannt werden. Im Beispiel: wenn ich sage, daß der Wind die Ursache des Rotierens der Windmühlenflügel ist (nicht nur: Vorher/Nachher, sondern Ursache/Hervorbringen der Wirkung!), dann ist damit gemeint, daß wenn *ich* die Ursache des Windes bin, *ich* auch Ursache des Rotierens genannt werden kann. Es muß ja nicht gleich eine Mühle sein, ein kleines Windrädchen, auf das ich blase, genügt schon. Und dies heißt nun weiter: zu sagen, A sei die Ursache von B, bedeutet eigentlich: wenn du B *willst*, mußt du A *machen*. Und noch ein Schritt: der Wille des Subjekts, in der Außenwelt der Natur etwas zu erreichen, ist Ur-Sache der Fest-Stellung von Ursache-Wirkungsverhältnissen in der Natur.

Diese Feststellung ist aber unsere menschliche, subjektive Leistung: wir interpretieren die Natur so, daß wir etwas in sie übertragen, was in ihr *objektiv* nicht vorkommt, wenn man mit objektiv meint: völlig unabhängig von uns. Der Versuch der Objektivierung zerstört, wie Stegmüller sah und zeigte, den Ursachebegriff, und darüber sollte sich eine präzisierende Naturwissenschaft keine Illusion machen.

Nun ist es gleichwohl – aristotelisch gesprochen – vernünftige Rede, einen Stein als Ursache meines Kopfschmerzes zu bezeichnen, wenn er mich dort traf, oder Hunger als die Ursache dafür, daß ein Hund zum Freßnapf läuft. Es hat diese Rede genau deswegen einen Sinn, weil die ganze erfahrene Wirklichkeit von der Art ist, daß wir sie subjektiv zu uns selbst in Beziehung gesetzt haben. Insoweit wir sie überhaupt verstehen, verstehen wir sie nach Analogie unserer Selbsterfahrung. Verstehen heißt: die Welt einhausen, mit ihr vertraut werden. Und dabei ist die „Ursache" eine ganz wesentliche Kategorie; sie entsteht an der Stelle, wo das kleine Kind mit seinen Fingern spielt und entdeckt, daß es *selbst* die Ursache von deren Bewegungen ist. Etwas selbst sein, es selber tun, das heißt gerade, Ur-Sache zu sein. Das Ich ist die ursprüngliche Ursache von etwas draußen, von zunehmend mehr und verschiedenem Etwas, und im Prozeß der *oikeiosis,* des Einhausens der Welt, werden die Bewegungen, die man da wahrnimmt, als etwas verstanden, was zwar nicht durch das eigene Ich, aber als Verständliches durch andere Ichs, durch andere Selbsts hervorgerufen wird. Deswegen ist die Welt der Kinder, auch übertragen die der Kindheit von Völkern, noch ganz anders belebt als später.

In der Erwachsenenwelt gibt es dann auch Bewegungen, Prozesse, Ereignisse, bei welchen der Ur-Sache-Begriff nur noch in jener ganz entfernten Analogie verwendet werden kann, nach welcher wir uns selber als schweren und ausgedehnten Körper erfahren, wenn wir, z.B. aus einem Fenster fallen und ein Tulpenbeet beschädigen, uns den Fuß verstauchen und den Schuh verlieren – Figaro läßt grüßen. Das tun wir dann mit blinder Notwendigkeit und nach einem Naturgesetz. Aber diesen galileischen Fall nun umgekehrt zum Ausgangspunkt erst für die Elimination des Ursachenverständnisses in der Außenwelt und zur wissenschaftstheoretischen Auflösung zu machen – das ist ein logischer Salto mortale.[3]

Fazit des zweiten Punktes:
Der Chemiker wollte sich nicht widersprechen, er hat sich aber widersprochen; er wollte von den richtigen Zentralbegriffen ausgehen für seine Erklärungen, aber er hat die falsche Ausgangslage gewählt.

Mit dieser Kritik an der Sicht des Chemikers, der das Leben chemisch ansah, ist der Weg frei zur philosophischen Auffassung der Themenfrage, der jetzt der dritte Schritt dieser Überlegungen gilt. Des Lesers entsetztes Vorblättern zum Inhaltsverzeichnis, wie lange das denn noch gehe, versuche ich mit dem Hinweis zu beschwichtigen, daß es ab jetzt ganz kurz geht.

III. Chemie vom Leben aus gesehen

Drei der in der Themenfrage vorkommenden Begriffe – Leben, Erklärung, Subjektivität (verdeckt) – sind bereits behandelt, es fehlt nur noch der vierte, die Chemie. Was ist Chemie? Wenn wir einer Autorität wie Rudolf Christen folgen wollten, und das sollten wir, dann ist sie die „Wissenschaft, die sich mit den Ursachen und Wirkungen von Elektronenabgabe, -aufnahme und -verteilung zwischen Atomen und Molekülen befaßt".

Der Philosophierende, der seit Sokrates' Zeiten auf dem Marktplatz wie im Hörsaal Menschen, die eigentlich Besseres zu tun haben, mit seinen Fragen nervt, der Philosophierende ist damit noch nicht zufrieden. Zwei Fragen mindestens bleiben noch. Was heißt hier Wissenschaft? Und warum betreibt man sie?

Bei genauerer Untersuchung der historischen Entwicklung von neuzeitlicher Naturwissenschaft gehören die beiden Fragen aufs engste zusammen. Die alte

---

[3] Vgl. dazu auch R. Spaemann / R. Löw, Die Frage Wozu. Geschichte und Wiederentdeckung des teleologischen Denkens, München: Piper, [3]1991, 243–260.

aristotelische Qualitätenchemie wurde nämlich im 16./17. Jahrhundert, von Bacon bis Boyle nicht abgelöst, weil etwa ein besseres Konzept für die Erklärung von Qualitätsänderungen zur Verfügung gestanden hätte, sondern deswegen, weil das, was man in ihr wußte, sich nicht zur Naturbeherrschung eignete.[4] Genau diesen Zweck aber sollte die „neue Wissenschaft" haben, nämlich „uns zu Herren und Meistern der Natur zu machen" (Descartes).

Wissen, so definierte Hobbes im 17. Jahrhundert, heißt: Wissen, was man mit einem Ding anfangen kann, wenn man es hat. Dieser Zusammenhang der „Wahrheit" der Sätze der Chemie auf der einen Seite mit ihren praktischen Interessen und theoretischen Voraussetzungen auf der anderen ist im Verlauf der Jahrhunderte über ihren Erfolgen verlorengegangen, und dabei gilt er heute genauso wie damals. Deswegen würde ich gern die – auf naturwissenschaftlicher Ebene sehr einleuchtende – Definition von Christen ergänzen durch folgenden Horizont:

Die Chemie ist die Lehre von den Gesetzmäßigkeiten bei Qualitätsänderungen von Substanzen, die für den Menschen in irgendeiner Weise interessant sind. Theoretisch sind ihr vorausgesetzt die Annahme ganz bestimmter Definitionen der Begriffe von z.B. Bewegung, Naturgesetz, Erklärung, Materie, Element, Qualität, Substanz usf., welche sich im Wandel der Zeit auch wandeln können und zwar – das ist ganz wesentlich – sowohl gemäß ihrer Brauchbarkeit im Sinne der Umsetzbarkeit in die chemische Praxis, als auch gemäß ihrer Angemessenheit der Wirklichkeit des Phänomens gegenüber. Die Frage der Brauchbarkeit ist nämlich zunächst eine rein innerchemische Frage, die der Wahrheit – also Angemessenheit im Sinne einer adaequatio – eine philosophische. Das heißt *nicht*, daß Chemiker darüber gefälligst nicht zu diskutieren hätten, ganz im Gegenteil: sie sollten sich *auch* Angemessenheitsgedanken machen – es wird gleich ein Beispiel folgen –, nur dürfen sie dabei nicht aus den Augen verlieren, daß sie dann: philosophieren.

So weit die Chemie im engeren Sinn. Im weiteren Sinn gilt für die Chemie wie generell für alle Naturwissenschaft und ihre Anwendung in der Technik, daß sie hochspezialisierte Handlungsweisen von Menschen sind. Sie stehen als diese jederzeit unter ethischen Kriterien, sind also prinzipiell nicht wertfrei oder wertneutral, sondern, jedenfalls bis in die jüngste Gegenwart hinein, in der Regel ausgesprochen wert*voll*. Sie abstrahieren zwar von bestimmten Phänomenen der

---

[4] Vgl. R. Löw, Chemie – wie organisch ist sie?, *Enzyklopädie Naturwissenschaft und Technik. Jahresband 1983,* Landsberg: MJ, 1983, 66–71, sowie ders., Die Auflösung der Qualitätenlehre in der Philosophie der Neuzeit, *Zeitschrift für Didaktik der Philosophie*, H. 4 (1985), 206–216.

Gesamtwirklichkeit, von Sinnerfahrung etwa oder von Subjektivität. Aber sie können dann natürlich diese Phänomene innerhalb ihrer selbst prinzipiell nicht mehr in den Blick bekommen. Als unter ethischen Kriterien stehend sind Biologie resp. Naturwissenschaft und Technik rechtfertigungs*fähig*, und im Normalfall auch gerechtfertigt. Aber in Grenzfällen, beispielsweise dem gentechnologischen Umgang mit menschlichem Erbgut, bei der Dezimierung natürlicher Arten oder generell der Umweltzerstörung usf., werden sie rechtfertigungs*bedürftig*, und dafür ist dann die ethische Debatte erforderlich. Nicht die Naturwissenschaft also liefert die Prinzipien für die Ethik (übrigens auch keine Sozialwissenschaft oder Psychologie o.ä.), sondern Ethik im Verhältnis zur Naturwissenschaft kann vernünftigerweise nur heißen: philosophische Ethik angewandt auf problematische Handlungen und Handlungsfolgen im Bereich der Naturwissenschaften.

IV. Chemie und *richtiges* Leben (Ethik)

Zwei konkrete und aktuelle Beispiele können diese Auffassung der Chemie als spezialisierter Handlungsweise in ihrer Brisanz verdeutlichen. Das erste Beispiel stammt aus der Gentechnologie, und zwar ihrem einzig kategorisch *nicht* zu rechtfertigenden Bereich, dem Eingriff an der befruchteten menschlichen Eizelle, fachterminologisch: Gentherapie in der Keimbahn.[5] Die ethischen Gründe lasse ich beiseite, um die geht es nicht, wohl aber um ihr Fundament, die Voraussetzung dafür, daß ethische Gründe überhaupt greifen können. Das ist die Einschätzung der befruchteten menschlichen Eizelle. Was ist sie?

Man hört häufig, es handle sich dabei um nichts als eine hochkomplexe organisch-chemische Verbindung, die sich unter dem Mikroskop nicht von einer befruchteten Hamstereizelle unterscheide. Der Präsident des Bundesverfassungsgerichtes sprach seinerzeit von einem „himbeerähnlichen Gebilde". Freilich könnte man hiergegen einwenden: der Wissenschaftler, der eine solche Ansicht vertritt, ist selbst natürlich auch nur eine hochkomplexe organische Verbindung, mit 90 % Wasser, der Rest Kohlenstoff, Stickstoff, Sauerstoff usf. Die Frage ist, ob mit dieser Feststellung der Forscher und die befruchtete Eizelle in ihrem Wesen getroffen sind. Der Forscher möge für sich selbst sprechen, die befruchtete Eizelle, die dies nicht kann, ist auf unsere Verteidigung angewiesen. Das Argument, wie etwas unter einem Mikroskop aussieht, ist genauso gut wie das,

---

[5] Vgl. dazu R. Löw, Leben aus dem Labor. Gentechnologie und Verantwortung, Biologie und Moral, München: Bertelsmann, 1985.

daß ich sagen könnte: ich sehe als Kletterer in einer Wand ein paar hundert Meter unter mir andere Kletterer wie Ameisen. Ist es aber moralisch von derselben Qualität, wenn ich ein paar Steine auf sie hinunterlasse? Und bei der befruchteten Eizelle gilt: Sie ist in Wirklichkeit von Anfang an physischer Mensch, wenn auch in der Form eines teleologisch verfaßten Keimes.

Die Frage also: was *ist* das?, kann in beiderlei Weise, wie eben gesagt, beantwortet werden: hinsichtlich der Brauchbarkeit oder hinsichtlich der Wahrheit. Denn natürlich: dieser Keim ist *auch* eine chemische Verbindung, und ich kann mir viele schöne Brauchbarkeiten ausdenken, die dabei herauskommen, wenn ich den Keim im künstlichen Uterus großziehe und mit ihm experimentiere. Analog könnte auch ein Klon, also ein identischer eineiiger Zwilling, zeitversetzt gezeugt, als brauchbar angesehen werden: in den USA wird ernsthaft diskutiert, ob man nicht mit so einem Klon, den man etwa um die 35 Jahre von sich herstellen lassen sollte, später ein Organersatzteillager für Notfälle besitzen sollte, mit dem großen Vorteil, daß sowohl die Beschaffungs- als auch die Immunproblematik wegfallen. Und medizinisch analog hierzu ist die chemische Einschätzung des Erwachsenen, der Vorschlag eines amerikanischen Entscheidungstheoretikers für folgenden Fall: zwei vierzigjährige Familienväter sind dem Tod geweiht, wenn nicht der eine ein Spenderherz, der andere eine Spenderleber transplantiert bekommt. In einem solchen Fall, so der Wissenschaftler, sollte eine Lotterie einen dreißigjährigen Junggesellen ermitteln, den man dann – natürlich auf humanste Weise – umbringt und jagdgerecht ausweidet, denn: zwei Leben sind besser als eins.

Für alle Fälle gilt: der Verzicht auf Wesensaussagen, hier etwa auf den Begriff der Würde eines Menschen, die nicht gegen Werte aufgerechnet werden darf und kann, dieser Verzicht ist der gerade Weg in die Unmenschlichkeit.

Aber – und das leitet zum zweiten Beispiel über – das ist weder ein Argument gegen die Gentechnologie und schon gleich nicht gegen die Naturwissenschaft und Technik insgesamt. Es sind immer nur Fallklassen von Handlungen, die auf ihre Rechtfertigungsbedürftigkeit und -fähigkeit überprüft werden müssen. Und es ist auch keine praktikable Alternative, nun die „Natur an sich" schützen zu wollen, wie das bisweilen vorgeschlagen wird, so daß nicht nur Menschen und Lebewesen Rechte haben, sondern auch Steine und Landschaften. Bis in den Bundestag hinein, bei fast allen Parteien mittlerweile, wird so diskutiert. Das ist deswegen gefährlich, weil die Annahme eines absoluten Naturschutzes dem Menschen nur zwei Möglichkeiten offenläßt: entweder zu verhungern – denn wie können es gewisse Parteiungen wagen, die gegen Fleisch argumentieren, den armen Pflanzen das Leben zu nehmen? Gerade diese Parteiungen müßten um so massiver auftreten, obwohl C.S. Lewis schon 1940 die Demonstranten voraussah, die dann mit dem Schild kämen: „Warum soll Salz leiden?"

Die reale Alternative und Konsequenz aus einem *absoluten* Naturschutz „an sich" ist freilich eine ganz andere. Es wird der Willkür des jeweiligen Ministers überlassen, was er unter „absolut" oder „an sich" verstehen will. Ein grüner Minister könnte z.B. verbieten, daß Wiesen und Wälder betreten werden, wegen derer Rechte auf Ungestörtheit, und ein schwarzer Minister könnte z.B. sagen, daß die Isar, solange in ihr noch über 50 % H_2O enthalten sind – das ist parlamentarisch immerhin die absolute Mehrheit –, in ihren Eigenrechten nicht beeinträchtigt ist.

Fazit dieses vierten letzten Punktes:
Natur- und Umwelthysterie sind genauso abstrakt und letzten Endes die Humanität verfehlend wie die Ansicht, Natur sei nichts als ein menschliches Selbstverwirklichungssubstrat.

Schluß

Blicken wir zum letzten Mal auf unsere Themenfrage, „Chemie und Leben – kann die Chemie das Leben erklären?". Es hat ein berühmter Philosoph die Chemie als die vornehmste aller Naturwissenschaften bezeichnet, weil sie sich mit den natürlichen Qualitäten, den Lebensprozessen von der Assimilation bis zu Nerven und Sinnesleistungen des organischen Lebens einschließlich des Menschen beschäftigt *und* mit deren *an*organischen Voraussetzungen. Sie ist die vornehmste, schrieb er, denn sie entläßt Biologie und Physik als Abstraktionen aus sich, mit einer Bereichseinengung auf das Lebendige hier und das nur Materielle dort. Nur: diese Hochschätzung ist eine Erklärung des Lebewesens Friedrich Wilhelm Josef Schelling über die Chemie, und keine Erklärung der Chemie über Schelling.

Erfahrungsverluste.
Lebensvorzüge und Lebensweltferne der Chemie

Hermann Lübbe

Die Zukunft der technischen Zivilisation und damit die Zukunft der Industriegesellschaft hängt nicht nur von ökonomischen Faktoren ab. In letzter Instanz hat diese Zukunft den Charakter einer moralischen Herausforderung.

Entsprechend ernst muß man es nehmen, daß unsere Zivilisationsgenossenschaft dabei zu sein scheint, sich von ihren technisch-industriellen Lebensgrundlagen emotional zu distanzieren. Der so gekennzeichnete Vorgang wirkt sich inzwischen höchst real aus. Man muß nicht Experte sein, um solche Auswirkungen erkennen zu können. Festungsarchitektur rechneten wir doch bislang vorindustriellen Epochen unserer Geschichte zu. Ihre Meisterleistungen, die, soweit noch vorhanden, längst musealisiert sind, entstammen bekanntlich dem Barock-Zeitalter.

Inzwischen ist Festungsarchitektur als Teil moderner Industriearchitektur neu erstanden. Aufmerksamer Passantenblick genügt, um auf die typischen Attribute industriebaulicher Abwehrtechnik aufmerksam zu werden. Werke der Kernenergieproduktion und der chemischen Produktion zumal werden heute stets festungsanalog errichtet – von unüberwindlichen, stacheldrahtgekrönten Mauern umgeben, deren Tore stahlbewehrt und damit geeignet sind, Durchbruchsversuche schwerer Fahrzeuge aufzuhalten. Laufgänge für Patrouillen oder Hundestaffeln durchziehen das Gelände. Automatisch arbeitende Kameras tasten jeden relevanten Geländepunkt ab und tote optische Winkel werden planerisch konsequent vermieden. Lichtflutanlagen sind installiert und geeignet, die Szenerie nachts in Tageshelle zu tauchen. Man darf sicher sein, daß für den Alarmfall Polizeieinsatzpläne vorbereitet und eingeübt sind, und die kleine präsente Sicherungsmannschaft besteht keineswegs, wie die uns wohlvertrauten Besatzungen von Pförtnerstuben früherer Zeiten, vorzugsweise aus Schwerbeschädigten oder älteren Herren im Rentneralter. – Kurz: Die Stätten industrieller Produktion haben sich in etlichen und überdies infrastrukturell wichtigen Fällen in Festungen transformiert. Die Zahl der Feinde, gegen die sich das richtet, mag ja sehr klein sein. Jedenfalls reicht sie aus, die skizzierten Abwehreinrichtungen zu erzwingen. Selbst aus der Perspektive des schlichten Ferienreisenden, der im IC-Zug an einer der neuen Industriefestungsanlagen vorbeifährt, hat sich damit die Lage, in der wir uns alle befinden, sichtbar geändert.

Was wird hier mit solchem enormen Aufwand abgewehrt? Die zuerst immerhin in den USA verwendete Kennzeichnung „Technikfeindschaft" wird plötzlich sprechend. Die Zahl der Bürger nimmt zu, die von Auswirkungen dieses Affekts sich direkt bedroht finden. Bei jedem Besuch hochrangiger Vorstandsmitglieder bedeutender Unternehmen unserer Industrie trifft man heute in einem der Vorzimmer jene durchtrainierten jungen Männer an, die rund um die Uhr Funktionen als Body-Guards wahrzunehmen haben.

Mit solchen Schilderungen ließe sich lange fortfahren. Als Begriff, unter den man das bringen kann, bietet sich der Begriff der inneren Grenzen an. Während die äußeren, nämlich staatlichen Grenzen in Europa immer durchlässiger werden, nimmt im Industriekomplex die Zahl der Bereiche zu, die durch unüberwindbare Sicherungsanlagen gegenüber ihrer Umwelt ausgegrenzt sind.

Gewiß: Das sind extreme Auswirkungen aktueller technik- und industriekritischer Befindlichkeiten. Aber auch in moderaten Verhaltensweisen und Aktivitäten spiegeln sich diese Befindlichkeiten – von den Demonstrationen unserer Bürgerinitiativen, die sich gegen neue Verkehrsbauten richten, bis hin zu den wachsenden Schwierigkeiten, die unsere Gemeinderäte haben, konsensfähige Standorte für Industrieanlagen oder Entsorgungsbetriebe zu finden.

Es wäre verwunderlich, wenn nicht auch im luftigen Reich der Literatur unsere neuen Befindlichkeiten ihren Ausdruck fänden. Es gibt die traditionsreiche Literaturgattung der Utopie. Seit sie unter diesem Namen auftreten, also seit dem ersten Drittel des 16. Jahrhunderts, haben die Utopien über das Aufklärungszeitalter hinweg bis in den Beginn unseres eigenen Jahrhunderts hinein in den allermeisten Fällen den Status von Heils-Utopien. Das heißt: Der wünschenswerte, bessere Zustand der Dinge wird literarisch projiziert – zunächst in den unbekannten Raum auf ferne Inseln und dann, nachdem man im späten 18. Jahrhundert den als Fortschritt gedeuteten evolutionären Verlauf des Geschichtsprozesses entdeckt hat, an den Zukunftshorizont. Inzwischen haben sich die Heils-Utopien fast ausnahmslos in Unheils-Utopien verwandelt. Orwells *1984* ist das bekannteste Exempel dieser neuen Unheilserwartung. 1984, im Orwell-Jahr, wurde weltweit publizistisch-feuilletonistisch Bilanz gezogen, und die übergroße Mehrzahl der Kommentatoren zeigte sich geneigt, Orwell recht zu geben: der sogenannte technische Fortschritt sei inzwischen zur Bedrohung von Freiheit und Lebensqualität geworden.

In der Schilderung solcher Symptome für den Befindlichkeitswandel in modernen Industriegesellschaften ließe sich lange fortfahren – von der Hollywood-Schreckensfilmproduktion bis zur Sprayer-Kultur mit ihrer allgegenwärtigen Gewißheit „No future". Was sind die Gründe dieses Befindlichkeitswandels? Sie sind Legion. Fünf dieser Gründe seien hier ausgewählt – zuerst benannt und dann erläutert. Worum handelt es sich?

Erstens haben wir es mit Befindlichkeitsfolgen zivilisationsspezifischer Zurechenbarkeitsexpansion zu tun.

Zweitens wirkt sich wohlfahrtsabhängiger Anstieg unserer Wohlfahrtsansprüche aus und damit unsere sicherheitsbedingt schwindende Risikoakzeptanz.

Drittens breitet sich fortschrittsabhängig Erinnerungsschwund aus.

Viertens belasten uns Erfahrungsverluste.

Fünftens tritt eine medial bedingte Aufmerksamkeitsverknappung ein.

Die so benannten Gründe, die auf die Emotionalität in unserem Verhältnis zu unseren industriegesellschaftlichen Lebensgrundlagen einwirken, sind kraft ihrer bloßen Benennung noch nicht voll verständlich. Sie sollen im folgenden erläutert werden.

Erstens wirkt sich also auf unsere Befindlichkeit die zivilisationsspezifische Zurechenbarkeitsexpansion aus. Diese Zurechenbarkeitsexpansion ergibt sich aus dem Fortschritt in der Verwandlung von Lebensvoraussetzungen in Arbeitsprodukte. Die Folgen dieses Vorgangs berühren nicht zuletzt die Akzeptanz von Lebensrisiken in elementarer Weise, und zwar bis in unsere Alltagslebenspraxis hinein. Unerwarteter Verlust des sehnlichst erwarteten Kindes zum Beispiel war bislang stets einer der Schicksalsschläge, die in ihrer Unverfügbarkeit hinzunehmen waren. Die rationale Form, sich zu ihnen in Beziehung zu setzen, war Religion: Risikoakzeptanz als Sich-Fügen in Gottes unerforschlichen Ratschluß. Eine ungleich größere Lebenslast hat evidenterweise demgegenüber jene moderne werdende Mutter zu tragen, die den Verdacht nicht ausschließen kann, sie habe ihr gleichfalls sehnlichst erwartetes Kind in der Folge des Eingriffs zur pränatalen Überprüfung seines Gesundheitszustandes verloren. Zu den außerordentlichen Fortschritten der Medizin gehören ja gegenwärtig auch die Fortschritte in dieser pränatalen Diagnostik, und der Anteil der werdenden Mütter wächst kontinuierlich, die sich der Möglichkeiten dieses Fortschritts bedienen – zumeist freilich in der bedingten Absicht, einen Schwangerschaftsabbruch vornehmen zu lassen, sofern eine nichttherapiefähige Schädigung des Nasciturus festgestellt wird. Wird statt dessen die Geburt eines lebensfrischen, gesunden Kindes verheißen und verliert nun die werdende Mutter, wie es, wenn auch sehr selten, gelegentlich vorkommt, ihr Kind vorgeburtlich in der Folge des ärztlichen diagnostischen Eingriffs, so liegt auf der Hand, welche Konsequenzen veränderter Einstellung zum Kindesverlust sich ergeben müssen. Was die Betroffene früher als ein Ereignis aus Vorgängen unverfügbarer Natur ereilte, hat jetzt den Charakter einer Handlungsnebenfolge, in bezug auf die sich die Frage ihrer Verantwortung stellt. Die Selbstanklagebereitschaft wächst. Mit Sätzen von der Form „Hätte ich doch nicht ... !" wird die eigene Sorgfalt, die einen den Arzt für die fragliche diagnostische Leistung in Anspruch nehmen ließ, in ihrem guten und vertretbaren Sinn in Frage gestellt. Und nicht selten wird aus solcher Selbstanklagebereitschaft dann Anklagebereitschaft. Ein Verschulden des Arztes wird vermutet, ja unterstellt und dabei tunlichst beiseitegeschoben, daß nicht jegliches Unglück, zu dessen notwendigen Eintrittsbedingungen auch ein Handeln gehört, dem Handelnden allein schon deswegen als ein von ihm verschuldetes Unglück angelastet werden kann. Nicht, daß die Religion im Kontext solcher Lebensumstände gar keinen Ort mehr hätte. In letzter Instanz bleibt ja jedes Unglück eben ein Unglück ganz unabhängig von der Frage, ob es moralisch oder gar rechtlich einem handelnd beteiligten Subjekt zugerechnet werden kann oder nicht, das heißt, es bleibt, nachdem es nun einmal eingetreten ist, ein Bestand von schlechthinniger Unverfügbarkeit und will, wenn anders das betroffene Subjekt seine Realitätsfähigkeit nicht verlieren will, als solcher angenommen sein. Vor diese religiöse Wirklichkeitsannahme schiebt sich nun aber die moralische, rechtliche und gegebenenfalls auch politische Validierung der uns betreffenden Wirklichkeit.

Das gilt über den exemplarisch vergegenwärtigten Fall hinaus heute in allem. Der Umkreis der Lebensvoraussetzungen, von denen wir uns abhängig wissen und für die es zugleich Verantwortlichkeiten gibt oder für die es Verantwortlichkeiten zu konstituieren gilt, expandiert zivilisationsspezifisch, und der relative Anteil derjenigen Lebensvoraussetzungen nimmt ab, in bezug auf die wir nicht nur in letzter Instanz, vielmehr auch schon in erster Instanz auf ihre religiöse Annahme verwiesen wären. Im allesumfassenden Extrem würde die fortschreitende Transformation von Lebensvoraussetzungen in unsere eigenen Hervorbringungen bedeuten, daß schließlich sogar der Unterschied, den es macht, ob wir überhaupt sind oder nicht vielmehr nicht sind, als ein moralisch, ja rechtlich verantwortungsbedürftiger Bestand angesehen und behandelt wird. Dieser Gedanke ist alles andere als fiktiv. Von der modernen Regelpraxis, im Anschluß an das diagnostisch festgestellte Vorliegen einer therapeutisch nicht behebbaren Schädigung des Nasciturus diesen abzutreiben, war schon die Rede. Aber auch insoweit bleibt selbstverständlich ärztliche Kunst sowohl als Diagnose wie als Eingriff grundsätzlich fehlbar, so daß es vorkommt, daß man sich, statt wie verheißen gesund, schwer geschädigt zur Welt gebracht findet. Analog kommt es auch vor, daß man, bei richtiger Diagnose einer vorliegenden Schädigung, absichtswidrig dennoch geboren wird, weil der ärztliche Versuch rechtzeitiger Verhinderung dessen kunstfehlerbedingt scheiterte. Solche Fälle sind gar nicht so selten, und entsprechend häufig sind inzwischen auch die Fälle, in denen geschädigt zur Welt gekommene Kinder, vertreten durch Eltern und Anwalt, vorm Zivilrichter vom fehlbaren Arzt Ersatz für den Schaden begehren, den im Kontrast zum höheren Wert ihrer Nicht-Existenz die absichtswidrig zum Faktum gewordene eigene geschädigte Existenz repräsentiert. Es beruhigt zu hören, daß, bis auf einen einzigen Fall in den USA, von unseren Gerichten eine haftrechtliche Verpflichtung zum Ersatz des Schadens der eigenen Existenz („wrongful birth") zu Lasten beteiligter Ärzte regelmäßig nicht anerkannt worden ist. Der archaischen Klage „Oh, wäre ich nie geboren!" verbleibt somit ihr Ort in jenem Lebenszusammenhang, zu dem wir uns einzig religiös noch verhalten können. Die Verwandlung der Frage, die man in Überbietung der literarisch vertrauten Alternative, zu sein oder nicht zu sein, als die Alternative, glücklich zu sein oder gar nicht zu sein, kennzeichnen könnte, in eine Rechtsfrage ist bislang nicht erfolgt. Immerhin pflegen unsere Zivilgerichte inzwischen in den skizzierten Fällen regelmäßig einen Anspruch auf Ersatz des Schadens der besonderen Aufwendungen anzuerkennen, die aus der Fristung der absichtswidrig geschädigt zur Welt gekommenen Existenz resultieren, und das sind Schäden, die sich doch einzig durch rechtzeitige Überführung der fraglichen Existenz in die Nicht-Existenz hätten vermeiden lassen.

So oder so: Der in Abhängigkeit von den Fortschritten der Reproduktionsmedizin ständig wachsende Anteil derjenigen Kinder, die als Wunschkinder oder gar nicht zur Welt kommen, ist ein besonders eindrückliches Exempel für die zivilisationsspezifische Transformation von Lebensvoraussetzungen und Lebenstatbeständen in Handlungsresultate, und es ist evident, wie in Abhängigkeit von diesem Vorgang sich die Bereitschaft zur Akzeptanz von Lebensrisiken – im skizzierten Fall die Selbstakzeptanz der nunmehr als Risiko wahrnehmbar gewordenen eigenen Existenz – mindern muß. Schlimme Folgen aus Handlungen sind ungleich weniger akzeptabel als schlimme Folgen aus Prozessen bloßer Natur, und der Zivilisationsprozeß, noch einmal, ist ein Prozeß der Verwandlung dieser in jene. Das wirkt sich irreversibel auf unser Risikoakzeptanzverhalten aus, und zwar ganz unabhängig von der Beantwortung der Frage, ob unser Leben industriegesellschaftsabhängig nun sicherer oder unsicherer geworden sei.

Es bedarf wohl kaum noch der exemplarischen Vergegenwärtigung dieses befindlichkeitspraktisch überaus relevanten Vorgangs der Verwandlung von

Lebensvoraussetzungen in Handlungsresultate am Beispiel der Chemie. Für den pharmazeutischen Bereich gilt: Nicht trotz der segensreichen Wirkungen der Medikamente, vielmehr ihretwegen berühren uns ihre unvermeidlichen und mehr noch ihre nicht vorhergesehenen Nebenwirkungen in irreversibler Weise. Die Contergan-Katastrophe demonstriert uns das, und diese Katastrophe ist, weil ihre Betroffenen als inzwischen längst Erwachsene unter uns leben, als Katastrophe von Dauerwirkung Gegenwart geblieben. Tierversuche in der Erprobung Thalidomid-haltiger Schlafmittel hatten nicht erkennen lassen, daß die Einnahme dieser Mittel beim Menschen zwischen dem 31. bis 51. Schwangerschaftstag beim Embryo Mißbildungen der Extremitäten bewirkt. Auf die rechtliche Validierung dieses Falls kommt es hier im Detail nicht an. Entscheidend ist zu erkennen, daß wir in Abhängigkeit vom wissenschaftlich-technischen und industriellen Fortschritt bis ins Faktum unserer eigenen Existenz hinein zumal die Lebenslasten, die wir zu tragen haben, als Resultate der uns betreffenden Handlungen oder Unterlassungen anderer wahrnehmen. Der Raum der Zurechenbarkeiten expandiert und mit ihm unsere Bereitschaft, ja Verpflichtung, Verantwortlichkeiten festzustellen und in Anspruch zu nehmen.

Zweitens ändern sich unsere Befindlichkeiten kraft wohlfahrtsbewirkten Anstiegs unserer Wohlfahrtsansprüche. Man vergegenwärtige sich, was hier vor sich geht, am Beispiel der berühmt-berüchtigten Gesundheitsdefinition der Weltgesundheitsorganisation, derzufolge Gesundheit ein Zustand uneingeschränkten physischen, psychischen und sozialen Wohlbefindens sein soll. Eine solche Vorstellung dessen, was es heißt, gesund zu sein, hätte noch im 19. Jahrhundert als vermessen, ja als gottversucherisch gelten müssen. Vor Beginn des Industriezeitalters betrug die durchschnittliche Lebenserwartung weniger als die Hälfte der heutigen. Leistungen der Medizin und der Pharmazie, überdies der Anstieg des hygienischen Lebensniveaus, der seinerseits von der Verfügbarkeit von Reinigungsmitteln sowie über verbesserte Entsorgungstechniken möglich wurde, lassen uns heute gesünder und mit längerer Lebenserwartung als jemals zuvor existieren, und nichtsdestoweniger finden wir uns in unseren Ansprüchen und Erwartungen nicht saturiert, vielmehr ganz im Gegenteil zusätzlich angestachelt. Noch um die Mitte des 19. Jahrhunderts wurden Arzt und Apotheker zumeist nur in schwerwiegenden Fällen in Anspruch genommen. Heute verfügen wir alle über eine Hausapotheke – wohlassortiert mit allerlei Mittelchen, deren Zweck einzig die Vertreibung jedes leichten morgendlichen Unwohlseins ist, das seinerseits sich als Folge eines nicht ganz so solide verbrachten Vorabends darstellt. Das ist kein Paradox. Mit der objektiven Steigerung des Niveaus unserer Sicherheiten gewinnen verbleibende oder auch neu hinzutretende Sicherheitsmängel an

Unerträglichkeit. Dieser Vorgang mag näherer psychologischer Aufklärung zugänglich sein. Alltagspraktisch bedeutet das immer wieder einmal, daß der Mißbefindlichkeitspegel steigt in Abhängigkeit vom Niveau unserer Erwartungen, die ihrerseits über Erfahrungen mit modernen Möglichkeiten der Anspruchsbefriedigung wachsen.

Das läßt sich bis in die Beiläufigkeiten moderner Alltagsverbringung hinein beobachten. Noch Anfang der dreißiger Jahre gehörten zur Standardausrüstung eines deutschen Haushalts Läusekämme. Auch auf gehobenem sozialem Niveau war das so, nämlich der Kinder wegen, die in der Volksschule nahezu unvermeidlich Läuse einfingen, von denen sie dann befreit werden mußten. Inzwischen sind unsere Ansprüche, die wir an die Haarpflege stellen, weit über die Läusefreiheit, die ja immerhin noch eine hygienische Seite hatte, hinaus angestiegen. Duftig, locker, elastisch – so verheißt es die Werbung der kosmetischen Industrie. Die Hautärzte bekommen es dann mit den Folgen einschlägiger Übertreibungen zu tun. Die hier gegebenen oder doch vermuteten Kausalitäten werden auf den Gesundheitsberatungsseiten unserer Familien- und näherhin Frauenpresse dargestellt, und unsere Ansprüche auf Nebenfolgenfreiheit der von uns genutzten Präparate wachsen. Das löst dann im günstigen Falle marktmäßig nutzbare innovatorische Impulse aus. Fortschritt findet objektiv statt. Aber aus prinzipiellen Gründen bleibt die Befriedigungswirkung des Fortschritts fortschreitend hinter diesem zurück.

Drittens bewirkt der Fortschritt Erinnerungsschwund, über den wir vergessen, was uns den Fortschritt noch gestern oder vorgestern als Fortschritt feiern ließ. In konstanten Kulturen haben wir mit Erinnerungen keinerlei Schwierigkeiten. Konstanz unserer Lebensverhältnisse bedeutet ja Übereinstimmung der Lebenswelt, in der wir uns gegenwärtig befinden, mit der Lebenswelt unserer Großeltern und unserer entfernteren Vorfahren. Die Gegenwart im lebenspraktischen Sinn, das heißt die temporale Extension gleichbleibender Lebensverhältnisse, umspannt viele Generationen. Chronologisch weit voneinander Entfernte befinden sich in historischer Nähe zueinander. In einer dynamischen Zivilisation hingegen schrumpft die Gegenwart. Die Zahl der Generationen wird geringer, über die zurückzublieben bedeutet, in eine andere, historisch weit entfernte, schließlich kaum noch verständliche Welt zu blicken. Das historische Bewußtsein kompensiert diesen Verfremdungseffekt evolutionsabhängig zunehmender Gegenwartsschrumpfung. Deswegen blüht just in der modernen Welt die historische Kultur vom Museum bis zur Denkmalpflege und von der professionellen Historiographie bis zur Verkürzung der Abstände zwischen den runden Jahren, die zu Jubiläumsveranstaltungen verpflichten.

Aber auch diese Leistungen historischer Kultur kompensieren den für moderne Zivilisationen charakteristischen änderungstempobedingten kulturellen Vertrautheitsschwund stets nur partiell. Daher nimmt die Wahrscheinlichkeit zu, daß wir uns heute der Wohltaten des Fortschritts von gestern nicht mehr erinnern. Das beeinflußt dann unser Urteil über Nutzen und Nachteil der modernen Zivilisation heute. Wer kann denn – vom Spezialisten der Medizin- und Pharmaziegeschichte einmal abgesehen – heute noch wissen, daß vor der Erfindung der Sulfonamide, also noch Anfang der dreißiger Jahre, eine bakterielle Lungenentzündung für Männer im Alter von über sechzig Jahren in mehr als der Hälfte der Fälle den Tod bedeutete?

Das berühmt-berüchtigte DDT ist heute als Insektizid in fast allen Ländern verboten. Die Gründe dieses Verbots sind inzwischen jedem aufgeweckten Gymnasiasten geläufig. Nicht ebenso geläufig pflegt diesem Gymnasiasten zu sein, daß in der Türkei fünf Jahre nach dem Ende des Zweiten Weltkriegs noch weit über eine Million Malariakranke gezählt wurden, inzwischen aber diese Krankheit ihren epidemischen Charakter verloren hat, und zwar über DDT-Einsatz zur Bekämpfung der sie verbreitenden Mücke.

Mit der Beschreibung solcher lebensrettenden Wirkungen moderner Chemie ließe sich lange fortfahren – von Zentralafrika bis nach Südasien. Aber leiden denn diese Weltgegenden nicht ohnehin an Überbevölkerung? – So wird zurückgefragt. Auf der Ebene der Kausalitäten, um die es sich hier handelt, ist diese Frage berechtigt. Moralisch ist sie irrelevant; denn wir leben nicht in einer Kultur, die es uns moralisch verstattete, auf Lebensrettungsmöglichkeiten mit dem Argument zu verzichten, es gäbe ja ohnehin schon mehr als genug Lebende.

Wie auch immer: In einer dynamischen Zivilisation wird es uns über erinnerungslöschende Effekte der Gegenwartsschrumpfung erschwert, die Schädlichkeitsnebenfolgen der wissenschaftlichen und technischen Evolution, die zu bagatellisieren in der Tat nicht der geringste Anlaß besteht, mit dem Nutzen dieser Evolution abzuwägen, um dessentwillen wir sie noch gestern als Fortschritt gefeiert haben.

Analog zu den Befindlichkeitsfolgen unseres modernitätsspezifischen Erinnerungsschwundes steht es auch mit den Folgen unseres Vergessens der wohltätigen Wirkungen des Wissenszuwachses. Wir wissen heute gemeinhin nichts mehr von den durchaus massenhaften Bleivergiftungen durch Nutzung von Zinngeschirr, von analogen Vergiftungen durch oxydiertes Kupfergerät in alten Küchen; und über die schwerwiegenden Folgen schleichender Vergiftung durch Nutzung alter Heilsalben, die antimon- und quecksilbersalzhaltig waren, weiß heute einzig noch pharmaziehistorische Spezialliteratur zu berichten. Leiden früherer Generationen sind hier durch puren Wissenszuwachs über Vermeidenshandlungen aus der Welt geschafft worden. Aber wir wissen davon gemeinhin nichts mehr und haben entsprechende Schwierigkeiten, über Nutzen und Nachteil des Zivilisationsprozesses erinnerungsgesättigt zu urteilen.

Viertens bewirken Erfahrungsverluste Veränderungen im Verhältnis zu unseren wissenschaftlich-technischen und industriellen Lebensgrundlagen. Was ist mit dem Stichwort „Erfahrungsverluste" gemeint? Bei unseren Wirtschafts- und Sozialhistorikern lernen wir, daß vor dem eigentlichen Beginn industriegesellschaftlicher Evolutionen in jener neuen Ära der Technik, für die in metonymischer Verkürzung die Dampfmaschine stehen mag, vor gut zweihundert Jahren also, auch bei uns zwischen siebzig und achtzig Prozent aller Menschen in der Urproduktion, zumeist in der Landwirtschaft oder auch in weniger bedeutsamen Urproduktionszweigen, in der Fischerei zum Beispiel, tätig waren. Zu spätrousseauistischer Romantisierung des einfachen Lebens in den vorwiegend agrarisch geprägten Zivilisationsepochen besteht wenig Anlaß. Allein schon der Blick auf die bereits oben erwähnte damalige durchschnittliche Lebenserwartung, die weniger als die Hälfte der heutigen betrug, dürfte einen in solchen Lobpreisungen zurückhaltend machen. Zur Vorzugsseite des Lebens damals gehörte es freilich, daß die überwiegende Mehrzahl der Menschen eine höchst anschauungsgesättigte, lebenserfahrungsbewährte Beziehung zu den realen Bedingungen ihrer physischen und sozialen Existenz unterhielten. Mit leichter Emphase kann man das auch so ausdrücken: Sie kannten das Leben. Wirtschaftlich entsprach dem eine hochgradige Autarkie selbst in Lebensbedingungen, in bezug auf die heute im Regelfall an Autarkie schlechterdings nicht mehr zu denken wäre. Selbst die Wasser- und Energieversorgung ließ sich damals in den kleinen, zumeist an Familien gebundenen wirtschaftlichen Einheiten intern sicherstellen. In Lebensverbringung gespiegelt bedeutet das: Marktgänge, wo man sich der Hervorbringungen der Arbeit anderer zu bedienen hat, waren höchst selten; zwei oder drei solcher Marktgänge im Jahr, zumeist bei den Kirchtagen, genügten.

Vor dem Hintergrund dieser Kontrastskizze wird evident: Noch nie hat eine Zivilisationsgenossenschaft lebenserfahrungsmäßig ihre Lebensbedingungen weniger verstanden als unsere eigene. Gewiß sind wir heute wie nie zuvor Eigner mannigfach differenzierter Fachkompetenzen, aber eben doch auf einem anderen Gebiet als unser Nachbar oder Kollege. Auch ist das kulturell verfügbare Wissen wie nie zuvor umfangreich, und es wächst immer noch, und zwar exponentiell. Um so größer wird die Disproportionalität unserer subjektiven Rezeptionskapazitäten einerseits und der verfügbaren Information über die Welt, in der wir leben, andererseits, und aus dieser Disproportionalität resultiert wachsende Angewiesenheit auf Vertrauen. Wie in keiner Zivilisationsepoche zuvor sind wir in unserer heutigen auf Vertrauen angewiesen, und zwar in der wohlbestimmten Bedeutung des Vertrauens in die Verläßlichkeit der Leistungen des uns jeweils benachbarten Fachmanns. Daß die historisch beispiellosen Leistungen unserer Medizin gar nicht an den Mann zu bringen wären, wenn sie nicht, überwiegend, vertrauensvoll angenommen würden, ist aus seiner individuellen modernen Lebensverbringung jedermann evident. Aber auch die schon eher spezialistische Benutzung, zum Beispiel, des Taschencomputers durch den Statiker setzt Vertrauen voraus. Von den Ergebnissen der Betätigung des fraglichen Geräts hängt, in der Länge der Zeit, die Sicherheit von Millionen von Verkehrsteilnehmern oder Bürohausbenützern ab. Nichtsdestoweniger verläßt sich der fragliche Ingenieur, sozusagen blind, auf die Ergebnisse der Betätigung dieses Geräts, obwohl er doch nur in Ausnahmefällen über die Kenntnisse der Mathematik oder gar der Physik der Vorgänge verfügt, die sich hinter der Deckplatte seines Taschenrechners abspielen. In einer Runde von primär geisteswissenschaftlich Geprägten darf man sogar unterstellen, daß auch die schlichteren Vorgänge, die sich unter der Motorhaube unseres Pkw verbergen, überwiegend black-box-Charakter haben.

In der Zusammenfassung bedeutet das: Mit der Verwissenschaftlichung und Technisierung unserer zivilisatorischen Lebensvoraussetzungen gewinnt diese in wachsendem Maße black-box-Eigenschaften, und mit Vertrauen quittieren und kompensieren wir das. Indessen nimmt die Zahl der Fälle zu, in denen der gerade in modernen Gesellschaften so sehr benötigte Vertrauenskitt bröckelig wird. Das geschieht nicht zuletzt bei jenen Anhörungen, die unsere Politiker technologiepolitischen Großentscheidungen aus gutem Grund voranzuschicken pflegen. Fachleute des ersten nationalen und internationalen Geltungsranges werden gebeten, und wenn es dann vorkommt, daß sie, anstatt mit Expertenmeinung von vertrauensbegründender Einhelligkeit aufzuwarten, sich mit Anzeichen wachsender moralischer Erbitterung widersprechen, so verbleibt dem Laienpublikum, also uns allen, nichts als Urteilsenthaltung.

In der Bundesrepublik Deutschland haben wir aus den Erfahrungen der Diktatur der Nationalsozialistischen Deutschen Arbeiterpartei die plausible, wenn auch wohl nicht zwingende Konsequenz gezogen, dem Bürger fast ausschließlich Gelegenheit zur Wahl seiner politischen Repräsentanten zu geben, hingegen kaum Gelegenheit, über Sachprobleme abzustimmen. Andere, zumal auch ältere Demokratien kennen das verfassungsrechtliche Institut der Abstimmung durchaus, machen reichlich Gebrauch von ihm und das sogar in sehr komplexen wirtschaftlichen und technologischen Sachfragen. Dabei ist, in unserem Schweizer Nachbarland, von den Politologen eine über längere Zeiträume hinweg auffällig anwachsende Neigung der Bürger, „nein" zu sagen, registriert worden. Wie läßt sich das erklären? Die Erklärung scheint mir zu lauten: Es handelt sich bei diesem Nein nicht um das Nein der begründeten Ablehnung – solche Gründe hätte man ja erfahrungsverlustbedingt gar nicht zur Verfügung. Es handelt sich vielmehr um das Nein der Urteilsenthaltung unter dem Druck der Erfahrung überforderter Urteilskraft zumal in solchen Fällen, in denen auch die Fachleute ihrerseits sich uneins zeigen. Terminologisch könnte man dieses Nein als das Moratoriums-Nein auszeichnen. Als symptomatisch für diesen Bestand ließe sich der Abstimmungsslogan einer politischen Gruppierung in den USA zitieren: „Confused? Many are! When in doubt, play safe! Vote No!". Dieses Nein sicherheitshalber, bei überforderter Urteilskraft mit schwindendem Vertrauen in Expertenwissen gesprochen, läßt uns den Kern der sogenannten Akzeptanzkrise erkennen. Es handelt sich hier um einen Vorgang, der sich weder durch Gut-Zureden noch durch informationelle Aufklärung umdrehen ließe. Auch wird er nicht durch dramatisierende Medienberichterstattungen erzeugt, vielmehr lediglich allenfalls verstärkt. In der Zusammenfassung bedeutet das: Moderne Industriegesellschaften sind, erwiesenermaßen, in der Lage, hohe Grade zivilisatorischer Lebenskomplexität und auch Änderungsdynamik institutionell und psychisch zu verarbeiten, aber nicht beliebige Grade solcher Komplexität und Dynamik, und in Teilbereichen unseres gesellschaftlichen Lebens scheinen wir in die Grenzbereiche einschlägiger Verarbeitungskapazitäten eingerückt zu sein.

Jeder Chemiker vermag mühelos die Wirkungen zu ermessen, die die skizzierten Erfahrungsverluste für unser Verhältnis zu unseren chemieabhängigen Lebensvoraussetzungen haben müssen. Die Meßgröße „ppb", gar „ppt" ist mit alltagspraktisch bewährten Vorstellungen schlechterdings nicht verbindbar. Dasselbe gilt dann auch für inhaltlich durchaus korrekte Presseberichte, die uns über das Vielfache von Dioxin-Einträgen in der Nähe von Müllverbrennungsanlagen im Vergleich zur Dioxin-Normalverteilung belehren. Was „zehnmal soviel" beim Backen oder in der häuslichen Vorratswirtschaft bedeutet, pflegen wir zu wissen. Was hingegen Verzehnfachung in der Konzentration gefährlicher Gifte in ppb- oder ppt-Dimensionen bedeutet, läßt sich einzig fachlich sagen. Inzwischen wirkt aber die im übrigen ja korrekte Feststellung „Verzehnfachung".

Es wäre illusorisch anzunehmen, daß Information, populärwissenschaftliche Aufklärung, hier die jeweils benötigte Urteilskraft stiften könnte. Die Wahrheit ist, daß wissenschaftliches Wissen, didaktisch hervorragend aufbereitet und eingängig vertextet und illustriert sozial nie verbreiteter war als das heute der Fall ist. Das Wissenschaftsfeuilleton blüht, Hochschulen verbreiten Forschungsergebnisse publikumswirksam in ihren Rechenschaftsberichten. Die Wissenschaftsredaktionen der Funkmedien sind ausgezeichnet besetzt. Die Fachkommunitäten suchen bei ihren Verbandskongressen den Kontakt mit der Öffentlichkeit. Die

Industrien und ihre Verbände legen Informationsmaterial in allen Eisenbahnzügen aus. Der naturwissenschaftliche Unterricht unserer Sekundarschulen ist besser als er jemals zuvor war, und die Zahl der prominenten Wissenschaftler wächst ständig, die sich glanzvoll als Popularisatoren ihrer eigenen Disziplin betätigen.

Kurz: Einen höheren Informationsstand der Öffentlichkeit über die Forschung, ihre Ergebnisse, ihren Nutzen und Nachteil kann man billigerweise nicht erwarten. Man darf sogar vermuten, daß nicht ein Informationsmangel, vielmehr ein Informationsüberfluß herrscht und daß die Aufklärungspraxis dem Aufklärungsbedarf grundsätzlich nicht gewachsen ist. Exemplarisch bedeutet das: Die chemische Industrie wirbt, wahrheitsgemäß, mit der verbesserten Rheinwasserqualität in der Konsequenz ihrer Milliardenaufwendungen zur Verbesserung der Abwässerqualität und beschwört, schön illustriert, den „Bruder Fisch", der sich, als Angehöriger einer zeitweise verschwundenen Spezies, wieder im Fluß tummelt. Kurz darauf passiert dann das Unglück in Basel/Schweizerhalle und bindet alle unsere Aufmerksamkeiten. „Bruder Fisch" ist vorerst vergessen, obwohl er etwas weiter rheinabwärts durchaus gedeiht, und die Buchten am Rheinknie, angefüllt mit Aalkadavern, haften statt dessen als Fernsehbilder im Gedächtnis.

Fünftens verändert sich unser Verhältnis zu unseren wissenschaftlich-technischen Lebensgrundlagen in der Konsequenz jener Aufmerksamkeitsverknappung, die für alle modernen, medial integrierten Gesellschaften charakteristisch ist. Grundsätzlich gilt: Normalität, die den Hintergrund unserer Alltags- und Lebensverbringung ausfüllt, ist nicht berichtsfähig. Die Basis des Vertrauens, ohne die, wie geschildert, Industriegesellschaften unserer individuellen Erfahrungsverarmung wegen gar nicht existenzfähig wären, ist informationell uninteressant. Interessant und damit aufmerksamkeitsbindend ist der von der Normalität abweichende schlimme Fall. Diese Fälle gibt es, und mit der erwachsenden Interdependenz, die die moderne Gesellschaft über immer größere soziale und regionale Räume hinweg in ihren Teilen zusammenbindet, wirken auch Berichte über schlimme Vorfälle in anderen Teilen der Welt, die zu Goethes Zeiten noch geeignet gewesen wären, die Erfahrung eigener Sicherheit zu intensivieren, beunruhigend, und zwar zu Recht.

Gewiß gibt es auch mediale Panikmache. Gleichwohl irrt sich, wer vermeint, wir würden in eine beruhigte Befindlichkeit zurückfallen, sobald nur durchweg „objektiv" berichtet würde. Unsere realen Abhängigkeiten voneinander erstrecken sich über immer größere Räume hinweg, und zwar rascher sogar als unsere technischen und auch politischen Handlungsmöglichkeiten expandieren. Erfahrungen der Ohnmacht, ja der Bedrohtheit müssen aus strukturellen Gründen in einer solchen Lage an Intensität gewinnen.

Lebensvorzüge und Lebensweltferne der Chemie 213

Mit der Aufzählung solcher irreversibel wirkender Ursachen beobachtbaren Wandels unserer Einstellung zu unseren wissenschaftlich- technischen und industriellen Lebensgrundlagen ließe sich lange fortfahren. Es ergäbe das ein Bild der modernen Industriegesellschaft, das uns um so dringlicher nach einer Antwort auf die Frage verlangen ließe, wieso sich die moderne Industriegesellschaft, unbeschadet der beobachtbaren wachsenden emotionalen Distanz ihr gegenüber, immer noch überwiegender Massenzustimmung erfreut. Die Beantwortung dieser Frage hat leider das Mißliche, trivial zu sein. Intellektuelle Funken lassen sich daraus gar nicht schlagen; feuilletonfähig ist hier nichts. Aber wie so oft, so hat auch in diesem Fall das Triviale, das heißt das kognitiv Uninteressante, lebenspraktisch fundamentale Bedeutung. Kurz: Die unverändert überwiegende Massenzustimmung, von der die moderne Industriegesellschaft getragen ist, beruht auf der Evidenz der Lebensvorzüge dieser Gesellschaft. Befreiung des Menschen vom physischen Zwang niederdrückender Arbeit, Steigerung der Produktivität der Arbeit, dadurch Mehrung der Wohlfahrt, durch Mehrung der Wohlfahrt Mehrung der sozialen Sicherheit und über Mehrung der sozialen Sicherheit Mehrung des sozialen Friedens – das alles hat Selbstverständlichkeitscharakter gewonnen, wird freilich gerade deswegen, am ehesten von Daueraufenthaltern in lebenserfahrungsverdünnten schulischen und akademischen Räumen, gern übersehen, und zwar insbesondere dann, wenn man im übrigen noch die Vorzüge des öffentlichen Dienstes für sich in Anspruch nehmen kann, also um die Sicherheit seines Arbeitsplatzes sich keine sonderlichen Sorgen zu machen braucht. Entsprechend wird man auf Bekundungen expliziter Schätzung der aufgezählten Dinge am ehesten noch in einem Kulturmilieu stoßen, das durch Traditionen der Arbeiter- und Gewerkschaftsbewegung geprägt ist.

Die Dynamik des technischen Fortschritts verdankt sich also der Evidenz der mit diesem Fortschritt verbundenen sozialen, politischen und kulturellen Lebensvorzüge. Der Sinn dieses Fortschritts ist nicht im Nebel verschwunden. Seine Ziele und Zwecke haben unverändert ihren jedermann erkennbaren Ort auf der Gemeinplatzebene. Sie sind zustimmungsfähig, ja zustimmungspflichtig geblieben.

Das ist es, was man sich zunächst vergegenwärtigen muß, um den begrifflichen Ort der unleugbar wachsenden Schwierigkeiten, in die wir inzwischen zivilisationsabhängig geraten sind, bestimmen zu können. Diese Schwierigkeiten haben also den Fortschritt nicht als Illusion erwiesen. Sie haben aber – von den ökologischen Krisen bis hin zu den skizzierten Erfahrungsverlusten – den Charakter von Fortschrittskosten. Wahr ist überdies, daß in Teilbereichen unseres industriegesellschaftlichen Gegenwartslebens diese Kosten sogar rascher als die Lebensvorzüge weiteren Fortschritts wachsen. Aber auch das macht den Fortschritt nicht zur Illusion. Es bedeutet vielmehr, daß, ökonomisch ausgedrückt, inzwischen auch der Fortschritt durch ein Gesetz des abnehmenden Grenznutzens bestimmt zu sein scheint.

Es ist keineswegs folgenlose moraltheoretische Scholastik, ob wir die unleugbaren Schwierigkeiten, in die wir geraten sind, als Beweis des illusionären Charakters des zivilisatorischen Fortschritts beschreiben, oder als Kosten, die in Teilbereichen des Fortschritts inzwischen rascher als dessen Vorzüge wachsen. Die erste Beschreibung, so erkennt man jetzt, dämonisiert unsere Gesellschaft moralistisch und ermuntert – mit schlimmen kulturellen und sozialen Folgen – zu ihrer moralischen Selbstaufgabe. Die zweite Beschreibung pragmatisiert unser Verhältnis zum wissenschaftlichen und technischen Fortschritt und erzwingt die Einrichtung in durchaus schmerzhaft spürbar gewordene Grenzen dieses Fortschritts. Die erste Beschreibung ruft die Gurus auf den Plan. Die zweite ermuntert uns, gemäß den Zielvorgaben des moralischen common sense den wissenschaftlichen und technischen Sachverstand zu nutzen, auf den wir angewiesen sind, um uns in erkennbar gewordene Grenzen zivilisatorischer Evolution einrichten zu können.

Die Krise unserer Zivilisation, so habe ich das in anderen Zusammenhängen beschrieben, ist insoweit nicht eine Zielkrise, vielmehr eine Steuerungskrise, und zur metaphorischen Veranschaulichung dieses Unterschieds ist die Autoreisemetapher geeignet. Der Fehler dessen, der sehr schnell fuhr und gerade deswegen nicht ans Ziel kam, war ja nicht, kein vernünftiges Reiseziel zu haben. Sein Fehler war vielmehr, sein Fahrverhalten den gegebenen Steuerungskapazitäten nicht rechtzeitig genug angepaßt zu haben. Fahrmoral ist insofern durchaus mit im Spiel. Aber moralisierende Planer alternativer Lebensziele werden nicht benötigt, wohl hingegen, nachdem man nun einmal ins Schleudern geraten ist, Steuerungsexperten.

IV
Dokumentation

Bibliographie Chemie und Geisteswissenschaften

Sabrina Dittus und Matthias Mayer

Oskar Guttmann: „Monumenta Pulverisatio Pyrii" (1643), in: Otto Krätz, Faszination Chemie, München 1990, S. 172.

INHALTSVERZEICHNIS

Vorwort		220
I	**CHEMIE**	**229**
1	Nachschlagewerke und Bibliographien	231
2	Geschichte der Chemie	234
2.1	Allgemeine Darstellungen	234
2.2	Ideengeschichte der Chemie	239
2.3	Theoriegeschichte der Chemie	245
2.4	Disziplinengeschichte der Chemie	265
2.5	Institutionengeschichte der Chemie	267
2.6	Biographien und personenbezogene Darstellungen	271
2.7	Begriffsgeschichte und Symbolik der Chemie	278
2.8	Geschichtsschreibung der Chemie	281
3	Chemie und Philosophie	283
3.1	Wissenschaftstheorie der Chemie	283
3.2	Naturphilosophie	290
4	Chemie und Literatur/Kunst	293
5	Chemie und Gesellschaft	294
6	Chemie und Industrie/Technologie	296
II	**ALCHEMIE**	**299**
1	Nachschlagewerke und Bibliographien	301
2	Geschichte der Alchemie	303
2.1	Allgemeine Darstellungen	303
2.2	Ideengeschichte der Alchemie	306
2.3	Theoriegeschichte der Alchemie	312
2.4	Biographien und personenbezogene Darstellungen	314
2.5	Begriffsgeschichte und Symbolik der Alchemie	316
2.6	Geschichtsschreibung der Alchemie	317
3	Alchemie und Naturphilosophie	318
4	Alchemie und Literatur	318
5	Alchemie und Kunst	323
Verzeichnis der abgekürzten Zeitschriftentitel		325

Vorwort

Der Titel dieser Bibliographie mag Verwunderung auslösen. Ist doch das Verhältnis von Chemie und Geisteswissenschaften sowohl im öffentlichen Bewußtsein als auch in der Welt der jeweiligen Fachgelehrten überwiegend dadurch bestimmt, keines zu sein. Es reizt also, wenigstens einige Bemerkungen zu diesem ‚Unverhältnis' zu machen, bevor, wie es sich gehört, Gegenstand und Methodik der Bibliographie bestimmt und erläutert werden.

Kaum jemand fände es wohl verwunderlich, wollte man eine Bibliographie zum Thema „Physik und Geisteswissenschaften" zusammenstellen; schlimmstenfalls wäre besorgtes Abraten ob der zu erwartenden Überfülle des Materials die Reaktion auf ein solches Ansinnen. Ersetzt man aber bei einem solchen Projekt die eine grundlegende neuzeitliche Naturwissenschaft, nämlich die Physik, durch die andere, nämlich die Chemie, so erhebt sich gleich die Frage: Gibt es zu diesem Thema überhaupt etwas?

Warum ist das so, warum antwortet bestenfalls der Wissenschaftshistoriker auf diese Frage mit ja, und warum sollte das nicht unbedingt so bleiben? Auf die erste Frage läßt sich relativ leicht gerade im Vergleich mit der Physik eine historische Antwort geben. Die Chemie hat sich, im Gegensatz zur Physik, in weiten Teilen ihrer Geschichte als gleichsam reine Naturwissenschaft verstanden, die sich dem Problem der Erkenntnisgewinnung jenseits praktischer Forschungsheuristik im Labor eigentlich nicht zu stellen braucht. Ob und was die Chemie über die Gesetzmäßigkeiten des Aufbaus und der Veränderungen von Stoffen herausfinden kann, hat sich letztlich material an ebendiesen Stoffen im Experiment zu beweisen. Alles, was an Spekulationen über diese streng empirische Basis hinausgeht, was sich auf theoretische Gewißheit der Fakten und normative Begründbarkeit des Forschungsprozesses bezieht, blieb der Chemie eigentümlich fremd. Kaum ein Chemiker hatte in ähnlicher Weise wie viele prominente Physiker das Bedürfnis, seine fachwissenschaftlichen Erkenntnisse zu einem Modell der Welterklärung auszubauen. Die Chemie interessiert sich für die Sachen und überläßt die Weltbilder jenen, die sich, wie es der Disziplinenname ‚Geisteswissenschaften' verspricht, schon von Berufs wegen mit den Erzeugnissen des Geistes auseinandersetzen müssen.

Umgekehrt war es gerade diese Weltbildabsenz, die Chemie für die Geisteswissenschaften zu einer eher uninteressanten Angelegenheit werden ließ. Gegen das Schmelzen und Verdampfen, das Destillieren und Sublimieren war wenig einzuwenden, und da sich mit diesen Dingen kein weitergehender Anspruch verband, war auch nichts zu bestreiten oder zu unterstützen. Man konnte sich im neuzeitlichen Disziplinenkanon zwar mit der üblichen gegenseitigen Skepsis von Natur- und Geisteswissenschaft, aber doch ohne große Bedenken gegenseitig tolerieren, zumal man von der Vorteilhaftigkeit der Tätigkeit des jeweils anderen für die eigene Praxis zwanglos profitieren konnte: wie der eine den Garten düngte, so verschaffte der andere der schönen Seele Nahrung. Daß dies allerdings eine sehr idyllische Beschreibung tatsächlicher Zustände ist, gilt spätestens für das Zeitalter, in dem Geisteswissenschaftler sich zunehmend mit den Folgen unserer wissenschaftlich-technischen Kultur herumschlagen und Chemiker antreten, die Welt wesentlich grundlegender umzubauen, als es der so harmlos scheinende Stickstoffdünger für den Garten glauben machen mag.

Die Idylle teilnahmsloser und friedlicher Koexistenz beider Disziplinen ist getrübt; das Bewußtsein dafür wächst, daß in einer Welt, in der alles mit allem zusammenhängt, nur schwerlich die Berechtigung aufrechterhalten werden kann, sich ausschließlich innerhalb eigener Disziplinengrenzen behaglich einzurichten. Schließlich: wenn schon nicht die Disziplinen aus eigener Einsicht sich zu einem Dialog zusammenfinden, der die Kluft zwischen unaufhaltsam wachsendem Faktenwissen und dem gleichzeitigen Verlust des Konsenses über gesellschaftliche Orientierungen zu überbrücken in der Lage ist, könnte es sein, daß dieser Dialog unter Strafandrohung eingefordert wird. Entweder die Disziplinen bequemen sich, Angelegenheiten, die sie und andere gemeinsam betreffen, auch gemeinsam und mit anderen zu regeln, oder aber es droht ihnen die Gefahr, jede Regelungskompetenz abgesprochen zu bekommen. Das hieße, daß zukünftig nicht mehr mit ihnen, sondern über sie verhandelt würde.

Der weite Blick des Wissenschaftshistorikers vermag die getrübte Idylle immerhin aufzuhellen. Nicht immer war das Verhältnis zwischen Chemie und Geisteswissenschaften ein Unverhältnis. Am Beginn dessen, was heute unzweifelhaft als moderne Naturwissenschaft gilt und was sich als solche frühestens mit Paracelsus, spätestens aber mit den quantifizierenden Methoden Lavoisiers etabliert hat, stand die Alchemie. Diese kann zwar zunächst als Lehre von der Verwandlung von Stoffen verstanden werden, wird damit aber nicht hinreichend erfaßt. Von Anbeginn an war die Alchemie auch eine Art angewandter Naturphilosophie mit großen spekulativen Teilen. Verwandlung der Elemente verknüpfte sich mit der Verwandlung des praktizierenden Alchemisten zu einer Art Kunstlehre der Vergeistigung des gesamten Menschen. In dieser Form hat Alchemie als in höchstem Maße weltbilderzeugend zu gelten und läßt sich trotz der entstehungsgeschichtlichen Verknüpfung nicht als bloß methodisch und begrifflich ungeklärte Vorläuferwissenschaft der Chemie abhandeln. Gerade wegen dieser genetischen Verknüpfung aber ist es gerechtfertigt, ja geradezu unerläßlich, der Behandlung der Alchemie in einer Bibliographie zum Thema „Chemie und Geisteswissenschaften" breiten Raum zu geben. Damit ist klar, daß der Wissenschaftshistoriker die Eingangsfrage nach dem Zusammenhang von Chemie und

Geisteswissenschaften im Hinblick auf die Alchemie unbefangen mit ja beantworten kann.

Die oben nur angedeutete gesellschaftliche Brisanz des Themas führt allerdings dazu, daß sich niemand mehr mit den Beruhigungen des Wissenschaftshistorikers zufriedengeben sollte. Mindestens drei Gründe sprechen dafür, daß aus dem Unverhältnis von Chemie und Geisteswissenschaften, das historisch in Gestalt der Alchemie noch ein Verhältnis war, erneut eines werden sollte.

Erstens könnte die Chemie ein Interesse daran haben, sich aus ihrer historisch gewordenen wissenschaftstheoretischen Isolation herauszuarbeiten. Wissenschaftstheorie wurde und wird traditionellerweise anhand der großen Paradigmenwechsel in der Physik, neuerdings auch an solchen der Biologie entwickelt. Vermutlich wäre der Austausch mit einer systematisch orientierten Wissenschaftsphilosophie auch für die Chemie nicht nur zur Klärung ihrer Grundbegriffe hilfreich. Wissenschaftstheorie könnte der bisher ‚reinen' Naturwissenschaft Chemie die Neigung zum ‚Grundsätzlichen' schmackhaft machen, die sich für die Physik schon oft als fruchtbar erwiesen hat. Die Chemie selbst hätte also ein innerdisziplinäres Motiv, den Dialog mit der Philosophie aufzunehmen.

Brisanter allerdings könnte für die Chemie ein zweites, sozusagen externes Motiv sein. Chemie ist wesentlich nicht mehr nur reine Naturwissenschaft, sondern auch angewandte, und das heißt meist großindustrielle Chemie. Als solche ist sie in das Zentrum ökologischer Kritik an Denk- und Produktionsweisen moderner westlicher Gesellschaften gerückt. Kaum jemand ist bereit, diese Identifikation von Wissenschaft und technischer Anwendung zurückzunehmen, und so ist die Chemie von der ihr mangelnden gesellschaftlichen Akzeptanz immer als Ganze getroffen. Will die Chemie es also nicht riskieren, ins gesellschaftliche Abseits zu geraten, ist sie darauf angewiesen, den Dialog mit der Gesellschaft zu suchen. Gerade ihre außergewöhnliche Anwendbarkeit beinhaltet die Selbstverpflichtung, die sozialen, politischen und normativen Bedingungen ihres Tuns von Neuem oder überhaupt erst zu klären.

Umgekehrt und drittens aber sollten auch die Geisteswissenschaften ein Interesse daran haben, erneut ein diskursives Verhältnis mit der Chemie einzugehen. Sie könnten – und das gilt nicht nur für eine systematische Wissenschaftsphilosophie, die ihre Unterscheidungen einer erneuten Tauglichkeitsprüfung am Beispiel der Chemie unterziehen müßte – in dieser Debatte, in gewisser Weise stellvertretend für die Gesellschaft, einige zentrale Begriffe ihres eigenen Selbstverständnisses klären. Dies beträfe sowohl bestehende Weltbilder als auch Methoden ihrer Kritik. Eine mögliche Folge wäre die Verlagerung der Debatte, weil erst einmal geklärt werden müßte, wogegen sich die Kritik jeweils richtet und inwiefern die Chemie als Chemie davon betroffen ist.

Wenn sich das diagnostizierte Unverhältnis ändern soll, wenn also beide Seiten das aus den genannten Gründen wünschenswert finden, empfiehlt es sich, den Blick zunächst auf mögliche Anknüpfungspunkte zu richten. Als Beitrag hierzu versteht sich diese Bibliographie, indem sie sammelt und bündelt, was an gegenseitiger Beachtung bisher schon vorhanden war. Wenn sie gelungen sein sollte, wäre sie ein taugliches Instrument, geleistete Arbeit ans Tageslicht zu holen und für den Fortgang des Dialogs diesem manche Abschweifungen und Umwege zu ersparen.

Sollten ferner die genannten Gründe für eine Annäherung der Disziplinen triftig sein, dann wäre das Unterfangen einer thematisch darauf bezogenen Bibliographie auch über das Argument hinaus, daß es eine solche eben noch nicht gibt und daher schleunigst in einer Art Zwangshandlung geisteswissenschaftlicher Büchervermehrung herbeigeschafft werden muß, von der Sache her gerechtfertigt.

Die Zustimmung der Benutzerin und des Benutzers nunmehr voraussetzend, sollen in dem folgenden zweiten Teil dieses Vorwortes die Informationen gegeben werden, die eine bibliographische Einschätzung der vorliegenden Titelsammlung erlauben und die für die Benutzung von eigentlicher Bedeutung sind.

Die Bibliographie verhehlt nicht ihre Perspektive: die zweier Geisteswissenschaftler, genauer einer Philosophin und eines Philosophen. Das verdankt sich nicht nur den Zufällen wissenschaftspolitischer Mittelzuweisungen, sondern ist aufgrund der fachlichen Zuständigkeit der Philosophie gerechtfertigt. Sinnvoll verstandene Wissenschaftsgeschichte kann nicht rein historisch verfahren. Sie braucht vielmehr den systematisch orientierten Blick des Wissenschaftsphilosophen, der es erlaubt, die jeweiligen historischen Vorverständnisse gegebener Wissenschaftsbegriffe zu klären. Wissenschaft folgt als Praxis methodologischen Orientierungen, die nicht in ihr selbst, sondern erst in externen wissenschaftstheoretischen Überlegungen expliziert werden (können). Wissenschaftsgeschichte hieße aber nicht Wissenschafts*geschichte*, wenn nicht die Sammlung und Sichtung historischen Materials in ihrem Zentrum stünden.

Aus diesen Überlegungen ergibt sich eine zweifache Schwerpunktsetzung der vorliegenden Bibliographie. Der Sammelbegriff Geisteswissenschaften meint für sie im engeren Sinne zunächst Philosophie und Geschichte. Entsprechend machen die Titel, die sich historisch mit der Entwicklung von Alchemie und Chemie, sei es ideen- oder theoriegeschichtlich, auseinandersetzen, und diejenigen, die sich systematisch auf Naturphilosophie und Wissenschaftstheorie der Chemie beziehen, den Großteil der Bibliographie aus. Darüber hinaus gibt sie Ausblicke auf den Zusammenhang von Chemie/Alchemie und Kunst und Literatur und in geringem Maße auch auf die gesellschaftlichen Bezüge der Chemie überhaupt. Einige weiterführende Titel, die Bezüge zur Theologie und Psychologie herstellen, werden in den ideengeschichtlichen Teilen aufgeführt. Grundsätzlich ist die vorliegende Bibliographie problemorientiert, das heißt auf den Dialog zwischen Chemie und Geisteswissenschaften ausgerichtet. Daher wird auf die Dokumentation der zahlreichen, insbesondere im Bereich der Alchemie neu- und wiederaufgelegten Quellenschriften verzichtet. Dies zumal, als ein solches Vorhaben über bibliographische Sorgfalt hinaus die profunde Sachkenntnis eines Wissenschaftshistorikers oder Chemikers voraussetzen würde.

Damit ist umrissen, was diese Bibliographie auflistet, und schon angedeutet, was sie nicht leistet. Sie beschränkt sich auf die naturwissenschaftliche Disziplin Alchemie/Chemie im engeren Sinne und streift Biologie und Physik nur am Rande. So wird zum Beispiel das weite Problemfeld des Reduktionismus nur in wenigen Titeln erfaßt, und auch eine ‚Zwischendisziplin' wie die Biochemie und damit die gegenwärtig breit diskutierte Gentechnik bleibt weitgehend ausgeklammert. Gleiches gilt für die sogenannte ‚Umweltdiskussion', deren Umfang mittlerweile längst eine eigene Bibliographie rechtfertigen würde. Eine solche erforderte aber ganz gewiß auch und vor allem die Einbeziehung der Sozialwissenschaften, die im Rahmen dieses Projektes nicht möglich war. Trotzdem erschienen uns diese Fragen von solcher Wichtigkeit, daß zumindest ansatzweise einige wenige, aber weiterführende Titel aufgenommen wurden. Geschichte der Chemie meint im vorliegenden Fall tatsächlich die Naturwissenschaft Chemie, und nicht etwa chemische Technik oder chemische Industrie; entsprechende Titel wurden daher nur aufgenommen, wenn sie von sehr grundlegender und allgemeiner Bedeutung waren oder aber, wie es historische Darstellungen oft tun, Naturwissenschaft und Technik in synoptischer Darstellung behandeln. Literatur- und kunstwissenschaftliche Studien wurden bewußt aufgenommen, da sich gerade im Spiegel künstlerischer Produktion oft mehr über die Bezüge einer Naturwissenschaft zu den jeweiligen Vorstellungen über Mensch und Welt zeigen, als es Ideen- und Theoriegeschichten je vermochten.[1] Grundsätzlich galt für die Aufnahme von Titeln, daß sie einen klaren Bezug zu der Kerndisziplin Chemie/Alchemie aufweisen müssen. Allzu spezielle Untersuchungen zu entfernten Einzelproblemen, seien sie methodischer Art – zum Beispiel Fragen der Infrarotspektroskopie – oder inhaltlicher Art – zum Beispiel der Beitrag Großbritanniens zur Entwicklung der Vitaminsynthese in einem bestimmten Zeitraum –, konnten dadurch ausgeschieden werden. Einige eher populärwissenschaftliche Darstel-

---

[1] Dieser Teil der Bibliographie kann sicherlich keine Vollständigkeit beanspruchen, da hierfür jeweils nur eine literaturwissenschaftliche und eine theologische Datenbank, die ebenfalls literatur- und kunstwissenschaftliche Einträge verzeichnet, ausgewertet wurden.

lungen wurden dagegen aufgenommen. Sie mögen dem Spezialisten zwar entbehrlich erscheinen, sind aber gleichwohl für eine erste Orientierung hilfreich.

Als ein schwieriges Problem für die vorliegende Titelbibliographie erwies sich der ganze Bereich des alchemiehistorischen Schrifttums. Hier lassen sich seriöse Forschungsarbeiten von den erstaunlich zahlreichen „alchemistischen" Veröffentlichungen nur anhand des Titels kaum unterscheiden. Mit dem schlichten Titel „Alchemie" kann sich eine gediegene ideengeschichtliche Studie ebenso schmücken, wie sich die Anleitung zur Umwandlung unedler Metalle in Gold auch in neuester Zeit noch dahinter verbergen kann.[2] Besonders gedankt sei deshalb Herrn Prof. Dr. Christoph Meinel, dessen große Sachkenntnis zahlreiche Irrtümer vermeiden half.

Die Systematik der Bibliographie ergibt sich aus dem bisher Gesagten wie folgt: Sie gliedert das Material zunächst in die beiden großen Bereiche Chemie und Alchemie und stellt Nachschlagewerke und Bibliographien jeweils an den Anfang.[3] An zweiter Stelle stehen historische Untersuchungen, gegliedert nach allgemeinen[4], ideen-, theorie-, disziplinen- und institutionengeschichtlichen Darstellungen, gefolgt von biographischen[5], begriffs- und symbolgeschichtlichen und schließlich historiographischen Untersuchungen.[6] Erläuterungsbedürftig ist dabei wohl nur die Unterscheidung von Ideen- und Theoriegeschichte. Sie verdankt sich der Einsicht, daß es eine sozusagen interne Geschichtsschreibung der Chemie gibt, die im wesentlichen erst einsetzt, als sich die Chemie als Disziplin im Kanon der Wissenschaften ausdifferenziert hat, und die chemische Theorien als chemische im Blickfeld hat, während daneben, sozusagen extern, immer wieder der Zusammenhang des chemischen Gedankengutes mit sonstigen ideen- und begriffsgeschichtlichen Entwicklungen beschrieben wird. Eine saubere Scheidung der aufgenommen Titel nach diesen Kategorien erwies sich jedoch als

---

[2] Trotz aller Bemühungen, ‚unseriöses' Material auszusondern, lassen sich Irrtümer ohne Autopsie der Texte nicht vermeiden. In Zweifelsfällen wurde meist gegen die Aufnahme des fraglichen Titels entschieden. Leserinnen und Leser, die ein spezielles Interesse an diesem Feld der Literatur haben, sind herzlich eingeladen, eine entsprechende Liste der erfaßten, aber nicht aufgenommenen Titel bei den Bibliographen anzufordern.

[3] Hier sollten Benutzer regelmäßig beide Großbereiche konsultieren, da gerade Bibliographien, Nachschlagewerke und allgemeine Darstellungen Chemie und Alchemie meist zusammen behandeln.

[4] Hierunter fallen auch länderspezifische Darstellungen.

[5] Die Aufnahme biographischer Artikel erfolgte nach dem Kriterium der Nennung in biographischen Nachschlagewerken zur Chemiegeschichte, vor allem in Farber, E.: Great Chemists, und Bugge, G.: Das Buch der großen Chemiker.

[6] Disziplinen- und institutionsgeschichtliche Titel entfallen für den Bereich der Alchemie. Solche Fragen werden, wenn überhaupt, am ehesten in allgemeinen Darstellungen zur Alchemie berührt.

von großen Schwierigkeiten begleitet. Neben dem grundsätzlichen Problem jeder reinen Titelbibliographie, vom Titel und nur von diesem auf den Inhalt schließen zu müssen, stellte sich heraus, daß viele Autoren wohl beides, externe und interne Chemiegeschichtsschreibung im Blick hatten. Solange sich also nicht durch vollständige Lektüre entscheiden läßt, was der Schwerpunkt der jeweiligen Arbeit ist, kann diese Kategorisierung nur als vorläufiger, tendenzhafter Hinweis verstanden werden, der eine gewisse Plausibilität für sich in Anspruch nimmt und zumindest den Vorteil bietet, einen erklecklichen Teil des Materials systematisch vorstrukturieren zu können.[7] Jeder Benutzer und jede Benutzerin sollte bei entsprechendem Interesse sich die Mühe machen, auch die jeweils anderen Kategorien zu durchforsten, zumal es ein leitendes Prinzip der Bibliographie ist, Doppelnennungen weitgehend zu vermeiden.

Dem historischen Teil schließt sich jeweils der philosophische an, der das systematische Interesse der Philosophie an Problemen der Chemie und Alchemie ins Zentrum rückt. Auch hier gilt, daß oft keine klare Trennung von historischem und systematischem Interesse zu leisten ist und daß auch diese Kategorisierung als Schwerpunktsetzung zu verstehen ist, die nicht jedem Einzelfall gerecht werden kann.[8] Es folgen schließlich die oben schon genannten literatur- und kunstwissenschaftlichen Studien, ferner im Bereich der Chemie Untersuchungen zu Zusammenhängen mit Industrie, Technologie und Gesellschaft. Ein Zeitschriftenverzeichnis aller abgekürzt aufgeführten Publikationen ist beigefügt.[9]

Die Bibliographie verzeichnet Arbeiten von 1900 bis einschließlich 1991 und umfaßt damit fast ein Jahrhundert der Auseinandersetzung zwischen den Disziplinen. Diese Auswahl nach Erscheinungsdatum mag willkürlich erscheinen, aber alle Versuche, einen solchen Schnitt inhaltlich zu begründen, müssen ebenfalls als von nur sehr fragwürdiger Plausibilität gelten. Die Entscheidung für die Jahrhundertschwelle ist daher nicht inhaltlich, sondern rein pragmatisch begründet. Erstens mußte notwendig ein Schnitt gezogen werden, zweitens zeichnet

---

[7] Als Beispiel für diese Problematik mögen hier die Einträge genannt sein, die sich um die Begriffe ‚Atom', ‚Materie' und ‚Substanz' ordnen lassen. Titel zu diesem Problemfeld lassen sich in beiden Kategorien finden.

[8] Oft mußte hier allein die Quelle für die jeweiligen Titel als Hinweis auf ihren möglichen inhaltlichen Schwerpunkt gewertet werden. Stichproben ergaben eine relative Zuverlässigkeit dieses Verfahrens, zeigten aber, daß auch andere Bibliographien mit diesem Problem zu kämpfen haben.

[9] Die Abkürzungen der Zeitschriftentitel orientieren sich am Standard der „Enzyklopädie Philosophie und Wissenschaftstheorie" oder an der Sammlung von Leistner: „Internationale Titel-Abkürzungen". Wo dies nicht möglich war, wurde auf entsprechende Verzeichnisse von „Isis" oder des „Philosopher's Index" zurückgegriffen; in wenigen Fällen erfolgte die Abkürzung nach eigenem Standard.

sich um die Jahrhundertwende ein einsetzendes Interesse an der Beschäftigung mit der Chemie auch von Nichtchemikern ab, und drittens ergeben bibliographische Nachforschungen, daß es vor 1900 nur wenig substantielle Literatur zum Thema gibt. Einige zentrale ältere Titel tauchen hier ohnehin als Reprint nochmals verzeichnet auf oder sind, längst bibliographisch gut dokumentiert, in einschlägigen Sammlungen zu finden.

Welches Quellenmaterial wurde in welchem Umfange verarbeitet und auf welche Vorarbeiten stützt sich diese Bibliographie? Die Beantwortung der ersten Frage soll allen Benutzern einen Hinweis darauf geben, ob hier für sie überhaupt noch Neues zu entdecken ist und wo gegebenenfalls noch gesucht werden könnte, weil entsprechende Quellen hier nicht berücksichtigt wurden. Die Beantwortung der zweiten Frage ist nicht nur ein selbstverständliches Gebot wissenschaftlicher Fairneß, sondern gleichzeitig ein Hinweis auf weiterführende Quellen, die dank ihrer jeweils spezifischen Interessen manchen Titel verzeichnen, der aufgrund der konkreten inhaltlichen Beschränkungen hier nicht verzeichnet wurde.

Zur ersten Frage: Die Bibliographie stützt sich im wesentlichen auf die Auswertung von Datenbanken und anderen Spezialbibliographien. Für die Chemiker unter den Lesern sei eine vielleicht als schmerzlich empfundene Einschränkung gleich zugegeben. Trotz einiger Bemühungen und der tatkräftigen Unterstützung der Konstanzer Fachreferentin für Chemie, Frau Dr. Bettina Brommer, ist es nicht gelungen, die größte Sammlung chemischer Literatur, die „Chemical Abstracts", in einer On-Line-Recherche für den hier angestrebten Zweck handhabbar zu machen. Die Datenbank erwies sich als zu sehr auf die Bedürfnisse des Fachchemikers zugeschnitten, als daß sie bei den gestellten interdisziplinären Fragen eine wirkliche Hilfe hätte sein können. Zwar wäre es theoretisch möglich gewesen, diese Literatursammlung manuell auszuwerten, praktisch jedoch erwies sich dies als im gegebenen Rahmen als nicht durchführbar. So bleibt diese Aufgabe, und sei es nur in Form einer reinen Kompilation der entsprechenden Rubriken der „Chemical Abstracts", weiterhin ein Desiderat chemiehistorischer Forschung. Die beiden größten Materialblöcke stammen aus einer Datenbankrecherche im „Philosopher's Index" – sie umfaßt den Berichtszeitraum von 1940 bis einschließlich September 1991 – und der vollständigen Auswertung der kumulierten Bibliographien und der jeweiligen Jahresbände der wissenschaftshistorischen Zeitschrift „Isis". Weiteres Material stammt aus einer historischen („Historical Abstracts"), einer theologischen („Religion Index") und einer literaturwissenschaftlichen („MLA Bibliography") Datenbank. An dieser Stelle sei dem Fachreferenten für Philosophie an der Universitätsbibliothek Konstanz, Herrn Dr. Karsten Wilkens, für seine Mithilfe bei der Erschließung der Datenbanken und für manchen wertvollen Hinweis herzlich gedankt. Um die neuere europäische Diskussion von seiten der Philosophie möglichst zu vervollständigen, wurden das „Répertoire bibliographique de la philosophie" für den Zeitraum 1980 bis Ende 1991 und der Buchbestand der Universitätsbibliothek Konstanz ausgewertet.

Die Existenzberechtigung dieser Bibliographie verdankt sich nicht zuletzt der Tatsache, daß es unseres Wissens keine vergleichbare Arbeit zu dieser spezifischen Thematik gibt. Die Bibliographien in „Isis" sind zwar sehr gründlich und umfangreich, erweisen sich oft aber auch als unhandlich und zudem als vornehmlich wissenschaftshistorisch, nicht wissenschaftstheoretisch und geisteswissenschaftlich im weiteren Sinne orientiert. Trotzdem bleiben sie Anlaufpunkt für jede eingehende Beschäftigung mit dem Thema.

Obwohl keine bibliographische Arbeit mit vergleichbarem Spektrum existiert, gibt es doch sehr nützliche Monographien mit umfangreichen bibliographischen Anhängen. Einige für diese Arbeit zentrale seien genannt. Eine erste Orientierung gibt Burghard Weiss: Wie finde ich Literatur zur Geschichte der Naturwissenschaft und Technik, Berlin ²1990. Für den Bereich der Chemiegeschichte bietet Otto Krätz: Faszination Chemie, München 1990, eine umfangreiche Bibliographie. Gleiches gilt für die Alchemie von dem Artikel „Alchemie" in: Theologische Realenzyklopädie II, Berlin 1978, von J. Telle und von A. Coudert: Alchemy – The Philosopher's Stone, Boulder 1980. Eine wertvolle kommentierte Bibliographie zur Wissenschaftstheorie der Chemie geben J. v. Brakel und H. Vermeeren: On the Philosophy of Chemistry, in: Philosophy Research Archives 7, 1981. Erwähnt sei auch noch die nicht ausgewertete Bibliographie von W. Wetzel zur Geschichte der chemischen Industrie in seiner Monographie: Naturwissenschaft und chemische Industrie in Deutschland, Stuttgart 1991. Darüber hinaus sind wir zahlreichen Einzelhinweisen nachgegangen.

Der Dank der Bibliographen gilt in besonderer Weise dem Stifterverband für die Deutsche Wissenschaft, der dieses Projekt mit finanziellen Mitteln gefördert hat, auch als sich abzeichnete, daß aus ursprünglich etwa vierhundert geschätzten Titeln schließlich mehr als zweitausend wurden. Dieser Dank gebührt aber auch Herrn Prof. Dr. Jürgen Mittelstraß, der sein Vertrauen in unsere bibliographische Sorgfalt setzte und uns die Fortführung dieser Arbeit aus den Mitteln seines Leibniz-Preises ermöglichte, als längst wieder andere Dinge auf dem Arbeitsplan des Zentrums Philosophie und Wissenschaftstheorie an der Universität Konstanz standen.

Konstanz im März 1992   Sabrina Dittus
                                                                                      Matthias Mayer

I
CHEMIE

1 Nachschlagewerke und Bibliographien

Abbott, D. (Hg.): The Biographical Dictionary of Scientists: Chemists. New York: Harper & Row, 1984.
Biblioteca Chemico-matematica. Catalogue of Works in Many Tongues on Exact and Applied Science, with a Subject-Index (Compiled and Annotated by H. Zeitlinger and H. C. Sotheran; 2 Vols., 3 Suppl.). London, 1921–1952. (Repr.: New York: Kraus Reprint, 1988)
The Biographical Dictionary of Scientists: Chemists (General Editor, David Abbott). London: Blond Educational, 1983.
Bolton, H. C.: Select Bibliography of Chemistry, 1492–1902. 4 Vols. (Supplements 1967: Smithsonian Miscellaneous Collection, 1235). Washington: Smithsonian Institution, 1893–1904. (Repr.: Millwood NY.: Kraus Reprint 1966, 1973; Smithsonian Miscellaneous Collection, 850)
Borel, P.: Bibliotheca chimica. Seu catalogus librorum philosophicorum hermeticorum. Hildesheim: Olms, 1969. (Reprograf. Nachdr. d. Ausg. Heidelberg 1656)
Bugge, G. (Hg.): Das Buch der großen Chemiker. 2 Bände. 1. Von Zosimos bis Schönbein. 2. Von Liebig bis Arrhenius. Berlin: Verlag Chemie, 1929/1930. (Repr. Weinheim: Verlag Chemie, ^{5}1979)
Chemiehistorische Bibliographie. (Zusammengestellt von J. Weyer. Hrsg. v. der Fachgruppe Geschichte der Chemie in der Gesellschaft Deutscher Chemiker.). Frankfurt a. M., 1980ff.
Cole, W. A.: Chemical Literature, 1700–1860: A Bibliography with Annotations, Detailed Descriptions, Comparisons and Locations. London: Mansell, 1988.
Cooper, W.: William Cooper's *A Catalogue of Chymicall Books, 1673–88:* A Verified Edition by Stanton J. Linden (Garland Reference Library of the Humanities, 670). New York: Garland, 1987.
Crane, E. J. & A. M. Patterson: A Guide to the Literature of Chemistry. New York: John Wiley, 1930.
Crook, R. E.: A Bibliography of Joseph Priestley. 1733–1804. London, 1966.
Duveen, D. I.: Bibliotheca alchemica et chemica. An Annotated Catalogue of Printed Books on Alchemy, Chemistry and Cognate Subjects in the Library of Denis I. Duveen. London: Weil, 1949. (Dazu: Supplement 1953)
Duveen, D. I.: The Duveen Alchemical and Chemical Collection (Wisconsin University). *Book Collect.*, 5, 1956, 331–342.
Dyson, G. M.: A Short Guide to Chemical Literature. London: Longmans, 1951.
Farber, E. (Hg.): Great Chemists. New York/London: Interscience Publishers, 1961.
Ferguson, J.: Bibliotheca chemica: A Catalogue of the Alchemical, Chemical and Pharmaceutical Books in the Collection of the Late James Young of Kelly and Durris (2 Bde.). Glasgow: J. Maclehouse & Sons, 1906. (London: Holland Press, 1957; Repr. Hildesheim: Olms, 1974)
Findlay, A. & W. H. Mills (Hg.): British Chemists. London: Chemical Society, 1947.
Fuchs, G. F. H.: Repertorium der chemischen Literatur von 494 vor Christi Geburt bis 1806, in chronologische Ordnung aufgestellt. 2 Bde. Hildesheim: Olms, 1974. [Repr. d. Ausg. v. 1806–1812]
Fulton, J. F.: A Bibliography of the Honourable Robert Boyle. Oxford: Clarendon Press, ^{2}1961.
Gago, R. & J. L. Carrilo: A Bibliographic Study of the Reception of Lavoisier's Work in Spain: Addenda to a Bibliography by Duveen and Klickstein. *Ambix*, 27(1), 1980, 19–25.
Glasgow University Library: Catalogue of the Ferguson Collection of Books, Mainly Relating to Alchemy, Chemistry, Witchcraft and Gipsies, in the Library of the University. 2 Bde. Glasgow: Robert Maclehose, 1943.
Heinig, K. (Hg.): Biographien bedeutender Chemiker. Eine Sammlung von Biographien. Berlin: Volk & Wissen, 1968.

Hörz, H.; R. Löther & S. Wollgast (Hg.): Philosophie und Naturwissenschaft. Wörterbuch zu den philosophischen Fragen der Naturwissenschaften. 2 Bde. Berlin, 1991, ¹1978.

Holmyard, E. J.: The Great Chemists. London: Methuen, 1928.

Holmyard, E. J.: Makers of Chemistry. Oxford: Clarendon Press, 1931.

Ives, S. A. & A. J. Ihde: The Duveen Library. *J. Chem. Educ.,* 29, 1952, 244–247.

Janich, P.: Chemie. In: Mittelstraß, J. (Hg.): *Enzyklopädie Philosophie und Wissenschaftstheorie* (Band 1). Mannheim/Wien/ Zürich: Bibliographisches Institut, 1980, 389–390.

Jones, P. R.: Bibliographie der Dissertationen amerikanischer und britischer Chemiker an deutschen Universitäten, 1840–1914 (Veröffentlichungen der Forschungsinstituts des Deutschen Museums für die Geschichte der Naturwissenschaften und der Technik). München: Forschungsinstitut des Deutschen Museums, 1983.

Leicester, H. M. & H. S. Klickstein: A Source Book in Chemistry, 1400–1900 (Source Books in the History of the Sciences). New York: McGraw-Hill, 1952.

Linden, S. J.: William Cooper's *A Catalogue of Chymical Books,* 1673–1688. New York: Garland, 1987.

Lippmann, E. O. v.: Zeittafeln zur Geschichte der organischen Chemie. Ein Versuch. Berlin: Julius Springer, 1921.

Lippmann, E. O. v.: Quellen zur Geschichte der Chemie und Alchemie in Italien. *Isis,* 8, 1926, 465–476.

McVaugh, M.: The Venable Collection in the History of Chemistry at the University of North Carolina. *Ambix,* 22, 1975, 154–155.

Mellon, M. G.: Chemical Publications: Their Nature and Use (Chemical Series). New York: McGraw, 1928.

Metzger, H.: La littérature chimique française aux XVIIe et XVIIIe siècle. *Thalès,* 2, 1935, 162–166.

Neu, J. (Hg.): Chemical, Medical, and Pharmaceutical Books Printed before 1800 in the Collection of the University of Wisconsin Libraries. Madison/Milwaukee: Univ. of Wisconsin Press, 1965.

Neville, R. G. & W. A. Smeaton: *Macquer's Dictionnaire de chymie:* A Bibliographical Study. *Ann. Sci.,* 38, 1981, 613–662.

Peakes, G. L.; A. Kent & J. Perry (Hg.): Progress Report in Chemical Literature Retrieval (Advances in Documentation and Library Science, 1). New York: Interscience, 1957.

Pennsylvania University Library: Catalog of the Edgar Fahs Smith Memorial Collection in the History of Chemistry. Boston: G. K. Hall, 1960.

Plath, P. J.: Stichwort „Chemie". In: Sandkühler, H. J. (Hg.): *Europäische Enzyklopädie zu Philosophie und Wissenschaften.* Hamburg, 1990, 459–466.

Pötsch, W. R.; A. Fischer & W. Müller: Lexikon bedeutender Chemiker. Frankfurt a. M., 1989.

Ron, M.: The Sidney M. Edelstein Collection in the History of Chemistry and Chemical Technology. *Technol. Cult.,* 19(3), 1978, 491–494.

Ron, M. (Hg.): Catalog of the Sidney M. Edelstein Collection of the History of Chemistry, Dyeing, and Technology. Jerusalem: Jewish Natl. and Univ. Press, 1981.

Roth-Scholtz, H.: Bibliotheca chemica, oder Catalogus von chymischen Büchern. 5 Stücke in 1 Band. Hildesheim: Olms, 1971. (Repr. d. Ausg. Nürnberg u. Altdorf 1727–1735)

Roth-Scholtz, H.: Deutsches Theatrum Chemicum. 3 Bde. Hildesheim: Olms, 1976. (Repr. d. Ausg. Nürnberg 1727–1732)

Rüchardt, Ch.: Stichwort „Chemie". In: Stoeckle, B. (Hg.): *Wörterbuch der ökologischen Ethik.* Freiburg, 1986, 34–40.

Sachtleben, R. & A. Hermann: Große Chemiker. Von der Alchemie zur Großsynthese. München: Battenberg, ³1969.

Schütt, H. P.: Stichwort „Wissenschaftstheoretische Probleme der Chemie". In: Speck, J. (Hg.): *Handbuch wissenschaftstheoretischer Begriffe.* Göttingen, 1980, 110–112.

Simon, R.: Chemie. In: Hörz, H.; H. Löther & S. Wollgast (Hg.): *Philosophie und Naturwissenschaften. Wörterbuch zu den philosophischen Fragen der Naturwissenschaften. 2 Bde.* (Bd. 1). Berlin, 1991, ¹1978, 155–160.

Stevens, L. J.: The Chemical and Related Literature of Spain. *J. Chem. Educ.,* 32, 1955, 412–416.

Swann, J. P.: Manuscript Resources in the History of Chemistry at the National Library of Medicine. *Ann. Sci.,* 46, 1989, 249–262.

Thorndike, L.: A History of Magic and Experimental Science (8 Vols.). New York: Columbia Univ. Press, 1923–1958.

Todericiu, D.: La bibliotheque d'un savan chimiste et technologue parisien du XVIIIe siècle: Livres et manuscrits de Jean Hellot. *Physis,* 18(2), 1976, 198–216.

Tselos, G. D. & C. Wickey (Hg.): A Guide to Archives and Manuscript Collections in the History of Chemistry and Chemical Technology (Center for the History of Chemistry Publication, 7). Philadelphia: Center for the History of Chemistry, 1987.

Velde, A. J. J. v. d.: Les compendia de chimie au 17e siècle. *Actes VIe Congr. Int. Hist. Sci. (Amsterdam, 1950),* 1953, 469–477.

Wagner, K. G.: Autoren–Namen als chemische Begriffe. Ein alphabetisches Nachschlagebuch. Weinheim: Verlag Chemie, 1951.

2 Geschichte der Chemie

2.1 Allgemeine Darstellungen

Adolph, W. H.: The History of Chemistry in China. *Sci. Mon.*, 14, 1922, 441–446.
Aftalion, F.: Histoire de la chimie. Paris: Masson, 1988.
Armitage, F. P.: A History of Chemistry. London/ New York/ Bombay, 1906.
Amorin da Costa, A. M.: Chemical Practice and Theory in Portugal in the 18th Century. In: Shea, W. R. (Hg.): *Revolutions in Science: Their Meaning and Relevance.* Canton, Mass.: Science History, 1988, 239–265.
Arribas Jimeno, S.: Introducción a la historia de la química analítica en España. Oviedo: Universidad de Oviedo, 1985.
Asimov, I.: A Short History of Chemistry. Garden City, N. Y.: Anchor, 1965.
Bäumler, E.: Ein Jahrhundert Chemie. Düsseldorf: Econ, 1963.
Beale, H. B.: The Beginning of Chemistry. A Story Book of Science for Young People. New York: Coward, McCann, 1929.
Bensaude, B.: Histoires de la chimie. *Critique,* 30, 1974, 790–799.
Berry, A. J.: Modern Chemistry: Some Sketches of Its Historical Development. Cambridge: Cambridge Univ. Press, 1946. (Repr. 1948)
Berry, A. J.: From Classical to Modern Chemistry: Some Historical Sketches. New York/Cambridge: Cambridge Univ. Press, 1954.
Blokh, M. A.: Die Entwicklung der russischen Chemie im zwanzigsten Jahrhundert. *Beitr. Gesch. Tech. Ind.,* 19, 1929, 147–150.
Britton, H. Th. S.: Chemistry, Life and Civilization: A Popular Account of Modern Advances in Chemistry. London: Chapman and Hall, 1931.
Brown, J. C.: A History of Chemistry from the Earliest Times till the Present Day. London: J. & A. Churchill, 1913.
Brunold, Ch.: Les grands courants d'organisation rationnelle dans la chimie moderne. *Thalès,* 2, 1935, 30–33.
Bud, R. & G. K. Roberts: Science versus Practice: Chemistry in Victorian Britain. Manchester: Manchester Univ. Press, 1984.
Bulloff, J. J.: Inorganic Chemistry in the Nuclear Age: A Historical Perspective. *J. Chem. Educ.,* 36, 1959, 465–468.
Chalmers, T. W.: Historic Researches. Chapters in the History of Physical and Chemical Discovery. London: Morgan, 1949.
Coley, N. G.: Studies in Chemistry. Amersham: Hulton, 1972.
Colson, A.: Histoire de la chimie. In: *Histoire de la Nation Française. Vol. XIV. Histoire des Sciences en France, (1), Part 3.* Paris: Plon, 1924, 421–610.
Convegno di Storia della Chimica. (Atti del 1. Convegno di Storia della Chimica. A cura di Paola Antoniotti e Luigi Cerruti). Torino: Gruppo Nazionale di Fondamenti e Storia della Chimica, 1985.
Cuilleron, J.: Histoire de la chimie („Que Sais-Je?", 35). Paris: Presses Universitaires de France, 1957.
Delacre, M.: Histoire de la chimie. Paris: Gauthier-Villars, 1920.

Dobbin, L.: Occasional Fragments of Chemical History. Edinburgh: Priv. Print, 1942.
Einhundert Jahre Beilsteins Handbuch der Organischen Chemie: Festschrift hrsg. anläßlich der Feier des 100jährigen Bestehens von Beilsteins Handbuch der Organischen Chemie am 13. Mai 1981 in der Jahrhunderthalle in Frankfurt/M.-Höchst. Frankfurt: Beilstein-Institut für Literatur der Organischen Chemie, 1981.
Ekecrantz, Th.: Geschichte der Chemie. Kurzgefasste Darstellung. Leipzig: Akademische Verlagsgesellschaft, 1913.
Enkvist, T.: The History of Chemistry in Finnland, 1828–1918, with Chapters on the Political, Economic and Industrial Background (History of Learning and Science in Finnland, 1828–1918, 6). Helsinki: Societas Scientiarum Fennica, 1972.
Essays in the History of Organic Chemistry. Baton Rouge u.a.: Louisiana State Univ. Press, 1987.
Farber, E.: Die geschichtliche Entwicklung der Chemie. *Beitr. Gesch. Tech. Ind.,* 14, 1924, 50–64.
Farber, E.: Geschichtliche Vorbilder chemischen Arbeitens. *Proteus (Bonn),* 2, 1937, 65–73.
Farber, E.: The Evolution of Chemistry; A History of It's Ideas, Methods and Materials. New York: Ronald Press, 1952, ²1969.
Ferchl, F. & A. Süssenguth: Kurzgeschichte der Chemie. Mittenwald: Nemayer, 1936.
Ferchl, F. & A. Süssenguth: A Pictorial History of Chemistry. London: Heinemann, 1939.
Fierz-David, H. E.: Die Entwicklungsgeschichte der Chemie. Eine Studie. Basel: Birkhäuser, 1945, erw. ²1952.
Figurovski, N. A.: Die Chemie in Rußland im Zeitalter der Iatrochemie. *Nova Acta Leopoldina,* 27, 1963, 351–366.
Figurovski, N. A.: The History of Chemistry in Ancient Russia. *Chymia,* 11, 1966, 45–79.
Findlay, A.: A Hundred Years of Chemistry. London: Duckworth; New York: Macmillan, 1937, ²1948. (3rd. revised Edition by T. I. Williams 1965)
Foster, W.: The Romance of Chemistry. London: Allen and Unwin, 1927.
Gago, R.: The New Chemistry in Spain. *Osiris,* 4, 1988, 169–192.
Garard, I. D.: Invitation to Chemistry: An Informal History of Man and Science. Garden City NY: Doubleday, 1969.
Giua, M.: Storia della chimica dall' alchimia alle dottrine moderne. Torino: Chiantore, 1946.
Gmelin, J. F.: Geschichte der Chemie. Seit dem Wiederaufleben der Wissenschaften bis an das Ende des 18. Jahrhunderts. 3 Bde. Göttingen, 1797–1799. (Repr. Hildesheim: Olms, 1965)
Graebe, K.: Geschichte der organischen Chemie. Berlin: Springer, 1920. (Repr. ebd. 1972)
Harré, R. (Hg.): The Physical Sciences since Antiquity. London/ Sidney: Croom Helm, 1986.
Hartley, H.: Studies in the History of Chemistry. London: Oxford Univ. Pr., 1971.
Heimann, E. H.: Der große Augenblick in der Chemie. Bayreuth: Loewe, 1976.
Herz, W. G.: Grundzüge der Geschichte der Chemie. Richtlinien einer Entwicklungsgeschichte der allgemeinen Ansichten in der Chemie. Stuttgart: Enke, 1916.
Hjelt, E.: Geschichte der organischen Chemie von ältester Zeit bis zur Gegenwart. Braunschweig: Vieweg, 1916.
Holmyard, E. J.: Arabic Chemistry. *Nature,* 109, 1922, 778–779.
Holmyard, E. J.: Chemistry in Islam. *Scientia,* 40, 1926, 289–296. (French Transl. Suppl., 102–110)
Hominal, F.: Sur la chimie en Chine, d'après Joseph Needham. *Rev. hist. sci. applic.,* 30, 1981, 255–261.
Ihde, A. J.: The Development of Modern Chemistry. New York: Harper & Row, 1964.
Ihde, A. J. & W. F. Kieffer (Hg.): Selected Readings in the History of Chemistry (Reprinted from the *Journal of Chemical Education*). Easton PA: American Chemical Society, 1965.
Jaffe, B.: New World of Chemistry. New York: Silver Burdett, 1940.

Jaffe, B.: Crucibles: The Story of Chemistry from Ancient Alchemy to Nuclear Fission. New York: Simon & Schuster, 1948.
Johnston, J.: The History of Chemistry. *Sci. Mon.*, 13, 1921, 5–23, 130–143.
Knight, D. M.: Agriculture and Chemistry in Britain around 1800. *Ann. Sci.*, 33(2), 1976, 187–196.
Kopp, H.: Geschichte der Chemie. 4 Bde. Braunschweig, 1843–1847. (Repr. Hildesheim: Olms, 1966)
Kopp, H.: Die Entwicklung der Chemie in der neueren Zeit. München, 1873. (Repr. New York/London/Hildesheim, 1965)
Krätz, O.: Faszination Chemie. München 1990.
Ladenburg, A.: Vorträge über die Entwicklungsgeschichte der Chemie von Lavoisier bis zur Gegenwart. Braunschweig: Vieweg, ^{4}1907. (Rev. Aufl. d. Ausg. v. 1869: „Vorträge über die Entwicklungsgeschichte der Chemie in den letzten hundert Jahren")
Laitinen, H. A. & G. W. Ewing: A History of Analytical Chemistry. Washington: Division of Analytical Chemistry, American Chemical Society, 1977.
Lasswitz, K.: Geschichte der Atomistik vom Mittelalter bis Newton, 2 Bde. Darmstadt, 1963.
Leicester, H. M.: The History of Chemistry in Russia prior to 1900. *J. Chem. Educ.*, 24, 1947, 438–443.
Leicester, H. M.: The Historical Background of Chemistry. New York: John Wiley and Sons; London: Chapman & Hall Ltd., 1956.
Leicester, H. M.: Some Aspects of the History of Chemistry in Russia. *J. Chem. Educ.*, 40, 1963, 108–109.
Leicester, H. M.: Source Book in Chemistry, 1400–1900. Cambridge Mass.: Harvard University Press, 1968.
Leicester, H. M.: Source Book in Chemistry, 1900–1950. Cambridge Mass.: Harvard University Press, 1968.
Levey, M.: Chemistry and Chemical Technology in Ancient Mesopotamia. Amsterdam: Elsevier Publishing Company, 1959.
Lockemann, G.: Geschichte der Chemie in kurzgefasster Darstellung. 2 Bde. 1. Vom Altertum bis zur Entdeckung des Sauerstoffs; 2. Von der Entdeckung des Sauerstoffs bis zur Gegenwart (Sammlung Göschen, 264, 265/265a). Berlin: de Gruyter, 1950–55.
Lockemann, G.: The Story of Chemistry. New York: Philosophical Library; London: Peter Owen, 1960.
Lowry, Th. M.: Historical Introduction to Chemistry. London: Macmillan, 1915, ^{3}1936.
Marsh, J. E.: The Origin and Growth of Chemical Science. London: Murray, 1929.
Massain, R.: Chimie et chimistes. Préface de Louis de Broglie. Paris: Éditions de l'Ecole, 1952.
Masson, I.: Three Centuries of Chemistry: Phases in the Growth of a Science. London: Ernest Benn, 1925.
Metzger, H.: La chimie (Histoire du Monde, 4). Paris: De Boccard, 1930.
Meyer, E. v.: Geschichte der Chemie von den ältesten Zeiten bis zur Gegenwart. Zugleich eine Einführung in das Studium. Leipzig: Veit, 1889, erw. ^{4}1914.
Meyer, R.: Vorlesungen über die Geschichte der Chemie. Leipzig: Akademische Verlagsgesellschaft, 1922.
Mieli, A.: I periodi della storia chimica. *Rendic. Soc. Chim. Ital.*, fasc. 8, 1914, 8p.
Mieli, A.: Pagine di storia della chimica. Roma: Casa Editrice Leonardo da Vinci, 1922.
Milligan, W. O.: American Chemistry: Bicentennial. (Proceedings of the Robert A. Welch Foundation Conferences on Chemical Research). Houston: Welch Foundation, 1977.
Moore, F. J.: A History of Chemistry. New York: McGraw-Hill, 1939. (3rd rev. ed. by William T. Hall, first publ. 1918, 2nd ed. 1931)

Moureu, Ch.: Discours et conférences sur la science et ses applications. Paris: Gauthier-Villars, 1927.
Mund, W.: L'histoire des sciences en Belgique: la chimie. In: *Histoire de la Belgique contemporaine* (Bd. 3). Bruxelles: Dewit, 1930, 413–430.
Needham, J.: Science and Civilisation in China. With the Collaboration of Lu Gwei-djen. Vol. 5: Chemistry and Chemical Technology. Part 1: Paper and Printing. Part 3: Spagyrical Discovery and Invention: Historical Survey from Cinnabar Elixirs to Synthetic Insulin. Part 4: Spagyrical Discovery and Invention: Apparatus, Theories and Gifts. Part 5: Spagyrical Discovery and Invention: Physiological Alchemy. Part 7: Military Technology: The Gunpowder Epic (Teil 1 unter Mitarbeit von Tsien, T.). New York/Cambridge: Cambridge Univ. Press, 1976, 1980, 1983, 1986.
Nelson, D. L. & B. Ch. Soltvedt (Hg.): One Hundred Years of Agricultural Chemistry and Biochemistry at Wisconsin. (Proceedings of the 13th Annual Steenbock Symposium in Biochemistry, August, 1983, University of Wisconsin-Madison). Madison WI: Science Tech. Publishers, 1989.
Neufeldt, S.: Die Chemie vor 100 Jahren: Stand, Entwicklung und Einflüsse. *Chem. Ztg.,* 100, 1976, 175–182.
Neufeldt, S.: Chronologie Chemie 1800–1970. Weinheim: Verlag Chemie, 1977.
Newell, L. C.: The Founders of Chemistry in America. *J. Chem. Educ.,* 2, 1925, 48.
Onuma, M. & T. Doke: Recent Studies in Japan on the History of Chemistry. *Jap. Stud. Hist. Sci.,* 12, 1973, 5–14.
Ostwald, W.: Der Werdegang einer Wissenschaft. Sieben gemeinverständliche Vorträge aus der Geschichte der Chemie. Leipzig, 1908. (= 2. Aufl. von: Leitlinien der Chemie, 1906)
Ostwald, W.: Zur Geschichte der Wissenschaft: Vier Manuskripte aus dem Nachlaß von Wilhelm Ostwald: Mit einer Einführung und Anmerkungen von Regine Zott (Ostwalds Klassiker der exakten Wissenschaften, 267). Leipzig: Geest & Portig, 1985.
Partington, J. R.: Everyday Chemistry. London: Macmillan, ^{3}1952 (^{1}1929).
Partington, J. R.: A Short History of Chemistry. New York: Harper, 1960 (^{1}1937).
Partington, J. R.: A History of Chemistry. 4 Bde. London: Macmillan; New York: St. Martin's Press, 1961–1970. (Bd. 1, Teil 2 nicht erschienen)
Pauling, L.: Chemistry, the Past Century and the Next. *Proc. Roy. Inst.,* 50, 1978, 279–287.
Pauling, L.: General Chemistry. San Francisco, ^{3}1970. (dt. Grundlagen der Chemie, Weinheim 1973)
Pereira Salgado, J.: A história da química em Portugal. In: *Act. IIIe Congr. Int. Hist. Sci.* (Portugal, 1934). Lisbon, 1936, 11–19.
Rabkin, Y. M.: Trends and Forces in the Soviet History of Chemistry. *Isis,* 67, 1976, 257–273.
Ray, P.: Fifty Years of Science in India: Progress of Chemistry. Calcutta: Indian Science Congress Association, 1964.
Ray, P. Ch.: Fifty Years of Science in India: Progress of Chemistry. Calcutta: Indian Science Congress Association, 1964.
Reichen, Ch. A.: A History of Chemistry (The New Illustrated Library of Science and Invention, 10). New York: Hawthorn Books, 1963.
Ritchie, A. D.: Studies in the History and Methods of the Sciences. London: Nelson, 1958.
Ruska, J. (Hg.): Studien zur Geschichte der Chemie. Festgabe Edmund O. von Lippmann, zum siebzigsten Geburtstage dargebracht aus Nah und Fern und im Auftrage der Deutschen Gesellschaft für Geschichte der Medizin und der Naturwissenschaften. Berlin: Springer, 1927.
Ruska, J.: Chemie in ‚Irâq und Persien im zehnten Jahrhundert n. Chr. *Islam,* 17, 1928, 280–293.
Schramm, G.: Über die Chemie im alten China. *Acta Leopoldina,* 27, 1963, 145–166.
Scott, A. F.: Beginning of Chemistry in America: Notes from the 1874 Essay of Benjamin Silliman, Jr. *Chemistry,* 49(6), 1976, 8–11.

Simon, G.: Kleine Geschichte der Chemie (Praxis Schriftenreihe. Abteilung Chemie, 35). Köln: Aulis Verlag Deubner, 1980.
Smith, E. F.: Chemistry in America. Chapters from the History of the Science in the United States. New York: Appleton, 1914.
Smith, E. F.: Fragments Relating to the History of Chemistry in America. *J. Chem. Educ.,* 3, 1926, 629–637.
Snelders, H. A. M.: Physics and Chemistry in the Netherlands in the Period 1750–1850. *Janus,* 65(1–3), 1978, 1–20.
Snelders, H. A. M.: The New Chemistry in the Netherlands. *Osiris,* 4, 1988, 121–145.
Speter, M.: Historiochemisches Allerlei. In: *Studie zur Geschichte der Chemie; Festgabe Edmund O. von Lippmann.* Berlin: Springer, 1927, 218–227.
Stern, R.: A Short History of Chemistry. London: Dent, ^{2}1926.
Stillman, J. M.: The Story of Early Chemistry. New York/London: Appleton, 1924. (Repr. New York: Dover, 1960)
Strube, I.; R. Stolz & H. Remane: Geschichte der Chemie. Ein Überblick von den Anfängen bis zur Gegenwart. Berlin: Deutscher Verlag der Wissenschaften, 1986.
Strube, W.: Die Chemie und ihre Geschichte (Forschungen zur Wirtschaftsgeschichte, 5). Berlin: Akademie-Verlag, 1974.
Strube, W.: Der historische Weg der Chemie. Band I: Von der Urzeit bis zur industriellen Revolution. Band II: Von der industriellen Revolution bis zum Beginn des 20. Jahrhunderts. Leipzig: Deutscher Verlag für Grundstoffindustrie, 1976/1981.
Strube, W.: Der historische Weg der Chemie: Von der Urzeit bis zur wissenschaftlich-technischen Revolution. Köln: Aulis-Verlag Deubner, 1989.
Strunz, F.: Die Vergangenheit der Naturforschung: Beiträge zur Geschichte des menschlichen Geistes. Jena: Diederichs, 1913.
Strunz, F.: Beiträge und Skizzen zur Geschichte der Naturwissenschaften (Nachdr.). Leipzig: Zentralantiquariat der DDR, 1972.
Sugawara, K.: History of Chemistry in Modern Japan. *Kagakusi Kenkyu,* 18, 1979, 1–10.
Tanaka, M.: Hundert Jahre der Chemie in Japan. 1. Studien über den Prozeß der Verpflanzung und Verselbständigung der Naturwissenschaften als wesentlicher Teil des Werdegangs des modernen Japans. *Jap. Stud. Hist. Sci.,* 3, 1964, 89–107.
Tanaka, M.: Hundert Jahre der Chemie in Japan. 2. Die Art und Weise der Verselbständigung chemischer Forschungen während der Periode 1901–1930. *Jap. Stud. Hist. Sci.,* 4, 1965, 162–172.
Tanaka, M.: A Note on the Development of Chemistry in Japan. *Jap. Stud. Hist. Sci.,* 7, 1968, 61–70.
Tanaka, M.: Development of Chemistry in Modern Japan. *Actes XIIe Congr. Int. Hist. Sci.,* 6, 1968 (pub. 1971), 107–110.
Tarbell, D. S. & A. T. Tarbell: Essays on the History of Organic Chemistry in the United States, 1875–1955. Nashville TN: Folio, 1986.
Taylor, F. S.: A Century of British Chemistry. London: Longmans, Green, 1947.
Tchorbadjiev, S.: The Early Days of Chemistry in Bulgaria. *Cent.,* 12(4), 1968, 289–302.
Thomson, Th.: The History of Chemistry. New York: Arno, 1975.
Timmermans, J.: Histoire de la chimie. Bruxelles: Presses Universitaires de Bruxelles, 1948.
Traynham, J. (Hg.): Essays on the History of Organic Chemistry. Baton Rouge: Louisiana State Univ. Press, 1987.
Valerdi, A. M.: Compendio de historia de la quimica y de la farmacia. Madrid: E. Raso, 1912.
Velluz, L.: Histoire brève de la chimie. Paris: Maloine, 1966.

Walden, P.: Geschichte der organischen Chemie seit 1880. Berlin: Springer, 1941. (Repr. ebd. 1972) [Fortsetzung von Graebe, K.: Geschichte der organischen Chemie.]
Walden, P.: Drei Jahrtausende Chemie. Berlin, 1944.
Walden, P.: Chronologische Übersichtstabellen zur Geschichte der Chemie von den ältesten Zeiten bis zur Gegenwart. Berlin u. a.: Springer, 1952.
Walden, P.: Geschichte der Chemie (Geschichte der Wissenschaften, 2). Bonn: Athenäum-Verlag, erw. ²1950.
Warrington, C. J. S. & R. V. V. Nicholls: A History of Chemistry in Canada. Toronto: Pitman, 1949.
Wojtkowiak, B.: Histoire de la chimie, de l'antiquité à 1950. Paris: Technique et Documentation, 1984.
Woller, R.: Aufbruch ins Heute: Entwicklungen, Ekenntnisse, Leistungen in Chemie, Biowissenschaft, Medizin, Physik, Technik und Wirtschaft in synoptischer Darstellung, 1877–1977. Düsseldorf: Econ, 1977.

2.2 Ideengeschichte der Chemie

Abbri, F.: Elementi, principi, e particelle: Le teorie chimiche da Paracelso a Stahl (Storia della scienza, 20). Torino: Loescher, 1980.
Abbri, F.: Le terre, l'aqua, le arie: La rivoluzione chimica del Settecento. Bologna: Il Mulino, 1984.
Alberti, A.: Atomo e „materia prima" nell'epicureismo di Gassendi. *Stud. Fil.,* 4, 1981 (pub. 1983), 95–126.
Alexander, P.: Ideas, Qualities and Corpuscles: Locke and Boyle on the External World. Cambridge: Cambridge Univ. Press, 1985.
Asimov, I.: Air, Thin Air, the Formless Element of the Greeks. *Smithsonian,* 2(4), 1971, 24–31.
Bellu, E.: The Dialectical Significance of Chemistry in the Work of Friedrich Engels. *Philos. Log.,* 17, 1973, 163–169.
Bensaude-Vincent, B.: Une mythologie révolutionnaire dans la chimie française. *Ann. Sci.,* 40, 1983, 189–196.
Bent, H. A.: Einstein and Chemical Thought: Atomism Extended. *J. Chem. Educ.,* 57, 1980, 395–405.
Berthelot, M. P. E.: Introduction à l'étude de la chimie des anciens et du moyen âge. Paris, 1889. (Repr. Paris: Libraire des Sciences et des Arts, 1938)
Bloch, E.: Die antike Atomistik in der neueren Geschichte der Chemie. *Isis,* 1, 1913, 377–415.
Bloch, E.: Die chemischen Theorien bei Descartes und bei den Cartesianern. *Isis,* 1, 1914, 590–636.
Bloch, E.: Das chemische Affinitätsproblem geschichtlich betrachtet. *Isis,* 8, 1926, 119–157.
Bloch, E.: Einfluß und Schicksal der mechanistischen Theorien in der Chemie. In: *Studien zur Geschichte der Chemie. Festgabe Edmund O. von Lippmann.* Berlin: Springer, 1927, 204–217.
Böhm, W.: Die Naturwissenschaftler und ihre Philosophie: Geistesgeschichte der Chemie. Wien/Freiburg/Basel: Herder, 1961.
Böhm, W.: Die philosophischen Grundlagen der Chemie des 18. Jahrhunderts. *Arch. int. hist. sci.,* 17, 1964, 3–32.
Böhme, G.: Aristoteles' Chemie: Eine Stoffwechselchemie. In: Ders. (Hg.): *Alternativen der Wissenschaft.* Frankfurt a. M.: Suhrkamp, 1980, 101–120.
Bolzán, J. E.: Justificacion de la mixis en Aristoteles. *Arch. int. hist. sci.,* 30, 1980, 27–35.

Bose, D. M.: Chemistry in Ancient and Medieval India. *Sci. Cult.,* 23, 1957, 1–4.
Bradley, J.: Discussion of Professor Paneth's Article „The Epistemological Status of the Chemical Concept of Element". *Brit. J. Philos. Sci.,* 13, 1963, 316.
Bradley, J. & G. v. Wahlert: Discussion on Professor Paneth's Second Article „The Epistemological Status of the Chemical Concept of Element". *Brit. J. Philos. Sci.,* 14, 1963, 39–40.
Brock, W. H.: From Protyle to Proton: William Prout and the Nature of Matter, 1785–1985. Accord MA: Adam Hilger, 1985.
Brooke, J. H.: Laurent, Gerhardt, and the Philosophy of Chemistry. *Hist. Stud. Phys. Sci.,* 6, 1975, 405–429.
Browne, C. A.: Alexander von Humboldt in Some of His Relations to Chemistry. *J. Chem. Educ.,* 21, 1944, 211–216.
Carrier, M.: Newton's Ideas on the Structure of Matter and Their Impact on Eighteenth-Century Chemistry. Some Historical and Methodological Remarks. *Int. Stud. Phil. Sci.,* 1, 1986, 85–105.
Carrier, M.: Zum korpuskularen Aufbau der Materie bei Stahl und Newton. *Sudh. Arch.,* 70, 1986, 1–17.
Carrier, M.: Kants Theorie der Materie und ihre Wirkung auf die zeitgenössische Chemie. *Kantstudien,* 81(2), 1990, 170–210.
Celeda, J.: Der Anteil der Chemie an der Entwicklung der Weltanschauung. Merseburg: Techn. Hochsch. f. Chemie C. Schorlemmer Leuna-Merseburg, Inst. für Marxismus-Leninismus, 1965.
Li Ch'iao-P'ing: The Chemical Arts of Old China. With a Foreword by Tenney L. Davis. Easton: Journal of Chemical Education, 1948.
Crombie, A. C.: Augustine to Galileo; The History of Science, A. D. 400–1650. Cambridge: Harvard Univ. Press, 1953.
Crosland, M. P.: Comte and Berthollet: A Philosopher's View of Chemistry. *Actes XIIe Congr. Int. Hist. Sci.,* 6, 1968 (pub. 1971), 23–27.
Crosland, M. P. (Hg.): The Science of Matter. A Historical Survey. Harmondsworth: Penguin Books, 1971.
Dampier, W. C.: Geschichte der Naturwissenschft in ihrer Beziehung zu Philosophie und Weltanschauung (Die Universität, 25). Wien/Stuttgart: Humboldt, 1952.
Daumas, M.: Naissance et dévelopement de la chimie en Chine. *Struct. Évolut. Tech.,* 6, 1949, 11–15.
Daumas, M.: La chimie dans l'"Encyclopédie" et dans l'"Encyclopédie méthodique". *Rev. hist. sci. applic.,* 4, 1951, 334–343.
Davenport, D. A.: From Genesis to the Book of Revelations: 200 Years of General Chemistry Texts Written in America(n). *J. Chem. Educ.,* 54, 1977, 268–269.
Debus, A. G.: Philosophical Chemistry and the Scientific Revolution. *Actes XIe Congr. Int. Hist. Sci.,* 4, 1965 (pub. 1968), 26–30.
Debus, A. G.: Mathematics and Nature in the Chemical Texts of the Renaissance. *Ambix,* 15, 1968, 1–28.
Debus, A. G.: The Chemical Dream of the Renaissance (Churchill College Overseas Fellowship Lecture, 3). Cambridge: Heffer, 1968.
Debus, A. G.: Chemistry and the Scientific Revolution. In: Kauffman, G. B. (Hg.): *Teaching the History of Chemistry.* Budapest: Akadémiai Kiado, 1971, 101–111.
Debus, A. G.: Motion in the Chemical Texts of the Renaissance. *Actes XIIIe Congr. Int. Hist. Sci.,* 7, 1971 (pub. 1974), 196–204.
Debus, A. G.: La philosophie chimique de la Renaissance et ses relations avec la chimie de la fin du XVIIe siècle. In: Roger, J. (Hg.): *Sciences de la Renaissance* (VIIIe Congrès International de Tours, 1965). o.O., 1973, 273–283.

Debus, A. G.: Motion in the Chemical Texts of the Renaissance. *Isis,* 64, 1973, 5–17.
Debus, A. G.: Chemistry, Pharmacy, and Cosmology: A Renaissance Union. *Pharm. Hist. (US),* 20, 1978, 127–137.
Debus, A. G.: Thomas Sherley's *Philosophical essay* (1672): Helmontian Mechanism as the Basis of a New Philosophy. *Ambix,* 27, 1980, 124–135.
Debus, A. G.: The Role of Chemistry in the Scientific Revolution. *Lias,* 13, 1986, 139–150.
Debus, A. G.: The Chemical Philosophy and the Scientific Revolution. In: Shea, W. R. (Hg.): *Revolutions in Science: Their Meaning and Relevance.* Canton, Mass.: Science History, 1988, 27–48.
Delhez, R.: Révolution chimique et Révolution française: Le *Discours préliminaire au Traité élémentaire de chimie* de Lavoisier. *Rev. quest. sci.,* 33, 1972, 3–26.
Dijksterhuis, E. J. & C. Dikshoorn (Transl.): The Mechanization of the World Picture: Pythagoras to Newton. Princeton: Princeton Univ. Press, 1986.
Doberer, K. K.: Auf der Suche nach dem Unteilbaren: 2500 Jahre Elemente- und Atomforschung von Thales bis Mme Curie. München: Pfriemer, 1981.
Dongorozi, C. S.: Pluralite and Univers. *Organon,* 10, 1974, 255–266.
Donovan, A. L.: British Chemistry and the Concept of Science in the 18th Century. *Albion,* 7, 1975, 131–144.
Donovan, A. L.: Philosophical Chemistry in the Scottish Enlightenment: The Doctrines and Discoveries of William Cullen and Joseph Black. Edinburgh: Edinburgh Univ. Press, 1975.
Donovan, A. L.: Chemistry and Philosophy in the Scottish Enlightenment. *Stud. Voltaire,* 152, 1976, 587–605.
Donovan, A. L.: Scottish Responses to the New Chemistry of Lavoisier. *Stud. 18th-Cent. Cult.,* 9, 1979, 237–249.
Donovan, A. L.: William Cullen and the Research Tradition of 18th-Century Scottish Chemistry. In: Campbell, R. H. & A. S. Skinner (Hg.): *The Origins and Nature of the Scottish Enlightenment.* Edinburgh: Donald, 1982, 98–114.
Dubinin, N. P.: Contemporary Natural Sciences and a Scientific World View. *Soviet Stud. Phil.,* 11, 1972/73, 248–269.
Duhem, P.: La chimie est-elle une science Française?. Paris: Hermann, 1916.
Duhem, P.: Le mixte et la combinaison chimique: essai sur l'évolution d'une idée. Paris: Fayard, 1985 (^{1}1902).
Engelhardt, D. v.: Hegel und die Chemie: Studie zur Philosophie und Wissenschaft der Natur um 1800 (Schriften zur Wissenschaftsgeschichte, 1). Wiesbaden: Pressler, 1976.
Engelhardt, D. v.: Philosophie und Theorie der Chemie um 1800. *Philos. Nat.,* 23, 1986, 223–237.
Engels, S. & A. Nowak: Auf der Spur der Elemente. Leipzig, ^{2}1977.
Farber, E.: Hegel und die Chemie. *Chem. Ztg.,* 55, 1931, 873–874.
Farber, E.: Zur Geschichte der Zuordnung von Stoff und Eigenschaft. *Isis,* 16, 1931, 425–438.
Farber, E.: Der Stetigkeits-Gedanke und seine Verwirklichung. *Osiris,* 3, 1937, 47–68.
Farber, E.: Are there Rules in the Historical Development of Chemistry?. *J. Chem. Educ.,* 17, 1950, 309–311.
Farber, E.: Chemical Discoveries by Means of Analogies. *Isis,* 41, 1950, 20–26.
Fleck, G. M.: Atomism in Late Nineteenth-Century Physical Chemistry. *J. Hist. Ideas,* 24, 1963, 106–114.
French, S. J.: The Chemical Revolution – the Second Phase. *J. Chem. Educ.,* 27, 1950, 83–89.
Fuchs, G.: Friedrich Engels, Carl Schorlemmer und die Chemie. *Wiss. Zs. Humb. Univ. (Math.-Nat. Reihe),* 26, 1977, 107–108.
Fujii, K.: Chemistry in the Positivist Philosophy of A. Comte. *Kagakushi,* 7, 1978, 9–19.

Gadamer, H. G.: Antike Atomtheorie. *Z. ges. Nat.,* 1, 1935, 81–95.
Genuth, S. S.: Comets, Teleology, and the Relationship of Chemistry to Cosmology in Newton's Thought. *Ann. Ist. Mus. Stor. Sci. Firenze,* 10(2), 1985, 31–65.
Giannuzzi, P.: J. J. Rousseau e la chimica. Ricerche di storia della chimica dal Rinacimento all'Illuminismo (Università di Bari, Pubblicazionidell'Istituto di filosofia, 10). Bari: Adriatica, 1967.
Gillispie, Ch. C.: The Edge of Objectivity. Princeton: Princeton Univ. Press, 1960.
Giuntini, Ch.: I poteri della natura e la scienza della mente: Joseph Priestley e Erasmus Darwin. *Riv. filos.,* 76, 1985, 75–112.
Glas, E.: Chemistry and Physiology in Their Historical and Philosophical Relations. Delft: Delft Univ. Press, 1979. (Ebenso: Diss. Abstr. Int., 1981, 41 (3), 458)
Goehring, G. D.: Isaac Newton's Theory of Matter: A Programm for Chemistry. *J. Chem. Educ.,* 53, 1976, 423–425.
Green, W. J.: Models and Metaphysics in the Chemical theories of Boyle and Newton. *J. Chem. Educ.,* 55, 1978, 434–436.
Gregory, F.: Romantic Kantianism and the End of the Newtonian Dream in Chemistry. *Arch. int. hist. sci.,* 34(112), 1984, 108–123.
Guédon, J. C.: Le lieu de la chimie dans l'*Encyclopédie* de Diderot. *Actes XIIIe Congr. Int. Hist. Sci.,* 7, 1971 (pub. 1974), 80–86.
Guédon, J. C.: The Still Life of a Transition: Chemistry in the *Encyclopédie. Diss. Abstr. Int.,* 35, 1974, 2900-A. (Diss. at the Univ. of Wisconsin, 1974)
Guédon, J. C.: Chimie et matérialisme: La stratégie anti-newtonienne de Diderot. *Dix.-huit. Siècle,* 11, 1979, 185–200.
Guerlac, H.: Some French Antecedents of the Chemical Revolution. *Chymia,* 5, 1959, 73–112.
Hall, A. R.: The Scientific Revolution, 1500–1800: The Formation of the Modern Scientific Attitude. Boston: Beacon Press, 1956.
Halleux, R.: Gnose et expérience dans la philosophie chimique de Jean-Baptiste van Helmont. *Bull. Ac. R. Belge. Cl. Sci.,* 65, 1979, 217–227.
Hansen, B.: The Complementary of Science and Magic before the Scientific Revolution. *Amer. Scient.,* 74, 1986, 128–136.
Harman, P. M.: Concepts of Inertia: Newton to Kant. In: Osler, M. J. & L. Farber (Hg.): *Religion, Science, and Worldview: Essays in Honor of Richard S. Westfall.* Cambridge: Cambridge Univ. Press, 1985, 119–133.
Heinig, K.: Immanuel Kant und die Chemie des 18. Jahrhunderts in der Darstellung der Wissenschaftsgeschichte. *Wiss. Zs. Humb. Univ. (Gesellschafts- und Sprachwiss. Reihe),* 24(2), 1975, 191–194.
Herneck, F.: Lenins Werk und die Chemie. *Z. Chem.,* 10, 1970, 121–124.
Hochwalt, C. A.: The Impact of Chemistry on the World of Science. *Sci. Mon.,* 77, 1953, 48–53.
Hopp, V.: Die Chemie als naturwissenschaftliche Allgemeinbildung. *Chem. Lab. Betr.,* 39, 1988, 274–287.
Horne, R. A.: Aristotelian Chemistry. *Chymia,* 11, 1966, 21–27. (deutsch: Die Chemie des Aristoteles. In: Seeck, G. A. (Hg.): Die Naturphilosophie des Aristoteles. Darmstadt, 1975. 339–347)
Ihde, A. J.: Antecedents to the Boyle Concept of the Element. *J. Chem. Educ.,* 33, 1956, 548–551.
Ihde, A. J.: European Tradition in 19th Century American Chemistry. *J. Chem. Educ.,* 53, 1976, 741–744.
Joachim, H. H.: Aristotle's Conception of Chemical Combination. *J. Philol.,* 29, 1903, 71–86.
Juarrero Roqué, A.: Self-Organization: Kant's Concept of Teleology and Modern Chemistry. *Rev. Met.,* 39, 1985, 107–135.

Kangro, H.: Joachim Jungius' Experimente und Gedanken zur Begründung der Chemie als Wissenschaft. Ein Beitrag zur Geistesgeschichte des 17. Jahrhunderts. Wiesbaden: Steiner, 1968.

Kedrov, B. M.: Leibniz' Prinzip vom zureichenden Grund und die Entstehung der Chemie als Wissenschaft im 17. und 18. Jahrhundert. *Akten II. Int. Leibniz-Kong.*, 2, 1972 (pub. 1974), 269–291.

Kerstein, G.: Entschleierung der Materia – Vom Werden unserer chemischen Erkenntnis. Stuttgart: Franckh, 1962.

King, M. C.: Time and Chemical Change: The Development of Temporal Concepts in Chemistry, with Special Reference to the Work of Augustus Vernon Harcourt. Open Univ. (UK), 1980. (PhD Thesis)

Knight, D. M.: Atoms and Elements. A Study of Theories of Matter in England in the Nineteenth Century. London, 1967.

Knight, D. M.: The Transcendental Part of Chemistry. Folkestone, Eng.: Dawson, 1978.

Knight, D. M.: Revolutions in Science: Chemistry and the Romantic Science. In: Shea, W. R. (Hg.): *Revolutions in Science: Their Meaning and Relevance.* Canton MA: Science History, 1988, 49–69.

Kultgen, J. H.: Philosophic Conceptions in Mendeleev's „Principles of Chemistry". *Philos. Sci.*, 25, 1958, 177–184.

Laboucheix, H.: Chimie, matérialisme et théologie chez Joseph Priestley. *Stud. Voltaire,* 153, 1976, 1219–1244.

Leclerc, I.: Atomism, Substance, and the Concept of Body in Seventeenth Century Thought. *Filos. Sci.,* 27, o. J., 1–16.

Lennard-Jones, J.: New Ideas in Chemistry. *Sci. Mon.,* 80, 1955, 175–184.

Levere, T. H.: Affinity and Matter. Elements of Chemical Philosophy 1800–1865. Oxford: Clarendon Press, 1971.

Levey, M.: Chemical Furnaces of Ancient Mesopotamia and Palestina. *J. Chem. Educ.,* 32, 1955, 356–359.

Ley, H.: Weltanschauung in der Chemie – Materialität und Struktur. *Wiss. Hefte Päd. Inst. Köthen,* 1, 1966, 9–13.

Lipman, T. O.: Wöhler's Preparation of Urea and the Fate of Vitalism. *J. Chem. Educ.,* 41, 1964, 452–458.

Lippmann, E. O. v.: Die Anfänge der wissenschaftlichen Chemie. *Naturwissenschaften,* 25, 1937, 591–592.

Maiocchi, R.: Chimica e filosofia: Scienza, epistemologia, storia e religione nell'opera die Pierre Duhem (Publicazioni del Dipartimento di filosofia dell'Università di Milano). Firenze: La Nuova Italia, 1985.

McEvoy, J. G.: The Enlightenment and the Chemical Revolution. In: Woolhouse, R. S. (Hg.): *Metaphysics and Philosophy of Science in the 17th and 18th Centuries: Essays in the Honour of Gerd Buchdahl.* Dordrecht: Kluwer Academic, 1988, 307–325.

McEvoy, J. G.: Lavoisier, Priestley, and the Philosophes: Epistemic and Linguistic Dimensions to the Chemical Revolution. *Man Nature,* 8, 1989, 91–98.

McKie, D.: Wöhler's „Synthetic" Urea and the Rejection of Vitalism: A Chemical Legend. *Nature,* 153, 1944, 608–610.

McKie, D.: The Eighteenth-Century Revolution in Chemistry. *Nature,* 167, 1951, 460–462.

McMullin, E. (Hg.): The Concept of Matter in Modern Philosophy. Notre Dame IN: Univ. of Notre Dame Press, 1978.

Meinel, Ch.: „Das letzte Blatt im Buch der Natur": Die Wirklichkeit der Atome und die Antinomie der Anschaung in den Korpuskulartheorien der frühen Neuzeit. *Stud. Leibn.,* 20, 1988, 1–18.

Meinel, Ch.: Early 17th-Century Atomism: Theory, Epistemology, and the Insufficiency of Experiment. *Isis,* 79, 1988, 68–103.

Meldrum, A. N.: The Eighteenth Century Revolution in Science – the First Phase. Bombay: Longmans, Green, 1930.

Metzger, H.: L'évolution de l'esprit scientifique en chimie de Lémery à Lavoisier. *Thalès,* 3, 1936, 107–113.

Mieli, A.: A teoria di Anaxagora e la chimica moderna (Lo sviluppo e l'utilizzazione di un'antica teoria). *Isis,* 1, 1913, 370–376.

Mittasch, A.: Schopenhauer und die Chemie. Heidelberg: Winter, 1939.

Money, J.: Joseph Priestley in Cultural Context: Philosophy, Spectacle, Popular Belief and Popular Politics in 18th-Century Birmingham. *Enlightenment Diss.,* 8, 1989, 69–89.

Multhauf, R. P.: The Origins of Chemistry (History of Science Library). London: Oldbourne; New York: Watts, 1966.

Nevill, R. G.: G. Macquer and the First Chemical Dictionary, 1766. *J. Chem. Educ.,* 43, 1966, 486–490.

Oldroyd, D. R.: The Doctrine of Property – Conferring Principles in Chemistry: Origins and Antecedents. *Organon,* 12–13, 1976–77, 139–155.

Partington, J. R.: Early Greek Chemistry. *Nature,* 112, 1923, 590.

Partington, J. R.: The Concepts of Substance and Chemical Element. *Chymia,* 1, 1948, 109–121.

Partington, J. R.: Chemistry in the Ancient World. In: *Science, Medicine, and History. Essays in Honour of Charles Singer, (1).* London: Oxford Univ. Press, 1953, 35–46.

Penzias, A. A.: The Origin of the Elements. *Science,* 205, 1979, 549–554.

Peters, H.: Leibniz als Chemiker. *Arch. Gesch. Naturw.,* 7, 1916, 85–108, 220–235, 275–287.

Pilgrim, E.: Entwicklung der Elemente. Mit Biographien ihrer Entdecker. Stuttgart, 1950.

Ramsay, W.: Ancient and Modern Views Regarding the Chemical Elements. Presidential Address. *Rep. Brit. Ass. Adv. Sci.,* 80, 1911, 3–22. (Repr.: Annu. Rep. Smithsonian Inst. for 1911, 183–197. Washington, D. C.: 1912)

Rapp, F.: Wandlungen des Naturbegriffs: Novalis, Goethe und die moderne Naturwissenschaft. In: Ders. (Hg.): *Begriffswandel und Erkenntnisfortschritt in den Erfahrungswissenschaften.* Berlin: Technische Univ. Berlin, 1987, 227–253.

Read, J.: Through Alchemy to Chemistry. A Procession of Ideas and Personalities. London: G. Bell and Sons Ltd., 1957.

Rees, G.: Atomism and „Subtlety" in Francis Bacon's Philosophy. *Ann. Sci.,* 37, 1980, 549–571.

Rex, F.: Griechische, chinesische und chemische Elemente. *Chem. Uns. Zeit,* 19, 1985, 191–196.

Righini-Bonelli, M. L. & W. R. Shea (Hg.): Reason, Experiment and Mysticism in the Scientific Revolution. New York: Watson, 1975.

Ritchie, A. D.: The Atomic Theory as Metaphysics and as Science. *Proc. Arist. Soc.,* 45, 1945, 71–88.

Rocke, A. J.: Kolbe versus the „Transcendental Chemists": The Emergence of Classical Organic Chemistry. *Ambix,* 34, 156–168.

Röttgers, K.: Der Ursprung der Prozeßidee aus dem Geiste der Chemie. *Arch. Begriffsgesch.,* 27, 1983, 93–157.

Ruschig, U.: Chemische Einsichten wider Willen. Hegels Theorie der Chemie. *Hegel-Stud.,* 22, 1987, 17–23.

Schimank, H.: Theorien der Chemie des 18. Jahrhunderts im Urteil ihrer Zeitgenossen. *Sudh. Arch. (Beiheft 7),* 1966, 143–155.

Schneer, C. J.: Mind and Matter: Man's Changing Concepts of the Material World. New York: Grove Press, 1969.

Schofield, R. E.: Atomism from Newton to Dalton. *Amer. J. Phys.,* 49, 1981, 211–216.
Sencar-Cupovic, I.: The Rise and Breakdown of Vitalism in 19th-Century South Slavic Chemical Literature. *Hist. Phil. Life Sci.,* 6, 1984, 183–198.
Sharvy, R.: Aristotle on Mixtures. *J. Philos.,* 80, 1983, 439–457.
Snelders, H. A. M.: Hegel und die Bertholletsche Affinitätslehre. In: Horstmann, R. P. & M. J. Petry (Hg.): *Hegels Philosophie der Natur. Beziehungen zwischen empirischer und spekulativer Naturerkenntnis* (Veröffentlichungen der Internationalen Hegel-Vereinigung, 15). Stuttgart: Klett-Cotta, 1986, 88–102.
Spadafora, D.: The Idea of Progress in 18th-Century-Britain. New Haven: Yale Univ. Press, 1990.
Stéphanidès, M.: La naissance de la chimie. *Scientia,* 31, 1922, 189–196.
Stéphanidès, M.: Une théorie chimique d'Aristote. Contact et affinité. *Rev. scient.,* 25 oct. 1924, 1924, 626–627.
Strube, I.: Aristoteles und die Krise in den Lehren über chemische Vorgänge. In: Welskopf, E. Ch. (Hg.): *Hellenische Polis IV.* Berlin (DDR), 1974, 1839–1849.
Strube, W.: Erfahrungen und Theorien über chemische Vorgänge in der Zeit von Thales bis Platon. In: Welskopf, E. Ch. (Hg.): *Hellenische Polis IV.* Berlin (DDR), 1974, 1822–1838.
Tanaka, M.: Einige Probleme der Vorgeschichte der Chemie in Japan. Einführung und Aufnahme der modernen Materienbegriffe. *Jap. Stud. Hist. Sci.,* 6, 1967, 96–114.
Tanaka, M.: Über die Ursprünge der antiatomistischen Anschauung von Wilhelm Ostwald. *Wiss. Zs. Humb. Univ. (Math.-Nat. Reihe),* XVI, 1967, 983–985.
Thiessen, P. A.: Stoffe, Kräfte und Gedanken als Träger chemischer Gestaltung (Preussische Akademie der Wissenschaften; Vorträge und Schriften, 7). Berlin: de Gruyter, 1941.
Toulmin, S. & J. Goodfield: The Architecture of Matter. New York: Harper & Row, 1962.
Urbain, G.: La valeur des idées de A. Comte sur la chimie. *Rev. mét. mor.,* 27, 1920, 151–179.
Verbruggen, F.: Immanuel Kant en de scheikunde op het einde van de achttiende eeuw. *Sci. Hist.,* 14, 1972, 1–16.
Walden, P.: Aus der Naturgeschichte chemischer Ideen. Modernes im Spiegel der Vergangenheit. *Z. angew. Chem.,* 40, 1927, 637–644.
Walden, P.: Ancient Natural-Philosophical Ideas in Modern Chemistry. *J. Chem. Educ.,* 29, 1952, 386–391.
Webster, Ch.: From Paracelsus to Newton: Magic and the Making of a Science. Cambridge (u.a.): Cambridge Univ. Press, 1982.
Wilson, C. A.: Philosophers, *Iosis* and Water of Life (Proceedings of the Leeds Philosophical and Literary and Historical Society: Literary and Historical Section, Vol 19, Part 5). Leeds: Leeds Philosophical and Literary Society, 1984.
Witt, Ch.: Substance and Essence in Aristotle: An Interpretation of *Metaphysics VII-IX.* Ithaca NY: Cornell Univ. Press, 1989.
Witzemann, E. J.: Chemistry and Evolution. *Philos. Sci.,* 12, 1945, 179–189.
Yakira, E.: Boyle et Spinoza. *Arch. philos.,* 51(1), 1988, 107–124.

2.3 Theoriegeschichte der Chemie

Abbri, F.: La chimica del Settecento (Storia della scienza, 1). Torino: Loescher, 1978.
Abbri, F.: Lavoisier e il concetto di elemento chimico. Elementi, principi e sostanze semplici. *Ann. Ist. Filos. Firenze,* 1, 1979, 291–320.

Abbri, F.: L'opera di Lavoisier nell'interpretazione di Aldo Mieli. *Ann. Ist. Mus. Stor. Sci. Firenze,* 7(1), 1982, 71–82.

Abbri, F.: The Chemical Revolution: A Critical Assessment. *Nuncius,* 4(2), 1989, 303–315.

Agassi, J.: Who Discovered Boyle's Law?. *Stud. Hist. Philos. Sci.,* 8(3), 1977, 189–250.

Albrecht, E.; G. Paetzold & D. Holland: Das Entstehen der Makromolekularen Chemie: Modellfall einer wissenschaftlichen Revolution im 20. Jahrhundert. *NTM,* 23(2), 1986, 43–56.

Alexander, M.: Early Acceptance of Lavoisier's Theories. *J. Hist. Med.,* 14(1), 1959, 81–84.

Allen, Ph.: Scientific Studies in Seventeenth-Century English Universities. *J. Hist. Ideas,* 10, 1949, 219–253.

Alphen, J. v.: Overzicht vyn de geschiedenis der organischen chemie voor 1870. Leiden: Stenfert Kroese, 1933.

Altieri, G. & F. Sebastiani: La teoria dei gas: Daniele Bernoulli. *G. Fis.,* 26, 1985, 323–339.

Antoniotti, P.: Gioacchino Taddei, 1792–1860: uno studio sui rapporti fra chimica e fisiologia all'inizio dell'ottocento. *Nuncius,* 3(2), 1988, 71–100.

Armstrong, E. F. (Hg.): Chemistry in the Twentieth Century: An Account of the Achievement and the Present State of Knowledge in Chemical Sciences. Prepared Under the Guidance of a Committee Representing the Scientific Societies. London: Ernest Benn, 1924.

Balzer, W.; C. U. Moulines & J. D. Sneed: The Structure of Daltonian Stochiometry. *Erkenntnis,* 26, 1987, 103–127.

Barrotta, P.: Verso una teoria dell'argomentazione: La polemica tra Lavoisier e i sostenitori del flogisto. *Physis,* 25, 1983, 101–125.

Baumgärtner, F.: Die Geschichte der Entdeckung künstlicher Elemente. *Naturwissenschaften,* 51, 1964, 1–7.

Bedel, Ch.: L'avènement de la chimie moderne. *Rev. hist. sci. applic.,* 4, 1951, 324–333.

Belcher, R. & H. Egan: Two Hundred Years of Anglo-American Analytical Chemistry. *Chem. Brit.,* 12, 1976, 387–390.

Belcher, R.: The Fall and Rise of Analytical Chemistry. *Chem. Brit.,* 16, 1980, 638–640.

Benfey, O. Th.: „The Great Chain of Being" and the Periodic Table of the Elements. *J. Chem. Educ.,* 42, 1965, 39–41.

Benfey, O. Th. & G. B. Kauffman: The Birthday of Organic Chemistry. *J. Coll. Sci. Teach.,* 8, 1979, 148–151.

Bensaude-Vincent, B.: L'éther, élement chimique: Un essai malheureux de Mendéléev?. *Brit. J. Hist. Sci.,* 15, 1982, 183–188.

Bensaude-Vincent, B.: Littre et la chimie: Histoire d'une meconnaisance. *Rev. synth.,* 103(106–108), 1982, 245–253.

Bensaude-Vincent, B.: La genèse du tableau de Mendeleev. *Recherche,* 15, 1984, 1206–1215.

Bensaude-Vincent, B.: Mendeleev's Periodic System of Chemical Elements. *Brit. J. Hist. Sci.,* 19, 1986, 3–17.

Beretta, M.: Gli scienziati italiani e la rivoluzione chimica. *Nuncius,* 4(2), 1989, 119–146.

Berthelot, M. P. E.: La révolution chimique: Lavoisier. Paris: Alcan, 1902.

Berthollet, C. L. & M. Sadoun-Goupil (Hg.): Revue de l'essai de statique chimique: Edition critique d'un projet de seconde edition de l'essai de statique chimique. Paris: L'Ecole Polytechnique, 1980.

Blay, M.: Léon Bloch et Hélène Metzger. La quête de la pensée newtonienne. *Corpus,* 8/9, 1988, 67–84.

Bligh, N. M.: The Progress of the Chemical Theory and Practice. Newly Discovered Chemical Elements. *Scientia,* 43, 1928, 229–236. (French Transl. Suppl. 86–92)

Blokh, M. A.: Über einige Gesetzmäßigkeiten im Schaffen hervorragender Chemiker. Berlin: Verlag Chemie, 1931.

Blondel, C.: Hélène Metzger et la cristallographie. De la pratique d'une science à son histoire. *Corpus,* 8/9, 1988, 209–218.

Blondel-Megrelis, M.: Expression et connaisance chimique. Un tonnant décisif dans la chimie du 19e siècle. *Kairos,* 1, 1990, 25–44.

Boas, M.: Robert Boyle and Seventeenth-Century Chemistry. Cambridge: Cambridge Univ. Press, 1958.

Boas, M.: Structure of Matter and Chemical Theory in the Seventeenth and Eighteenth Centuries. In: Clagett, M. (Hg.): *Critical Problems in the History of Science.* Madison, Wisconsin: University of Wisconsin Press, 1959, 499–514.

Böhme, G.: Aristoteles' Chemie: Eine Stoffwechselchemie. In: ders. (Hg.): *Alternativen der Wissenschaft.* Frankfurt a. M.: Suhrkamp, 1980, 101–120.

Boig, F. S. & P. W. Howerton: History and Development of Chemical Periodicals in the Field of Analytical Chemistry: 1877–1950. *Science,* 115, 1952, 555–560.

Bradley, J.: On the Operational Interpretation of Classical Chemistry. *Brit. J. Philos. Sci.,* 6, 1955–56, 32–42.

Brock, W. H.: From Protyle to Proton: William Prout and the Nature of Matter, 1785–1985. Accord, Mass.: Adam Hilger, 1985.

Brooke, J. H.: Organic System and the Unification of Chemistry – a Reapraissal. *Brit. J. Hist. Sci.,* 5(20), 1971, 363–392.

Brooke, J. H.: Chlorine Substitution and the Future of Organic Chemistry. *Stud. Hist. Philos. Sci.,* 4, 1973, 47–94.

Brooke, J. H.: Chlorine Substitution and the Future of Organic Chemistry: Methodological Issues in the Laurent-Berzelius Correspondence (1843–1844). *Stud. Hist. Philos. Sci.,* 4, 1973, 47–94.

Brooke, J. H.: Avogadro's Hypothesis and Its Fate: A Case-Study in the Failure of Case-Studies. *Hist. Sci.,* 19, 1981, 235–273.

Bruylants, A.: Quelques points de la doctrine chimique de Jean-Baptiste van Helmont (1579–1644). *Bull. Ac. R. Belge. Cl. Sci.,* 65, 1979, 52–58.

Buttker, K.: Widersprüche der Entwicklung, Entwicklung der Widersprüche: Die Herausbildung der Quantenchemie im Blickfeld philosophischer Analyse. Berlin: Deutscher Verlag der Wissenschaften, 1988.

Buttner, J.: History of Clinical Chemistry. New York: Walter de Gruyter, 1983.

Byers, T.: The Radical, Dualism, and Auguste Laurent. *Synthesis,* 3(1), 1975, 22–37.

Bykov, G. V.: The Rise and Development of the Classical Theory of Chemical Structure. *Actes VIIIe Congr. Int. Hist. Sci.,* o. B., 1956 (pub. 1958), 573–576.

Bykov, G. V. & L. M. Bekassova: Beiträge zur Geschichte der Chemie des XIX. Jahrhunderts. *Physis,* 10, 1968, 5–24.

Campaigne, E.: Wöhler and the Overthrow of Vitalism. *J. Chem. Educ.,* 32, 1955, 403.

Campbell, W. A.: Fact and Fantasy in Chemical Analysis. *Endeavour,* 3, 1979, 38–41.

Cardwell, D. S. L. (Hg.): John Dalton & the Progress of Science. Papers Presented to a Conference of Historians of Science Held in Manchester September 19–24, 1966, to Mark the Bicentenary of Dalton's Birth. Manchester: Manchester Univ. Press; New York: Barnes & Noble, 1968.

Carrier, M.: Die begriffliche Entwicklung der Affinitätstheorie im 18. Jahrhundert. Newtons Traum – und was daraus wurde. *Arch. Hist. Ex. Sci.,* 36 (4), 1986, 327–389.

Carrier, M.: Newton's Ideas on the Structure of Matter and Their Impact on Eighteenth-Century Chemistry. Some Historical and Methodological Remarks. *Int. Stud. Phil. Sci.,* 1, 1986, 85–105.

Carrier, M.: Zum korpuskularen Aufbau der Materie bei Stahl und Newton. *Sudh. Arch.,* 70, 1986, 1–17.
Cassebaum, H.: 100 Jahre Periodensystem der Elemente: Die bedeutenden Beiträge von Wiliam Odling zur Entdeckung des Periodensystems. *Chem. Ztg.,* 93, 1969, 929–935.
Cassebaum, H.: Hundert Jahre Periodensystem der Elemente. *Z. Chem.,* 9, 1969, 81–87.
Cassebaum, H. & G. B. Kauffman: The Periodic System of the Chemical Elements: The Search for Its Discover. *Isis,* 62, 1971, 314–327.
Cassebaum, H.: Peter Kremers – ein weiterer Entdecker des Periodensystems?. *Janus,* 59, 1972, 189–208.
Cassebaum, H.: Neues über die Enteckung des Sauerstoffs durch den Apotheker C. W. Scheele vor etwa 200 Jahren. *Pharmacia,* 28, 1973, 479–482.
Cassebaum, H. & G. B. Kauffman: The Analytical Concept of a Chemical Element in the Work of Bergman and Scheele. *Ann. Sci.,* 33(5), 1976, 447–456.
Cerruti, L.: La chimica all'inizio degli anni '30: Oltre la soglia della struttura. *Test. cont.*(4), 1979, 33–62.
Cole, R.: Theoretical Becoming. *Phil. Forum (Dekalb),* 11, 1972, 265–282.
Cole, T. M., Jr.: Early Atomic Speculations of Marc Antoine Gaudin; Avogadro's Hypothesis and the Periodic System. *Isis,* 66(233), 1975, 334–360.
Cole, Th. Jr.: Dalton, Mixed Gases, and the Origin of the Chemical Theory. *Ambix,* 25, 1978, 117–130.
Conant, J. B.: The Overthrow of the Phlogiston Theory: The Chemical Revolution of 1775–1789 (Harvard Case Histories in Experimental Science, 2). Cambridge, Mass.: Harvard Univ. Press, 1950, [7]1967.
Crawford, E.: Arrhenius, the Atomic Hypothesis, and the 1908 Nobel Prizes in Physics and Chemistry. *Isis,* 75, 1984, 503–522.
Crellin, J. K.: Chemistry and 18th-Century British Medical Education. *Clio Med.,* 9(1), 1974, 9–21.
Cropper, W. H.: Walther Nernst and the Last Law. *J. Chem. Educ.,* 64, 1987, 1–8.
Crosland, M. P.: The Development of Chemistry in the Eighteenth Century. *Stud. Voltaire,* 24, 1963, 369–441.
Crosland, M. P.: Les héritiers de Lavoisier (Conférence donné au Palais de la Découverte, D 122). Paris: Palais de la Découverte, 1968.
Crosland, M. P.: Lavoisier's Theory of Acidity. *Isis,* 64(223), 1973, 306–325.
Crosland, M. P. ; G. S. Rousseau & R. Porter: Chemistry and the Chemical Revolution. In: Crosland, M. & R. Porter (Hg.): *The Ferment of Knowledge: Studies in the Historiography of Eighteenth-Century Science.* Cambridge: Cambridge Univ. Press, 1980, 389–416.
Daumas, M.: L'élaboration du Traité de chimie de Lavoisiser. *Arch. int. hist. sci.,* 3, 1950, 570–590.
Davis, H. M.: The Chemical Elements. With Revisions by Glenn T. Seaborg. Washington, D. C.: Science Service, 1959.
Davis, K. S.: The Cautionary Scientists: Priestley, Lavoisier, and the Founding of Modern Chemistry. New York: Putnam, 1966.
Davis, T. L.: New Light on Phlogiston. *Chem. Ind.,* 44, 1925, 725.
Davis, T. L.: Priestley's Last Defense of Phlogiston. *J. Chem. Educ.,* 4, 1927, 176–183.
Davis, T. L.: The Last Stand of Phlogiston – Priestley's Defense of the Doctrins after His Removal to America. In: Ruska, J. (Hg.): *Studien zur Geschichte der Chemie. Festgabe für E. O. von Liepmann.* Berlin, 1927, 132–147.
Davis, T. L.: Boyle's Conception of Element Compared with that of Lavoisier. *Isis,* 16, 1931, 82–91.
Debus, A. G.: Fire Analysis and the Elements in the Sixteenth and Seventeenth Centuries. *Ann. Sci.,* 23, 1967, 127–147.

Debus, A. G.: The Chemical Debates of the 17th Century: The Reaction to Robert Fludd and Jean Baptiste van Helmont. In: Righini-Bonelli, M. L. & W. R. Shea (Hg.): *Reason, Experiment, and Mysticism in the Scientific Revolution.* New York: Science History, 1975, 19–47.

Debus, A. G.: Quantification and Medical Motivation: Factors in the Interpretation of Early Modern Chemistry. *Pharm. Hist.* (US), 31(1), 1989, 3–11.

Dehler, M.: Die philosophisch-weltanschaulichen Standpunkte und die chemie-historische Bedeutung von Jacobus Henricus van't Hoff und Svante Arrhenius bei der Herausbildung der physikalischen Chemie. *Wiss. Zs. Humb. Univ. (Math.-Nat. Reihe),* 32, 1983, 321–323.

Del Re, G.: The Historical Perspective and the Specifity of Chemistry. *Epistemologia,* 10, 1987, 231–240.

DiMeo, A.: Aspetti e problemi delle „dissoluzioni" chimiche: Dalla fine del XVII agli inizi del XVIII secolo. *Physis,* 23(1), 1981, 53–88.

DiMeo, A.: Teoria ed esperimento nella chimica del settecento: Il caso delle precipitazioni. *Physis,* 24(1), 1982, 17–32.

DiMeo, A.: Théories et classifications chimiques au XVIIIe siècle. *Hist. Phil. Life Sci.,* 5(2), 1983, 159–185.

DiMeo, A.: Rapport et affinité dans la chimie au début du XVIIIème siècle: De l'Ars memorativa et combinatoria à la méthode scientifique. *Docum. Hist. Vocab. Sci.,* 6, 1984, 59–77.

Dobbs, B. J. T.: Newton's Copy of Secrets Reveal'd and the Regimens of the Work. *Ambix,* 26(3), 1979, 145–169.

Dobbs, B. J. T.: Newton's „Clavis": New Evidence on Its Dating and Significance. *Ambix,* 29(3), 1982, 198–202.

Dobbs, B. J. T.: Conceptual Problems in Newton's Early Chemistry: A Preliminary Study. In: Osler, M. J. & L. Farber (Hg.): *Religion, Science, and Worldview: Essays in Honor of Richard S. Westfall.* Cambridge: Cambridge Univ. Press, 1985, 3–32.

Dolby, R. G. A.: Debates over the Theory of Solution: A Study of Dissent in Physical Chemistry in the English-Speaking World in the Late and Early Twentieth Centuries. *Hist. Stud. Phys. Sci.,* 7, 1976, 297–404.

Donovan, A. L.: James Hutton, Joseph Black, and the Chemical Theory of Heat. *Ambix,* 25, 1978, 176–190.

Donovan, A. L.: The Chemical Revolution Revisited. In: Cutcliffe, S. H. (Hg.): *Science and Technology in the 18th Century.* Betlehem, PA: Lawrence Henry Gipson Institute for 18th-Century Studies, Lehigh Univ., 1984, 1–15.

Donovan, A. L.: Lavoisier and the Origins of Modern Chemistry. *Osiris,* 4, 1988, 214–231.

Donovan, A. L. (Hg.): The Chemical Revolution: Essays in Reinterpretation. *Osiris,* 4, 1988, 5–231. (Ebenso: Philadelphia, Pa: Dept. of History and Sociology of Science, Univ. of Pennsylvania, 1988)

Donovan, A. L.: Lavoisier as Chemist and Experimental Physicist: A Reply to Perrin. *Isis,* 81, 1990, 270–272.

Dowland-Pilinger, C. L.: The Chemical Philosophy of A.-M. Ampère. Univ. Cambridge (UK), 1989. (PhD Thesis)

Drumin, W. A.: The Corpuscular Philosophy of Robert Boyle: Its Establishment and Verification. o.O., 1973.

Duncan, A.: Laws of Chemical Affinity in the Late Eighteenth Century. *XIVth Int. Congr. Hist. Sci. (Proceedings No.2),* 1975, 373–376.

Duncan, A. M.: Particles and 18th Century Concepts of Chemical Combination. *Brit. J. Hist. Sci.,* 21, 1988, 447–453.

Durand, M. H.: Entre Paracelse et Lémery: La chimie française au début du XVIIe siècle. In: *Sciences de la Renaissance. VIIIe Congrès Internationale de Tours.* Paris: Vrin, 1973, 261–272.

Eklund, J. B.: Chemical Analysis and the Phlogiston Theory, 1738–1772: Prelude to Revolution. *Diss. Abstr. Int.,* 34, 1974, 5034-A. (Diss. at Yale Univ., 1971)

Elliot, J. C.: A Scientific Revolution Reconsidered: The Overthrow of the Phlogiston Theory. London School of Economics (UK). London, 1975. (PhD Thesis)

Ellowitz, J.: The History of the Theories of Chemical Affinity from Boyle to Berzelius. M. Sc. Thesis. Univ. of London, 1927.

Emsley, J.: The Development of the Periodic Table of the Chemical Elements. *Interdis. Sci. Rev.,* 12, 1987, 23–32.

Engel, M.: Chemie im achtzehnten Jahrhundert: Auf dem Weg zu einer internationalen Wissenschaft. Georg Ernst Stahl (1659–1734) zum 250. Todestag. Ausstellung 29. Mai bis 7. Juli 1984 (Staatsbibliothek Preussischer Kulturbesitz Ausstellungskataloge, 23). Berlin: Staatsbibliothek Preussischer Kulturbesitz; Wiesbaden: Reichert, 1984.

Farber, E.: Alte Gedanken und neue chemische Theorien. *Isis,* 26, 1937, 99–126.

Farber, E.: Copernicanische Umkehrungen in der Geschichte der Chemie. *Osiris,* 5, 1938, 478–498.

Farber, E.: Variants of Preformation Theory in the History of Chemistry. *Isis,* 54, 1963, 443–460.

Farber, E.: The Way from Chemical Principles to the Principles of Chemistry. *Actes XIIe Congr. Int. Hist. Sci.,* 6, 1968 (pub. 1971), 33–36.

Farrar, W. V.: Nineteenth-Century Speculations on the Complexity of the Chemical Elements. *Brit. J. Hist. Sci.,* 8, 1965, 297–323.

Fichman, M.: French Stahlism and Chemical Studies of Air 1750–70. *Ambix,* 18, 1971, 94–122.

Figurovski, N. A.: La loi de la périodicité des éléments chimiques de D. Mendéléev et la découverte des éléments nouveau. *Actes XIIe Congr. Int. Hist. Sci.,* 6, 1968 (pub. 1971), 117–120.

Figurovski, N. A.: Die Entdeckung der chemischen Elemente und der Ursprung ihrer Namen. Köln: Deubner, 1981.

Fisher, N. W.: Organic Classification Before Kekule. *Ambix,* 20(3), 1973, 209–233.

Fisher, N. W.: The Nature of the Chemical Atom. *Hist. Sci.,* 11(1), 1973, 53–61.

Fisher, N. W.: Kekule and Organic Classification. *Ambix,* 21(1), 1974, 29–52.

Fleming, R. S.: Newton, Gases, and Daltonian Chemistry: The Foundations of Combination in Definite Proportion. *Ann. Sci.,* 31(6), 1974, 561–574.

Fleming, R. S.: John Dalton's Development of a Quantified Chemistry: A Reconstruction of the Genesis of Chemical Atomism. Univ. Cambridge (UK), 1981. (PhD Thesis)

Forrester, J.: Chemistry and the Conversation of Energy: The Work of James Prescott Joule. *Stud. Hist. Philos. Sci.,* 6, 1975, 273–313.

Freund, I.: The Study of Chemical Composition. An Account of its Method and Historical Development. Cambridge: Cambridge Univ. Press, 1904. (Repr. New York: Dover, 1968)

Frické, M.: The Rejection of Avogadro's Hypothesis. In: Howson, C. (Hg.): *Method and Appraisal in the Physical Sciences.* Cambridge: Cambridge Univ. Press, 1976, 277–307.

Friend, J. N.: Man and the Chemical Element, from Stoneage Hearth to the Cyclotron. London: Charles Griffin, 1951.

Fromherz, H.: Die neueren Vorstellungen von der chemischen Bindung. *Angew. Chem.,* 49, 1936, 429–437.

Fruton, J. S.: The Liebig Research Group – a Reappraisal. *Proc. Amer. Philos. Soc.,* 132(1), 1988, 1–66.

Fuji, K.: The Berthollet-Proust Controversy and Dalton's Chemical Atomic Theory, 1800–1820. *Brit. J. Hist. Sci.,* 19, 1986, 177–200.

Gale, G.: Phlogiston Revisited – Explanatory Models and Conceptual Change. *Chemistry,* 41(4), 1968, 16–20.

Galzigna, L.: Le idee chimiche del XX secolo. Roma: Borla, 1983.

Giuntini, Ch.: I poteri della natura e la scienza della mente: Joseph Priestley e Erasmus Darwin. *Riv. filos.,* 76, 1985, 75–112.
Glas, E.: An Unnoticed Explanation of Enzyme Action: The View of G. J. Mulder. *Janus,* 63(4), 1976, 275–288.
Glas, E.: The Liebig-Mulder Controversy on the Methodology of Physiological Chemistry. *Janus,* 63(1–3), 1976, 27–46.
Glas, E.: Methodology and the Emergence of Physiological Chemistry. *Stud. Hist. Philos. Sci.,* 9(4), 1978, 291–312.
Golinski, J. V.: Language, Method, and Theory in British Chemical Discourse, c. 1660–1770. Leeds Univ. Leeds (UK), 1984. (PhD Thesis)
Golinski, J. V.: Utility and Audience in Eighteenth-Century Chemistry: Case Studies of William Cullen and Joseph Priestley. *Brit. J. Hist. Sci.,* 21(1), 1988, 1–32.
Golinski, J. V.: Humphry Davy and the „Lever of Experiment". In: Le Grand, H. E. (Hg.): *Experimental Inquiries: Historical, Philosophical, and Social Studies of Experimentation in Science.* Dordrecht: Kluwer Academic, 1990, 99–136.
Goodman, D. C.: Chemistry and the Two Organic Kingdoms of Nature in the 19th Century. *Med. Hist.,* 16, 1972, 113–130.
Goodstein, J. R.: Sir Humphry Davy: Chemical Theory and the Nature of Matter. *Diss. Abstr. Int.,* 30, 1969, 1956-A. (Diss at Univ. of Washington, 1969)
Gorman, M.: A Survey of the Chemical Translations of John Fryer in 19th Century China. *Ambix,* 24(2), 1977, 89–95.
Gough, J. B.: The Foundations of Modern Chemistry: The Origin and Development of the Concept of the Gaseous State and Its Role in the Chemical Revolution of the 18th Century. *Diss. Abstr. Int.,* 32, 1971, 2012-A. (Diss. at Cornell Univ., 1971)
Gough, J. B.: Lavoisier's Memoir on the Nature of Water and Their Place in the Chemical Revolution. *Ambix,* 30(2), 1983, 89–106.
Gough, J. B.: Lavoisier and the Fulfillment of the Stahlian Revolution. *Osiris,* 4, 1988, 15–33.
Goupil, M.: Ampère et la chimie physique. In: Comité des Travaux Historiques et Scientifiques (Hg.): *Lyon, cité des savants.* Paris: Comité des Travaux Historiques et Scientifiques, 1988.
Gouveia, A. J. A. d.: Vincente de Seabra and the Chemical Revolution in Portugal. *Ambix,* 32(2), 1985, 97–109.
Graziosi, F.: Chemistry and History in Living Organisms. *Sci. Soc.,* 37(3), 1973, 278–299.
Green, W. J.: Models and Metaphysics in the Chemical theories of Boyle and Newton. *J. Chem. Educ.,* 55, 1978, 434–436.
Greenaway, F.: The Early Development of the Analytical Chemistry. *Endeavour,* 21, 1962, 91–97.
Greenaway, F.: John Dalton and the Atom. London: Heinemann; Ithaca: Cornell Univ. Press, 1966.
Greenaway, F.: A Pattern of Chemistry: Hundred Years of the Periodic Table. *Chem. Brit.,* 5, 1969, 97–99.
Guerlac, H.: Lavoisier: The Crucial Year. The Background and Origin of His First Experiments on Combustion in 1772. Ithaka, New York, 1961.
Guerlac, H.: Some Daltonian Doubts. *Isis,* 52(170), 1961, 544–554.
Guerlac, H.: The Chemical Revolution: A Word from Monsieur Fourcroy. *Ambix,* 23, 1976, 1–4.
Guerrini, A.: Newtonian Matter Theory, Chemistry, and Medicine: 1690–1713. o.O., 1984. (Diss. Indiana University)
Hall, A. R. & M. B. Hall: Newton's Chemical Experiments. *Arch. int. hist. sci.,* 11, 1958, 113–152.
Hall, A. R.: Newton's Theory of Matter. *Isis,* 51, 1960, 131–144.
Hall, M. B.: The Background of Dalton's Atomic Theory. *Chemy Br.,* 2, 1966, 341–345.

Hall, M. B.: Robert Boyle and Seventeenth-Century Chemistry. New York: Kraus, 1968. (Repr.)
Hall, P. J.: The Pauli Exclusion Principle and the Foundations of Chemistry. *Synthese,* 69, 1986, 267–272.
Hall, V. M. D.: The Role of Force or Power in Liebig's Physiological Chemistry. *Med. Hist.,* 24(1), 1980, 20–59.
Halleux, R.: La controverse sur les origines de la chimie, de Paracelse á Borrichius. In: Margolin, J. C. (Hg.): *3e Congrès international d'études néo-latines, Tours,* Acta conventus. Paris: Vrin, 1980, 807–820.
Hardt, H. D.: Zur hundertjährigen Geschichte des periodischen Systems der chemischen Elemente. *Naturwiss. Rundsch.,* 19, 1966, 313–316.
Hartog, S. P. J.: The Newer Views of Priestley and Lavoisier. *Ann. Sci.,* 5, 1941, 1–56.
Hein, G. E.: The Liebig–Pasteur Controversy. Vitality without Vitalism. *J. Chem. Educ.,* 38, 1961, 614–619.
Hein, H. & G. E. Hein: The Chemistry of Noble Gases – A Modern Case History in Experimental Sciences. *J. Hist. Ideas,* 27, 1966, 417–428.
Henry, J.: Occult Qualities and the Experimental Philosophy: Active Principles in Pre-Newtonian Matter Theory. *Hist. Sci.,* 24, 1986, 335–381.
Hettema, H. & T. A. F. Kuipers: The Periodic Table – Its Formalization, Status, and Relation to Atomic Theory. *Erkenntnis,* 28, 1988, 387–408.
Hijioka, Y.: William Higgins and the Atomic Theory. *XIVth Int. Congr. Hist. Sci. (Proceedings No.2),* 1975, 393–396.
Hildebrand, J. H.: Principles of Chemistry. New York, 1944.
Hillebrand, W. F.: Our Analytical Chemistry and Its Future (The Chandler Lecture, 1916). New York: Columbia University Press, 1917.
Hirsh, R. F.: A Conflict of Principles: The Discovery of Argon and the Debate over Its Existence. *Ambix,* 28(3), 1981, 212–130.
Hörz, H.: Materiestruktur. Berlin, 1971.
Hoffmann, K.: Kann man Gold machen? Gauner, Gaukler und Gelehrte: Aus der Geschichte der chemischen Elemente. Leipzig: Urania-Verlag, 1979.
Holmes, F. L.: Lavoisier and the Chemistry of Life: An Exploration of Scientific Creativity. Madison, Wis.: Univ. of Wisconsin Press, 1985.
Holmes, F. L.: Lavoisier's Conceptual Passage. *Osiris,* 4, 1988, 82–92.
Holmes, F. L.: Eighteenth-Century Chemistry as an Investigative Enterprise. Five Lectures Delivered at the International Summer School in History of Science, Bologna, August, 1988. (Berkeley Papers in History of Science, 12. Uppsala Studies in History of Science, 6. Bologna Studies in History of Science, 1.). Berkeley: Office for History of Science and Technology, Univ. of California, 1989.
Holmyard, E. J.: A Critical Examination of Berthelot's Work Upon Arabic Chemistry. *Isis,* 6, 1924, 479–499.
Holmyard, E. J.: Chemistry to the Time of Dalton (Chapters in the History of Science, 3). New York: Oxford Univ. Press, 1925.
Home, R. W.: Force, Electricity, and the Powers of Living Matter in Neewton's Mature Philosophy of Nature. In: Osler, M. J. & L. Farber (Hg.): *Religion, Science, and Worldview: Essays in Honor of Richard S. Westfall.* Cambridge: Cambridge Univ. Press, 1985, 95–117.
Hooykaas, R.: The Experimental Origin of Chemical Atomic and Molecular Theory Before Boyle. Chymia, 2, 1949, 65–80.
Hooykaas, R.: Die Chemie in der ersten Hälfte des 19. Jahrhunderts. *Technikgesch.,* 33, 1966, 1–24.
Howson, C.: Method and Appraisal in the Physical Sciences: The Critical Backround to Modern Sciences, 1800–1905. Cambridge: Cambridge University Press, 1976.

Hubicki, W.: Chemie und Alchemie des 16. Jahrhunderts in Polen. *Ann. Un. M. Curie-Skl.,* 10, 1955, 61–100.
Huffmann, W. H. & R. A. Seelinger Jr.: Robert Fludd's Declaratio Brevis to James I. *Ambix,* 25(2), 1978, 69–92.
Hurd, Ch. B.: The Progress of Chemistry. *Fac. Pap. Union Coll.,* 2, 1931, 103–113.
Ihde, A. J.: The Pillars of Modern Chemistry. *J. Chem. Educ.,* 33, 1956, 107–110.
Ihde, A. J.: The Development of Modern Chemistry. New York: Harper & Row, 1964.
Iyama, H.: A Case of Fabricated Discovery: The Law of Multiple Proportions. *Hist. Sci.,* 24, 1983, 19–28.
Jain, N. L.: Contributions of Jains to Chemical Knowledge. In: Dwivedi, R. (Hg.): *Contribution of Jainism to Indian Culture.* Delhi, 1975, 226–231.
James, F. A. J. L.: The Discovery of Line Spectra. *Ambix,* 32(2), 1985, 53–70.
James, F. A. J. L. & M. A. Sutton: The Victorians and Spectrochemistry: Two Views. *Hist. Sci.,* 24(4), 1986, 425–437.
James, F. A. J. L.: The Practical Problems of „New" Experimental Science: Spectrochemistry and the Search for the Hitherto Unknown Chemical Elements in Britain, 1860–1869. *Brit. J. Hist. Sci.,* 21, 1988, 181–194.
Jaques, J.: Le „Cours de chimie de G.-F. Rouelle recueilli par Diderot". *Rev. hist. sci. applic.,* 38, 1985, 43–53.
Jennings, R. C.: Lavoisier's Views on Phlogiston and the Matter of Fire before about 1770. *Ambix,* 28, 1981, 206–209.
Jensen, W. B.: Whatever Happened to Homberg's Pyrophorus. *Bull. Hist. Chem.,* 3, 1989, 21–24.
Job, A.: Les progrès des théories chimiques: thèse. Discussion: Mm. Boll, Meyerson. *Bull. Soc. Fr. Philos.,* 13, 1913, 47–62.
Joergensen, Ch. K. & G. B. Kauffman: Crookes and Marignac – A Centennial of an Intuitive and Pragmatic Appraisal of „Chemical Elements" and the Present Astrophysical Status of Nucleosynthesis and „Dark Matter". *Struct. Bond.,* 73, 1990, 227–253.
Jörgensen, S. M.: Die Entdeckung des Sauerstoffs. Stuttgart, 1909.
Johnson, C. H. & E. Grunwald: Atoms, Molecules and Chemical Change. Englewood Cliffs: Prentice Hall, 1965.
Jones, P. R.: The Strong German Influence on Chemsitry in Britain and America. *Bull. Hist. Chem.,* 4, 1989, 3–7.
Kangro, H.: Erklärungswert und Schwierigkeiten der Atomhypothese und ihre Anwendung auf chemische Probleme in der ersten Hälfte des 17. Jahrhunderts. *Technikgesch.,* 35, 1968, 14–36.
Kapoor, S. C.: Berthollet, Proust, and Proportions. *Chymia,* 10, 1965, 53–110.
Kargon, R. H.: Mendeleev's Chemical Ether, Electrons, and the Atomic Theory. *J. Chem. Educ.,* 42, 1965, 388–389.
Kargon, R. H.: Atomism in England from Hariot to Newton. Oxford: Clarendon Press, 1966.
Kargon, W.: Walter Charleton, Robert Boyle and the Acceptance of Epicurean Atomism in England. *Isis,* 55, 1964, 184–192.
Karpenko, V.: The Discovery of Supposed New Elements: Two Centuries of Errors. *Ambix,* 27, 1980, 77–102.
Kaufman, J.: Criticism on the Theory of Resonance in Organic Chemistry 1944–1956. *Synthesis,* 4(2), 1977, 44–59.
Kedrov, B. M.: Dalton's Atomic Theory and its Philosophical Significance. *Philos. Phenom. Res.,* 9, 1949, 644–662.
Kedrov, B. M.: Centenaire de la découverte de la loi périodique par D. I. Mendéléev. *Actes XIIe Congr. Int. Hist. Sci.,* 6, 1968 (pub. 1971), 121–128.

Kekulé-Couper: Centennial Symposium on the Development of Theoretical Organic Chemistry (American Chemical Society, Division of the History of Chemistry, Chicago, September, 1958). *J. Chem. Educ.,* 36, 1959, 319–339.

Kendall, J.: Great Discoveries by Young Chemists. London/New York: Nelson, 1953.

Kerker, M.: Hermann Boerhaave and the Development of Pneumatic Chemistry. *Isis,* 46, 1955, 36–49.

King, M. C.: Experiments with Time: The Development of Chemical Kinetics (Part 1). *Ambix,* 28(2), 1981, 70–82.

King, M. C.: Experiments with Time: Progress and Problems in the Development of Chemical Kinetics (Part 2). *Ambix,* 29(1), 1982, 49–61.

Kirchberger, P.: Die Entwicklung der Atomtheorie. Gemeinverständlich dargestellt. Karlsruhe: C. F. Müller, 1922.

Knight, D. M.: The Chemical Elements from Davy to Brodie. D. Phil. Thesis. Univ. Oxford, 1964.

Knight, D. M.: The Atomic Theory and the Elements. *Stud. Romant.,* 5, 1966, 186–207.

Knight, D. M.: Atoms and Elements. A Study of Theories of Matter in England in the Nineteenth Century. London, 1967.

Knight, D. M.: Chemistry, Physiology and Materialism in the Romantic Period. *Durham Univ. J.,* 64(2), 1972, 139–145.

Knight, D. M.: Accomplishment or Dogma: Chemistry in the Introductory Works of Jane Marcet and Samuel Parkes. *Ambix,* 33, 1986, 94–98.

Kohler, R. E.: The Origin of Lavoisier's First Experiments on Combustion. *Isis,* 63, 1972, 349–355.

Kohler, R. E.: The Lewis-Langmuir Theory of Valence and the Chemical Community, 1920–1928. *Hist. Stud. Phys. Sci.,* 6, 1975, 431–468.

Krätz, O.: Zur Frühgeschichte des Periodensystems der Elemente. *Rete,* 1, 1971, 145–166.

Krätz, O.: Historische chemische und physikalische Versuche: Eingebettet in den Hintergrund von drei Jahrhunderten. Köln: Aulis Verlag Deubner, 1979.

Kragh, H.: Chemical Aspects of Bohr's 1913 Theory. *J. Chem. Educ.,* 54, 1977, 208–210.

Kragh, H.: Julius Thomsen and 19th-Century Speculations on the Complexity of Atoms. *Ann. Sci.,* 39(1), 1982, 37–60.

Kragh, H.: The Aether in Late 19th Century Chemistry. *Ambix,* 36, 1989, 49–65.

Kritsman, V. A.: A. Lavoisier's Contribution to the Appearance of Structural Concepts in Chemistry. *Janus,* 73, 1986–1990, 29–37.

Kroh, J.: Early Developments in Radiation Chemistry. Cambridge: Royal Society of Chemistry, 1989.

Kubbinga, H. H.: Hélène Metzger et la théorie corpusculaire des stahliens au XVIIIe siècle. *Corpus,* 8/9, 1988, 59–66.

Kubbinga, H. H.: The First „Molecular" Theory (1620): Isaac Beeckman (1588–1637). *J. Mol. Struct.,* 181(3/4), 1988, 205–218.

Kuhn, T. S.: Robert Boyle and Structural Chemistry in the Seventeenth Century. *Isis,* 43, 1952, 12–36.

Laidler, K. J.: Chemical Kinetics and the Origins of Physical Chemistry. *Arch. Hist. Ex. Sci.,* 21(2), 1985, 43–75.

Laitko, H. & W. Schmidt: Tendenzen des chemischen Elementbegriffs. *Chem. Sch.,* 15, 1968, 292–296, 309–316.

Lamb, A. B.: A Century of Progress in Chemistry. *Science,* 78, 1933, 371–376.

Langevin, L.: Le centenaire de la loi de Mendeleiev. *Pensée,* 152, 1970, 55–68.

Larder, D. F.: The Role of the Pre-Boyle Period in the Understanding of the Conceptual Development of Modern Chemistry. In: Kauffman, G. B. (Hg.): *Teaching the History of Chemistry.* Budapest: Akadémiai Kiado, 1971, 127–147.

Lavoisier and the Chemical Revolution (Mit Beiträgen von: Smeaton, W. A.; Donovan, A. L. et al.). *Bull. Hist. Chem.,* 5, 1989, 4–50.
Leclerc, I.: Atomism, Substance, and the Concept of Body in Seventeenth Century Thought. *Filos. Sci.,* 27, o. J., 1–16.
Leegwater, A.: The Development of Wilhelm Ostwald's Chemical Energetics. *Cent.,* 29(4), 1986, 314–337.
LeGrand, H. E.: Lavoisier's Oxygen Theory of Acidity. *Ann. Sci.,* 29(1), 1972, 1–18.
LeGrand, H. E.: The „Conversion" of C. L. Berthollet to Lavoisier's Chemistry. *Ambix,* 22(1), 1975, 58–70.
LeGrand, H. E.: Berthollet's *essai de statique chimique* and Acidity. *Isis,* 67(237), 1976, 229–238.
LeGrand, H. E.: Genius and the Dogmatization of Error: The Failure of C. L. Berthollet's Attack upon Lavoisier's Acid Theory. *Organon,* 12–13, 1976/77, 193–209.
LeGrand, H. E.: Theory and Application: The Early Chemical Work of J. A. C. Chaptal. *Brit. J. Hist. Sci.,* 17(1), 1984, 31–46.
Leicester, H. M.: Chemistry, Chemical Technology, and Scientific Progress. *Technol. Cult.,* 2, 1961, 352–356.
Leicester, H. M.: Boyle, Lomonosov, Lavoisier, and the Corpuscular Theory of Matter. *Isis,* 58, 1967, 240–244.
Leicester, H. M. (Hg.): Mikhail Vasilevich Lomonossov on the Corpuscular Theory. Cambridge MA, 1970.
Leicester, H. M.: Lomonossov's View and Contribution on Phlogiston. *Ambix,* 22, 1975, 1–9.
Letts, E. A.: Some Fundamental Problems in Chemistry, Old and New. London: Constable, 1914.
Levere, T. H.: Affinity and Matter. Elements of Chemical Philosophy 1800–1865. Oxford: Clarendon Press, 1971.
Levere, T. H.: Hegel and the Earth Sciences. In: Horstmann, R. P. & M. J. Petry (Hg.): *Hegels Philosophie der Natur. Beziehungen zwischen empirischer und spekulativer Naturerkenntnis* (Veröffentlichungen der Internationalen Hegel-Vereinigung, 15). Stuttgart: Klett-Cotta, 1986, 103–120.
Levere, T. H.: Lavoisier: Language, Instruments, and the Chemical Revolution. In: Levere, T. H. & W. R. Shea (Hg.): *Nature, Experiment, and the Sciences: Essays on Galileo and the History of Science in Honour of Stillman Drake.* Dordrecht: Kluwer Academic, 1990, 207–223.
Levi, P. & R. Rosenthal: The Periodic Table. New York: Schocken, 1984.
Ley, W.: The Discovery of the Elements. New York: Delacorte, 1968.
Lieben, F.: Geschichte der physiologischen Chemie. Leipzig/ Wien, 1935. (Repr. Hildesheim: Olms 1970)
Lindeboom, G. A.: Boerhaave's Impact on the Relation between Chemistry and Medicine. *Clio Med.,* 7(4), 1972, 271–278.
Lipman, T. O.: Vitalism and Reductionism in Liebig's Physiological Thought. *Isis,* 58(192), 1967, 167–185.
Lippmann, E. O. v.: A Critical Examination of Berthelot's Work Upon Arabic Chemistry. *Isis,* 7, 1925, 493.
Llana, J. W.: Elements in 18th Century French Chemistry. *Diss. Abstr. Int.,* 40, 1980, 5565-A. (Diss. at Indiana Univ., 1979.)
Llana, J. W.: A Contribution of Natural History to the Chemical Revolution in France. *Ambix,* 32(2), 1985, 71–91.
Löw, R.: Pflanzenchemie zwischen Lavoisier und Liebig (Münchener Hochschulschriften. Reihe Naturwissenschaften, 1). Straubing: Donau Verl., 1977.
Lundgren, A.: The New Chemistry in Sweden: The Debate that Wasn't. *Osiris,* 4, 1988, 146–168.

Lundgren, A.: The Changing Role of Numbers in 18th-Century Chemistry. In: Frängsmyr, T. u. a. (Hg.): *The Quantifying Spirit in the 18th Century.* Berkeley: Univ. of California Press, 1990, 245–266.

Madras, S.: The Historical Approach to Chemical Concepts. *J. Chem. Educ.,* 32, 1955, 593–598.

Marcard, R.: De la pierre philosophale à l'atome. Paris: Librairie Plon, 1959.

Mathieu, J. P.: Histoire de la constante d'Avogadro (Cahiers d'histoire et de philosophie des sciences, 9). Paris: Centre de Documentation Sciences Humaines, 1984.

Matsuo, Y.: Henry Cavendish and the Phlogiston Theory with Reference to the Nature of Heat. *XIVth Int. Congr. Hist. Sci. (Proceedings No.2),* 1975, 405–408.

Mauskopf, S. H.: Gunpowder and the Chemical Revolution. *Osiris,* 4, 1988, 93–118.

McCann, H. G.: Chemistry Transformed: The Paradigmatic Shift from Phlogiston to Oxygen. Norwood, N. J.: Ablex, 1978.

McEvoy, J. G.: Joseph Priestley, „Aerial Philosopher": Metaphysics and Methodology in Priestley's Chemical Thought, from 1762 to 1781. Part I, II and III. *Ambix,* 25, 1978, 1–55, 93–116, 153–175. (Part IV: Ambix 26, 1979, 16–38)

McEvoy, J. G.: Continuity and Discontinuity in the Chemical Revolution. *Osiris,* 4, 1988, 195–213.

McKie, D.: Some Early Works on Combustion, Respiration and Calcination. *Ambix,* 1, 1938, 143–165.

McKie, D.: Some Notes on Newton's Chemical Philosophy Written upon the Occasion of the Tercentenary of His Birth. *Philos. Mag.,* 33, 1942, 847–870.

McKie, D.: The Phlogiston Theory. *Endeavour,* 18, 1959, 144–147.

McKie, D. & J. R. Partington: Historical Studies on the Phlogiston Theory. *Ann. Sci.,* 2, 1937, 361–404. (Fortsetzungen in Bd. 3, 1–58 und 337–371; Bd. 4, 113–149)

Meinel, Ch.: Der Begriff des chemischen Elementes bei Joachim Jungius. *Sudh. Arch.,* 66, 1982, 313–338.

Meinel, Ch.: Theory or Practice? The 18th-Century Debate on the Scientific Status of Chemistry. *Ambix,* 30, 1983, 121–132.

Meinel, Ch.: „.... die Chymie anwendbarer und gemeinnütziger zu machen": Wissenschaftlicher Orientierungswandel in der Chemie des 18. Jahrhunderts. *Angew. Chem.,* 96, 1984, 326–334. (Ebenso in: Braun, H. J. & R. H. Kluwe (Hg.): Entwicklung und Selbstverständnis von Wissenschaften. Frankfurt/Main: Lang,1985, 287–309)

Meinel, Ch.: Reine und angewandte Chemie: Die Entstehung einer neuen Wissenschaftskonzeption in der Chemie der Aufklärung. *Ber. Wissenschaftsgesch.,* 8, 1985, 25–45.

Meldrum, A. N.: The Development of the Atomic Theory. (1) Berthollet's Doctrine of Variable Proportions. *Mem. Manchester Lit. Phil. Soc.,* 54(7), 1910.

Meldrum, A. N.: The Development of the Atomic Theory. (2) The Various Accounts of the Origin of Dalton's Theory. *Mem. Manchester Lit. Phil. Soc.,* 55(3), 1910–11.

Meldrum, A. N.: The Development of the Atomic Theory. (3) Newton's Theory and Its Influence in the Eighteenth Century. *Mem. Manchester Lit. Phil. Soc.,* 55(4), 1910–11.

Melhado, E. M.: Jacob Berzelius: The Emergence of His Chemical System. Madison: Univ. Wisconsin Press; Stockholm: Almqvist & Wiksell, 1981.

Melhado, E. M.: Oxygen, Phlogiston, and Caloric: The Case of Guyton. *Hist. Stud. Phys. Sci.,* 13, 1983, 311–334.

Melhado, E. M.: A Complex Odyseey. *Isis,* 77(288), 1986, 511–514.

Melhado, E. M.: Toward an Understanding of the Chemical Revolution. *Knowl. Soc.,* 8, 1989, 123–137.

Metzger, H.: Les doctrines chimiques en France du début du XVIIe à la fin du XVIIIe siècle. Vol. 1. Paris: Presses Universitaires de France, 1923.

Metzger, H.: La philosophie de la matière chez Stahl et ses disciples. *Isis,* 8, 1926, 427–464.

Metzger, H.: Newton et l'exposé de la doctrine chimique au XVIIIe siècle. *Archeion,* 11, 1929, 190–197.
Metzger, H.: Newton, Stahl, Boerhaave et la doctrine chimique. Paris: Alcan, 1930.
Metzger, H.: Introduction à l'étude du rôle de Lavoisier dans l'histoire de la chimie. *Archeion,* 14, 1932, 31–50.
Metzger, H.: La philosophie de la matière chez les chimistes du XVIIe et du XVIIIe siècle. *Thalès,* 1, 1934, 59–64.
Metzger, H.: La philosophie de la matière chez Lavoisier. Paris, 1935.
Mieli, A.: La teoria chimica generale da Jean Rey ad Antoine Laurent Lavoisier. *Riv. Stor. Ch. It.,* 7, 1916, 110–117.
Mieli, A.: Un nemico delle teorie corpuscolari al principio del sec. XVIII: Martino Poli. In: *Studien zur Geschichte der Chemie, Festgabe Edmund O. v. Lippmann dargebracht.* Berlin: Springer, 1927, 106–108.
Miller, J. W. A.: French Successors to Lavoisier and Their Development of the Chemical Revolution, 1789–1871. *Diss. Abstr. Int.,* 21(9), 1961, 2451–2452.
Moked, G.: A Note on Berkeley's Corpuscularian Theories in *Siris. Stud. Hist. Phil.,* 2, 1971, 257–271.
Morell, J. B. & W. H. Brock: The Chemist Breeders: The Research Schools of Liebig and Thomas Thomson [Morell]. Liebig's Laboratory Accounts [Brock]. Two Chemical Research Schools. *Ambix,* 19(1), 1972, 1–46, 47–58.
Morris, P. T. J.: Polymer Pioneers: A Popular History of the Science and Technology of Larger Molecules. Philadelphia: Center for Hist. of Chemistry, 1986.
Morris, R. J.: Lavoisier and the Caloric Theory. *Brit. J. Hist. Sci.,* 6(21), 1972, 1–38.
Moureu, Ch.: Lavoisier et ses continuateurs. *Rev. scient.,* 1919, 705–721.
Moyer, A. E.: Robert Hooke's Ambigous Presentation of „Hooke's Law". *Isis,* 68(242), 1977, 266–275.
Muir, M. M. P.: A History of Chemical Theories and Laws. London, 1906. (Repr. New York 1975)
Multhauf, R. P.: On the Use of Balance in Chemistry. *Proc. Amer. Philos. Soc.,* 106, 1962, 210–218.
Musgrave, A.: Why Did Oxygen Supplant Phlogiston? Research Programmes in the Chemical Revolution. In: Howson, C. (Hg.): *Method and Appraisal in the Physical Sciences.* Cambridge: Cambrige Univ. Press, 1976, 181–209.
Nash, L. K.: The Origin of Dalton's Chemical Atomic Theory. Isis, 47, 1956, 101–116.
Neufeldt, S.: Die Chemie vor 100 Jahren: Stand, Entwicklung und Einflüsse. *Chem. Ztg.,* 100, 1976, 175–182.
Nevill, R. G.: Christophe Glaser and the *Traité de la chymie,* 1663. *Chymia,* 10, 1965, 25–52.
Newman, W.: Newton's Clavis as Starkey's Key. *Isis,* 78(294), 1987, 564–574.
Nierenstein, M.: The Early History of the First Chemical Reagent [Gallnuts]. *Isis,* 16, 1931, 439–446.
Nordmann, A.: Comparing Incommensurable Theories; A Text Book Account from 1794. *Stud. Hist. Philos. Sci.,* 17, 1986, 231–246.
Novitski, M. E.: Auguste Laurent and the Prehistory of Valence. *Diss. Abstr. Int.,* 42(1), 1981, 351-A.
Nye, M. J.: Nonconformity and Creativity: A Study of Paul Sabatier, Chemical Theory, and the French Scientific Community. *Isis,* 68(243), 1977, 375–391.
Nye, M. J.: Berthelot's Anti-Atomism: A „Matter of Taste"?. *Ann. Sci.,* 38(5), 1981, 585–590.
Nye, M. J.: Chemical Explanation and Physical Dynamics: Two Research Schools at the First Solvay Chemistry Conferences, 1922–1928. *Ann. Sci.,* 46, 1989, 461–480.
Oldroyd, D. R.: An Examination on G. E. Stahl's *Philosophical Principles of Universal Chemistry. Ambix,* 20, 1973, 36–52.

Oldroyd, D. R.: Mineralogy and the „Chemical Revolution". *Cent.,* 19(1), 1975, 54–71.
Oldroyd, D. R. & D. W. Hutchings: The Chemical Lectures at Oxford (1822–1854) of Charles Daubenay, M. D., F. R. S. *Notes Rec. Roy. Soc. Lond.,* 33(2), 1979, 217–259.
Olsen, J. C.: Historical Aspects of Analytical Chemistry in the United States for the Last Fifty Years. *J. Chem. Educ.,* 4, 1927, 506–511.
Oswald, M.: L'évolution de la chimie au XIXe siècle. Pages choesies des grands chimistes. Paris: Larousse, 1913.
Pagel, W.: Chemistry at the Cross-Roads: The Ideas of Joachim Jungius. *Ambix,* 16, 1969, 100–108.
Paneth, F.: Die Entwicklung und der heutige Stand unserer Kenntnisse über das natürliche System der Elemente (Zum 100-jährigen Jubiläum von Lothar Meyer's Geburtstag). *Naturwissenschaften,* 18, 1930, 964–976.
Paneth, F. A.: Trend of Inorganic and Physical Chemistry since 1850. *Nature,* 168, 1951, 371.
Partington, J. R.: The Origins of the Atomic Theory. *Ann. Sci.,* 4, 1939, 245–282.
Partington, J. R.: A Text-Book of Inorganic Chemistry. New York: Macmillan, [6]1950.
Partington, J. R.: Chemistry as Rationalised Alchemy. Presidential Address. *Bull. Brit. Soc. Hist. Sci.,* 1, 1951, 129–135.
Partington, J. R.: Seventeenth-Century Chemistry, the Phlogiston Theory and Dalton's Atomic Theory. *Nature,* 174, 1954, 291–293.
Partington, J. R.: Berthollet and the Antiphlogistic Theory. *Chymia,* 5, 1959, 130–137.
Partington, J. R.: The Discovery of Oxygen. *J. Chem. Educ.,* 39, 1962, 123–125.
Partington, J. R. & D. McKie: Historical Studies on the Phlogiston Theory, Part I. *Ann. Sci.,* 2, 1937, 361–404. (Part II: 3, 1938, 1–58; Part III: 3, 1938, 337–371; Part IV: 4, 1939, 113–149)
Pasquinelli, A.: Le repliche lavoisieriane all'*Essay on phlogiston* di R. Kirwan. *Riv. filos.,* 76, 1985, 425–433.
Pasquinelli, A.: Analisi e metodo nella rivoluzione chimica di Lavoisier. *Riv. filos.,* 80, 1989, 367–370.
Paul, E. R.: Alexander W. Williamson on the Atomic Theory: A Study of Nineteenth-Century British Atomism. *Ann. Sci.,* 35(1), 1978, 17–31.
Peacocke, T. A. H.: Atomic and Nuclear Chemistry. Vol. I: Atomic Theory and Structure of the Atom. Oxford: Pergamon, 1967.
Penzias, A. A.: The Origin of the Elements. *Science,* 205, 1979, 549–554.
Perrin, C. E.: Early Opposition to the Phlogiston Theory: Two Anonymous Attacks. *Brit. J. Hist. Sci.,* 5, 1970, 128–144.
Perrin, C. E.: Lavoisier's Table of the Elements: A Reappraisal. *Ambix,* 20, 1973, 95–105.
Perrin, C. E.: Lavoisier, Monge, and the Synthesis of Water, a Case of Pure Coincidence. *Brit. J. Hist. Sci.,* 6(24), 1973, 424–428.
Perrin, C. E.: The Triumph of the Antiphlogistians. In: Woolf, H. (Hg.): *The Analytic Spirit: Essay in the History of Science in Honor of Henry Guerlac.* Ithaca, N. Y.: Cornell Univ. Press, 1981, 40–63.
Perrin, C. E.: A Reluctant Catalyst: Joseph Black and the Edinburgh Reception of Lavoisier's Chemistry. *Ambix,* 29, 1982, 141–176.
Perrin, C. E.: Joseph Black and the Absolute Levity of Phlogiston. *Ann. Sci.,* 40, 1983, 109–137.
Perrin, C. E.: Of Theory and Industrial Innovations: The Relations of J. A. C. Chaptal and A. L. Lavoisier. *Ann. Sci.,* 43(6), 1986, 511–542.
Perrin, C. E.: Revolution or Reform: The Chemical Revolution and Eighteenth Century Concepts of Scientific Change. *Hist. Sci.,* 25(4), 1987, 395–423.
Perrin, C. E.: Research Traditions, Lavoisier, and the Chemical Revolution. *Osiris,* 4, 1988, 53–81.
Perrin, C. E.: The Chemical Revolution: Shifts in Guiding Assumptions. In: Donovan, A. u. a. (Hg.): *Scrutinizing Science: Empirical Studies of Scientific Change.* Dordrecht: Kluwer Academic, 1988, 105–124.

Perrin, C. E.: Chemistry as Peer of Physics: A Response to Donovan and Melhado on Lavoisier. *Isis,* 81, 1990, 259–270.

Petrel, J.: La negation de l'atome dans la chimie du XIXe siècle: Cas de Jean-Baptiste Dumas (Cahiers d'histoire et de philosophie des sciences, 13). Paris: Centre National de la Recherche Scientifique, 1979.

Petrianov-Sokolov, I. V.: Elementary Order: Mendeleev's Periodic System (Transl. from the Russian by Weinstein, J.). Moscow: Mir, 1985. (Revised from the 1976 Russian Edition)

Philbrick, F. A. & E. J. Holmyard: A Text Book of Theoretical and Inorganic Chemistry. London: Dent, 1932.

Pierce, J. B.: The Chemistry of Matter. Boston MA: Houghton Mifflin, 1970.

Pierson, S. O.: Gay-Lussac and Chemical Theory Principally to 1808. *Diss. Abstr. Int.,* 30: 3405-A, 1970. (Diss. at Yale Univ., 1969)

Pietruska, E.: Principes méthodologiques d'Antoine Lavoisier. *Organon,* 7, 1970, 209–229.

Pighetti, C.: Chimica settecentesca: Aporie e ambiguità metodologiche. *Cult. scuol.,* 4(16), 1965, 228–233.

Pomper, P.: Lomonossov and the Law of the Conversation of Matter in Chemical Transformations. *Ambix,* 10, 1962, 119–127.

Potter, O.: On the Function of Chemical Formulae: A Nineteenth-Century Discussion. *Brit. J. Philos. Sci.,* 3, 1951, 359–363.

Pratt, H. T.: John Vaughan's Public Lectures on Chemical Philosophy (1799). *J. Chem. Educ.,* 39, 1962, 42–43.

Priesner, C.: Makromoleküle: Ursachen und Hintergründe eines akademischen Disputes. Weinheim: Verlag Chemie, 1980.

Rabkin, Y. M.: Technological Innovation in Science: The Adoption of Infrared Spectroscopy by Chemists. *Isis,* 78, 1987, 31–54.

Rae, I. D.: The Research in Organic Chemistry of Aleksandr Borodin (1833–1887). *Ambix,* 36, 1989, 121–137.

Rancke-Madsen, E.: The Periodic System of Chemical Elements: An Essay Review. *Cent.,* 18, 1973, 76–80.

Rancke-Madsen, E.: The Discovery of an Element. *Cent.,* 19, 1975, 299–311.

Rappaport, R.: G. F. Rouelle: His *Cours de Chymie* and Their Significance for Eighteenth Century Chemistry. Univ. Cornell, 1958. (Master's Diss., unpubl.)

Rappaport, R.: G. F. Rouelle: An Eighteenth-Century Chemist and Teacher. *Chymia,* 6, 1960, 68–101.

Rappaport, R.: Rouelle and Stahl. The Phlogistic Revolution in France. *Chymia,* 7, 1961, 73–102.

Rau, A.: Die Theorien der modernen Chemie (3 Bde. als Einheit gebunden). Braunschweig: Vieweg, 1877.

Rawson, D. C.: The Process of Discovery: Mendeleev and the Periodic Law. *Ann. Sci.,* 31, 1974, 181–204.

Rex, F.: Die älteste Molekulartheorie. *Chem. Uns. Zeit,* 23, 1989, 200–206.

Rocke, A. J.: Atoms and Equivalents: The Early Development of the Chemical Atomic Theory. *Brit. J. Hist. Sci.,* 9, 1978, 225–263.

Rocke, A. J.: Gay-Lussac and Dumas: Adherents of the Avogadro-Ampère Hypothesis?. *Isis,* 69, 1978, 595–600.

Rocke, A. J.: The Reception of Chemical Atomism in Germany. *Isis,* 70, 1979, 519–536.

Rocke, A. J.: Kekulé, Bulterov, and the Historiography of the Theory of Chemical Structure. *Brit. J. Hist. Sci.,* 14, 1981, 27–57.

Rocke, A. J.: Subatomic Speculations and the Origin of Structure Theory. *Ambix,* 30, 1983, 1–18.
Rocke, A. J.: Chemical Atomism in the 19th Century: From Dalton to Cannizzaro. Columbus: Ohio State Univ. Press, 1984.
Rocke, A. J.: Hypothesis and Experiment in the Early Development of Kekule's Benzene Theory. *Ann. Sci.,* 42(4), 1985, 355–381.
Rodnyi, N. I.: Chemiker des 19. Jahrhunderts zu Problemen der Wissenschaft und ihrer Entwicklung. In: Domin, G. (Hg.): *Wissenschaftskonzeptionen: Eine Auswahl von Beiträgen sowjetischer Wissenschaftshistoriker zur Geschichte der Ideen über die Wissenschaft.* Berlin: Akademie-Verlag, 1978, 77–135.
Rogers, M. J. W.: Dalton and the Atomic Theory. Harmondsworth: Penguin, 1966.
Roscoe, H. E. & A. Harden: A New View of the Origin of Dalton's Atomic Theory. With a New Intro by Arnold Thackray (Sources of Science, 100). New York: Johnson Reprint, 1970. (Repr. d. Ausg. v. 1896)
Roth, E.: Atomic Weights: Problems, Past and Present. *Interdis. Sci. Rev.,* 2, 1977, 75–85.
Rubin, L. P.: Styles in Scientific Explanation: Paul Ehrlich and Svante Arrhenius on Immunochemistry. *J. Hist. Med.,* 35(4), 1980, 397–425.
Ruschig, U.: Chemische Einsichten wider Willen. Hegels Theorie der Chemie. *Hegel-Stud.,* 22, 1987, 17–23.
Ruska, J.: Über die Anfänge der wissenschaftlichen Chemie. *Forsch. Fortschr.,* 13, 1937, 380–381.
Russell, C. A.: The History of Valency. Leicester: Univ. Press, 1971.
Russell, C. A. (Hg.): Recent Developments in the History of Chemistry. London: Royal Society of Chemistry, 1985.
Russell, C. A.: The Changing Role of Synthesis in Organic Chemistry. *Ambix,* 34(3), 1987, 169–180.
Russell, C. A.: Presidential Address: „Rude and Disgraceful Beginnings": A View of History of Chemistry from the Nineteenth Century. *Brit. J. Hist. Sci.,* 21(3), 1988, 273–294.
Russell, C. A. & Sh. P. Russell: The Archives of Sir Edward Frankland: Resources, Problems and Methods. *Brit. J. Hist. Sci.,* 23, 1990, 175–185.
Sadoun-Goupil, M.: La mathématisation de la chimie au XVIIIe siècle (Fundamenta scientiae, 18). Strasbourg: Univ. Louis-Pasteur, 1974.
Sadoun-Goupil, M.: Les tentatives de mathématisation de la chimie au 18ème siècle: Éches et opposition. *Sci. Tech. Persp.,* 1, 1981–82, 2.1–2.22.
Sambursky, S.: Structure and Periodicity – Centenary of Mendeleev's Discovery. *Proc. Israel Acad. Sci. Hum.,* 4(1), 1970, 1–13.
Sargent, R. M.: Robert Boyle and the Experimental Ideal. *Diss. Abstr. Int.,* 48, 1987, 1469-A. (Diss. at University of Notre Dame, 1987, Univ. Microfilms order no. 87-20775)
Schaffer, S.: Priestley's Questions: An Historiographic Survey. *Hist. Sci.,* 22(2), 1984, 151–183.
Scheiber, J.: Über die Entwicklung der Lehre von der Valenz. *Angew. Chem.,* 20, 1907, 1767–1776.
Schiemenz, G. P.: Albert Ladenburg und die „Kekulé-Formel" des Benzols. *Mitt. Ges. Deut. Chem. Fachgr. Gesch. Chem.,* 1, 1988, 51–69.
Schönbeck, Ch. (Hg.): Atomvorstellungen im 19. Jahrhundert. Paderborn u.a.: Schöningh, 1982.
Schofield, R. E.: Joseph Priestley. The Theory of Oxydation and the Nature of Matter. *J. Hist. Ideas,* 25, 1964, 285–294.
Schonland, B.: The Atomists (1805–1933). Oxford: Clarendon Press, 1968.
Schriefers, H.: Zur Methodik chemischer Untersuchungen bei Alexander von Humboldt. *Sudh. Arch.,* 43, 1959, 114–120.
Schütt, H. W.: Zum Prioritätsproblem der Entdeckung des chemischen Isomorphismus. *Physis,* 16(1), 1974, 5–22.

Schütt, H. W.: Diamant und Graphit als „Kohlenstoffverbindung": Zur Geschichte der Chemie und Mineralogie um die Wende vom 18. zum 19. Jahrhundert. *NTM,* 12(1), 1975, 56–62.

Schwartz, A. T. & J. G. McEvoy (Hg.): Motion toward Perfection: The Achievement of Joseph Priestley (Mit Beiträgen von R. E. Schofield, J. H. Brooke, ...). Boston: Skinner House, 1990.

Schweber, S. S.: The Young John Clarke Slater and the Development of Quantum Chemistry. *Hist. Stud. Phys. Biol. Sci.,* 20, 1990, 339–406.

Scott, A. F.: The Invention of the Balloon and the Birth of Modern Chemistry. *Sci. Amer.,* 250(1), 1984, 126–137.

Scott-Moncrieff, R.: The Classical Period in Chemical Genetics. Recollections of Muriel Wheldale Onslow, Robert and Gertrude Robinson and J. B. S. Haldane. *Notes Rec. Roy. Soc. Lond.,* 36(1), 1981, 125–154.

Seaborg, G. T.: The Periodic Table: Tortuous Path to Man-Made Elements. *Chem. Eng. Ne.,* 57(16), 1979, 46–52.

Servos, J. W.: Physical Chemistry in America, 1890–1933: Origins, Growth, and Definition. *Diss. Abstr. Int.,* 40, 1979, 426-A.

Servos, J. W.: Physical Chemistry from Ostwald to Pauling: The Making of a Science in America. Princeton NJ: Princeton Univ. Press, 1990.

Seymor, R. B. & G. S. Kirshenbaum (Hg.): High Performance Polymers: Their Origin and Development (Proceedings of the Symposium on the History of High Performance Polymers at the American Chemical Society Meeting Held in New York, 15–18 April 1986). New York: Elsevier, 1986.

Seymor, R. B. & T. Cheng: History of Polyolefins: The World's Most Widely Used Polymers. Boston: Reidel, 1986.

Seymour, R. B. (Hg.): Pioneers in Polymer Science (Chemists and Chemistry). Dordrecht: Kluwer Academic, 1989.

Shinn, T.: Orthodoxy and Innovation in Science: The Atomist Controversy in French Chemistry. *Minerva,* 18, 1980, 539–555.

Siegfried, R.: Further Daltonian Doubts. *Isis,* 54, 1963, 480–481.

Siegfried, R.: The Discovery of Potassium and Sodium, and the Problem of Chemical Elements. *Isis,* 54, 1963, 247–258.

Siegfried, R.: The Phlogistic Conjectures of Humphry Davy. *Chymia,* 9, 1964, 117–124.

Siegfried, R. & B. J. Dobbs: Composition: A Neglected Aspect of the Chemical Revolution. *Ann. Sci.,* 24, 1968, 275–293.

Siegfried, R.: Lavoisier's Table of Simple Substances: Its Origin and Interpretation. *Ambix,* 29, 1982, 29–48.

Siegfried, R.: The Chemical Revolution in the History of Chemistry. *Osiris,* 4, 1988, 34–50.

Siegfried, R.: Lavoisier and the Phlogistic Connection. *Ambix,* 36, 1989, 31–40.

Sinclair, S. B.: J. J. Thomson and the Chemical Atom: From Ether Vortex to Atomic Decay. *Ambix,* 34(2), 1987, 89–116.

Smeaton, W. A.: Guyton de Morveau and Chemical Affinity. *Ambix,* 11, 1963, 55–64.

Smeaton, W. A.: Guyton de Morveau and the Phlogistic Theory. In: Cohen, J. B. & R. Taton (Hg.): *L'aventure de la science.* Paris, 1964, 522–540.

Smith, E. F.: A Chapter in Historical Chemistry. *J. Chem. Educ.,* 9, 1932, 635–642.

Snelders, H. A. M.: The Researches of the Dutch Chemists about the Nature of the Sulphides. *Cent.,* 19(3), 1975, 220–237.

Snelders, H. A. M.: Dissocation, Darwinism and Entropy: A Case-Study from the History of Physical Chemistry. *Janus,* 64, 1977, 51–75.

Snelders, H. A. M.: Petrus Johannes van Kerckhoff (1813–1876) and Theoretical Organic Chemistry in the Netherlands. *Janus,* 69(1–2), 1982, 77–95.

Snelders, H. A. M.: The Mulder-Liebig Controversy Elucidated by Their Correspondence. *Janus,* 69(3–4), 1982, 199–221.

Snelders, H. A. M.: J. H. van't Hoff and the Phase Rule. *Tijdschr. Gesch. Geneesk. Natuurwetensch. Wisk. Tech.,* 9(1), 1986, 10–24.

Snelders, H. A. M.: The Dutch Physical Chemist J. J. van Laar (1860–1938) versus J. H. van't Hoff's „Osmotic School". *Cent.,* 29(1), 1986, 53–71.

Snelders, H. A. M.: J. H. van't Hoffs Theorie van de verdunde Oplossingen (1886). *Tijdschr. Gesch. Geneesk. Natuurwetensch. Wisk. Tech.,* 10(1), 1987, 2–19.

Solov'ev, Iu. I.: D. I. Mendeleev's Conceptions Concerning the Structure of Complex Compounds. *J. Chem. Educ.,* 55, 1978, 494–496.

Speter, M.: Lavoisier und seine Vorläufer. Stuttgart, 1910.

Spronsen, J. W. v.: L'histoire de la découverte du système périodique des éléments chimiques et l'apport de Béguyer de Chancourtois (Conference donnée au Palais de la Découverte, D 103). Paris: Presses Universitaires de France, 1965.

Spronsen, J. W. v.: Fundamentering van het periodiek systeem der elementen. *Sci. Hist.,* 10, 1968, 106–109.

Spronsen, J. W. v.: Hundert Jahre Periodensystem der chemischen Elemente. *NTM,* 6(1), 1969, 13–42.

Spronsen, J. W. v.: The Periodic System of Chemical Elements: A History of the First Hundred Years. Amsterdam: Elsevier, 1969.

Spronsen, J. W. v.: The Prehistory of the Periodic System of the Elements. *J. Chem. Educ.,* 36, 1959, 565–567.

Stengers, I.: L'affinité ambigue: Le reve newtonian de la chimie du XVIIIe siècle. In: Serres, M. (Hg.): *Éléments d'histoire des sciences.* Paris: Bordas, 1989, 297–319.

Stéphanidès, M.: Eine Skizze aus der analytischen Chemie der Alten. *Mitt. Gesch. Med.,* 15, 1916, 85–89.

Stock, J. T. & M. V. Orna (Hg.): The History and Preservation of Chemical Instrumentation: Proceedings of the ACS Division of the History of Chemistry Symposium Held in Chicago, September 9–10, 1985 (Chemists and Chemistry). Dordrecht: Reidel, 1986.

Stranges, A. N.: Electrons and Valence: Development of the Theory, 1900–1925. College Station: Texas A & M Univ. Press, 1982.

Ströker, E.: Element und Verbindung. Zur Wissenschaftsgeschichte zweier chemischer Grundbegriffe. *Angew. Chem.,* 80, 1968, 747–753.

Ströker, E.: Theoriewandel in der Wissenschaftsgeschichte: Chemie im 18. Jahrhundert. Frankfurt am Main: Klostermann, 1982.

Strube, I.: On the Importance of the Phlogiston-Theory of G. E. Stahl (1659–1734). *Actes XIe Congr. Int. Hist. Sci.,* 4, 1965 (pub. 1968), 82–84.

Strube, I.: The Role of Ancient Atomism in the Evolution of Chemical Research in the Second Half of the 17th Century. *Organon,* 4, 1967, 127–132.

Strube, I.: Die Phlogistonlehre George Ernst Stahls (1659–1734) in ihrer historischen Bedeutung. *NTM,* 1(2), [1961], 27–51.

Strube, W.: Die Ausbreitung der Naturanschauung G. E. Stahls unter den deutschen Chemikern des 18. Jahrhunderts. *NTM,* 1(2), 1960, 52–61.

Sudduth, W. M.: Eighteenth-Century Identifications of Electricity with Phlogiston. *Ambix,* 25, 1978, 131–147.

Sudduth, W. M.: The Voltaic Pile and Electro-Chemical Theory in 1800. *Ambix,* 27(1), 1980, 26–35.
Sutton, M. A.: Spectroscopy and the Chemists: A Neglected Opportunity. *Ambix,* 23(1), 1976, 16–26.
Sutton, M. A. & F. A. J. L. James: The Victorians and Spectrochemistry: Two Views. *Hist. Sci.,* 24(4), 1986, 425–437.
Swords, M. D.: The Chemical Philosophy of Thomas Graham (1805–1869). *Diss. Abstr. Int.,* 34, 1973, 227-A. (Diss. at Case Western Reserve Univ., 1973)
Szabadváry, F.: The Birth of Stoichiometry (Transl. by R. E. Oesper). *J. Chem. Educ.,* 39, 1962, 267–270.
Szabadvary, F.: Geschichte der analytischen Chemie (Aus dem Ungarischen von Kerstein, G.). Braunschweig: Vieweg, 1966. (Engl.: History of Analytical Chemistry, Oxford: Pergamon, 1966)
Tamamushi, B.: The Concept of Chemical Affinity: Its Historical Development. *XIVth Int. Congr. Hist. Sci. (Proceedings No. 4),* 1975, 249–250.
Tamamushi, B.: The Role of Dulong-Petit's Law in the Development of Modern Chemistry. *XIVth Int. Congr. Hist. Sci. (Proceedings No. 2),* 1975, 433–436.
Tanaka, M.: Über Ursprünge skeptischer Auffassungen gegen Atomhypothesen der Chemie des neunzehnten Jahrhunderts. Ein Beitrag zur Geschichte der Atomistik. *Jap. Stud. Hist. Sci.,* 5, 1966, 87–99.
Tanaka, M.: Chemical and Physical Models for Atomistic Notion – Its Conceptual Development in Relation to the Evolution of the Concept of Chemical Substance. A Contribution to the History of Atomism (IV). *Jap. Stud. Hist. Sci.,* 8, 1969, 125–143.
Tanaka, M.: The Reception of Atomic Theory in Japan during Her Feudal Age. *Jap. Stud. Hist. Sci.,* 16, 1977, 113–117.
Tarbell, D. S.: The Chemical World of Paul Walden: Organic Chemistry from 1880 to 1935. *J. Chem. Educ.,* 51, 1974, 7–9.
Teich, M.: Circulation, Transformation, Conservation of Matter and Balancing of the Biological Wold in the Eighteenth Century. *Ambix,* 29(1), 1982, 17–28.
Teich, M.: Interdisciplinarity in J. J. Becher's Thought. *Hist. Eur. Ideas,* 9(2), 1988, 145–160.
Thackray, A. W.: John Dalton and the Beginnings of Chemical Atomism. *Actes XIe Congr. Int. Hist. Sci.,* 4, 1965 (pub. 1968), 63–66.
Thackray, A. W.: Documents Relating to the Origins of Dalton's Chemical Atomic Theory. *Manch. Lit. Phil. Soc.,* 108, 1965/66, 21–42.
Thackray, A. W.: The Emergence of Dalton's Chemical Atomic Theory: 1801–1808. *Brit. J. Hist. Sci.,* 3, 1966, 1–23.
Thackray, A. W.: The Newtonian Tradition and Eigteenth-Century Chemistry. Univ. Cambridge, 1966. (PhD Thesis)
Thackray, A. W.: The Origins of Dalton's Chemical Atomic Theory: Daltonian Doubts Resolved. *Isis,* 57, 1966, 35–55.
Thackray, A. W.: Quantified Chemistry – the Newtonian Dream. In: Cardwell, A. (Hg.): *John Dalton and the Progress of Science.* Manchester, 1968, 92–108.
Thackray, A. W.: Atoms and Powers: An Essay on Newtonian Matter-Theory and the Development of Chemistry. Cambridge: Cambridge Univ. Press, 1970.
Thackray, A. W. u. a. (Hg.): Chemistry in America, 1876–1976; Historical Indicators. Dordrecht: Reidel, 1985.
Thagard, P.: The Conceptual Structure of the Chemical Revolution. *Philos. Sci.,* 57(2), 1990, 183–209.
Thiele, J.: Franz Walds Kritik der theoretischen Chemie (nach Arbeiten aus den Jahren 1902–1906 und unveröffentlichten Briefen). *Ann. Sci.,* 30(3), 1973, 417–433.

Thorpe, T. E.: Essays in Historical Chemistry. New York: Macmillan, ³1931.
Tilden, W. A.: The Progress of Scientific Chemistry in Our Times, with Biographical Notices. London: Longmans, Green, ²1913.
Tilden, W. A.: Chemical Discovery and Invention in the Twentieth Century. London: Routledge, ⁶1936.
Todd, A. R.: A Hundred Years of Organic Chemistry. *Nature,* 168, 1951, 326.
Todd, A. R.: Organic Chemistry: A View and a Prospect. In: *Annu. Rep. Smithsonian Inst. for 1961.* Washington, D. C., 1962, 373–380.
Todericiu, D.: Le traite de chimie inacheve de Jean Hellot (1685–1766). *Physis,* 19(1–4), 1977, 355–375.
Toulmin, S.: Crucial Experiments: Priestley and Lavoisier. *J. Hist. Ideas,* 18, 1957, 205–220.
Trifonov, D. N.: On the Discovery of Chemical Elements. In: *Science and Technology: Humanism and Progress. Soviet Studies on the History of Science* (Bd. 2). Moscow: USSR Academy of Sciences, 1981, 106–126.
Tugnoli Pattaro, S.: La teoria del flogisto, alle origini della rivoluzione chimica (Collana di studi epistemologici, 4). Bologna: CLUEB, 1983.
Tweney, R. D.: Fields of Enterprise: On Michael Faraday's Thought. In: Wallace, D. B. & H. E. Gruber (Hg.): *Creative People at Work.* New York: Oxford Univ. Press, 1989, 91–106.
Urey, H. C.: Chemistry and the Future. *Science,* 88, 1938, 133–139.
Verbruggen, F.: Joseph Black en de antiphlogistische teorie. *Sci. Hist.,* 11, 1969, 109–121.
Verbruggen, F.: How to Explain Priestley's Defense of Phlogiston. *Janus,* 59, 1972, 47–69.
Vidal, B.: La liaison chimique: Le concept et son histoire. Paris: Vrin, 1989.
Wald, F.: Elementare chemische Betrachtungen. *Z. Phys. Chem.,* 24, 1897, 633–650.
Wald, F.: Über die Ableitung stöchiometrischer Gesetze. *Z. Phys. Chem.,* 62, 1908, 307–324.
Walden, P.: Maß, Zahl und Gewicht in der Chemie der Vergangenheit. Ein Kapitel aus der Vorgeschichte des sogenannten quantitativen Zeitalters der Chemie (Sammlung chemischer und chemisch-technischer Vorträge, N.F. Heft 8). Stuttgart, 1931.
Walling, Ch.: The Development of Free Radical Chemistry. *J. Chem. Educ.,* 63, 1986, 99–102.
Walter, E. J.: Empiristische Grundlagen der chemischen Theorie in der ersten Hälfte des 19. Jahrhunderts (Abhandlungen zur Theoretischen Wissenschaftsgeschichte, 2). *Gesnerus,* 6, 1949, 46–64.
Walton, M. T.: Boyle and Newton on the Transmutation of Water and Air from the Root of Helmont's Tree. *Ambix,* 27, 1980, 11–18.
Waters, W. A.: Some Comments on the Development of Free Radical Chemistry. *Notes Rec. Roy. Soc. Lond.,* 39(1), 1984, 105–124.
Weeks, M. E.: Discovery of the Elements. Easton, Pa.: Journal of Chemical Education, 1968. (7th edition, completely revised and new material added by M. Leicester)
Weissbach, H.: Phlogiston. In: Hörz, H.; R. Löther & S. Wollgast (Hg.): *Philosophie und Naturwissenschaften.* Berlin, 1978.
Werner, A.: Neuere Anschauungen auf dem Gebiete der anorganischen Chemie (Die Wissenschaft, 8). Braunschweig: Vieweg, ³1913.
Weyer, J.: Van't Hoff, Kekule und die Stereochemie: Zwei unveröffentlichte Briefe von J. H. van't Hoff an Kekule. *Janus,* 64, 1977, 217–230.
White, J. H.: The History of the Phlogiston Theory. London: Arnold, 1932.
Wiederkehr, K. H.: Das Weiterwirken der Hauyschen Idee von der Polyedergestalt der Moleküle in der Chemie, die Umgestaltung der Hauyschen Strukturtheorie durch Seeber und Delafosse, und Bravais' Entdeckung der Gittertypen. *Cent.,* 22(3), 1978, 177–186.
Wightman, W. P. D.: William Cullen and the Teaching of Chemistry. *Ann. Sci..,* 11, 1955, 154–165. (Fortsetzung in Bd. 12, 1956, 192–205)

Williams, W. D.: Old Chemistries: John Johnston's *Manual of Chemistry. Bull. Hist. Chem.,* 6, 1990, 23–26.
Wotiz, J. H.: The Volution of Modern Chemistry: A European Travel and Study Course. *J. Chem. Educ.,* 49, 1972, 593–596.
Zur Würdigung von J. J. Berzelius, A. Kekulé und F. Wöhler. [Mit Beiträgen von: Lohs, K.; Hronszky, I.; Niedersen, U.; Göbel, W.; Dunsch, L.; Girnus, W.; Zott, R.] (Sitzungsberichte der Akademie der Wissenschaften der DDR: Mathematik, Naturwissenschaften, Technik, 1980, 24 N.). Berlin: Akademieverlag, 1980.
Wurtz, A.: Geschichte der chemischen Theorien: Seit Lavoisier bis auf unsere Zeit (Dt. hrsg. v. A. Oppenheim). Niederwalluf bei Wiesbaden: Saendig, 1971. (Repr.)
Ziemacki, R.: Humphry Davy and the Conflict of Traditions in Early 19th-Century British Chemistry. Cambridge, 1975. (Phd Thesis, Cambridge Univ. (UK). Supervisor: P. M. Heimann)

2.4 Disziplinengeschichte der Chemie

Becher, E.: Geisteswissenschaften und Naturwissenschaften. Untersuchungen zur Theorie und Einteilung der Realwissenschaften. München: Duncker, 1921.
Beretta, M.: T. O. Bergmann and the Definition of Chemistry. *Lychnos,* 1988, 37–67.
Bud, R.: The Discipline of Chemistry: The Origins and Early Years of the Chemical Society of London. *Diss. Abstr. Int.,* 41, 1980, 2742-A. (Dissertation of Univ. of Pennsylvania, 1980. Supervisor: Arnold Thackray. Univ. Microfilms Order No. 80-28844)
Bulthaup, P.: Systematische Kategorien und historische Entwicklung einer Naturwissenschaft – dargestellt am Beispiel der Chemie als Modell. In: Ders. (Hg.): *Zur gesellschaftlichen Funktion der Naturwissenschaften.* Frankfurt a. M., 1973, 64–82.
Butler, A. R. & A. Robert: Whence Came Chemistry?. *Chem. Brit.,* 22, 1986, 311–312.
Carroll, P. Th.: Academic Chemistry in America, 1876–1976: Diversification, Growth, and Change. *Diss. Abstr. Int.,* 43, 1983, 3688-A.
Del Re, G.: The Historical Perspective and the Specifity of Chemistry. *Epistemologia,* 10, 1987, 231–240.
Engel, M.: Chemie im achtzehnten Jahrhundert: Auf dem Weg zu einer internationalen Wissenschaft. Georg Ernst Stahl (1659–1734) zum 250. Todestag. Ausstellung 29. Mai bis 7. Juli 1984 (Staatsbibliothek Preussischer Kulturbesitz Ausstellungskataloge, 23). Berlin: Staatsbibliothek Preussischer Kulturbesitz; Wiesbaden: Reichert, 1984.
Farber, E.: Are there Rules in the Historical Development of Chemistry?. *J. Chem. Educ.,* 17, 1950, 309–311.
Goehring, G. D.: Isaac Newton's Theory of Matter: A Programm for Chemistry. *J. Chem. Educ.,* 53, 1976, 423–425.
Goltz, D.: Versuch einer Grenzziehung zwischen „Chemie" und „Alchemie". *Sudh. Arch.,* 52, 1968, 30–47.
Guerlac, H.: Chemistry as a Branch of Physics: Laplace's Collaboration with Lavoisier. *Hist. Stud. Phys. Sci.,* 7, 1976, 193–276.
Halleux, R.: La controverse sur les origines de la chimie, de Paracelse á Borrichius. In: Margolin, J. C. (Hg.): *3e Congrès international d'études néo-latines, Tours,* Acta conventus. Paris: Vrin, 1980, 807–820.
Hannaway, O.: The Chemists and the Word: The Didactic origins of Chemistry. Baltimore: Johns Hopkins Press, 1975.

Kangro, H.: Joachim Jungius' Experimente und Gedanken zur Begründung der Chemie als Wissenschaft. Ein Beitrag zur Geistesgeschichte des 17. Jahrhunderts. Wiesbaden: Steiner, 1968.

Kedrov, B. M.: Leibniz' Prinzip vom zureichenden Grund und die Entstehung der Chemie als Wissenschaft im 17. und 18. Jahrhundert. *Akten II. Int. Leibniz-Kong.*, 2, 1972 (pub. 1974), 269–291.

Langmuir, I.: Modern Concepts in Physics and Their Relation to Chemistry. In: *Annu. Rep. Smithsonian Inst. for 1930.* Washington, D. C., 1932, 219–241.

Lippmann, E. O. v.: Die Anfänge der wissenschaftlichen Chemie. *Naturwissenschaften,* 25, 1937, 591–592.

Mandel, M.: De Ontwikkeling van de Chemie tot Fysische Wetenschap. Univ. Leiden, 1962. (Inaugural Address University of Leiden)

Meinel, Ch.: Theory or Practice? The 18th-Century Debate on the Scientific Status of Chemistry. *Ambix,* 30, 1983, 121–132.

Meinel, Ch.: Reine und angewandte Chemie: Die Entstehung einer neuen Wissenschaftskonzeption in der Chemie der Aufklärung. *Ber. Wissenschaftsgesch.,* 8, 1985, 25–45.

Melhado, E. M.: Chemistry, Physics, and the Chemical Revolution. *Isis,* 76, 1985, 195–211.

Melhado, E. M.: Metzger, Kuhn, and Eighteenth-Century Disciplinary History. *Corpus,* 8/9, 1988, 111–134.

Pauling, L.: The Place of Chemistry in the Integration of the Sciences. *Main Currents,* 7, 1950, 108–111.

Plath, P. J.: Interdisziplinarität in den Naturwissenschaften – das Verhältnis der Chemie zu ihren Nachbarwissenschaften. In: Plath, P. J. & H. J. Sandkühler (Hg.): *Theorie und Labor. Dialektik als Programm der Naturwissenschaft.* Köln, 1978, 209–225.

Rodnyi, N. I.: Chemiker des 19. Jahrhunderts zu Problemen der Wissenschaft und ihrer Entwicklung. In: Domin, G. (Hg.): *Wissenschaftskonzeptionen: Eine Auswahl von Beiträgen sowjetischer Wissenschaftshistoriker zur Geschichte der Ideen über die Wissenschaft.* Berlin: Akademie-Verlag, 1978, 77–135.

Roth, W.: Die Entwicklung der Chemie zur Wissenschaft (Werdegang der Entdeckungen, 9). München: Oldenbourg, 1922.

Ruska, J.: Über die Anfänge der wissenschaftlichen Chemie. *Forsch. Fortschr.,* 13, 1937, 380–381.

Schimank, H.: Physik und Chemie im 18. Jahrhundert. Ihre Abkunft, ihre Hilfsmittel und ihre Wandlungen. *Technikgesch.,* 32(2), 1965, 103–130.

Scholz, H.: Zur Periodisierung des Entstehungsprozesses naturwissenschaftlicher Disziplinen, dargestellt am Beispiel der Entwicklung der Chemie. *Dt. Z. Philos.,* 31, 1983, 89–97.

Schorlemmer, K.: Der Ursprung und die Entwicklung der organischen Chemie (Ostwalds Klassiker, 259). Leipzig: Akademische Verlagsgesellschaft, 1979.

Schütt, H. W.: Was hat die Chemie zu einer Naturwissenschaft gemacht? Eine wissenschaftstheoretische Betrachtung zur Phlogistonlehre von Stahl und zur Oxidationstheorie von Lavoisier. *Chemieunterricht,* 5(2), 1974, 56–70.

Servos, J. W.: Physical Chemistry in America, 1890–1933: Origins, Growth, and Definition. *Diss. Abstr. Int.,* 40, 1979, 426-A.

Stéphanidès, M.: La naissance de la chimie. *Scientia,* 31, 1922, 189–196.

Stock, J. T.: A Short Course on the History of Analytical Chemistry and the Related Science. *J. Chem. Educ.,* 54, 1977, 635–637.

Szabadváry, F.: From Assaying to Analytical Chemistry: How an Art Became a Science. *Period. Polytech. Chem. Eng.,* 21, 1977, 355–369.

Urbain, G.: Les disciplines d'une science: la chimie. Paris: Gaston Doin, 1921.

Walden, P.: Von der Iatrochemie zur „organischen Chemie". Historisches über Entstehung und Namenbildung der „organischen Chemie". *Z. angew. Chem.,* 40, 1927, 1–16.

Weyer, J.: Die Entwicklung der Chemie zu einer Wissenschaft zwischen 1540 und 1740. *Ber. Wissenschaftsgesch.*, 1, 1978, 113–121.

Weyer, J.: Die Entstehung der organischen Chemie im 19. Jahrhundert: Ein Überblick. In: Scriba, C. J. (Hg.): *Disciplinae novae: Zur Entstehung neuer Denk- und Arbeitsrichtungen in der Naturwissenschaft.* Göttingen: Vandenhoeck & Ruprecht, 1979, 91–103.

Zhdanov, Y. A.: The Definition of Chemical Science. *Z. obsc. Chim.*, 26, 1956, 271–274.

Zhdanov, Y. A.: The Problem of the General Definition of Chemistry. *J. Gen. Chem.*, 28, 1958, 2643–2644.

2.5 Institutionengeschichte der Chemie

Auger, P. u. a.: Les prix Nobel de physique et de chimie. Monaco: Union Européenne d'Éditions, 1962.

Averley, G.: The „Social Chemists": English Chemical Societies in the Eighteenth and Early Nineteenth Century. *Ambix*, 33(2–3), 1986, 99–128.

Beardsley, E. H.: The Rise of the American Chemistry Profession, 1850–1900 (University of Florida Monographs in Social Sciences, 23). Gainesville: Univ. of Florida Press, 1964.

Beer, G.: Der Versuch Johann Christoph Cron's zur Errichtung eines ersten chemischen Laboratoriums an der Universität Göttingen im Jahre 1735. *Göttinger Jb.*, 28, 1980, 97–108.

Bohning, J. J.: The Continentel Chemical Society. *Bull. Hist. Chem.*, 6, 1990, 15–21.

Bonin, W. v.: Die Nobelpreisträger der Chemie. Ein Kapitel Chemie-Geschichte (Forum Imaginum, 9). München: Impuls (ebenso: Heinz Moos Verlag), 1963.

Brock, W. H.: The Scientist's Declaration: Reflexions on Science and Belief in the Wake of Essays and Reviews, 1864–5. *Brit. J. Hist. Sci.*, 9(1), 1976, 39–66.

Brock, W. H.: The Society for the Perpetuation of Gmelin: The Cavendish Society, 1846–1872. *Ann. Sci.*, 35(6), 1978, 599–617.

Brock, W. H.: The Cavendish Society's Wonderful Repertory of Chemistry. *Ann. Sci.*, 47, 1990, 77–80.

Broser, W. (Hg.): Chemie an der Freien Universität Berlin: Eine Dokumentation (Wissenschaft und Stadt, 8). Berlin: Colloquium Verlag, 1988.

Browne, C. A. & M. E. Weeks: A History of the American Chemical Society. Seventy-Five Eventful Years. Washington, D. C.: American Chemical Society, 1952.

Burchardt, L.: Die Ausbildung des Chemikers im Kaiserreich. *Z. Unternehmensgesch.*, 23, 1978, 31–53.

Burchardt, L.: Professionalisierung oder Berufskonstruktion? Das Beispiel des Chemikers im Wilhelminischen Deutschland. *Gesch. u. Ges.*, 6, 1980, 326–348.

Carroll, P. Th.: Academic Chemistry in America, 1876–1976: Diversification, Growth, and Change. *Diss. Abstr. Int.*, 43, 1983, 3688-A.

Centenaire de la Société Chimique de France, 1857–1957 Paris: Masson, 1957.

A Century of Chemistry: The Role of Chemists and the American Chemical Society. Washington, D.C.: American Chemical Society, 1976.

Chapman, A. Ch.: The Growth of the Profession of Chemistry during the Past Half-Century (1877–1927). London: The Institute of Chemistry of Great Britain and Ireland, 1927.

Chemiker über Chemiker. Wahlvorschläge zur Aufnahme von Chemikern in die Berliner Akademie, 1822–1925, von Eilhard Mitscherlich bis Max Brodenstein. Bearbeitet von A. Greiner. Mit einem Geleitwort v. H. Klare u. einer histor. Studie über 100 Jahre Chemie v. F. Welsch unter Mitarbeit v. W. Girnus. Gesamtredaktion A. Greiner u. H. Klare (Studien zur Geschichte der Akademie der Wissenschaften der DDR, 12). Berlin: Akademie-Verlag, 1986.

Clow, A.: Chemistry at the Older Universities of Britain During the Eighteenth Century. *Nature*, 155, 1945, 158–162.

Cocker, W.: A History of the University Chemical Laboratory, Trinity College, Dublin. *Hermathena*, 124, 1978, 58–76.

Court, S.: The *Annales de chemie* 1789–1815. *Ambix*, 19, 1972, 113–128.

Crawford, E.; J. L. Heilbron & R. Ullrich: The Nobel Population, 1901–1937: A Census of Nominators and Nominees for the Prizes in Physics and Chemistry (Berkeley Papers in the History of Science, 11). Berkeley: Office for History of Science and Technology, Univ. of California, 1987. [Gleichzeitig veröfffentlicht als: Uppsala Studies in History of Science, 4, Uppsala: Office for History of Science, Uppsala Univ.]

Debus, A. G.: Chemistry and the Universities in the 17th Century. *Meded. Kon. Acad. Wetensch. Lett. Sch. Kunst. Belgie Kl. Wetensch.*, 48(4), 1986, 13–33.

IIe Congrès de l'Association Internationale des Sociétés de Chimie. *Isis*, 1, 1913, 113.

Dewitt, T. W.; R. S. Nicholson & M. K. Wilson: Science Citation Index and Chemistry. *Scientometrics*, 2, 1980, 265–275.

Engelhardt, D. v. (Hg.): Die chemischen Zeitschriften des Lorenz von Crell. Teil 1 (Indices naturwissenschaftlich-medizinischer Periodica bis 1850, 2). Stuttgart: Hiersemann, 1974.

Farber, E.: Nobel Prize Winners in Chemistry, 1901–1950 (Pathbreakers in 20th Century Science. Life of Science Library, 31). New York: Henry Schumann, 1953.

Fenby, D. V.: The Lectureship in Chemistry and the Chemical Laboratory, University of Glasgow, 1747–1818. In: James, F. A. J. L. (Hg.): *The Development of the Laboratory*. London: Macmillan, 1989, 22–36.

FitzGibbon, H. M.: The Business of Science: Emergent Careers in Industrial Chemical Research. *Diss. Abstr. Int.*, 49, 1989, 3510-A.

Friedrich, Ch.: Deutsch-Schwedische Wissenschaftsbeziehungen an der Universität Greifswald zwischen 1770 und 1850 unter besonderer Berücksichtigung von Chemie und Pharmazie. *Ber. Wissenschaftsgesch.*, 12(3), 1989, 177–192.

Fruton, J. S.: The Liebig Research Group – a Reappraisal. *Proc. Amer. Philos. Soc.*, 132(1), 1988, 1–66.

Guay, Y.: Emergence of Basic Research on the Periphery: Organic Chemistry in India. *Scientometrics*, 10, 1986, 77–94.

Gustin, B. H.: The Emergence of the German Chemical Profession, 1790–1867. *Diss. Abstr. Int.*, 36, 1976, 4772-A. (Diss. of Univ. of Chicago, 1975.)

Harff, H.: Die Entwicklung der deutschen chemischen Fachzeitschrift. Ein Beitrag zur Wesensbestimmung der wissenschaftlichen Fachzeitschrift. Berlin: Verlag Chemie, 1941.

Haupt, B.: Deutschsprachige Chemielehrbücher (1775 – 1850) (Quellen und Studien zur Geschichte der Pharmazie, 35). Stuttgart: Deutscher Apotheker Verlag, 1987.

Henning, H. G. & W. Jugelt: Zur Geschichte der organischen Chemie an der Berliner Universität. *Wiss. Zs. Humb. Univ. (Math.-Nat. Reihe)*, 38, 1989, 197–201.

Holmes, F. L.: The Complementary of Teaching and Research in Liebig's Laboratory. *Osiris*, 5, 1989, 121–164.

Holt, B. W. G.: Social Aspects in the Emergence of Chemistry as an Exact Science: The British Chemical Profession. *Brit. J. Soc.*, 21, 1970, 181–199.

Hubicki, W.: The Beginnings of Chemistry as a University Science. *Actes XIe Congr. Int. Hist. Sci.*, 4, 1965 (pub. 1968), 41–45.

Hufbauer, K.: The Formation of the German Chemical Community, 1720–1795. Berkeley: Univ. California Press, 1982.

Johnson, J. A.: Academic Chemistry in Imperial Germany. *Isis,* 76, 1985, 500–524.

Johnson, J. A.: Academic Self-Regulation and the Chemical Profession in Imperial Germany. *Minerva,* 23, 1985, 241–271.

Johnson, J. A.: Hierarchy and Creativity in Chemistry, 1871 – 1914. *Osiris,* 5, 1989, 214–240.

Johnson, J. A.: The Kaiser's Chemists: Science and Modernization in Imperial Germany. Chapel Hill: Univ. of North Carolina Press, 1990.

Jones, P. R.: The Strong German Influence on Chemsitry in Britain and America. *Bull. Hist. Chem.,* 4, 1989, 3–7.

Julian, M. M.: Crystallography at the Royal Institution. *Chem. Brit.,* 22, 1986, 729–732.

Kämmerer, H.: Hessische Chemiker bei der Entwicklung organischer Chemie: Justus Liebig, August Wilhelm Hofmann, Hermann Staudinger. *Chem. Ztg.,* 106, 1982, 13–18.

Kendall, J.: Some Eigtheenth-Century Chemical Societies. *Endeavour,* 1, 1942, 106–109.

Kendall, J.: The First Chemical Society, the First Chemical Journal, and the Chemical Revolution. *Proc. Roy. Soc. Edinb.,* 73, 1952, 346–358.

Kernbauer, A.: Das Fach Chemie an der Philosophischen Fakultät der Universität Graz (Publikationen aus dem Archiv der Universität Graz, 13). Graz: Akademische Druck- und Verlagsanstalt, 1985.

Klostermann, L. J.: A Research School of Chemistry in the Nineteenth Century: Jean Baptiste Dumas and His Research Students. Part I and II. *Ann. Sci.,* 42(1), 1985, 1–80.

Koster, U.: Zur Entwicklung der wissenschaftlichen Ausbildung von Chemikern im 19. Jahrhundert in Deutschland. *Wiss. Zs. Univ. Rostock (Gesellschaftswiss. Reihe),* 34(3), 1985, 45–49.

Küppers, G.; P. Weingart & N. Ulitzka: Die Nobelpreise in Physik und Chemie, 1901–1929: Materialien zum Nominierungsprozeß (Report Wissenschaftsforschung, 23). Bielefeld: Universität Bielefeld, 1982.

Langins, J.: The Decline of Chemistry at the École Poytechnique, 1794–1805. *Ambix,* 28, 1981, 1–19.

LeGrand, H. E.: Chemistry in a Provincial Context: The Montpellier Societe Royale des Sciences in the Eighteenth Century. *Ambix,* 29(2), 1982, 88–105.

Leprieur, F. & P. Papon: Synthetic Dyestuffs: The Relations between Academic Chemistry and the Chemical Industry in Nineteenth-Century France. *Minerva,* 17(2), 1979, 197–224.

Levere, T. H.: Thomas Beddoes at Oxford: Radical Politics and the Regius Chair in Chemistry. *Ambix,* 28(2), 1981, 61–69.

Maas, K. & H. Möllinger: 100 Jahre *Chemiker-Zeitung:* Entwicklung in eigenen Dokumenten. Chem. Ztg., 11, 1976, 155–174.

Maccoll, A.: Australian Chemists at University College London, 1899–1988. *Ambix,* 36, 1989, 82–90.

McCann, H. G.: The Development and Reception of the Chemical Revolution by the Chemical Communities of France and Great Britain, 1760–1795: A Sociological Case Study. *Diss. Abstr. Int.,* 36, 1975, 1830-A.

Meinel, Ch.: Die Chemie an der Universität Marburg seit Beginn des 19. Jahrhunderts: Ein Beitrag zu ihrer Entwicklung als Hochschulfach (Academia Marburgensis, 3.). Marburg: Elwert, 1978.

Meinel, Ch.: De praestantia et utilitate chemiae: Selbstdarstellung einer jungen Disziplin im Spiegel ihres programmatischen Schrifttums. *Sudh. Arch.,* 65, 1981, 366–389.

Meinel, Ch.: Zur Sozialgeschichte des chemischen Hochschulfaches im 18. Jahrhundert. *Ber. Wissenschaftsgesch.,* 10, 1987, 147–168.

Meinel, Ch.: Die Chemie an den Universitäten des 18. Jahrhunderts. Institutionalisierungsstufen und konzeptioneller Wandel. *Academiae Analecta. Mededelingen van de Koninklijke Academie voor Wetenschappen, Letteren en Schone Kunsten van Beligie, Klasse der Wetenschappen,* 48(4), 1986, 35–57.

Meinel, Ch.: Artibus Academicus Inserenda: Chemistry's Place in Eighteenth and Early Nineteenth Century Universities. *Hist. Univ.,* 7, 1988, 89–115.

Melzer, W.: Geschichte des deutschsprachigen chemischen Wörterbuches im 19. Jahrhundert. Hamburg, 1971.

Melzer, W.: Zur Geschichte der deutschsprachigen chemischen Wörterbücher im 19. Jahrhundert. *Rete*(2), 1973, 183–195.

Miles, W. D.: Early American Chemical Societies. 1. The 1789 Chemical Society of Philadelphia; 2. The Chemical Society of Philadelphia. *Chymia,* 3, 1950, 95–113.

Miles, W. D.: Chemists and Chemistry in the War Between the States. *Chem. Eng. Ne.,* 39, 1961, 108–115.

Morell, J. B. & W. H. Brock: The Chemist Breeders: The Research Schools of Liebig and Thomas Thomson [Morell]. Liebig's Laboratory Accounts [Brock]. Two Chemical Research Schools. *Ambix,* 19(1), 1972, 1–46, 47–58.

Munroe, Ch. E.: Organization of Chemists in the United States. *Science,* 62, 1925, 313–317.

Nicloux, M.: Projet de fondation d'un Institut International de Chimie. *Rev. Gén. Sci.,* 23, 1912, 814–817.

Ostwald, W.: Denkschrift über die Gründung eines internationalen Institutes für Chemie. Leipzig: Akademische Verlagsgesellschaft, 1912.

Ostwald, W.: Die Internationale Organisation der Chemiker. *Ann. Natur. Kulturphil.,* 12, 1913, 217–233.

Ostwald, W.: Memorial on the Foundation of an International Chemical Institute. *Science,* 40, 1914, 147–158.

Ostwald, W.: Die chemische Literatur und die Organisation der Wissenschaft. Leipzig: Fock, 1919.

Ostwald, W.: Berzelius' „Jahresbericht" and the International Organization of Chemists. Transl. by R. Oesper. *J. Chem. Educ.,* 32, 1955, 373–375.

Pelseneer, J.: Cinquantenaire de l'Institut International de Chimie fondé par Ernest Solvay, 1913–1963, Bruxelles. Bruxelles: Institut International de Chimie Solvay, 1963.

Rasch, M.: Zur Institutionalisierung der Elektrochemie in Deutschland. *Ber. Wissenschaftsgesch.,* 11, 1988, 42–44.

Reese, K. M. (Hg.): A Century of Chemistry. The Role of Chemists and the American Chemical Society. Washington: ACS, 1976.

Rilling, R.: The Structure of the Gesellschaft Deutscher Chemiker (Society of German Chemists). *Soc. Stud. Sci.,* 16, 1986, 235–260.

Roberts, G. K.: The Establishment of the Royal College of Chemistry: An Investigation of the Social Context of Early-Victorian Chemistry. *Hist. Stud. Phys. Sci.,* 7, 1976, 437–485.

Roberts, G. K.: The Liberally-Educated Chemist: Chemistry in the Cambridge Natural Science Tripos, 1851–1914. *Hist. Stud. Phys. Sci.,* 11(1), 1980, 157–183.

Ruske, W.: 100 Jahre Deutsche Chemische Gesellschaft. Weinheim: Verlag Chemie, 1967.

Russell, C. A.: Chemists by Profession: The Origin and Rise of the Royal Institute of Chemistry. Milton Keynes: Univ. Press, 1977.

Sachtleben, R.: Nobel Prize Winners Descended from Liebig. Translated and Annotated by R. Oesper. A Table of Academic Genealogy. *J. Chem. Educ.,* 35, 1958, 73–75.

Sadoun-Goupil, M.: L'organisation de l'enseignement de la chimie á la création de l'École polytechnique. *Actes XIIIe Congr. Int. Hist. Sci.,* 7, 1971 (pub. 1974), 24–33.

Schweitzer, G. K.: Chemistry at UTK: A History of Chemistry at the University of Tennessee-Knoxville from 1794 through 1987. Knoxville: Dept. of Chemistry, Univ. of Tennessee, 1987.

Smeaton, W. A.: The Society's First Fifty Years. Part I and II. *Ambix,* 34(2), 1987, 1–4, 57–61.

Snelders, H. A. M.: J. H. van't Hoff's Research School in Amsterdam (1877–1895). *Janus,* 71(1–4), 1984, 1–30.

Snelders, H. A. M.: Chemische Laboratoria in de negentiende Eeuw. *Tijdschr. Gesch. Geneesk. Natuurwetensch. Wisk. Tech.,* 9(4), 1986, 204–215.

Stolz, R.: Johann Theodor Neukranz und sein chemisches Laboratorium an der Universität Wittenberg im ersten Drittel des 18. Jahrhunderts. *NTM,* 16(2), 1979, 72–79.

Strauss, A. L. u. a.: The Professional Scientist; a Study of American Chemists (Social Research Studies in Contemporary Life). Chicago: Aldine Publishing Co., 1962.

Trengove, L.: Chemistry at the Royal Society of London in the 18th Century. *Ann. Sci.,* 19, 1963, 183–237. (Fortsetzungen: 1964, 20, 1–57; 1965, 21, 81–130, 175–201; 1970, 26, 331–353)

Turner, R. S.: Justus Liebig versus Prussian Chemistry: Reflections on Early Institute-Building in Germany. *Hist. Stud. Phys. Sci.,* 13, 1982, 129–162.

Waggoner, W. H.: Chemistry at the University of Georgia. Athens, Georgia: Agee, 1984.

Welsch, F.: Die Gründung der Deutschen Chemischen Gesellschaft und ihre Bedeutung für die Entwicklung der Chemie (1867–1892). *NTM,* 4(10), 1967, 107–117.

Westfall, C.: Fermilab: Founding the First US „Truly National Laboratory". In: James, F. A. J. L. (Hg.): *The Development of the Laboratory.* London: Macmillan, 1989, 184–217.

Yagello, V. E.: Early History of the Chemical Periodical. *J. Chem. Educ.,* 45, 1968, 426–429.

Zanier, G.: Osservazioni sulle origini della scienza chimica. *Riv. crit. stor. filos.,* 37, 1982, 75–81.

Zollinger, H.: Chemie und Hochschule: Beiträge zum Komplementaritätsdenken in Lehre und Forschung. Basel: Birkhäuser, 1978.

2.6 Biographien und personenbezogene Darstellungen

Abbott, D. (Hg.): The Biographical Dictionary of Scientist: Chemists. New York: Harper & Row, 1984.

Actes du Symposium organisé à l'occasion du bicentenaire de la publication du *Traite élémentaire de chimie* par Lavosier (Mit Beiträgen von R. Halleux, J. Jacques, M. Goupil und M. Crosland). *Rev. quest. sci.,* 160, 1989, 145–219.

Ahlers, W. C.: La correspondance de Macquer. *Rev. synth.,* 97(81–82), 1976, 125–127.

Ahonen, K. & W. Fowler: Johann Rudolph Glauber: A Study of Animism in 17th-Century Chemistry (Diss. at Univ. of Michigan, 1972). Diss. Abstr. Int., 1973.

Appleby, J. H.: Humphrey Jackson, F. R. S., 1717–1801: A Pioneering Chemist. *Notes Rec. Roy. Soc. Lond.,* 40(2), 1986, 147–168.

Appleby, J. H. & J. R. Millburn: Henry or Humphrey: The Jacksons, Eighteenth-Century Chemists. *Library,* 10(1), 1988, 30–43.

Auburger, L.: Russland und Europa: Die Beziehungen M. V. Lomonosovs zu Deutschland. Heidelberg: Groos, 1985.

Bensaude-Vincent, B.: Lavoisier: Une révolution scientifique. In: Serres, M. (Hg.): *Éléments d'histoire des sciences.* Paris: Bordas, 1989, 363–385.

Bensaude-Vincent, B.: Mendeleev: Histoire d'une découverte. In: Serres, M. (Hg.): *Éléments d'histoire des sciences.* Paris: Bordas, 1989, 447–467.

Bishop, L. & W. S. Deloach: Marie Meudrac – First Lady of Chemistry?. *J. Chem. Educ.,* 47, 1970, 448–449.

Boas, M.: Robert Boyle and Seventeenth-Century Chemistry. Cambridge: Cambridge Univ. Press, 1958.

Bocklund, U.: Carl Wilhelm Scheele – His Work and Life, 2 Bde. Stockholm, 1968.
Boklund, U.: Die Rolle Carl Wilhelm Scheeles in der chemischen Revolution des 18. Jahrhunderts. *D. Apoth. Ztg.,* 106, 1966, 1251–1255.
Bonin, W. v.: Die Nobelpreisträger der Chemie. Ein Kapitel Chemie-Geschichte (Forum Imaginum, 9). München: Impuls (ebenso: Heinz Moos Verlag), 1963.
Borchardt, J. K.: The Royal Chemist. *Chem. Brit.,* 24, 1988, 53–56.
Bouchard, G.: Guyton-Morveau: Chimiste et Conventionnel. Paris, 1938.
Brock, W. H.: Liebigiana: Old and New Perspectives. *Hist. Sci.,* 19(45), 1981, 201–218.
Brock, W. H. (Hg.): Justus von Liebig und August Wilhelm Hofmann in ihren Briefen (1841–1873). Basel: Verlag Chemie, 1984.
Bugge, G. (Hg.): Das Buch der großen Chemiker. 2 Bände. 1. Von Zosimos bis Schönbein. 2. Von Liebig bis Arrhenius. Berlin: Verlag Chemie, 1929/1930. (Repr. Weinheim: Verlag Chemie, [5]1979)
Burns, D. Th.: Robert Boyle (1627–1691): A Foundation Stone of Analytical Chemistry in the British Isles. Part 1: Life and Thought. Part 2: Literary Style; Specific Contributions to the Principles and Practice of Analytical Chemical Science. *Anal. Proc.,* 19, 1982, 224–233, 288–295.
Cabot, J. T.: La vida ejemplar de Marie Curie. *Hist. y vida,* 16(182), 1983, 118–124.
Campbell, W. A.: The Chemical Library of Thomas Britton, 1654–1714. *Ambix,* 24(3), 1977, 143–148.
Campbell, W. & N. N. Greenwood: Contemporary British Chemists. London: Taylor & Francis, 1971.
Carmichael, E. B.: Antoine Laurent Lavoisier. *Alabama J. Med. Sci.,* 10(3), 1973, 329–339.
Coleby, L. M. J.: The Chemical Studies of P. J. Macquer. London, 1938.
Coley, N. G.: George Owen Rees, MD, FRS (1813–89): Pioneer of Medical Chemistry. *Med. Hist.,* 30(2), 1986, 173–190.
Cragg, R. H.: „Work, Finish and Publish" – the Chemistry of Michael Faraday. *Chemy Br.,* 3, 1967, 482–486.
Crosland, M.: Humphry Davy – an Alleged Case of Supressed Publication. *Brit. J. Hist. Sci.,* 6, 1973, 304–310.
Crosland, M.: Priestley Memorial Lecture: A Practical Perspective on Joseph Priestley as a Pneumatic Chemist. *Brit. J. Hist. Sci.,* 16(3), 1983, 223–238.
Curtius, T. & C. Duisberg: Freunde in der Zeit des Aufbruchs der Chemie: Der Briefwechsel zwischen Theodor Curtius und Carl Duisberg (Hg. von Becke-Goehring, M.). Berlin: Springer, 1990.
Danks, D. u. a.: Berthold Halpern, 1923–1980. *Hist. Rec. Aust. Sci.,* 5(4), 1983, 73–81.
Danzer, K.: Dmitri I. Mendelejew und Lothar Meyer: Die Schöpfer des Periodensystems der chemischen Elemente (Biographien hervorragender Naturwissenschaftler und Techniker, 8). Leipzig: Teubner, 1971, [2]1974.
Davies, P.: Sir Arthur Schuster, 1851–1934. . Manchester, 1983. (PhD Thesis, Institute of Science and Technology, Manchester Univ.)
Dilworth, C.: Boyle, Hooke, and Newton: Some Aspects of Scientific Collaboration. *Riv. Stor. Sci.,* 4, 1987, 319–338.
DiMeo, A.: Aldo Mieli e la storia della chimia in Italia. *Arch. int. hist. sci.,* 36, 1986, 337–361.
Duff, D.: A. S. Couper: The Forgotten Genius. *Chem. Brit.,* 23, 1987, 350–354.
Duveen, D. I. & H. S. Klickstein: Benjamin Franklin (1706–1790) and Antoine Laurent Lavoisier (1743–1794). 1. Franklin and the New Chemistry; 2. Joint Investigations. *Ann. Sci.,* 11, 1955, 103–128; 271–308. (Teil 3 in Bd. 13, 1957)
Duveen, D. I. & H. S. Klickstein: Benjamin Franklin (1706–1790) and Antoine Laurent Lavoisier (1743–1794). 3. Documentation. *Ann. Sci.,* 13, 1957, 30–46. (Teil 1 und 2 in Bd. 11, 1955)

Edsall, J. T.: Isidor Traube: Physical Chemist, Biochemist, Colloid Chemist and Controversialist. *Proc. Amer. Philos. Soc.,* 129(4), 1985, 371–406.
Farber, E.: Nobel Prize Winners in Chemistry, 1901–1950 (Pathbreakers in 20th Century Science. Life of Science Library, 31). New York: Henry Schumann, 1953.
Farber, E. (Hg.): Great Chemists. New York/London: Interscience Publishers, 1961.
Farber, E.: Nobel Prize Winners in Chemistry, 1901–1961 (Life of Science Library, 41). London/Toronto/New York: Abelard-Schumann, 1963.
Farrar, W. V. ; K. Farrar & E. L. Scott: The Henrys of Manchester. *Ambix,* 21(2,3), 1974, 179–228.
Farrar, W. V.: Edward Schunck, F. R. S.: A Pioneer of Natural-Product Chemistry. *Notes Rec. Roy. Soc. Lond.,* 31(2), 1977, 273–296.
Ferchl, F.: Von Liebau bis Liebig: Chemikerköpfe und Laboratorien. Mittenwald: Nemayer, 1930.
Ferchl, F.: Chemisch-Pharmazeutisches Bio- und Bibliographikon. Im Auftrage der Gesellschaft für Geschichte der Pharmazie. 2 Bde. Mittenwald: Nemayer, 1937–38.
Figurovski, N. A. u. a.: Aleksandr Porfir'evich Borodin: A Chemist's Biography. New York: Springer, 1988.
Fisher, M. S.: Robert Boyle, Devout Naturalist: A Study in Science and Religion in the Seventeenth Century. Philadelphia: Oshiver Studio Press, 1945.
Fisher, N.: Avogadro, the Chemists, and the Historians of Chemistry. Part I and II. Hist. Sci., 20(2 & 3), 1982, 77–102 & 212–231.
Fluck, E.: Leopold Gmelin: Ein Heidelberger Chemiker und sein Werk. Heidelberger Jahrb., 33, 1989, 89–106. (Ebenso in: Naturwiss. Rundsch., 1989, 42: 435–441)
Forbes, R. I.: Was Newton an Alchemist?. Chymia, 2, 1949, 27–36.
Forgan, S.: Science and the Sons of Genius: Studies on Humphry Davy. London: Science Rev., 1980.
Fullmer, J. Z.: Humphry Davy: Fund raiser. In: James, F. A. J. L. (Hg.): The Development of the Laboratory. London: Macmillan, 1989, 11–21.
Gay-Lussac: La carrière et l'oeuvre d'un chimiste français durant la première moitié du XIXe siècle (Actes du Colloque Gay-Lussac, 11–13 décembre 1978). Palaiseau: École Polytechnique, 1980.
Gibbs, F. W.: Boerhaave's Chemical Writings. Ambix, 6, 1957, 117–135.
Gibbs, F. W.: Joseph Priestley – Adventurer in Science and Champion of Truth. London, 1965.
Giroud, F.: Marie Curie: A Life. New York: Holmes & Meier, 1986.
Gölz, K. & W. Jansen: Rudolf Winderlich: Ein Oldenburger Chemiedidaktiker und -historiker. Mitt. Ges. Deut. Chem. Fachgr. Gesch. Chem., 1, 1988, 79–85.
Golinski, J. V.: Peter Shaw: Chemistry and Communication in Augustan England. Ambix, 30(1), 1983, 19–29.
Golinski, J. V.: Language, Method, and Theory in British Chemical Discourse, c. 1660–1770. Leeds Univ. Leeds (UK), 1984. (PhD Thesis)
Gough, J. B.: Lavoisier's Early Career in Science. An Examination on Some New Evidence. Brit. J. Hist. Sci., 4, 1968, 52–57.
Gould, S. J.: The Passion of Antoine Lavoisier. Natur. Hist., 98(6), 1989, 16–25.
Guédon, J. C.: Protestantisme et chimie: Le milieu intellectuel de Nicolas Lémery. Isis, 65, 1974, 212–228.
Guerlac, H.: The Poets' Niter. Studies in the Chemistry of John Mayow. Isis, 45, 1954, 73–112.
Gugel, K. F.: Johann Rudolph Glauber 1604–1670, Leben und Werk. Würzburg: Freunde Mainfränkischer Kunst und Geschichte, 1955.
Hall, M. B.: Robert Boyle on Natural Philosophy; An Essay with Selections from his Writings. Bloomington: Indiana Univ. Press, 1965.

Halleux, R.: Visages de Van Helmont, depuis Hélène Metzger jusqu'à Walter Pagel. Corpus, 8/9, 1988, 35–43.

Harris, J. & W. H. Brock: From Giessen to Gower Street: Towards a Biography of Alexander William Williamson (1824–1904). Ann. Sci., 31(2), 1974, 95–130.

Harrow, B.: Eminent Chemists of Our Time. New York: Van Nostrand, 1920.

Heinig, K. (Hg.): Biographien bedeutender Chemiker. Eine Sammlung von Biographien. Berlin: Volk & Wissen, 1968.

Higasi, K.: Four Representative Japanese Chemists. XIVth Int. Congr. Hist. Sci. (Proceedings No.2), 1975, 389–392.

Higgins, Th. J.: Booklength Biographies of Chemists. Sch. Sci. Math., October, 1944, 650–665.

Higgins, Th. J.: Booklength Biographies of Chemists – Addendum. Sch. Sci. Math., 65, 1965, 139–142.

Hodson, D.: Victor Grignard (1871–1935). Chem. Brit., 23, 1987, 141–142.

Holmen, R. E.: Kasimir Fajans (1887–1975): The Man and His Work (Part 2: America). Bull. Hist. Chem., 6, 1990, 7–14.

Holmes, F. L.: Antoine Lavoisier and Hans Krebs: Two Styles of Scientific Creativity. In: Wallace, D. B. & H. E. Gruber (Hg.): Creative People at Work. New York: Oxford Univ. Press, 1989, 44–68.

Holmyard, E. J.: The Great Chemists. London: Methuen, 1928.

Holmyard, E. J.: Makers of Chemistry. Oxford: Clarendon Press, 1931.

Houlihan, S. & J. H. Wotiz: Women in Chemistry Before 1900. J. Chem. Educ., 52, 1975, 362–364.

Jacques, J.: Berthelot, 1827 – 1907: Autopsie d'un mythe (Préface de J. Dhombres: Un savant, une époque). Paris: Belin, 1987.

Jaffe, B.: Crucibles; the Lifes and Achievements of the Great Chemists. New York: Simon & Schuster, 1930. (Revised Edition Cleveland: World Publishing Company, 1942)

Jennings, B. H.: The Professional Life of Emma Perry Carr. J. Chem. Educ., 63, 1986, 923–927.

Joy, L. S.: Gassendi the Atomist. Advocat of History in an Age of Science. Cambridge, New York: Cambridge Univ. Press, 1987.

Kämmerer, H.: Hessische Chemiker bei der Entwicklung organischer Chemie: Justus Liebig, August Wilhelm Hofmann, Hermann Staudinger. Chem. Ztg., 106, 1982, 13–18.

Kauffman, G. B.: Christian Wilhelm Blomstrand (1826–1897): Swedish Chemist and Mineralogist. Ann. Sci., 32(1), 1975, 13–37.

Kauffman, G. B. & P. M. Priebe: Emil Fischer (1852–1919) – William Ramsay (1852–1916): Their Correspondence from 1892–1914. Arch. int. hist. sci., 30(105), 1980, 137–161.

Kauffman, G. B. (Hg.): Frederick Soddy (1877–1956): Early Pioneer in Radiochemistry. Dordrecht: Reidel, 1986.

Kauffman, G. B. & K. Bumpass: An Apparent Conflict between Art and Science: The Case of Alexandr Porfir'evich Borodin (1833–1887). Leonardo, 21, 1988, 429–436.

Kauffman, G. B.: Midgley: Saint or Serpent. Chem. Tech., 19, 1990, 716–725.

Kent, A.: Thomas Thomson (1773–1852): Historian of Chemistry. Brit. J. Hist. Sci., 2(5), 1964, 59–63.

King, M. C.: The Course of Chemical Change: The Life and Times of Augustus G. Vernon Harcourt (1834–1919). Ambix, 31(1), 1984, 16–31.

Knutsson, F.: Nobelpriset i Kemi 1911 (Marie Curie). Nordisk Med.hist. Arsbok, 1976, 162–168.

Kohler, K. H.: C. E. Weigel: Botaniker, Zoologe und Chemiker in Greifswald. Wiss. Zs. Univ. Greifsw., 34(3–4), 1985, 40–42.

Krätz, O.: Chemiker, Wissenschaftler und Industrielle: Nach autobiographischen Dokumenten gesammelt im „Chemiker-Album" von Georg Krause. Chem. Ztg., 100, 1976, 182–191.

Krawczyk, J.: Maria Sklodowska-Curie. *Polish Perspectives,* 21(3), 1978, 14–22.
Ksoll, P. & F. Vögtle: Marie Curie. Mit Selbstzeugnissen und Bilddokumenten. Reinbek bei Hamburg: Rowohlt, 1988.
Labrousse, E.: Notes sur Bayle. Paris: Vrin, 1987.
Levere, T. H.: Humphry Davy and the Idea of Glory. *Trans. Soc. Can.,* 18, 1980, 247–261.
Levere, T. H.: Thomas Beddoes at Oxford: Radical Politics and the Regius Chair in Chemistry. *Ambix,* 28(2), 1981, 61–69.
Lexikon bedeutender Chemiker (Hg. von Pötsch, W. R.; Fischer, A.; Müller, W.; unter Mitarbeit von Cassebaum, H.). Leipzig: Bibliographisches Institut Leipzig, 1988.
Lundgren, A.: Berzelius och den Kemiska Atomteorin. Uppsala: Almquist & Wiksell, 1979.
Maddison, R. E. W.: The Life of the Honourable Robert Boyle. London: Taylor and Francis, 1969.
Maddison, R. E. W.: The Life of Robert Boyle: Addenda. *Ann. Sci.,* 45, 1988, 193–195.
Massain, R.: Chimie et chimistes. Preface by Louis de Broglie. Paris: Éditions de l'Ecole, 1952.
Matsuo, Y.: Henry Cavendish: A Scientist in the Age of the Revolution Chimique. *Jap. Stud. Hist. Sci.,* 14, 1975, 83–94.
McCosh, F. W. J.: Boussingault: Chemist and Agriculturist (Chemists and Chemistry). Dordrecht: Reidel, 1984.
McEvoy, J. G.: Joseph Priestley, Scientist, Philosopher and Divine. *Proc. Amer. Philos. Soc.,* 128(3), 1984, 193–199.
McKie, D.: Antoine Lavoisier: Scientist, Economist, Social Reformer. New York/London, 1952.
Meldrum, A. N.: Lavoisier's Early Work in Science 1763–1771. *Isis,* 19, 1933, 330–363. (Fortsetzung Isis 20, 1934, 396–425)
Mévergnies, P. N.: Jean-Baptiste van Helmont. Philosophe par le feu. Paris: Libraire E. Droz, 1935.
Miles, W. D.: Benjamin Rush, Chemist. *Chymia,* 4, 1953, 37–77.
Miles, W. D.: American Chemists and Chemical Engineers. Washington, D. C.: American Chemical Society, 1976.
Millar, M. & I. T. Millar: Chemists as Autobiographers: The 20th Century. *J. Chem. Educ.,* 65, 1988, 847–852.
Money, J.: Joseph Priestley in Cultural Context: Philosophy, Spectacle, Popular Belief and Popular Politics in 18th-Century Birmingham. *Enlightenment Diss.,* 8, 1989, 69–89.
More, L. T.: The Life and Works of the Honourable Robert Boyle. New York: Oxford, 1944.
Morgan, B.: Men and Discoveries in Chemistry. London: John Murray, 1962.
Newell, L. C.: The Founders of Chemistry in America. *J. Chem. Educ.,* 2, 1925, 48.
Neyman, J. (Hg.): The Heritage of Copernicus: Theories „More Pleasing to the Mind". Cambridge MA: Mit. Press, 1974.
Novitski, M. E.: Auguste Laurent and the Prehistory of Valence. *Diss. Abstr. Int.,* 42(1), 1981, 351-A.
Pagel, W.: Helmont, Leibniz, Stahl. *Sudh. Arch.,* 24, 1931, 19–59.
Paneth, F.: Albertus Magnus as Chemist. *Nature,* 129, 1932, 612–613.
Partington, J. R.: The Life and Work of John Mayow. *Isis,* 47, 1956, 217–230; 404–417.
Patterson, E. C.: John Dalton and the Atomic Theory: The Biography of a Natural Philosopher. Garden City, N. Y.: Doubleday, 1970.
Patterson, T. S.: John Mayow. Isis, 15, 1931, 47–96; 504–546.
Perrin, C. E.: A Lost Identity: Philippe Frederic, Baron de Dietrich (1748–1793). Isis, 73(269), 1982, 545–551.
Perrin, C. E.: Document, Text and Myth: Lavoisier's Crucial Year Revisited. Brit. J. Hist. Sci., 22, 1989, 3–25.
Pflaum, R.: Grand Obsession: Madame Curie and Her World. New York: Doubleday, 1989.

Pilgrim, E.: Entwicklung der Elemente. Mit Biographien ihrer Entdecker. Stuttgart, 1950.
Pilkongton, R.: Robert Boyle, Father of Chemistry. London: Murray, 1959.
Pötsch, W. R.; A. Fischer & W. Müller: Lexikon bedeutender Chemiker. Frankfurt a. M., 1989.
Porter, G.: Michael Faraday – Chemist. Proc. Roy. Inst., 53, 1981, 90–99.
Pramer, S.: Mary Feiser: A Transitional Figure in the History of Women. J. Chem. Educ., 62, 1985, 186–191.
Prandtl, W.: Deutsche Chemiker in der ersten Hälfte des neunzehnten Jahrhunderts. Weinheim: Verlag Chemie, 1956.
Provenzal, G. C.: Profili bio-bibliografici di chimica italiani, sec. XV-sec. Roma: Instituto Nazionale Medico Farmacologico „Serono", 1938.
Pugh, J. & J. Hudson: The Chemical Works of James Watt, F. R. S. Notes Rec. Roy. Soc. Lond., 40, 1985, 41–52.
Pycior, H. M.: Marie Curie's „Antinatural Path": Time Only for Science and Family. In: Abir-Am, P. G. & D. Outram (Hg.): Uneasy Careers and Intimate Lives: Women in Science, 1789–1979. New Brunswick: Rutgers Univ. Press, 1987, 191–214.
Ramsay, W.: Vergangenes und Künftiges aus der Chemie. Biographisches und chemische Essays übersetzt von W. Ostwald. Leipzig: Akademische Verlagsgesellschaft, ²1913.
Ray, P. Ch.: Makers of Modern Chemistry. Calcutta: Chuckervertty, Chatterjee; London: Probsthain, 1925.
Reid, R.: Marie Curie. Biographie. Düsseldorf/Köln, 1980.
Reilly, D.: Irish Chemical Pioneers of 150 Years. J. Chem. Educ., 27(237–240), 1950.
Roscher, N. M.: Chemistry's Creative Women. J. Chem. Educ., 64, 1987, 748–752.
Rubin, L. P.: Styles in Scientific Explanation: Paul Ehrlich and Svante Arrhenius on Immunochemistry. J. Hist. Med., 35(4), 1980, 397–425.
Russell, C. A.: Lancastrian Chemist: The Early Years of Sir Edward Frankland. Milton Keynes: Open Univ. Press, 1986.
Ruston, A.: A Servant`s View of Joseph Priestley. Enlightenment Diss., 8, 1989, 115–119.
Sachtleben, R.: Nobel Prize Winners Descended from Liebig. Translated and Annotated by R. Oesper. A Table of Academic Genealogy. J. Chem. Educ., 35, 1958, 73–75.
Sachtleben, R. & A. Hermann: Große Chemiker. Von der Alchemie zur Großsynthese. München: Battenberg, ³1969.
Saltzman. M. D.: Sir Robert Robinson: A Centennial Tribute. Chem. Brit., 22, 1986, 543–548.
Schofield, R. E.: A Scientific Autobiography of Joseph Priestley 1783–1804. London, 1966.
Schofield, R. E.: Joseph Priestley, Natural Philosopher. *Ambix*, 14, 1966, 1–15.
Schufle, J. A.: Torbern Bergman: A Man ahead of His Time. Lawrence, Kan.: Coronado, 1986.
Semisch, Ch.: Doppelbegabung: Aleksandr Porfirevic Borodin. Kult. Tech., 12(1), 1988, 14–24.
Serafini, A.: Linus Pauling: A Man and his Science. (Foreword by Asimov, I.). New York: Paragon Books, 1989.
Shapin, S. & S. Schaffer: Leviathan and the Air-Pump: Hobbes, Boyle and the Experimental Life (Including a Translation of Thomas Hobbes: *Dialogus physicus de natura aeris,* by S. Schaffer). Princeton: Princeton Univ. Press, 1985.
Sheps, A.: Public Perception of Joseph Priestley, the Birmingham Dissenters, and the Church-and-King Riots of 1791. *Eighteenth Cent. Life,* 13(2), 1989, 46–64.
Shorter, J.: Humphrey Owen Jones, F. R. S. (1878–1912), Chemist and Mountaineer. *Notes Rec. Roy. Soc. Lond.,* 33(2), 1979, 261–277.
Siegfried, R.: The Mind of Humphry Davy. Proc. Roy. Inst., 43(200), 1970, 1–21.
Smeaton, W. A.: Antoine de Fourcroy. Chemist and Revolutionary. Cambridge, 1952.

Smeaton, W. A.: L. B. Guyton de Morveau (1737–1816). A Bibliographical Study. *Ambix,* 6, 1952, 18–34.

Smeaton, W. A.: New Light on Lavoisier: The Research of the Last Ten Years. *Hist. Sci.,* 2, 1963, 51–69.

Smeaton, W. A.: The Chemical Work of Horace Benedict de Saussure (1740–1799), with the Text of a Letter Written to Him by Madame Lavoisier. *Ann. Sci.,* 35(1), 1978, 1–16.

Smeaton, W. A.: Carl Wilhelm Scheele (1742–1786). *Endeavour,* 10, 1986, 28–30.

Smeaton, W. A.: Madame Lavoisier, P. S. and E. I. Du Pont de Nemours, and the Publication of Lavoisier's *Mémoires de chimie. Ambix,* 36, 1989, 22–30.

Smeaton, W. A.: Monsieur et Madame Lavoisier in 1798: The Chemical Revolution and the French Revolution. *Ambix,* 36, 1989, 1–4.

Smith, E. F.: Forgotten Chemists. *J. Chem. Educ.,* 3, 1926, 29.

Smith, H. M.: Torchbearers of Chemistry. Portraits and Brief Biographies of Scientists Who Have Contributed to the Making of Modern Chemistry. With Bibliography of Biographies by R. E. Oesper. New York: Academic Press, 1949.

Snelders, H. A. M.: Lambertus Bicker (1732–1801), an Early Adherent of Lavoisier in the Netherlands. *Janus,* 68(1–2–3), 1980, 101–123.

Snelders, H. A. M.: Petrus Johannes van Kerckhoff (1813–1876) and Theoretical Organic Chemistry in the Netherlands. *Janus,* 69(1–2), 1982, 77–95.

Soloveichik, S.: The Last Fight on Phlogiston and the Death of Priestley. *J. Chem. Educ.,* 39, 1962, 644–646.

Spronsen, J. W. v.: Justus von Liebig, chemischer Genius. *Spiegel Hist.,* 8(4), 1973, 220–227.

Stanley, M.: The Chemical Work of Thomas Graham. *Diss. Abstr. Int.,* 42(3), 1981, 499.

Stanley, M.: The Making of a Chemist: Thomas Graham in Scotland (Proceedings of the Philosophical Society of Glasgow). Blairgowrie: Lochee, 1987.

Stansfield, D. A.: Thomas Beddoes, M. D., 1760–1808: Chemist, Physician, Democrat (Chemists and Chemistry, 3). Boston: Reidel, 1984.

Strube, I.: Justus Liebig – ein Bahnbrecher für Lehre und Forschung. *Spektrum,* 4(4), 1973, 5–7.

Strube, W.: Die gute Sache ist stärker. Zur Erinnerung an Justus von Liebig anläßlich seines 100. Todestages. *Jb. Wirtschaftsgesch.*(3), 1973, 87–113.

Sühnel, K.: 80 Jahre Kolloidchemie: Leben und Werk Wolfgang Ostwalds. *NTM,* 26(2), 1989, 31–45.

Szabadváry, F.: Antoine Laurent Lavoisier (Biographien hervorragender Naturwissenschaftler, Techniker und Mediziner, 84). Leipzig: Teubner, 1987.

Tanaka, M.: Dr. Yuji Shibata, Founder of the Coordination Chemistry in Japan: A Biographical Case Study on the Process of Development of Chemistry in Modern Japan. *XIVth Int. Congr. Hist. Sci. (Proceedings No. 2),* 1975, 437–440.

Thomas, U.: Philipp Lorenz Geiger and Justus Liebig. *Ambix,* 35(2), 1988, 77–90.

Thorpe, T. E.: Joseph Priestley. New York: Dutton, 1906.

Tilden, W. A.: Famous Chemists. The Men and Their Work. London: Routledge, 1921.

Todd, A. R.: A Time to Remember: The Autobiography of a Chemist. New York: Cambridge Univ. Press, 1984.

Todericiu, D.: Correspondance de Jean Hellot. *Rev. synth.,* 97(81–82), 1976, 129–130.

Viel, C.: Pierre-Joseph Macquer. *Janus,* 73, 1986–1990, 1–27.

Volhard, J.: Justus von Liebig. Leipzig: Barth, 1909.

Wagner-Jauregg, Th.: My Journey from Organic to Bioorganic Chemistry. *J. Chem. Educ.,* 62, 1985, 592–600.

Walter, M. L. K.: Science and Cultural Crisis: An Intellectual Biography of Percy Williams Bridgman. *Diss. Abstr. Int.,* 47, 1986, 294-A. (Dissertation at Harvard Univ., 1985. Univ. Microfilms Order No. 86-02275)

Walter, W.: Otto Stern: Leistung und Schicksal. *Mitt. Ges. Deut. Chem. Fachgr. Gesch. Chem.,* 3, 1989, 69–82.

Weyer, J.: Van't Hoff, Kekule und die Stereochemie: Zwei unveröffentlichte Briefe von J. H. van't Hoff an Kekule. *Janus,* 64, 1977, 217–230.

Williams, T. I.: Robert Robinson, Chemist Extraordinary. Oxford: Clarendon Press, 1990.

Willstätter, R.: A Chemist's Retrospects and Perspectives. *Science,* 78, 1933, 271–274.

Wöbke, B.: Leopold Gmelin: Rückblick auf ein Jubiläum. *Mitt. Ges. Deut. Chem. Fachgr. Gesch. Chem.,* 2, 1989, 48–59.

Wolke, R. L.: Marie Curie's Doctoral Thesis: Prelude to a Nobel Prize. *J. Chem. Educ.,* 65, 1988, 561–573.

Wolter, H.: Michael Faraday und die Chemie. Zum 100. Todestag am 25. August 1967. *Chem. Ztg.,* 91, 1967, 677–682.

Yamashita, A.: Women in Chemistry. *XIVth Int. Congr. Hist. Sci. (Proceedings No. 2),* 1975, 445–449.

„Zaid": Chaim Weizmann's Scientific Work: 1915–1918. *Islamic Q.,* 19(3–4), 1975, 226–237. [Autorname: Pseodonym]

Zeckert, O.: Carl Wilhelm Scheele. Stuttgart, 1963.

Zott, R.: Wilhelm Ostwald und sein schriftlicher Nachlass. *Mitt. Ges. Deut. Chem. Fachgr. Gesch. Chem.,* 2, 1989, 63–66.

2.7 Begriffsgeschichte und Symbolik der Chemie

Adolph, W. H.: Synthesizing a Chemical Terminology in China. *J. Chem. Educ.,* 4, 1927, 1233–1240.

Anderson, W. C.: Translating the Language of Chemistry: Priestley and Lavoisier. *Eighteenth Cent. Theory Interpr.,* 22, 1981, 21–31.

Anderson, W. C.: Between the Library and the Laboratory: The Language of Chemistry in Eighteenth-Century France. Baltimore: Johns Hopkins, 1985. (Ebenso: Diss. Abstr. Int., 1980, 40 (8): 4618-A)

Anderson, W. C.: Rhetoric and Nomenclature in Lavoisier's Chemical Language. *Topoi,* 4, 1985, 165–169.

Anderson, W. C.: The Rhetoric of Scientific Language: An Example from Lavoisier. *MLN,* 96, 1981, 746–770.

Boas, M.: The Seventeenth Century [Reform] of Chemical Nomenclature. In: *Act. VIIIe Congr. Int. Hist. Sci..* Paris: Hermann, 1958, 503–505.

Cavanna, D. & S. Rochietta: The Symbolic Language of Chemistry. *Minerva Farm.,* 8, 1959, 204–208.

Caven, R. M. & J. A. Cranston: Symbols and Formulae in Chemistry: An Historical Study (Manuals of Pure and Applied Chemistry). London: Blackie, 1928.

Chemical Nomenclature. A Collection of Papers Comprising the Symposium on Chemical Nomenclature, Presented before the Division of Chemical Literature, American Chemical Society, Sept. 1951 (Advances in Chemistry Series, 8). Washington, D.C.: American Chemical Society, 1953.

Cordier, V.: Die chemische Zeichensprache einst und jetzt. Graz: Leykam, 1928.
Crosland, M. P.: The Use of Diagrams as Chemical „Equations" in the Lecture Notes of William Cullen and Joseph Black. *Ann. Sci.,* 15, 1959, 75–90.
Crosland, M. P.: Historical Studies in the Language of Chemistry. London u.a.: Heinemann, 1962. (Repr. New York: Dover, 1978)
Dagognet, F.: Tableaux et langages de la chimie. Paris: du Seuil, 1969.
Duncan, A. M.: Styles of Language and Modes of Chemical Thought. *Ambix,* 28, 1981, 83–107.
Eklund, J. B.: The incompleat Chymist: Being an Essay on the 18th-Century Chemist in His Laboratory, with a Dictionary of Obsolete Chemical Terms of the Period (Smithsonian Studies in History and Technology, 33). Washington: Smithsonian Institution Press, 1975.
Fierz-David, H. E.: Die chemische Zeichensprache zur Zeit der Phlogistik. Torbern Olof Bergmann (1735–1784). *Experientia,* 3, 1947, 42–44.
Ganzinger, K.: Die Übernahme von Lavoisier's neuer chemischer Nomenklatur in das Österreichische Arzneibuch von 1794. *Sudh. Arch.,* 58, 1974, 303–311.
Gough, J. B.: Some Early References to Revolutions in Chemistry. *Ambix,* 29, 1982, 106–109.
Guerlac, H.: The Chemical Revolution: A Word from Monsieur Fourcroy. *Ambix,* 23, 1976, 1–4.
Hardt, H. D.: Symbole für die Ewigkeit. *Naturwiss. Rundsch.,* 21, 1968, 321–324.
Hauben, S. S.: The Derivation of the Names of the Elements. *J. Chem. Educ.,* 10, 1933, 227–234.
Haupt, B.: Deutschsprachige Chemielehrbücher (1775 – 1850) (Quellen und Studien zur Geschichte der Pharmazie, 35). Stuttgart: Deutscher Apotheker Verlag, 1987.
Hooykaas, R.: The Concepts of „Individual" and „Species" in Chemistry. *Cent.,* 5, 1958, 307–322.
Kauffman, G. B. & Ch. K. Joergensen: Ewens-Bassett Notation for Inorganic Compounds. *J. Chem. Educ.,* 62, 1985, 474–476.
Kauffman, G. B. & Ch. K. Joergensen: The Origin and Adoption of the Stock System. *J. Chem. Educ.,* 62, 1985, 243–244.
Kersaint, G.: Aperçu sur les nomenclatures en chimie. *Revue hist. pharm.,* 19, 1968, 202–206.
Knight, D. M.: Davy, Coleridge, and Chemical Nomenclature. *J. Chem. Educ.,* 52, 1975, 54–55.
Krätz, O.: Zur Geschichte der organisch-chemischen Formelschreibweise: Ein Brief von C. W. Blomstrand an H. Kolbe. *Physis,* 15(2), 1973, 157–177.
Lespieau, R.: Sur les notations chimiques. *Rev. Mois,* 16, 1913, 257–278.
Lippmann, E. O. v.: Zur Frage nach dem Alter des Ausdruckes „Organische Chemie". *Chem. Ztg.,* 51, 1932, 501.
Lippmann, E. O. v.: Alter und Herkunft des Namens „Organische Chemie". *Chem. Ztg.,* 58, 1934, 1009–1011, 1031–2.
Lippmann. E. O. von: Ueber das erste Vorkommen des Namens „Chemie". *Chem. Ztg.,* 38, 1914, 685–686.
Mahdihassan, S.: The Chinese Origin of the Word Chemistry. *Curr. Sci.,* 15, 1946, 136–137.
Mahdihassan, S.: The Chinese Origin of Three Cognate Words: Chemistry, Elixir and Genii. *J. Univ. Bombay,* 20, 1951, 108–131.
Mason, H. S.: History of the Use of Graphic Formulas in Organic Chemistry. *Isis,* 34, 1943, 346–354.
Mazurs, E. G.: Graphic Representations of the Periodic System during One Hundred Years. Alabama: Univ. Alabama Press, ²1974.
McEvoy, J. G.: Lavoisier, Priestley, and the Philosophes: Epistemic and Linguistic Dimensions to the Chemical Revolution. *Man Nature,* 8, 1989, 91–98.
McKie, D.: Some Early Chemical Symbols. *Ambix,* 1, 1937, 75–77.
Médard, L.: Notes sur l'histoire du vocabulaire de la thermochimie. *Docum. Hist. Vocab. Sci.,* 6, 1984, 45–47.

Médard, L.: Les termes dérivant de noms de personnes dans les sciences, et particulièrement en chimie et en minéralogie. *Docum. Hist. Vocab. Sci.,* 8, 1986, 171–181.

Melzer, W.: Geschichte des deutschsprachigen chemischen Wörterbuches im 19. Jahrhundert. Hamburg, 1971.

Melzer, W.: Zur Geschichte der deutschsprachigen chemischen Wörterbücher im 19. Jahrhundert. *Rete*(2), 1973, 183–195.

Mounin, G.: A Semiology of the Sign System Chemistry. *Diogenes,* 113–114, 1981, 216–228.

Nierenstein, M.: Black's Simplification of Bergman's Chemical Symbols. *Isis,* 28, 1938, 463.

Noel, I.: La terme de „radical" en chimie: Un survoi de ses emplois, à partir de 1785. *Docum. Hist. Vocab. Sci.,* 9, 1989, 31–40.

Oldroyd, D. R.: Some Early Usages of Chemical Terms. *J. Chem. Educ.,* 50, 1973, 450–454.

Partington, J. R.: The Origin of Modern Chemical Symbols and Formulae. *J. Soc. Chem. Ind.,* 55, 1936, 759–762.

Pregadio, F.: Un lessico alchemico cinese: Nota sullo *Shih yao erh ya* di Mei Piao. *Cina,* 20, 1986, 7–38.

Schütt, H. W.: Über die Einführung der Präfixe Para-, Meta- und Ortho- in die chemische Nomenklatura. *Sudh. Arch.,* 63(2), 1979, 123–135.

Seaborg, G. T.: The Periodic Table: Tortuous Path to Man-Made Elements. *Chem. Eng. Ne.,* 57(16), 1979, 46–52.

Shimao, E.: The Establishment of Chemical Nomenclature in Japan and Chine. *XIVth Int. Congr. Hist. Sci. (Proceedings No. 2),* 1975, 417–420.

Smeaton, W. A.: The Contributions of P. J. Macquer, T. O. Bergman and L. B. Guyton de Morveau to the Reform of Chemical Nomenclature. *Ann. Sci.,* 10, 1954, 97–106.

Smeaton, W. A.: Chemical Nomenclature: Guyton de Morveau's Memoir (Great Scientific Papers, 5). *Times Educ. Suppl.,* 1958, 858.

Smith, E. H.: Some Early Chemical Symbols. *Ind. Eng. Chem.,* 16, 1924, 406.

Ströker, E.: Wort und Zeichen in einer formalisierten Fachsprache. In: Derbolav, J. & F. Nicolin (Hg.): *Erkenntnis und Verantwortung. Festschrift für Theodor Litt.* Düsseldorf, 1960, 25–40.

Ströker, E.: Element und Verbindung. Zur Wissenschaftsgeschichte zweier chemischer Grundbegriffe. *Angew. Chem.,* 80, 1968, 747–753.

Tanaka, M.: Einige Probleme der Vorgeschichte der Chemie in Japan. Einführung und Aufnahme der modernen Materienbegriffe. *Jap. Stud. Hist. Sci.,* 6, 1967, 96–114.

Tanaka, M.: Rezeption chemischer Grundbegriffe bei dem ersten Chemiker Japans, Udagawa Yoan (1798–1846), in seinem Werk *Seimi kaiso:* Beiträge zur Geschichte der Chemie in Japan. *Jap. Stud. Hist. Sci.,* 15, 1976, 97–110.

Verkade, P. E.: A History of the Nomenclature of Organic Chemistry (Translated from the French by S. G. Davies). Dordrecht: Reidel, 1985.

Walden, P.: Von der Iatrochemie zur „organischen Chemie". Historisches über Entstehung und Namenbildung der „organischen Chemie". *Z. angew. Chem.,* 40, 1927, 1–16.

Walden, P.: Zur Entwicklungsgeschichte der chemischen Zeichen. In: *Studien zur Geschichte der Chemie. Festgabe Edmund O. von Lippmann.* Berlin: Springer, 1927, 80–105.

Walker, J.: Chemical Symbols and Formulae. *Nature,* 111, 1923, 883–886.

Wightman, W. P. D.: The Language of Chemistry. *Ann. Sci.,* 17, 1961, 259–267.

Winderlich, R.: Chemie und Sprache. *Proteus (Bonn),* 2, 1937, 58–65.

Wolff, R.: Die Sprache der Chemie von Atom bis Zyankali: Zur Entwicklung einer Fachsprache. Bonn, 1971.

Wolfson, H. A.: Arabic and Hebrew Terms for Matter and Element. *Jew. Quart. Rev.,* 38, 1947, 47–61.

Zanden, J. H. v. d.: Het Waarom van de Chemische Symbolen. Groningen, 1932.
Zwicky, A. M.: The Analogy of Linguistics with Chemistry. In: Key, M. R. (Hg.): *The Relationship of Verbal and Nonverbal Communication.* The Hague/Paris/New York: Mouton, 1980, 319–326.

2.8 Geschichtsschreibung der Chemie

Bugge, G.: Some Problems Relating to History of Science and Technology. *J. Chem. Educ.,* 9, 1932, 1567–1575.
Carrier, M.: Some Aspects of Hélène Metzger's Philosophy of Science. *Corpus,* 8/9, 1988, 135–150.
Christie, J. R. R. & J. V. Golinski: The Spreading of the Word: New Directions in the Historiography of Chemistry, 1600–1800. *Hist. Sci.,* 20, 1982, 235–266.
Christie, J. R. R.: Narrative and Rhetoric in Hélène Metzger's Historiography of Eighteenth Century Chemistry. *Hist. Sci.,* 25(1), 1987, 99–109.
Christie, J. R. R.: Hélène Metzger et l'historiographie de la chimie du XVIIIe siècle. *Corpus,* 8/9, 1988, 99–108.
Daumas, M.: Suggestions pour l'étude de la chimie au XVIIIe siècle. *Isis,* 48, 1957, 185–187.
Davis, T. L.: Catching up with Chemistry. Remarks on the Value of Historical Studies. *Rep. N. Engl. Assoc. Chem. Teach.,* May, 1930, o. S.
Debus, A. G.: The History of Chemistry and the History of Science. *Ambix,* 18, 1971, 169–177.
Debus, A. G.: Science and History: A Chemist's Appraisal. Lectures Given at the University of Coimbra, 1983. Coimbra: Servico de Documentacao e Publicacoes da Univ. Coimbra, 1984.
Debus, A. G.: The Significance of Chemical History. *Ambix,* 32, 1985, 1–14.
Derrick, M. E.: What Can a 19th-Century Chemistry Textbook Teach 20th Century Chemists?. *J. Chem. Educ.,* 62, 1985, 749–751.
Diergart, P.: Vorschläge zu einer planmäßigen Gestaltung chemiegeschichtlicher Arbeit. *Proteus (Bonn),* 2, 1937, 74–83.
Duveen, D. I.: Personalized Bibliography: An Approach to the History of Chemistry. *J. Chem. Educ.,* 38, 1961, 418–421.
Études sur / Studies on Hélène Metzger. Réunies et présentées par Gad Freudenthal. En appendice: Hélène Metzger, Extraits de lettres, 1921–1944 (Corpus. Revue de Philosophie, 1988, 8–9). Paris: Corpus des OEuvres de Philosophie en Langue Française, 1988.
Farber, E.: How Practical is the Study of the History of Chemistry?. *Chemist,* 29, 1952, 525–527.
Farber, E.: Historiography of Chemistry. *J. Chem. Educ.,* 42, 1965, 120–126.
Figurovski, N. A.: General Problems of History of Chemistry. *Kwart. Hist. Nauk. Tech.,* 6 (Special Issue), 1962, 79–89.
Fisher, N.: Avogadro, the Chemists, and the Historians of Chemistry. Part I and II. *Hist. Sci.,* 20(2 & 3), 1982, 77–102 & 212–231.
Golinski, J.: Robert Boyle: Scepticism and Authority in 17th-Century Chemical Discourse. In: Benjamin, A. E. u. a. (Hg.): *The Figural and the Literal: Problems of Language in the History of Science and Philosophy, 1630–1800.* Manchester: Manchester Univ. Press, 1986, 58–82.
Golinski, J.: Hélène Metzger and the Interpretation of 17th-Century Chemistry. *Hist. Sci.,* 25, 1987, 85–97.
Golinski, J.: Hélène Metzger et l'interprétation de la chimie du XVIIe siècle. *Corpus,* 8/9, 1988, 85–98.
Ihde, A. J.: Are there Rules for Writing History of Chemistry. *Sci. Mon.,* 81, 1955, 183–186.

Kauffman, G. B.: History in the Chemistry Curriculum: Pros and Cons. *Ann. Sci.,* 36(4), 1979, 395–402.

Knight, D. M.: Popularizing the History of Chemistry. *Stud. Hist. Philos. Sci.,* 1, 1971, 363–368.

Kuznetsov, V. I.: Solution to Some Fundamental Scientific Problems by Historico-Scientific Methods: Some Examples from the History of Chemistry. *Actes XIIe Congr. Int. Hist. Sci.,* 6, 1968 (pub. 1971), 55–58.

Meinel, Ch.: Vom Handwerk des Chemiehistorikers. *Chem. Uns. Zeit,* 18(2), 1984, 62–67.

Melhado, E. M.: On the Historiography of Science: A Reply to Perrin. *Isis,* 81, 1990, 273–276.

Mieli, A.: Etudes anciennes et récentes d'histoire de la chimie. *Scientia,* 21, 1917, 432–440.

Musabekov, I. S.: Problems of History and Methodology of Science Prominent Chemist's Works. *Actes XIIe Congr. Int. Hist. Sci.,* 6, 1968 (pub. 1971), 69–74.

Newell, L. C.: Historical Sketch of the Division of History of Chemistry, American Chemical Society. *J. Chem. Educ.,* 9(4), 1932, 667–669.

Pagel, W.: The Spectre of Van Helmont and the Idea of Continuity in the History of Chemistry. In: Teich, M. & R. Young (Hg.): *Changing Perspectives in the History of Science: Essays in Honour of Joseph Needham.* London: Heinemann, 1973, 100–109.

Pietsch, E.: Sinn und Aufgaben der Geschichte der Chemie. Berlin: Verlag Chemie, 1937.

Ruska, J.: Aufgaben der Chemiegeschichte. Nach einem auf Einladung der Rheinischen Gesellschaft für Geschichte der Naturwissenschaften, der Medizin und der Technik am 26. November 1928 zu Leverkusen gehaltenen Vortrage. *Jahresber. Forschungsinst. Gesch. Naturwiss.,* 2, 1929, 11–38.

Ruska, J.: Methods of Research in the History of Chemistry. *Ambix,* 1, 1937, 21–29.

Schmitt, C. B.: Some Considerations on the Study of the History of Seventeenth-Century Science. Lessons from Hélène Metzger. *Corpus,* 8/9, 1988, 23–33.

Schneider, W.: Probleme der Chemiegeschichtsforschung. *Angew. Chem.,* 73, 1961, 779.

Strube, W.: Der Beginn der Chemiegeschichtsschreibung im 18. Jahrhundert in Deutschland. In: Strube, I. & H. Wussing (Hg.): *Beiträge zur Geschichte der Naturwissenschaften, Technik und Medizin* (NTM Beiheft, 1964). Leipzig: Teubner, 1964, 154–163.

Strube, W.: Zur Entstehung und Bedeutung von Johann Friedrich Gmelins Werk „Geschichte der Chemie". *NTM,* 4(10), 1967, 129–137.

Vincent-Bensaude, B.: Hélène Metzger's *La chemie:* A Popular Treatise. *Hist. Sci.,* 25, 1987, 71–84.

Weyer, J.: Neue Konzeptionen der Chemiegeschichtsschreibung im 19. Jahrhundert: Trommsdorff, Hoefer und Kopp. *Rete,* 1, 1971, 33–50.

Weyer, J.: Prinzipien und Methoden des Chemiehistorikers. *Chem. Uns. Zeit,* 6, 1972, 184–190.

Weyer, J.: Chemiegeschichtsschreibung im 19. und 20. Jahrhundert. *Sudh. Arch.,* 57, 1973, 171–194.

Weyer, J.: Chemiegeschichtsschreibung von Wiegleb (1790) bis Partington (1970): Eine Untersuchung über ihre Methoden und Prinzipien und Ziele (Arbor scientiarum, Reihe A, 3). Hildesheim: Gerstenberg, 1974.

3 Chemie und Philosophie

3.1 Wissenschaftstheorie der Chemie

Achinstein, P.: Law and Explanation: An Essay in the Philosophy of Science. London: Oxford Univ. Press, 1971.
Ahlers, K. D. & J. Behlke: Wissenschaftstheoretische Aspekte in der Theoriebildung in der Chemie. *Wiss. Zs. Univ. Greifsw. (Math.-Nat. Reihe),* 13(2/3), 1964, 293–296.
Akeroyd, F. M.: Chemistry and Popperism. *J. Chem. Educ.,* 61, 1984, 697–698.
Albrecht, E.; G. Paetzold & D. Holland: Das Entstehen der Makromolekularen Chemie: Modellfall einer wissenschaftlichen Revolution im 20. Jahrhundert. *NTM,* 23(2), 1986, 43–56.
Armstrong, A. M.: On Methodological Materialism. *Philos. Phenom. Res.,* 34, 1973, 62–72.
Bachelard, G.: Le pluralisme cohérent de la chimie moderne. Paris: Vrin, 1932.
Banse, G.: Modell und Erkenntnis in der Chemie. *Chem. Sch.,* 20(5), 1973, 179–189.
Bantz, D. A.: The Structure of Discovery: Evolution of Structural Accounts of Chemical Bonding. In: Nickles, Th. (Hg.): *Scientific Discovery: Case Studies* (Selected Papers of the First Guy L. Leonard Memorial Conference in Philosophy, Held at the University of Nevada, Reno, October 29–31, 1978). Dordrecht: Reidel, 1980, 291–330.
Bayer, O.: Die Rolle des Zufalls in der organischen Chemie. Köln: Opladen, 1964.
Becher, E.: Geisteswissenschaften und Naturwissenschaften. Untersuchungen zur Theorie und Einteilung der Realwissenschaften. München: Duncker, 1921.
Becker, F.: Von der Molekularhypothese bis zur zeitaufgelösten Spektroskopie: Die Entwicklung des Molekülbegriffs in der Chemie und der Einsichten in die Natur der Moleküle (Sitzungsberichte der Wissenschaftlichen Gesellschaft an der Johann-Wolfgang-Goethe-Universität Frankfurt am Main, Bd. 25, Nr. 3). Stuttgart: Steiner-Verlag Wiesbaden, 1989.
Bellu, E.: Conservation – transformation au niveau chimique. *Rev. roum. Sc. soc. (Philos. Log.),* 23, 1979, 559–569.
Benfey, O. T.: A Dimensional Approach to the Transformation of Conceptual Structures in the Sciences. *XIVth Int. Congr. Hist. Sci. (Proceedings No.4),* 1975, 247–248.
Benfey, O. T.: Concepts of Time in Chemistry. *J. Chem. Educ.,* 40, 1963, 574–577.
Benrath, A.: Chemische Grundbegriffe: Eine Erkenntnistheoretische Studie. *Chem. Ztg.,* 77, 1953, 282–286.
Bernatowicz, A.: J. Dalton's Rule of Simplicity. *J. Chem. Educ.,* 47, 1970, 577–579.
Böhm, W.: Die Naturwissenschaftler und ihre Philosophie: Geistesgeschichte der Chemie. Wien/Freiburg/Basel: Herden, 1961.
Boll, M.: La philosophie chimique. *Rev. Positiviste Int.,* 13, 1913, 269–289.
Boschke, F. (Hg.): Topics in Current Chemistry, Vol. 41: New Concepts. New York: Springer, 1973.
Bradley, J.: Discussion of Professor Paneth's Article „The Epistemological Status of the Chemical Concept of Element". *Brit. J. Philos. Sci.,* 13, 1963, 316.
Bradley, J. & G. v. Wahlert: Discussion on Professor Paneth's Second Article „The Epistemological Status of the Chemical Concept of Element". *Brit. J. Philos. Sci.,* 14, 1963, 39–40.
Brakel, J. v.: Is „water is zoiets als H_2O", indien waar, noodzakelijk waar?. *Alg. Tijdschr. Wijsberg,* 78, 1986, 97–116.
Brakel, J. v. & H. Vermeeren: On the Philosophy of Chemistry. *Phil. Res. Arch.,* VII, 1981, 1405ff.

Brakel, J. v.: The Chemistry of Substances and the Philosophy of Mass Terms. *Synthese,* 69(3), 1986, 291–324.
Bredig, G.: Denkmethoden der Chemie. Leipzig: J. A. Barth, 1923.
Brescia, F.: Equivalents – a Winner or a Dead Horse. *J. Chem. Educ.,* 53, 1976, 362–365.
Brickmann, J.: Chemie als nichtempirische Wissenschaft. Konstanz, 1977.
Brooke, J. H.: Organic Syntheses and the Unificaton of Chemistry. *Brit. J. Hist. Sci.,* 5, 1971, 363–392.
Brooke, J. H.: Methods and Methodology in the Development of Organic Chemistry. *Ambix,* 34, 1987, 147–155.
Buchdahl, G.: Sources of Scepticism in Atomic Theory. *Brit. J. Philos. Sci.,* 10, 1959, 120–134.
Bunge, M.: Is Chemistry a Branch of Physics?. *Z. allg. Wiss.theorie,* 8(2), 1982, 209–222.
Buttker, K.: Widersprüche der Entwicklung, Entwicklung der Widersprüche: Die Herausbildung der Quantenchemie im Blickfeld philosophischer Analyse. Berlin: Deutscher Verlag der Wissenschaften, 1988.
Caldin, E. F.: The Structure of Chemistry in Relation to the Philosophy of Science (Newman History and Philosophy of Science Series, 8). London/New York: Sheed & Ward, 1961.
Caldin, E. T.: Theories and the Development of Chemistry. *Brit. J. Philos. Sci.,* 10, 1959, 209–222.
Carrier, M.: Some Aspects of Hélène Metzger's Philosophy of Science. *Corpus,* 8/9, 1988, 135–150.
Causey, R. L.: Avogadro's Hypothesis and the Duhemian Pitfall. *J. Chem. Educ.,* 48, 1971, 363–367.
Craig, D. P.: The Changing Concept of Aromatic Character. *Educ. Chem.,* 1(3), 1964, 136–143.
Danaher, W. J.: Insight in Chemistry. Lanham MD: Univ. Press of America, 1988.
Danzer, K.: Das Periodensystem der chemischen Elemente als grundlegendes Strukturgesetz der Chemie. *Wiss. Zs. Humb. Univ. (Math.-Nat. Reihe),* 16, 1967, 977–978.
Daumas, M.: L'acte chimique. Essai sur l'histoire de la philosophie chimique (L'Humanisme Scientifique). Bruxelles: Editions du Sablon, 1946.
Debus, A. G.: The Chemical Philosophy and the Scientific Revolution. In: Shea, W. R. (Hg.): *Revolutions in Science: Their Meaning and Relevance.* Canton MA.: Science History, 1988, 27–48.
Del Re, G. & P. Severino: Reaction Mechanism and Chemical Explanation. In: *Proc. Ist Italian Cong. Hist. Chem..* Turin, 1985, 5 S.
Del Re, G.: Modelli matematici della struttura moleculare. *Synthesis,* 2/3, 1986, 77–85.
Del Re, G. ; G. Villani & P. Severino: On the Specifity of Chemical Explanation. In: *Atti del Congresso Logica e Filosofia della Scienzia* (Band 2). Bologna, 1986, 263–266.
Delacre, M.: Essai de philosophie chimique. Paris: Payot, 1923.
Duncan, A. M.: Some Theoretical Aspects of Eighteenth-Century Tables of Affinity. *Ann. Sci.,* 18, 1962, 177–194; 217–232.
Duncan, A. M.: Styles of Language and Modes of Chemical Thought. *Ambix,* 28, 1981, 83–107.
Earley, J. E.: Self-Organization and Agency. In Chemistry and in Process Philosophy. *Process. Stud.,* 11, 1981, 242–258.
Eksmer, Y. E.: General Definition of Chemical Science. *Z. obsc. Chim.,* 27, 1957, 1109–1110.
Etzold, E. & R. Sonnemann: Empirie und Wissenschaft in der Geschichte der Chemie. In: *Wirtschafts- und Sozialgeschichte. Aspekte der wissenschaftlich-technischen Revolution.* Halle, 1968, 82–117.
Farber, E.: Chemical Discoveries by Means of Analogies. *Isis,* 41, 1950, 20–26.
Fleischer, W.: Zum Verhältnis von Theorie und Praxis in der Chemie. *Chem. Sch.,* 8/9, 1964, 371–376.
Fleischer, W.: Das chemische Gesetz unter dem Gesichtspunkt der Einheit von Struktur und Prozeß. *Wiss. Zs. Humb. Univ. (Math.-Nat. Reihe),* 16, 1967, 973–975.

Fuchs, G.: Die Definition der Chemie durch Mittasch und Fragen der Kausalität. *Wiss. Zs. Humb. Univ. (Math.-Nat. Reihe)*, 3, 1963, 427–430.

Fuchs, G.: Erkenntnistheoretische Probleme in der Chemie. In: *Philosophische Probleme der Chemie und ihre Geschichte*. Leuna-Merseburg, 1964.

Fuchs, G.: Gesetze und Regeln in der Chemie. *Wiss. Zs. Humb. Univ. (Math.-Nat. Reihe)*, 4/5, 1965, 658–662.

Fuchs, G.: Theorie und Empirie in der Quantumchemie. *Dt. Z. Philos., Sonderheft*, 1965, 338–344.

Fuchs, G.: Philosophisches zu Strukturproblemen in der Chemie. *Wiss. Zs. Humb. Univ. (Math.-Nat. Reihe)*, 16, 1967, 963–967.

Garkovenko, R. V.: Diversité qualitative des particles chimiques et certaines questions méthodologique de la chimie. *Vopr. Filos.*, 17(5), 1963, 89–99.

Gascoigne, R. M.: Basic Concepts of Modern Chemistry. In: Aybward, G. H. (Hg.): *Approach to Chemistry*. Sydney: Univ. New South Wales, 1961, 68–80.

Gay, H.: Radicals and Types: A Critical Comparison of the Methodologies of Popper and Lakatos and Their Use in the Reconstruction of Some 19th Century Chemistry. *Stud. Hist. Philos. Sci.*, 7, 1976, 1–51.

Glas, E.: Chemistry and Physiology in Their Historical and Philosophical Relations. Delft: Delft Univ. Press, 1979. (Ebenso: Diss. Abstr. Int., 1981, 41 (3), 458)

Gökalp, I.: Sur les interrelations entre domaines scientifiques. Le cas de la combustion et de la turbulence. *Rev. synth.*, 110, 1989, 453–468.

Goodfriend, P. L.: Concepts of Species and State in Chemistry and Molecular Physics. *J. Chem. Educ.*, 43, 1966, 95–97.

Guerlac, H.: Quantification in Chemistry. *Isis,* 52(168), 1961, 194–214.

Haberditzl, W. & H. Laitko: Reduziert sich die theoretische Chemie auf angewandte Quantenmechanik und Quantenphysik?. *Wiss. Zs. Humb. Univ. (Math.-Nat. Reihe)*, 16, 1967, 961–962.

Habermann, E.: Mengentheoretische Betrachtungsweise in der Chemie. *Actes Congr. Int. Phil., Paris*, 10, 1936, 46–53.

Hall, P. J.: The Pauli Exclusion Principle and the Foundations of Chemistry. *Synthese*, 69, 1986, 267–272.

Hannaway, O.: Chemistry Deconstructed. *Isis,* 78(291), 1987, 82–85.

Haskell, E.: Full Circle: The Moral Force of Unified Science. New York: Gordon & Breach, 1972.

Hayek, E.: Vom Geist der Chemie. Innsbruck: Tyrolia, 1966.

Hettema, H. & T. A. F. Kuipers: The Periodic Table – Its Formalization, Status, and Relation to Atomic Theory. *Erkenntnis*, 28, 1988, 387–408.

Hildebrand, J. H.: Principles of Chemistry. New York, 1944.

Hofman, J. R.: How the Models of Chemistry Vie. *Proc. Phil. Sci. Ass.*, 1990, 405–419.

Hoijtink, G. J.: De waarde van de theorie voor de integratie in de chemie. *Geloof Wetensch.*, 52, 1954, 37–48.

Holliday, L.: Chemistry: Science of the Third Order?. *Chem. Ind.*, May 13, 1976, 775–776.

Hooykaas, R.: De Natuurlijke Klassificatie der Chemische Substanties. Amsterdam, 1936.

Hooykaas, R.: The Discrimination betweem ‚Natural' and ‚Artificial' Substances and the Development of Corpuscular Theory. *Arch. int. hist. sci.*, 4, 1948, 640–651.

Hooykaas, R.: The Concepts of „Individual" and „Species" in Chemistry. *Cent.*, 5, 1958, 307–322.

Huffer, E. J. E.: Chemie, Ervaring en Deduktie. Roermond: Maaseik, 1948.

Jacques, J.: L'imprévu de la chimie. *Fund. Sci.*, 5, 1984, 83–102.

Joergensen, Ch. K. & G. B. Kauffman: Crookes and Marignac – A Centennial of an Intuitive and Pragmatic Appraisal of „Chemical Elements" and the Present Astrophysical Status of Nucleosynthesis and „Dark Matter". *Struct. Bond.*, 73, 1990, 227–253.

Kedrov, B. M.: On the Question of the Psychology of Scientific Creativity. On the Occasion of the Discovery by D. I. Mendeleev of the Periodic Law. *Soviet Rev.,* 8(2), 1967, 26–45.

Kendall, J.: At Home Among the Atoms: A First Book of Congenial Chemistry. London: Bell, 1929.

Klapper, M. H.: Truth and Aesthetics in Chemistry. *J. Chem. Educ.,* 46, 1969, 577–579.

Klotz, A.: Zur Übereinstimmung der Begriffe „chemisches Element" und „chemische Verbindung" mit unserem derzeitigen Erkenntnisstand über die objektive Realität. *Wiss. Hefte Päd. Inst. Köthen (Sonderheft),* 1974.

Klüver, J. & W. Müller: Wissenschaftstheorie und Wissenschaftsgeschichte: Die Entdeckung der Benzolformel. *Z. allg. Wiss.theorie,* 3, 1972, 243–266.

Kneisel, M.: Der Beitrag der Quantenchemie zur Einheit der Chemie. *Wiss. Zs. Univ. Jena,* 34, 1985, 232–234.

Knight, D. M.: The Transcendental Part of Chemistry. *Actes XIIe Congr. Int. Hist. Sci.,* 6, 1968 (pub. 1971), 49–53. (Ebenso: Folkestone: Dawson, 1978)

Koertge, N.: Analysis as a Method of Discovery during the Scientific Revolution. In: Nickles, Th. (Hg.): *Scientific Discovery, Logic, and Rationality* (Selected Papers of the First Guy L. Leonard Memorial Conference in Philosophy, Held at the University of Nevada, Reno, October 29–31, 1978). Dordrecht: Reidel, 1980, 139–158.

Kolditz, L.: Der Strukturbegriff in der Chemie. *Wiss. Zs. Humb. Univ. (Math.-Nat. Reihe),* 16, 1967, 873–880.

Kursanov, D. N. u. a.: The Present State of the Chemical Structural Theory. *J. Chem. Educ.,* 29, 1959, 2–13.

Kuunyantz, I. L.: The Present Status of the Theory of Structure. *Mend. Chem. J.,* 14(6), 1969, 609–617.

Laitko, H.: Philosophische Begriffe des Molekelbegriffs. In: *Natur und Erkenntnis.* Berlin, 1964, 235ff.

Laitko, H. & K. Richter: Zur Gegenstandsbestimmung der Chemie. In: *Philosophische Probleme der Chemie und ihrer Geschichte.* Leuna-Merseburg, 1964, 21ff.

Laitko, H. & K. Richter: Philosophische Bemerkungen zu einigen Problemen der Strukturchemie. In: H. Ley & R. Löther (Hg.): *Mikrokosmos-Makrokosmos. Philosophisch-theoretische Probleme der Naturwissenschaft, Technik und Medizin* (Bd. 2). Berlin, 1967, 229–251.

Laitko, H.: Philosophische Fragen der Chemie. In: Laitko, H. & Windt (Hg.): . o.O., 1967, 107–130.

Laitko, H. & W. D. Sprung: Chemie und Weltanschauung. Standpunkte der marxistischen Philosophie zu einigen philosophischen Problemen der modernen Chemie. Leipzig, 1970.

Landsdown, B.: The Chemical Background of the Atom (Workbook of Scientific Thinking, 1). New York: Dalton Book Shop, 1950.

Langmuir, I.: Modern Concepts in Physics and Their Relation to Chemistry. In: *Annu. Rep. Smithsonian Inst.* for 1930. Washington, D. C., 1932, 219–241.

Larder, D. F.: The Axiom of Simplicity in the Development of Chemistry. *J. Chem. Educ.,* 43, 1966, 490–491.

Lauth, B.: Reference Problems in Stoichiometry. *Erkenntnis,* 30, 1989, 339–362.

Lévy, M.: Les relations entre chimie et physique et le problème de la réduction. *Epistemologia,* 2, 1979, 337–369.

Ley, H. & R. Löther (Hg.): Mikrokosmos-Makrokosmos. Philosophisch-theoretische Probleme der Naturwissenschaft, Technik und Medizin. 2 Bde. Berlin, 1966, 1967.

Liegener, Ch. & G. Del Re: Chemistry vs. Physics, the Reduction Myth, and the Unity of Science. *Z. allg. Wiss.theorie,* 18(1–2), 1987, 165–174.

Liegener, Ch. & G. Del Re: The Relation of Chemistry to Other Fields of Science: Atomism, Reductionism, and Inversion of Reduction. *Epistemologia,* 10(2), 1987, 269–283.

Maccoll, A.: Space and Time in Chemistry. London: Lewis, 1965.
MacDonald, D. K. C.: Physics and Chemistry: Comments on Caldin's View of Chemistry. *Brit. J. Philos. Sci.,* 11, 1960, 222–223.
Mainzer, K.: Symmetrie und Symmetriebrechung. Zur Einheit und Vielheit in den modernen Naturwissenschaften. *Z. allg. Wiss.theorie,* 19(2), 1988, 290–307.
Malisoff, W. M.: Chemistry: Emergence without Mystification. *Philos. Sci.,* 8, 1941, 39–52.
Malissa, H.: Zum Paradigma der Analytischen Chemie. *Fresenius Zs. anal. Chem.,* 331, 1988, 236–244.
Malissa, H.: Some Philosophical Fundamentals of Analytical Chemistry. *Fresenius J. Anal. Chem.,* 337, 1990, 159–165.
Menne, A.: Zum Identitätsproblem chemischer Stoffe. *Vorlesungsr. Schering (Berlin),* 9, 1983.
Mittasch, A.: Über Ganzheit in der Chemie. *Angew. Chem.,* 49, 1936, 417–420.
Mittasch, A.: Über Fiktionen in der Chemie. *Angew. Chem.,* 50, 1937, 423–433.
Mittasch, A.: Katalyse und Determinismus. Ein Beitrag zur Philosophie der Chemie. Berlin, 1938.
Mittasch, A.: Von der Chemie zur Philosophie. Ulm: Ebner, 1948.
Mowry, B.: From Galen's Theory to William Harvey's Theory. A Case Study of the Rationality of Scientific Theory Change. *Stud. Hist. Philos. Sci.,* 16, 1985, 49–82.
Mulckuyse, J. J.: Molecules and Models: Investigations on the Axiomatization of Structure Theory in Chemistry. Univ. Amsterdam, 1960. (Thesis)
Nickles, Th. (Hg.): Scientific Discovery, Logic, and Rationality (Selected Papers of the First Guy L. Leonard Memorial Conference in Philosophy, Held at the University of Nevada, Reno, October 29–31, 1978). Dordrecht: Reidel, 1980.
Nickles, Th. (Hg.): Scientific Discovery: Case Studies (Selected Papers of the First Guy L. Leonard Memorial Conference in Philosophy, Held at the University of Nevada, Reno, October 29–31, 1978). Dordrecht: Reidel, 1980.
Niedersen, U.: Chemie – Wege des Erkennens. *Wiss. Zs. Univ. Jena,* 34, 1985, 228–230.
Oelsner, R.: Chemismus. In: Hörz, H.; H. Löther & S. Wollgast (Hg.): *Philosophie und Naturwissenschaften. Wörterbuch zu den philosophischen Fragen der Naturwissenschaften. 2 Bde.* (Bd. 1). Berlin, 1991, [1]1978, 165.
Ostwald, W.: Chemische Theorie der Willensfreiheit. *Ber. Ver. Sächs. Ak. W.,* 1894, 334–343.
Ostwald, W.: Biologie und Chemie. *Ann. Nat.phil.,* 3, 1903, 302–314.
Pälike, D.: Zu einigen Problemen der Theorieentwicklung in der modernen Chemie. *Wiss. Hefte Päd. Inst. Köthen* (3), 1968, 60–61.
Paneth, F.: Über die erkenntnistheoretische Stellung des chemischen Elementbegriffs (Vortrag). Halle (Saale), 1931.
Paneth, F. A.: The Epistemological Status of the Chemical Concept of Element, Part I and II. *Brit. J. Philos. Sci.,* 13, 1962, 1–14, 144–160.
Partington, J. R.: The Concepts of Substance and Chemical Element. *Chymia,* 1, 1948, 109–121.
Pauling, L.: The Place of Chemistry in the Integration of the Sciences. *Main Currents,* 7, 1950, 108–111.
Perrin, C. E.: The Chemical Revolution: Shifts in Guiding Assumptions. In: Donovan, A. u. a. (Hg.): *Scrutinizing Science: Empirical Studies of Scientific Change.* Dordrecht: Kluwer Academic, 1988, 105–124.
Philosophische Probleme der Chemie und ihrer Geschichte (Sammelband, zusammengest. unter Leitung v. G. Fuchs. Als Ms. gedr.). Merseburg: Inst. f. Marxismus-Leninismus an d. Techn. Hochschule f. Chemie, 1964.
Poller, S.: Philosophische Betrachtungen zur Chemie der natürlichen Makromoleküle. In: H. Ley & R. Löther (Hg.): *Mikrokosmos-Makrokosmos. Philosophisch-theoretische Probleme der Naturwissenschaft, Technik und Medizin* (Bd. 2). Berlin, 1967.

Prelat, C. E.: Epistemologia de la Quimica. Buenos Aires: Espana Calpe, 1947.
Primas, H.: Chemistry and Complementarity. *Chimia,* 36, 1982, 293–300.
Primas, H.: Kann Chemie auf Physik reduziert werden?. *Chem. Uns. Zeit,* 19, 1985, 109–119, 160–166.
Primas, H.: Chemistry, Quantum Mechanics and Reductionism. Perspectives in Theoretical Chemistry. Berlin/Heidelberg/New York, ²1983.
Pritykin, L. M.: The Role of Concepts of Structure in the Development of the Physical Chemistry of Polymers. *Isis,* 72(263), 1981, 446–456.
Rabinowitsch, E. & E. Thilo: Periodisches System. Geschichte und Theorie. Stuttgart: Enke, 1930.
Ramsay, O. B.: Stereochemistry (Nobel Prize Topics in Chemistry). London: Heyden & Son, 1981.
Renoirte, F. & A. Mercier: Philosophie der exakten Wissenschaften. Einsiedeln/Zürich/Köln, 1953.
Richter, K. & H. Laitko: Zur Gegenstandsbestimmung der Chemie. *Dt. Z. Philos.,* 10, 1962, 1278–1293.
Richter, K. H.: Zur Dialektik von Quantität und Qualität in der Chemie. *Chem. Sch.,* 6, 1964, 262–268.
Richter, W. J.: Chiralität – ein Syntheseprinzip des Lebendigen. In: Plath, P. & H. J. Sandkühler (Hg.): *Theorie und Labor. Dialektik als Programm der Naturwissenschaft.* Köln, 1978, 327–339.
Ritchie, A. D.: The Atomic Theory as Metaphysics and as Science. *Proc. Arist. Soc.,* 45, 1945, 71–88.
Rocke, A. J.: Kekulé's Benzene Theory and the Appraisal of Scientific Theories. In: Donovan, A. u. a. (Hg.): *Scrutinizing Science: Empirical Studies of Scientific Change.* Dordrecht: Kluwer Academic, 1988, 145–161.
Röbisch, G.: Thoughts on the Concept of ‚Chemical Element'. *Chem. Sch.,* 21(12), 1974, 529–531.
Röhler, G.: Zur erkenntnistheoretischen Bedeutung von Hypothese, Modellvorstellung und Theorie in der Chemie. *Dt. Z. Philos.,* 10, 1962, 1294–1307.
Rosenthal, A.: Zu einigen Aspekten des Verhältnisses von Physik und Chemie. *Dt. Z. Philos.,* 30(1), 1982, 576–590.
Sachse, H.: Philosophie für Chemiker?. *Chem. Uns. Zeit,* 2, 1969, 33–39.
Satchell, D. P. N.: The Classification of Chemical Reactions. *Naturwissenschaften,* 64, 1977, 113–121.
Schachparanow, M. I.: Chemie und Philosophie (Philosophie und Naturwissenschaft, 1). Merseburg: Techn. Hochsch. f. Chemie C. Schorlemmer Leuna-Merseburg, Inst. für Marxismus-Leninismus, 1963.
Schaffner, K. F.: The Watson-Crick Model and Reductionism. *Brit. J. Philos. Sci.,* 20, 1969, 325–348.
Schmidt, C.: Das periodische System der chemischen Elemente. Leipzig: Barth, 1917.
Schmidt, W.: Einige philosophische Aspekte zum Elementbegriff in der Chemie. *Chem. Sch.,* 14, 1967, 366–374.
Schmieder, L. A.: Some More Casual Notes on the Nature and Structure of Inorganic Matter. *New Scholas.,* 14, 1940, 33–56.
Schütt, H. W.: Was hat die Chemie zu einer Naturwissenschaft gemacht? Eine wissenschaftstheoretische Betrachtung zur Phlogistonlehre von Stahl und zur Oxidationstheorie von Lavoisier. *Chemieunterricht,* 5(2), 1974, 56–70.
Schütt, H. W.: Zum Prioritätsproblem der Entdeckung des chemischen Isomorphismus. *Physis,* 16(1), 1974, 5–22.
Schwab, G. M.: Die Erkenntniskrise der Chemie und ihre Überwindung. München, 1959.
Schwab, G. M.: Die Stellung der physikalischen Chemie in der heutigen Naturwissenschaft. *Naturwiss. Rundsch.,* 12, 1959, 125–128.

Schwarz, R.: Vom chemischen Denken. Frankfurt, 1933.
Sherwood, M.: New Worlds in Chemistry. London: Faber, 1977.
Simon, R.: Zu einigen Fragen des Verhältnisses von Empirischem und Theoretischem in der chemischen Erkenntnis. *Dt. Z. Philos.,* 25, 1977, 201–211.
Simon, R.: Chemie – Dialektik – Theorieentwicklung: Eine Untersuchung zu philosophischen Fragen der Chemie im Zusammenhang mit der Entwicklung der Theorie über Säuren und Basen. Berlin: Akademieverlag, 1980.
Simon, R. ; U. Niedersen & G. Kertscher: Philosophische Probleme der Chemie. Berlin: VEB Deutscher Verlag der Wissenschaften, 1982.
Smith, L. A.: The Logic of Concept Formation in Empiricist Philosophy and Chemistry, from Locke and Lavoisier to John Stuart Mill. *Diss. Abstr. Int.,* 45, 1984, 547-A.
Staab, H. A.: Zur Entstehung des Neuen in den Naturwissenschaften, dargestellt an einem Beispiel der Chemiegeschichte (Sitzungsberichte der Heidelberger Akademie der Wissenschaften, Math.-Naturwiss. Klasse, 1985, 1). Berlin: Springer, 1985.
Staiger, K.: Methodologische Gesichtspunkte in der chemischen Erkenntnis. *Wiss. Zs. Humb. Univ. (Math.-Nat. Reihe),* 22(1), 1973, 93–99.
Stranks, D. R. u. a.: Chemistry: A Structural View. Cambridge: Univ. Press, 1965.
Ströker, E.: Denkwege der Chemie. Elemente ihrer Wissenschaftstheorie. Freiburg: Alber, 1967.
Ströker, E.: Zur Systemproblematik der Chemie. In: Diemer, A. (Hg.): *System und Klassifikation in Wissenschaft und Dokumentation.* Meisenheim, 1968, 79–95.
Ströker, E.: Theoriewandel in der Wissenschaftsgeschichte: Chemie im 18. Jahrhundert. Frankfurt am Main: Klostermann, 1982.
Strube, I.: Zum Problem der Einheit von historischer und logischer Entwicklung der chemischen Theorien im 18. Jahrhundert. *NTM,* 4(10), 1967, 95–106.
Suckling, C. T.; K. E. Suckling & C. W. Suckling: Chemistry through Models. Cambridge: Univ. Press, 1978.
Sundaram, K.: Falsificationism and Research Programs. A Case Study in Chemistry. *Method. Sci.,* 18, 1985, 104–113.
Syring, W.: Philosophische Fragen der analytischen Chemie. *Wiss. Hefte Päd. Inst. Köthen,* 1, 1966, 29–32.
Tanaka, M.: Einige methodologische Probleme des klassischen Begriffs der chemischen Struktur und dessen Übergang zum gegenwärtigen Begriff. Beitrag zur Geschichte der Atomistik (V). *Jap. Stud. Hist. Sci.,* 11, 1972, 113–126.
Tanaka, M.: How to Understand the Transition of Chemical Theories from Their Classical to the Present Stage. *XIVth Int. Congr. Hist. Sci. (Proceedings No.4),* 1975, 251–254.
Theobald, D. W.: Some Considerations on the Philosophy of Chemistry. *Chem. Soc. Rev.,* 5(2), 1976, 203–214.
Theobald, D. W.: Gaston Bachelard et la philosophie de la chimie. *Arch. philos.,* 45, 1982, 63–83.
Thiessen, P. A.: Von Wesen und Wirkung chemischer Forschung. *Naturwissenschaften,* 45, 1938, 729–732.
Timmermans, J.: The Concept of Species in Chemistry. New York: Chemical Publishing C., 1963.
Toulmin, S.: Foresight and Understanding. An Enquiry into the Aims of Science. London/Bloomington Ind., 1961. (dt. Voraussicht und Verstehen. Ein Versuch über die Ziele der Wissenschaft. Frankfurt 1968)
Ugi, I. u. a.: Chemie und logische Strukturen. *Angew. Chem.,* 82, 1970, 18.
How to Understand the Transition of Chemical Theories from Their Classical to the Present Stage (by Tanaka, M.; Tamamushi, B.; Benfey, O. T.). *XIVth Int. Congr. Hist. Sci. (Proceedings No.4),* 1975, 247–254.

Vermeeren, H. P. W.: Controversies and Existence Claims in Chemistry: The Theory of Resonance. *Synthese,* 69(3), 1986, 273–290.
Wald, F.: Elementare chemische Betrachtungen. *Z. Phys. Chem.,* 24, 1897, 633–650.
Wald, F.: Über die Ableitung stöchiometrischer Gesetze. *Z. Phys. Chem.,* 62, 1908, 307–324.
Walden, P.: The Role of Chance in Chemical Discoveries. *J. Chem. Educ.,* 28, 1951, 304–308.
Walter, E. J.: Empiristische Grundlagen der chemischen Theorie in der ersten Hälfte des 19. Jahrhunderts (Abhandlungen zur Theoretischen Wissenschaftsgeschichte, 2). *Gesnerus,* 6, 1949, 46–64.
Weissbach, H.: Zur Dialektik in der Herausbildung der chemischen Strukturlehre. *Wiss. Zs. Humb. Univ. (Math.-Nat. Reihe),* 16, 1967, 979–982.
Weissbach, H.: Strukturdenken in der organischen Chemie. Berlin, 1971.
Wendt, J.: Die Bedeutung des Modells bei der Herausbildung von Theorien über Ionenaustauscher. *Wiss. Zs. Humb. Univ. (Math.-Nat. Reihe),* XVI, 1967, 969–971.
Weyl, H.: Philosophie der Mathematik und Naturwissenschaften. München/Wien, ^{4}1976. (insbes. 341–353)
Wolf, K. L.: Theoretische Chemie. Leipzig, ^{2}1984.
Wolsdorf, K. H.: Die Einheit der naturwissenschaftlichen Erkenntnis als Entwicklungstendenz der modernen Chemie. *Wiss. Zs. Univ. Jena,* 34, 1985, 224–226.
Woolley, R. G.: Must a Molecule Have a Shape ?. *J. Am. Chem. Soc.,* 100, 1978, 1073–1078.
Zandvoort, H.: Macromolecules, Dogmatism and Scientific Change: The Prehistory of Polymer Chemistry as Testing Ground for Philosophy of Science. *Stud. Hist. Philos. Sci.,* 19, 1988, 489–515.
Zhdanov, Y. A.: The Definition of Chemical Science. *Z. obsc. Chim.,* 26, 1956, 271–274.
Zhdanov, Y. A.: The Problem of the General Definition of Chemistry. *J. Gen. Chem.,* 28, 1958, 2643–2644.
Zhdanov, Y. A. (Hg.): Proccedings of a Conference on the Philosohical Problems of Chemistry. Rostov-on-Don: Rostov Univ. Press, 1972.
Zwanziger, H.: Philosophische Aspekte in der Chemometrik (Manuskript). Leipzig, 1987.

3.2 Naturphilosophie

Albarracín Teulón, A.: El tránsito de la *Naturphilosophie* a la *Naturwissenschaft. Asclepio,* 37, 1985, 209–220.
Beck, W. S.: Modern Science and the Nature of Life. London: Macmillan, 1958.
Berti, E.: Il concetto di „sostanza prima" nel libro Z della *Metafisica. Riv. filos.,* 80, 1989, 3–23.
Boas-Hall, M.: Robert Boyle on Natural Philosophy. An Essay with Selections from His Writings. Bloomington, 1965.
Bruins, E. M.: La chimie du Timée. *Rev. mét. mor.,* 56, 1951, 269–282. (deutsch: Die Chemie des Timaios. In: Becker, O. (Hg.): Zur Geschichte der griechischen Mathematik. Darmstadt, 1965. 255–270)
Clulee, N. H.: John Dee's Natural Philosophy: Between Science and Religion. London u.a.: Routledge, 1988.
D'Hondt, J.: Le concept de la vie, chez Hegel. In: Horstmann, R. P. & M. J. Petry (Hg.): *Hegels Philosophie der Natur. Beziehungen zwischen empirischer und spekulativer Naturerkenntnis* (Veröffentlichungen der Internationalen Hegel-Vereinigung, 15). Stuttgart: Klett-Cotta, 1986, 138–150.
Dalchow, K.: Die Überwindung vitalistischer Denkweisen in der Chemie des neunzehnten Jahrhunderts. *NTM,* 6, 1965, 56–65.

Debus, A. G.: Chemistry, Pharmacy, and Cosmology: A Renaissance Union. *Pharm. Hist. (US)*, 20, 1978, 127–137.

Dongorozi, C. S.: Un Chimiste Regarde Le Ciel. *Rev. Port. Filosof.*, 31, 1975, 413–419.

Dongorozi, C. S.: Pluralite and Univers. *Organon*, 10, 1974, 255–266.

Donovan, A. L.: Pneumatic Chemistry and Newtonian Natural Philosophy in the 18th Century: William Cullen and Joseph Black. *Isis*, 67, 1976, 217–228.

Engelhardt, D. v.: Hegel und die Chemie: Studie zur Philosophie und Wissenschaft der Natur um 1800 (Schriften zur Wissenschaftsgeschichte, 1). Wiesbaden: Pressler, 1976.

Farber, E.: Hegel und die Chemie. *Chem. Ztg.*, 55, 1931, 873–874.

Harris, E. E.: The „Naturphilosophie" Updated. *Owl Minerva*, 10, 1978, 2–7.

Hörz, H.: Ist die naturphilosophische Bewegungsauffassung von Hegel mit der modernen Naturwissenschaft vereinbar?. In: Horstmann, R. P. & M. J. Petry (Hg.): *Hegels Philosophie der Natur. Beziehungen zwischen empirischer und spekulativer Naturerkenntnis* (Veröffentlichungen der Internationalen Hegel-Vereinigung, 15). Stuttgart: Klett-Cotta, 1986, 331–349.

Horstmann, R. P. & M. J. Petry (Hg.): Hegels Philosophie der Natur. Beziehungen zwischen empirischer und spekulativer Naturerkenntnis (Veröffentlichungen der Internationalen Hegel-Vereinigung, 15). Stuttgart: Klett-Cotta, 1986.

Juarrero Roqué, A.: Self-Organization: Kant's Concept of Teleology and Modern Chemistry. *Rev. Met.*, 39, 1985, 107–135.

Levere, T. H.: Coleridge, Chemistry, and the Philosophy of Nature. *Stud. Romant.*, 16, 1977, 349–379.

Levere, T. H.: Hegel and the Earth Sciences. In: Horstmann, R. P. & M. J. Petry (Hg.): *Hegels Philosophie der Natur. Beziehungen zwischen empirischer und spekulativer Naturerkenntnis* (Veröffentlichungen der Internationalen Hegel-Vereinigung, 15). Stuttgart: Klett-Cotta, 1986, 103–120.

Löw, R.: The Progress of Organic Chemistry during the Period of German Romantic *Naturphilosophie* (1795–1825). *Ambix*, 27, 1980, 1–10.

Löw, R.: Wissenschaft und Zeitgeist: Johann Ludwig Georg Meinicke (1781–1823), ein spekulativer Naturforscher der Romantik. *Janus*, 70(3–4), 1983, 160–169.

McCormack, R.: Henry Cavendish. A Study of Rational Empiricism in Eighteenth-Century Natural Philosophy. *Isis*, 60, 1969, 293–306.

Moiso, F.: Die Hegelsche Theorie der Physik und der Chemie in ihrer Beziehung zu Schellings Naturphilosophie. In: Horstmann, R. P. & M. J. Petry (Hg.): *Hegels Philosophie der Natur. Beziehungen zwischen empirischer und spekulativer Naturerkenntnis* (Veröffentlichungen der Internationalen Hegel-Vereinigung, 15). Stuttgart: Klett-Cotta, 1986, 54–87.

Multhauf, R. P.: The Ancient Natural Philosopher as a Chemist. In: *Proc. 10th Int. Congr. His. Sci.* (Ithaca, 1962, Band 2). Paris: Hermann, 1964, 815–817.

Pälike, D.: Bemerkungen zur Schellingschen Naturphilosophie in ihrem Verhältnis zur Chemie. *Wiss. Zs. Univ. Jena (Gesellschafts- und Sprachwiss. Reihe)*, 25(1), 1976, 77–82.

Pälike, D.: Wissenschaftstheoretische Aspekte in Schellings naturphilosophischer Interpretation der Chemie. In: Sandkühler, H. J. (Hg.): *Natur und geschichtlicher Prozeß*. Frankfurt am Main, 1984.

Petry, M. J.: Scientific Method. Francoeur, Hegel and Pohl. In: Horstmann, R. P. & M. J. Petry (Hg.): *Hegels Philosophie der Natur. Beziehungen zwischen empirischer und spekulativer Naturerkenntnis* (Veröffentlichungen der Internationalen Hegel-Vereinigung, 15). Stuttgart: Klett-Cotta, 1986, 11–29.

Philosophie und Natur. Beiträge zur Naturphilosophie der deutschen Klassik. In Zusammenarbeit mit der Abt. Wiss. Publikationen d. Fr.-Schiller-Univ. Jena (Collegium philosophicum Jenense, 5). Weimar: Böhlau, 1985.

Rapp, F.: Wandlungen des Naturbegriffs: Novalis, Goethe und die moderne Naturwissenschaft. In: Friedrich Rapp, H. W. S. (Hg.): *Begriffswandel und Erkenntnisfortschritt in den Erfahrungswissenschaften.* Berlin: Technische Univ. Berlin, 1987, 227–253.

Schuster, J. & G. Watchirs: Natural Philosophy, Experiment, and Discourse in the 18th Century. In: Le Grand, H. E. (Hg.): *Experimental Inquiries: Historical, Philosophical, and Social Studies of Experimentation in Science.* Dordrecht: Kluwer Academic, 1990, 1–47.

Shea, W. R.: Hegel's Celestial Mechanics. In: Horstmann, R. P. & M. J. Petry (Hg.): *Hegels Philosophie der Natur. Beziehungen zwischen empirischer und spekulativer Naturerkenntnis* (Veröffentlichungen der Internationalen Hegel-Vereinigung, 15). Stuttgart: Klett-Cotta, 1986, 30–44.

Sladek, M. (Hg.): Fragmente der hermetischen Philosophie in der Naturphilosophie der Neuzeit. Historisch-kritische Beiträge zur hermetisch-alchemistischen Raum- und Naturphilosophie bei Giordano Bruno, Henry More und Goethe (Europäische Hochschulschriften, Reihe 20: Philosophie, 156). Frankfurt a. M./ Bern/New York: Lang, 1984.

Snelders, H. A. M.: Romanticism and Naturphilosophie and the Inorganic Natural Sciences, 1797–1840: An Introductory Survey. *Stud. Romant.*, 9(3), 1970, 193–215.

Wagner, C.: Alberts Naturphilosophie im Licht der neueren Forschung (1979–1983). *Freib. Z. Philos. Theol.*, 32, 1985, 65–104.

Walden, P.: Ancient Natural-Philosophical Ideas in Modern Chemistry. *J. Chem. Educ.*, 29, 1952, 386–391.

Witt, Ch.: Substance and Essence in Aristotle: An Interpretation of *Metaphysics VII–IX*. Ithaca, N. Y.: Cornell Univ. Press, 1989.

4 Chemie und Literatur/Kunst

Adler, J.: „Eine fast magische Anziehungskraft": Goethes *Wahlverwandtschaften* und die Chemie seiner Zeit. München: Beck, 1987.
Brinkman, A. A. A. M.: Chemie in de kunst (Chemie en techniek cahier, 1.). Amsterdam: Rodopi, 1975.
Browne, C. A.: Emerson and Chemistry. *J. Chem. Educ.*, 5, 1928, 269–279, 391–403.
Cooper, P.: An Unlike Chemist: Samuel Taylor Coleridge. *Pharm. J.*, 189, 1962, 591–592.
Goelnight, D. C.: The Poet-Physician: Keats and Medical Science. Pittsburgh: Univ. of Pittsburgh, 1984.
Heinig, K.: Goethes Verhältnis zur Chemie, der Organisation der Wissenschaft und zur Wissenschaftsgeschichte. *Wiss. Zs. Humb. Univ. (Gesellschafts- und Sprachwiss. Reihe)*, 26(5), 1977, 581–584.
Jensen, W. B.: Chemical Satire and Theory, 1868. *Chem. Brit.*, 15, 1979, 132–134, 137, 141.
Kapitza, P.: Die frühromantische Theorie der Mischung über den Zusammenhang von romantischer Dichtungstheorie und zeitgenössischer Chemie (Münchener Germanistische Beiträge, 4). München: Hueber, 1968.
Kauffmann, G. B. u. a.: Borodin: Composer and Chemist. *Chem. Eng. Ne.*, 65(7), 1987, 28–35.
Klapper, M. H.: Truth and Aesthetics in Chemistry. *J. Chem. Educ.*, 46, 1969, 577–579.
Krätz, O.: „Man rächt die Klugheit, wenn man einen Dummkopf betrügt...": Alchemie und Chemie im Leben des Giacomo Casanova. *Kult. Tech.*, 12, 13(1), 1989, 51–59.
Kuhn, D.: Goethe und die Chemie. *Medizinhist. J.*, 7, 1972, 264–278.
Lämmert, E.: Die Chemie der *Wahlverwandtschaften*. *Leviathan*, 14, 1986, 19–36.
Laszlo, P.: Balzac and Chemistry. *Chem. Brit.*, 19, 1983, 570–574, 582.
Lippmann, E. O. v.: Chemisches und Technologisches bei Dante. *Arch. Stor. Sci.*, 3, 1922, 45–56. (Ebenso in: Chem. Zeitung, 1921, 45: 901–902; und in Ders., Beiträge zur Geschichte der Naturwissenschaften und der Technik, (1), 192–197. Berlin: Springer, 1923)
McGowan, R. J.: Sherlock Holmes and Forensic Chemistry. *Baker Street J.*, 37(1), 1987, 10–14.
Newell, L. C.: Caricatures of Chemists as Contributions to the History of Chemistry. *J. Chem. Educ.*, 8, 1931, 2138–2155.
Nygaard, L.: Bild und ‚Sinnbild': The Problem of Symbol in Goethes Wahlverwandtschaften. *Germ. Rev.*, 63(2), 1988, 58–76.
Read, J.: Humour and Humanism in Chemistry. London: Bell, 1947.
Rouvray, D. H.: The Changing Role of the Symbol in the Evolution of Chemical Notion. *Endeavour*, n.s. 1, 1977, 23–31.
Sharrock, R.: The Chemist and the Poet: Sir Humphry Davy and the Preface to „Lyrical Ballads". *Notes Rec. Roy. Soc. Lond.*, 17, 1962, 57–76.
Sperry, S. M.: Keats and the Chemistry of Poetic Creation. *PMLA*, 85, 1970, 268–277.
Walter, G.: Analogies de methode entre la linguistique et la chimie. *Ling.*, 20(1), 1984, 23–40.
Ward, R.: What Forced by Fire: Concerning Some Influences of Chemical Thought and Practice upon English Poetry. *Ambix*, 23, 1976, 80–95.
Weeks, M. E.: An Exhibit of Chemical Substances Mentioned in the Bible. *J. Chem. Educ.*, 20, 1943, 63–76.

5 Chemie und Gesellschaft

Adams, R.: Chemical Research in the War and Post-War Periods. *Chem. Eng. Ne.*, 24, 1946, 1643–1647, 1755.
Arrhenius, S.: Die Chemie und das moderne Leben. Deutsche Ausgabe von B. Finkelstein. Leipzig: Akademische Verlagsanstalt, 1922.
Bechstedt, M.: „Gestalthafte Atomlehre". Zur „Deutschen Chemie" im NS-Staat. In: Mehrtens, H. & S. Richter (Hg.): *Naturwissenschaft, Technik und NS-Ideologie*. Frankfurt a. M., 1980, 142–165.
Boas, M.: Quelques aspects sociaux de la chimie au XVIIe siècle. *Rev. hist. sci. applic.*, 10, 1957, 132–147.
Bulloff, J. J.: Inorganic Chemistry in the Nuclear Age: A Historical Perspective. *J. Chem. Educ.*, 36, 1959, 465–468.
Chargaff, E.: Serious Questions: An ABC of Skeptical Reflections. Boston: Birkhauser, 1986.
Clow, A. & N. L. Clow: The Chemical Revolution. A Contribution to Social Technology. London: Batchworth Press, 1952. (Wiederauflage Freeport New York: Books for Libraries Press, 1970)
Enkvist, T.: The History of Chemistry in Finnland, 1828–1918, with Chapters on the Political, Economic and Industrial Background (History of Learning and Science in Finnland, 1828–1918, 6). Helsinki: Societas Scientiarum Fennica, 1972.
Farrell, H.: What Price Progress? The Stake of the Investor in the Development of Chemistry. New York: The Chemical Foundation, 1925.
Findlay, A.: Chemistry in the Service of Man (8. Aufl.). London/ New York/Toronto: Longmans, Green and Co., 1957.
Forge, J. C.: A Role for Philosophy in the Teaching of Science. *J. Philos. Educ.*, 13, 1979, 109–118.
Fullmer, J. Z.: Technology, Chemistry, and the Law in Early 19th-Century England. *Technol. Cult.*, 21(1), 1980, 1–28.
Gauthier, P.: L'enseignement de la chimie au milieu du XVIIIe siècle. *Enseign. Sci.*, 2, 1929, 163–168.
Golinski, J.: A Noble Spectacle: Phosphorus and the Public Cultures of Science in the Early Royal Society. *Isis*, 809, 1989, 11–39.
Greenaway, F.: Analytical Chemistry and Social Legislation in the 19th Century: A Case History. *Actes XIIe Congr. Int. Hist. Sci.*, 10b, 1968 (pub. 1971), 35–39.
Hansen, K.: Verantwortung und Ethik in der naturwissenschaftlichen Forschung an Beispielen aus der Chemie und Pharmazie. In: Baumgartner, H. M. & H. Staudinger (Hg.): *Entmoralisierung der Wissenschaften? Physik und Chemie*. München u. a., 1985, 42–56.
Hazdra, J. J.: Chemistry in the Justice System. *J. Chem. Educ.*, 57, 1980, 24–26.
Holt, B. W. G.: Social Aspects in the Emergence of Chemistry as an Exact Science: The British Chemical Profession. *Brit. J. Soc.*, 21, 1970, 181–199.
Hufbauer, K.: Extrascientific Factors in the Antiphlogistic Revolution in Germany. *Actes XIIIe Congr. Int. Hist. Sci.*, 7, 1971, 92–97. (pub. 1974)
Hufbauer, K.: Social Support for Chemistry in Germany During the 18th Century: How and Why Did It Change?. *Hist. Stud. Phys. Sci.*, 3, 1971, 205–231.
Hufbauer, K.: Chemistry's Enlightened Audience. *Stud. Voltaire*, 153, 1976, 1069–1086.
Jacques, J.: Influence des facteurs économiques sur l'evolution de la chimie. *Pensée*, 4, 1945, 84–88.
Johnson, J. A.: Hierarchy and Creativity in Chemistry, 1871 – 1914. *Osiris*, 5, 1989, 214–240.
Jones, Th. W.: Hermes: Or the Future of Chemistry. London: Kegan Paul, 1928.
Kauffman, G. B. & H. H. Szmant: The Central Science: Essays on the Uses of Chemistry. Fort Worth: Texas Christian Univ. Press, 1984.

Keil, G. & H. Klare: Zur Bedeutung der Chemie für die gesellschaftliche Praxis und zum Einfluß der gesellschaftlichen Praxis auf die Entwicklung der Chemie in der DDR. *Chem. Sch.,* 20(8/9), 1973, 337–345.
Lederberg, J.: A Geneticist on „Food Additives". In: Brown, M. (Hg.): *The Social Responsibilitiy of the Scientist.* New York, 1971, 121–132.
Meinel, Ch.: Nationalismus und Internationalismus in der Chemie des 19. Jahrhunderts. In: Dilg, P. (Hg.): *Perspektiven der Pharmaziegeschichte: Festschrift für Rudolf Schmitz* ... Graz: Akademische Drucks- und Verlagsanstalt, 1983, 225–242.
Miles, W. D.: The Civil War: A Discourse on How the Conflict Was Influenced by Chemistry and Chemists. *Chem. Eng. Ne.,* 39, 1961, 116–123.
Moureu, Ch.: La chimie et la guerre. Science et avenir (Les Lecons de la Guerre). Paris: Masson, 1920.
Munday, P.: Social Climbing Through Chemistry: Justus Liebig's Rising from the *Niederer Mittelstand to the Bildungsbürgertum. Ambix,* 37, 1990, 3–19.
Neilands, J. B.: A Biochemist on „Chemical Warfare". In: Brown, M. (Hg.): *The Social Responsibilitiy of the Scientist.* New York/ London, 1971, 82–94.
Parascandola, J. & J. C. Whorton (Hg.): Chemistry and Modern Society: Historical Essays in Honor of Aaron Ihde (Mit Beiträgen von: Servos, J. W.; Stranges, A. N.; Guedon, J.-C.; Becker, S. L.; Parascandola, J.; Young, J. H.; Hochheiser, S.; Whorton, J. C.; Jones, D. P.). (ACS Symposium Series, 228). Washington, D.C.: American Chemical Society, 1983.
Pauling, L.: Chemical Achievements and Hope for the Future. In: *Annu. Rep. Smithsonian Inst. for 1950.* Washington, D. C., 1951, 225–241.
Philip, J. C.: Chemistry and the Modern State. *Nature,* 138, 1936, 492–495.
Rüchardt, Ch.: Chemie in unserer Zeit, ihre Bedeutung für Gegenwart und Zukunft. *Freiburger Universitätsblätter,* 63, 1979, 37–52.
Schmauderer, E.: Der Einfluß der Chemie auf die Entwicklung des Patentwesens in der zweiten Hälfte des 19. Jahrhunderts. *Tradition,* 16(3–4), 1971, 144–176.
Schmauderer, E. (Hg.): Der Chemiker im Wandel der Zeiten: Skizzen zur geschichtlichen Entwicklung des Berufsbildes. Im Auftrag der Fachgruppe Geschichte der Chemie in der Gesellschaft Deutscher Chemiker. Weinheim: Verlag Chemie, 1973.
Schneider, H. G.: Die Parallelität der Revolutionen in Chemie und Politik um 1800. *Mitt. Ges. Deut. Chem. Fachgr. Gesch. Chem.,* 1, 1988, 26–40.
Schneider, H. G.: The „Fatherland of Chemistry": Early Nationalistic Currents in Late 18th-Century German Chemistry. *Ambix,* 36, 1989, 14–21.
Stine, Ch. M. A.: Molders of a Better Destiny. *Science,* 96, 1942, 305–311.
Strube, W.: Zur Annäherung von Wissenschaft und Produktion im 18. Jahrhundert – dargestellt am Beispiel der Chemie. *Jb. Wissenschaftsgesch.*(3), 1974, 141–165.
Sturchio, J. L.: Chemistry in Action: Penicillin Production in World War II. *Today's Chemist,* 1, 1988, 20–36.
Sturchio, J. L. & A. Thackray: Chemistry and Public Policy. *Chem. Eng. Ne.,* 65((Mar.9)), 1987, 20–29.
Sutton, G.: The Politics of Science in Early Napoleonic France: The Case of the Voltaic Pile. *Hist. Stud. Phys. Sci.,* 11, 1981, 329–366.
Teichler-Zallen (Hg.): Science and Morality. Lexington: Lexington Books, 1982.
Testart, J.: Les morts du genre humain. *Rev. mét. mor.,* 92(3), 1987, 353–360.
Vanizetti, B. L.: De la contribution des divers pays au développement de la chimie. *Scientia,* 30, 1921, 85–103.
Vogt, H. H.: Chemiker im Kreuzverhör. Köln: Aulis-Verlag Deubner, 1979.
Winderlich, R.: Chemie und Kultur. Leipzig: Leopold Voss, 1927.
Woller, R.: Umweltsicherheit und Chemie. Köln, 1988.

6 Chemie und Industrie/Technologie

Balke, S.: Über die Wahlverwandtschaft von Wissenschaft, Technik und Wirtschaft in der Chemie. *Angew. Chem.*, 73, 1961, 779.
Beavers, E. M. & B. F. Nodine: Evolution of the Profession of Research Chemist in Industry. *J. Chem. Educ.*, 62, 1985, 728–733.
Browne, C. A.: The Two Hundred and Fiftieth Anniversary of Chemical Industry in America. *J. Ind. Eng. Chem.*, 11, 1919, 16–19.
Büchner, W.; R. Schliebs & G. Winter: Industrielle Anorganische Chemie. Weinheim/New York, ²1986.
Conant, J. B.: Die Verbindung zwischen der industriellen und der chemischen Revolution. *Hum. Tech.*, 1, 1953, 135–144.
Donnelly, J. F.: Chemical Education and the Chemical Industry in Late 19th and Early 20th Century England. Univ. Leeds, 1987. (PhD Thesis)
Dunsch, L.: Geschichte der Elektrochemie: Ein Abriß. Leipzig: VEB Deutscher Verlag für Grundstoffindustrie, 1985.
Fester, G.: Die Entwicklung der chemischen Technik bis zu den Anfängen der Großindustrie. Ein technologisch-historischer Versuch. Berlin: Springer, 1923. (Repr. Wiesbaden: Sämig, 1969)
Furter, W. (Hg.): History of Chemical Engineering (Advances in Chemistry Series, 190). Washington: American Chemical Society, 1980.
Gibbs, F. W.: Prelude to Chemistry in Industry. *Ann. Sci.*, 8, 1952, 271–281.
Haber, L. F.: The Chemical Industry During the Nineteenth Century. A Study of the Economic Aspects of Applied Chemistry in Europe and North America. Oxford: Clarendon Press, 1958, ²1969.
Haber, L. F.: The Chemical Industry 1900 – 1930. International Growth and Technological Change. Oxford: Clarendon Press, 1971.
Haynes, W.: Chemical Pioneers. The Founders of the American Chemical Industry. New York, 1935.
Haynes, W.: Chemicals in the Industrial Revolution. A Newcomen Adress. Princeton: Princeton University Press for the Newcomen Society, American Branch, 1938.
Haynes, W.: American Chemical Industry. 6 Bde. New York: Van Nostrand, 1945 – 1954.
Ihde, A. J.: Chemical Industry, 1780–1900. *Cah. Hist. Mond.*, 4, 1958, 958–983.
Johannsen, O.: Über die chemische Technik des Mittelalters und die damalige Literatur. *Angew. Chem.*, 45, 1932, 216.
Keim, W.; A. Behr & G. Schmitt: Grundlagen der industriellen Chemie. Technische Produkte und Prozesse. Frankfurt a. M. u.a., 1986.
Leprieur, F. & P. Papon: Synthetic Dyestuffs: The Relations between Academic Chemistry and the Chemical Industry in Nineteenth-Century France. *Minerva*, 17(2), 1979, 197–224.
Lepsius, B.: Deutschlands Chemische Industrie, 1888–1913. Berlin, 1914.
Levey, M.: Chemistry and Chemical Technology in Ancient Mesopotamia. Amsterdam: Elsevier Publishing Company, 1959.
Markwood, L. N.: European Chemical Industry in the Nineteenth Century. *J. Chem. Educ.*, 28, 1951, 348–352.
Morris, P. T. J.: Polymer Pioneers: A Popular History of the Science and Technology of Larger Molecules. Philadelphia: Center for Hist. of Chemistry, 1986.
Morrison, M.: More on the Relationship between Technically Good and Conceptually Important Experiments. A Case Study. *Brit. J. Philos. Sci.*, 37, 1986, 101–115.
Multhauf, R. P.: The History of Chemical Technology. An Annotated Bibliography (Bibliographies of the History of Science and Technology, 5). New York: Garland, 1984.

Needham, J.: Science and Civilisation in China. With the Collaboration of Lu Gwei-djen. Vol. 5: Chemistry and Chemical Technology. Part 1: Paper and Printing. Part 3: Spagyrical Discovery and Invention: Historical Survey from Cinnabar Elixirs to Synthetic Insulin. Part 4: Spagyrical Discovery and Invention: Apparatus, Theories and Gifts. Part 5: Spagyrical Discovery and Invention: Physiological Alchemy. Part 7: Military Technology: The Gunpowder Epic (Teil 1 unter Mitarbeit von Tsien, T.). New York/Cambridge: Cambridge Univ. Press, 1976, 1980, 1983, 1986.

Osteroth, D.: Soda, Teer und Schwefelsäure. Der Weg zur Großchemie (Deutsches Museum, Kulturgeschichte der Naturwissenschaften und der Technik). Reinbek b. Hamburg: Rowohlt, 1985.

Peppas, N. A. (Hg.): One Hundred Years of Chemical Engineering, from Lewis M. Norton (M.I.T. 1888) to Present. Dordrecht: Kluwer, 1989.

Perrin, C. E.: Of Theory and Industrial Innovations: The Relations of J. A. C. Chaptal and A. L. Lavoisier. *Ann. Sci.,* 43(6), 1986, 511–542.

Reti, L.: Le arti chimiche de Leonardo da Vinci. *Chim. Ind.,* 34, 1952, 655–721.

Schmauderer, E.: R. J. Glaubers Einfluß auf die Frühformen der chemischen Technik. *Chem. Ing. Tech.,* 42(9), 1970, 687–696.

Smith, J. G.: The Origins and Early Development of the Heavy Chemical Industry in France. Oxford: Clarendon Press, 1979.

Speter, M.: Die „Chymischen Fabriken von Teutschland" um 1799. Ein Beitrag zur Frühgeschichte der chemischen Industrie Deutschlands. *Chem. Ztg.,* 56, 1932, 391–392.

Spronsen, J. W. v.: Glauber, Grondlegger van Chemische Industrie. *Ned. Chem. Ind.,* March 3, 1970, 3–11.

Sturchio, J. L. (Hg.): Corporate History and the Chemical Industries: A Resource Guide (Center for the History of Chemistry Publication, 4). Philadelphia: Center for the History of Chemistry, 1985.

Taylor, F. S.: A History of Industrial Chemistry. Melbourne u.a.: William Heinemann; New York: Abelard-Schumann, 1957.

Volkov, V. A.: W. I. Lenin und die Entwicklung der chemischen Industrie in der UdSSR. Leipzig: Deutscher Verlag der Grundstoffindustrie, 1977.

Warren, K.: Chemical Foundations. The Alkali Industry in Britain to 1926. Oxford: Clarendon Press, 1980.

Welsch, F.: Geschichte der chemischen Industrie. Abriß der Entwicklung ausgewählter Zweige der chemischen Industrie von 1800 bis zur Gegenwart. Berlin, 1981.

II
Alchemie

1 Nachschlagewerke und Bibliographien

Alchemy and the Occult: A Catalogue of Books and Manuscripts from the Collection of Paul and Mary Melon Given to Yale University Library. Vol. 1: Books, 1472–1623. Vol. 2: Books, 1624–1790. Vol. 3: Manuscripts, 1225–1671. Vol. 4: Manuscripts, 1671–1922 (Compiled by Laurence C. Witten II and Richard Pachella. With an Introduction by Pearl Kibre and Additional Notes by William McGuire). New Haven: Yale Univ. Library, 1968–1977.

Bidez, J. u. a. (Hg.): Catalogue des manuscrits alchimiques grecs. 8 Bde. Brüssel, 1924–1932.

Biedermann, H.: Handlexikon der magischen Künste von der Spätantike bis zum 19. Jahrhundert. Graz, erw. ²1968.

Borel, P.: Bibliotheca chimica. Seu catalogus librorum philosophicorum hermeticorum. Hildesheim: Olms, 1969. (Reprograf. Nachdr. d. Ausg. Heidelberg 1656)

Debus, A. G.: Alchemy. In: Wiener, P. P. (Hg.): *Dictionary of the History of Ideas* (Band 1). New York, 1973, 27–34.

Duveen, D. I.: Bibliotheca alchemica et chemica. An Annotated Catalogue of Printed Books on Alchemy, Chemistry and Cognate Subjects in the Library of Denis I. Duveen. London: Weil, 1949. (Dazu: Supplement 1953)

Duveen, D. I.: The Duveen Alchemical and Chemical Collection (Wisconsin University). *Book Collect.*, 5, 1956, 331–342.

Ferguson, J.: Bibliotheca chemica: A Catalogue of the Alchemical, Chemical and Pharmaceutical Books in the Collection of the Late James Young of Kelly and Durris (2 Bde.). Glasgow: J. Maclehouse & Sons, 1906. (London: Holland Press, 1957; Repr. Hildesheim: Olms, 1974)

Frick, K.: Einführung in die alchemistische Literatur. *Sudh. Arch.*, 45, 1961, 147–163.

Fuchs, G. F. H.: Repertorium der chemischen Literatur von 494 vor Christi Geburt bis 1806, in chronologische Ordnung aufgestellt. 2 Bde. Hildesheim: Olms, 1974. [Repr. d. Ausg. v. 1806–1812]

Gagnon, C.; G. H. Allard & J. Menard: Recherche Bibliographique sur l'alchemie médiévale occidentale. In: *La Science de la nature: Théories et pratiques* (Cahiers d'études médiévales, 2). Montreal/Paris: Bellarmin, 1974, 155–199.

Garbers, K. & J. Weyer (Hg.): Quellengeschichtliches Lesebuch zur Chemie und zur Alchemie der Araber im Mittelalter. Hamburg: Buske, 1980.

Glasgow University Library: Catalogue of the Ferguson Collection of Books, Mainly Relating to Alchemy, Chemistry, Witchcraft and Gipsies, in the Library of the University. 2 Bde. Glasgow: Robert Maclehose, 1943.

Goldschmidt, G.: Katalogisierung der mittelalterlichen medizinischen und alchimistischen Handschriften der Zentralbibliothek Zürich. *Gesnerus*, 2, 1945, 151–162.

Halleux, R.: Indices chemicorum graecorum. I: Papyrus Leidensis, Papyrus Holmiensis (Lessico intellettuale Europeo, 31). Roma: Ateneo, 1983

Heym, G.: An Introduction to the Bibliography of Alchemy. *Ambix*, 1, 1937, 48–60.

Kren, C.: Medieval Science and Technology. A Selected, Annotated Bibliography. New York: Garland, 1985. (Bibliographies of the History of Science and Technology; 11)

Kren, C.: Alchemy in Europe: A Guide to Research. New York: Garland, 1990. (Garland Reference Library of the Humanities; 692)

Lippmann, E. O. v.: Quellen zur Geschichte der Chemie und Alchemie in Italien. *Isis*, 8, 1926, 465–476.

Pritchard, A.: Alchemy: A Bibliography of English-Language Writings. London: Routledge & Kegan Paul, Library Association, 1980.

Roth-Scholtz, H.: Bibliotheca chemica, oder Catalogus von chymischen Büchern. 5 Stücke in 1 Band. Hildesheim: Olms, 1971. (Repr. d. Ausg. Nürnberg u. Altdorf 1727–1735)

Roth-Scholtz, H.: Deutsches Theatrum Chemicum. 3 Bde. Hildesheim: Olms, 1976. (Repr. d. Ausg. Nürnberg 1727–1732)

Ruland, M.: Lexikon Alchemiae. Hildesheim: Olms, 1964. (Repr. d. Ausg. Frankfurt a. M. 1612)

Siggel, A. (Hg.): Katalog der arabischen alchemistischen Handschriften Deuschlands. 3 Bde. 1. Handschriften der öffentlichen wissenschaftlichen Bibliothek [früher Staatsbibliothek, Berlin]. 2. Handschriften der ehemals Herzoglichen Bibliothek zu Gotha. 3. Handschriften der öffentlichen Bibliotheken zu Dresden, Göttingen, Leipzig und München. Berlin: Akademie Verlag, 1949–1956.

Siggel, A.: Arabisch-Deutsches Wörterbuch der Stoffe aus den drei Naturreichen, die in arabischen alchemistischen Handschriften vorkommen, nebst Anhang: Verzeichnis chemischer Geräte (Deutsche Akademie der Wissenschaften zu Berlin, Institut für Orientforschung, Veröffentlichung, 1). Berlin: Akademie-Verlag, 1950.

Sudhoff, K.: Bibliographica Paracelsia. Berlin: Verlag Georg Reimer, 1894. (Repr. Graz: Akademische Druck- und Verlagsanstalt, 1958)

Telle, J.: Alchemie II. Historisch (mit Bibliographie). In: *Theologische Realenzyklopädie* (II). Berlin/New York, 1978, 199–227.

Thiel, Ch.: Alchemie. In: Mittelstraß, J. (Hg.): *Enzyklopädie Philosophie und Wissenschaftstheorie* (Bd. 1). Mannheim/Wien/ Zürich: Bibliographisches Institut, 1980, 67–74.

Wollgast, S.: Alchimie. In: Hörz, H.; H. Löther & S. Wollgast (Hg.): *Philosophie und Naturwissenschaften. Wörterbuch zu den philosophischen Fragen der Naturwissenschaften.* 2 Bde. (Bd. 1). Berlin, 1991, [1]1978, 44–45.

2 Geschichte der Alchemie

2.1 Allgemeine Darstellungen

Die Alchemie in der europäischen Kultur- und Wissenschaftsgeschichte (Vorträge gehalten anlässl. d. 16. Wolfenbütteler Symposions vom 2.–5. April 1984 in d. Herzog-August-Bibliothek). Wiesbaden: Harrassowitz, 1986.

Alchemy Revisited (Proceedings of the International Conference on the History of Alchemy at the University of Groningen, 17 – 19 April, 1989). Leiden u.a.: Brill, 1990.

Alchimie, par André Savoret, Bernard Husson, Alexandre Foriani, Antoine Faivre, Jean de Foucauld, Gérard Mazeau, Robert Salmon, Jean-Jacques Marthé (Cahiers de l'hermétisme). Paris: Michel, 1978.

Bergier, J. F. (Hg.): Zwischen Wahn, Glaube und Wissenschaft: Magie, Astrologie, Alchemie und Wissenschaftsgeschichte. Zürich: Verlag der Fachvereine, 1988.

Berthelot, M. P. E.: La chimie au moyen âge. 3 Bde. Paris, 1893. (Repr. Osnabrück, 1967; deutsch: Die Chemie im Altertum und im Mittelalter. Leipzig; Wien, 1909 Repr. Hildesheim; New York, 1970)

Burckhardt, T.: Alchemie: Sinn und Weltbild. Olten/Freiburg i. Br.: Walter, 1960. (Engl.: Alchemy; Science of the Cosmos, Science of the Soul, London: Stuart and Watkin, 1967)

Burland, C. A.: The Arts of the Alchemists. London: Weidenfeld & Nicolson, 1967.

Chikashige, M.: Alchemy and Other Chemical Achievements of the Ancient Orient. The Civilization of Japan and China in Early Times as Seen from the Chemical Point of View. Tokyo: Uchida, 1936.

Coudert, A.: Alchemy: The Philosopher's Stone. Boulder, Colo.: Shambhala, 1980.

Davis, T. L.: Wu Lu-Ch'iang. Chinese Alchemy. *Sci. Mon.*, 31, 1930, 225–235.

Doberer, K. K.: The Goldmakers. 10000 Years of Alchemy. London, 1948. (deutsch: Goldsucher, Goldmacher. Welt zwischen Tat und Traum. München, 1960)

Doucet, F. W.: Geschichte der Geheimwissenschaften: Magie, Alchemie, Okkultismus. München: Heyne, 1980.

Eliade, M.: Alchemy and Science in China. *Hist. Relig.*, 10, 1970, 178–182.

Federmann, R.: Die königliche Kunst: Eine Geschichte der Alchemie. Wien: Neff, 1964. (Engl.: The Royal Art of Alchemy, Philadelphia: Chilton, 1969)

Festugière, A. J.: Alchymica. *Ant. Cl.*, 8, 1939, 71–95.

Figuier, L.: L'alchimie et les alchimistes. Paris: Denoël, 1970.

Fontaine, M. M.: L'alchimie à Lyon au milieu du XVIe siècle. In: Comité des Travaux Historiques et Scientifiques (Hg.): *Lyon, cité des savants*. Paris: Comité des Travaux Historiques et Scientifiques, 1988.

Ganzenmüller, W.: Beiträge zur Geschichte der Technologie und der Alchemie. Weinheim: Verlag Chemie, 1956.

Gardner, R. M.: The Alchemists, Fathers of Practical Chemistry. New York: Mackay, 1966.

Gollan, J.: La alquímia. Santa Fé, Argentina: Librería y Editorial Castellví S. A., 1956.

Goltz, D.: Versuch einer Grenzziehung zwischen „Chemie" und „Alchemie". *Sudh. Arch.*, 52, 1968, 30–47.

Halleux, R.: Les textes alchimiques (Typologie des sources du Moyen Age occidental, 32). Turnhout, Belgium: Brepols, 1979.

Hartlaub, G. F.: Der Stein der Weisen. Wesen und Bildwelt der Alchemie. München: Prestel Verlag, 1959.

Holmyard, E. J.: Alchemy. The Story of the Fascination of Gold and the Attempts of Chemists, Mystics, and Charlatans to Find the Philosophers' Stone. Harmondsworth, Middlesex: Penguin Books, 1953, ²1968.

Holmyard, E. J.: Alchemy in Medieval Islam. *Endeavour,* 14, 1955, 117–125.

Kerschagl, R.: Die Jagd nach dem künstlichen Gold: Der Weg der Alchemie (Volkswirtschaftliche Schriften, 202). Berlin: Duncker & Humblot, 1973.

Klossowski de Rola, S.: Alchemy, the Secret Art. London: Thames and Hudson, 1973. (dt. Alchemie. Die geheime Kunst, München; Zürich 1974)

Klossowski de Rola, S.: Alchimie: Florilège de l'art secret. Augmenté de La Fontaine des amoureux de science, par Jehan de La Fontaine, 1413. Paris: Seuil, 1974.

Kopp, H.: Die Alchimie in älterer und neuerer Zeit. Ein Beitrag zur Kulturgeschichte. 2 Bde. Repr. Hildesheim: Georg Olms, 1962.

Levey, M.: Alberuni and Indian Alchemy. *Chymia,* 1961, 36–39.

Lippmann, E. O. v.: Entstehung und Ausbreitung der Alchemie. 3 Bde. Berlin: Springer (Bd. 1 und 2); Weinheim: Verlag Chemie (Bd. 3), 1919/1931/1954. (Repr. Hildesheim: Olms, 1978)

Lippmann, E. O. v.: Zur Geschichte der Alchemie. *Z. angew. Chem.,* 35, 1922, 529–531. (Ebenso in: ders., Beiträge zur Geschichte der Naturwissenschaften und der Technik (1), 33–43. Berlin: J. Springer, 1923)

Lippmann, E. O. v.: Zur Kenntnis der sogenannten Alchemie des alten Indiens. *Naturwissenschaften,* 24, 1936, 766–767.

Meinel, Ch. (Hg.): Die Alchemie in der europäischen Kultur- und Wissenschaftsgeschichte (Wolfenbütteler Forschungen, 32). Wiesbaden: Harrassowitz, 1986.

Miles, W. D.: The Gold Seekers: An Outline of the Ancient Art of Alchemy. *Armed Forces Chem. J.,* 10, 1956, 24–44.

Moran, B.: The Alchemist's Reality: Problems and Perceptions of a German Alchemist in the 17th Century. *Halcyon,* 9, 1987, 133–148.

Multhauf, R. P.: Essays on Goldmaking. *Isis,* 62, 1971, 233–238.

Needham J.: The Refiner's Fire: The Enigma of Alchemy in East and West. The Second J. D. Bernal Lecture Delivered at Birkbeck College, London, 4th Feb. 1971. London: Birkbeck College, 1971.

Needham, J.: Artisans et alchimistes en Chine et dans le monde hellénistique. *Pensée,* 152, 1970, 2–25.

Needham, J.: L'alchimie en Chine, pratique et théorie. *Ann. Ec. Soc. Civ.,* 30, 1975, 1045–1061.

Needham, J.: Metals and Alchemists in Ancient China. In: Megaw, J. (Hg.): *To Illustrate the Monuments. Essays on Archeology Presented to Stuart Piggott on the Occasion of His Sixty-Fifth Birthday.* London, 1976, 283–294.

Needham, J.: Alchemy and Early Chemistry in China. In: Segerstedt, T. T. (Hg.): *The Frontiers of Human Knowledge: Lectures Held at the Quincentenary Celebrations of Uppsala University.* Stockholm: Almquist & Wiksell, 1978, 171–181.

Obrist, B.: Les débuts de l'imagerie alchimique. XIVe–XVe siècles. Paris: Le Sycomore, 1982.

Obrist, B.: Die Alchemie in der mittelalterlichen Gesellschaft. In: Meinel, Ch. (Hg.): *Die Alchemie in der europäischen Kultur-und Wissenschaftsgeschichte.* Wiesbaden: Harrassowitz, 1986, 33–59.

Ogrinc, W. H. L.: Western Society and Alchemy from 1200–1500. *J. Medieval Hist.,* 6, 1980, 103–137.

Oppenheim, A. L.: Mesopotamia and the Early History of Alchemy. *Rev. Assyr.,* 60, 1966, 29–45.

Paneth, F.: Ancient and Modern Alchemy. *Science,* 64, 1926, 409–417.

Partington, J. R.: Chinese Alchemy. *Nature,* 119, 1927, 11.
Partington, J. R.: Chinese Alchemy. *Nature,* 128, 1931, 1074–1075.
Ho Peng Yoke: Alchemy in Ming China. *Actes XIIe Congr. Int. Hist. Sci.,* 3a, 1968 (pub. 1971), 119–123.
Poce, M.: Alchimia e alchimisti. Tredici secoli di follie scientifiche e filosofiche. Rome, 1930.
Ray, P. Ch.: A History of Hindu Chemistry from the Earliest Times to the Middle of the 16th Century A. D. with Sanskrit Texts, Variants, Translations and Illustrations (2 vols.). Calcutta: Chuckervertty, Chatterjee & Co., 1909/1925. (2nd rev. ed.)
Ray, P. Ch.: History of Chemistry in Ancient and Medieval India. Incorporating the „History of Hindu Chemistry" by Acharya Prafulla Chandra Ray. Calcutta: Indian Chemical Society, 1956.
Read, J.: Alchemy and Alchemists. *Nature,* 168, 1937, 759–762.
Read, J.: Through Alchemy to Chemistry. A Procession of Ideas and Personalities. London: G. Bell and Sons Ltd., 1957.
Read, J.: Alchemy: Instrument of Culture. *Lit. Phil. Soc.,* 104, 1962, 14–20.
Read, J.: Prelude to Chemistry. An Outline of Alchemy. Its Literature and Relationship. London, ²1939 (first pub. 1936). (Repr. London, 1961, Cambridge Mass., 1966)
Redgroove, H. S.: Alchemy, Ancient and Modern: A Brief Account of the Alchemistic Doctrines, Their Relations to Mysticism and to Recent Discoveries in Physical Science, and Some Particulars Regarding the Lives of the Most Noted Alchemists. New Hyde Park, N. Y.: Univ. Books, 1969. (Repr. of the 1922 edition)
Reitzenstein, R.: Zur Geschichte der Alchemie und des Mysticismus. *Nachr. Ges. Wiss. Göttingen Philol. Hist. Kl.,* 1919, 1–37.
Ruska, J.: Arabische Alchemie. *Archeion,* 14, 1932, 425–435.
Ruska, J.: Alchemie in Spanien. *Angew. Chem.,* 46, 1933, 337–340.
Ruska, J.: Griechische Alchemie. *Geistige Arb.,* 3(15), 1936, 5.
Schmieder, K. Ch.: Geschichte der Alchemie. Halle, 1932. (Repr., hrsg. v. F. Strunz, München-Planneg: Barth, 1927; Ulm, 1959)
Schramm, P.: Die Alchemisten. Gelehrte – Goldmacher – Gaukler. Taunusstein, 1984.
Schwarz, A.: Introduzione all'alchimia indiana (Studi religiosi iniziati ed esoterici). Bari: Laterza, 1984.
Sheppard, H. J.: European Alchemy in the Context of a Universal Definition. In: Meinel, Ch. (Hg.): *Die Alchemie in der europäischen Kultur- und Wissenschaftsgeschichte.* Wiesbaden: Harrassowitz, 1986, 13–17.
Silberrad, C. A.: Hindu Chemistry. *Chem. Ind.,* 44, 1925, 1179.
Singer, D. W.: L'alchimie. In: *Compt. Rend. IVe Congr. Int. Hist. Méd.* (Bruselles, 1923). Anvers, 1927, 28–36.
Sivin, N.: On the Reconstruction of Chinese Alchemy. *Jap. Stud. Hist. Sci.,* 6, 1967, 60–68.
Sivin, N.: Chinese Alchemy. Preliminary Studies. Cambridge MA: Harvard Univ. Press, 1968.
Stapleton, H. E.; R. F. Azo & H. M. Hidâyat: Chemistry in Iraq and Persia in the 10th Century A. D. *Mem. Asiatic Soc. Bengal,* 8, 1927, 317–418.
Stillman, J. M.: The Story of Alchemy and Early Chemistry. New York: Dover Publications, 1960.
Strunz, F.: Über die Vorgeschichte und die Anfänge der Chemie. Eine Einleitung in die Geschichte der Chemie des Altertums. Leipzig/Wien, 1906.
Strunz, F.: Astrologie, Alchemie, Mystik; ein Beitrag zur Geschichte der Naturwissenschaften. München-Planegg: Otto Wilhelm Barth, 1928.
Taylor, F. S.: The Alchemists: Founders of Modern Chemistry (Life of Science Library). New York: Schuman, 1949 & 1974; London: Heinemann, 1951; New York: Collier Books, 1962.

Taylor, F. S.: A Survey of Greek Alchemy. *J. Hellen. Stud.,* 50, 1930, 109–139.
Thompson, R. C.: On the Chemistry of the Ancient Assyrians. London: Luzac, 1925.
Thompson, R. C.: A Survey of the Chemistry of Assyria in the 7th Century B. C. *Ambix,* 2, 1938, 3–16.
Treneer, A.: The Mercurial Chemist. London, 1963.
Underwood, R. A.: Alchemy. In: Noel, D. (Hg.): *Echoes of the Wordless „Word".* [Chambersburg PA], 1973, 73–92.
Velde, A. J. J. v. d.: Uit de geschiedenis der alchemie (Bibliogr.). *Verslagen Mededeel. Vlaam. Acad. Taal-Letterk.,* March, 1942, 165–216.
Waley, A.: Notes on Chinese Alchemy (Supplementary to Johnson's „A Study of Chinese Alchemy"). *B. S. O. A. S.,* 6, 1930, 1–24.
Weyer, J.: Die Alchemie im lateinischen Mittelalter. *Chem. Uns. Zeit,* 23(1), 1989, 16ff.
Wiedemann, E.: Zur Chemie bei den Arabern (Beiträge zur Geschichte der Naturwissenschaften, 24). *S. B. phys. med. Soz. Erl.,* 43, 1912, 72–113.
Wiedemann, E.: Zur Geschichte der Alchemie. *J. Prakt. Chem.,* 85, 1912, 391–392.
Wiedemann, E.: Zur Geschichte der Alchemie (Beiträge zur Geschichte der Naturwissenschaften, 63). *S. B. phys. med. Soz. Erl.,* 52–53, 1920–21, 126–128.
Wiedemann, E.: Zur Geschichte der Alchemie. *Z. angew. Chem.,* 34, 1921, 522–523, 528–530.
Wiedemann, E.: Zur Alchemie bei den Arabern (Abhandl. Gesch. Naturwiss. Med., 5). Erlangen, 1922.
Wilson, W. J.: The Background of Chinese Alchemy; Leading Ideas of Early Chinese Alchemy. Biographies of Early Chinese Alchemists; Later Developments of Chinese Alchemy; Relation of Chinese Alchemy to that of Other Countries; Bibliography of Chinese Alchemy. *Ciba Symp. (Summit, N. J.),* 2, 1940, 595–599, 600–604, 605–609, 610–617, 618–623, 623–624.
Winderlich, R.: Zur Alchemiegeschichte des Mittelalters. Julius Ruska zum 70. Geburtstag. *Angew. Chem.,* 50, 1937, 125–126.
Winderlich, R.: Das Zeitalter der Alchemie. *Z. angew. Chem.,* 60, 1948, 274–279.

2.2 Ideengeschichte der Alchemie

Die Alchemie in der europäischen Kultur- und Wissenschaftsgeschichte (Vorträge gehalten anlässl. d. 16. Wolfenbütteler Symposions vom 2.-5. April 1984 in d. Herzog-August-Bibliothek). Wiesbaden: Harrassowitz, 1986.
Alchemy and Chemistry in the Seventeenth Century (Papers Read at a Clark Library Seminar, March 12, 1966). Los Angeles: William Andrews Clark Memorial Library, 1966.
Alchimia: Ideologie und Technologie (Hg. v. Ploss, E. E. u. a.). München: Moos, 1970.
Allard, G. H. & J. Menard: Réactions de trois penseurs du XIIIe siècle vis-a-vis de l'alchimie. In: *La Science de la nature: Théories et pratiques* (Cahiers d'études médiévales, 2). Montreal/ Paris: Bellarmin, 1974, 97–106.
Barnes, W. H.: Chinese Influence on Western Alchemy. *Nature,* 135, 1935, 824–825.
Berthelot, M. P. E.: Les Origines de l'alchimie. Bruxelles: Culture et Civilisation, 1966. (Repr. d. Ausg. v. 1885, Paris)
Biedermann, H.: Materia prima: Eine Bildersammlung zur Ideengeschichte der Alchemie. Graz: Verlag für Sammler, 1973.
Bockstaele, P.: De oorsprong van de alchemie. *Sci. Hist.,* 4, 1962, 39–40.
Brehm, E.: Roger Bacon's Place in the History of Alchemy. *Ambix,* 23, 1976, 53–58.

Browne, C. A.: Rhetorical and Religious Aspects of Greek Alchemy. *Ambix,* 3, 1948, 15–25.
Buntz, H.: Alchemie und Aufklärung: Die Diskussion in der Zeitschrift *Pernassus Boicus* (1722–1740). In: Meinel, Ch. (Hg.): *Die Alchemie in der europäischen Kultur- und Wissenschaftsgeschichte.* Wiesbaden: Harrassowitz, 1986, 327–344.
Colpe, C.: The Challenge of Gnostic Thought for Philosophy, Alchemy, and Literature. In: Layton, B. (Hg.): *The Rediscovery of Gnosticism. Vol. 1* (The School of Valentinus). Leiden, 1980, 32–56.
Crisciani, Ch.: La „Quaestio de alchimia" fra Duecento e Trecento. *Medioevo,* 2, 1976, 119–168.
Crisciani, Ch. & C. Gagnon: Alchimie et Philosophie au Moyen Age: Perspectives et problèmes. Montréal: L'Aurore, 1980.
Davis, T. L.: Primitive Science, the Background of Early Chemistry and Alchemie. *J. Chem. Educ.,* 12, 1935, 3–10.
Davis, T. L.: The Problem of the Origins of Alchemy. *Sci. Mon.,* 43, 1936, 551–558.
Davis, T. L.: The Chinese Beginnings of Alchemy. *Endeavour,* 2, 1943, 154–160.
Debus, A. G.: The Paracelsians and the Chemists: The Chemical Dilemma in Renaissance Medicine. *Clio Med.,* 7(3), 1972, 185–199.
Debus, A. G.: The Chemical Philosophy. Paracelsian Science and Medicine in the Sixteenth and Seventeenth Centuries. 2 Bde. New York: Science History Publ., 1977.
Debus, A. G.: Science vs. Pseudoscience: The Persistent Debate (Morris Fishbein Center for the Study of the History of Science and Medicine, 1). Chicago: Univ. Chicago, Morris Fishbein Center, 1979.
Debus, A. G.: The Paracelsians in Eighteenth Century France: A Renaissance Tradition in the Age of the Enlightenment. *Ambix,* 28(1), 1981, 36–54.
Debus, A. G.: Chemistry, Alchemy, and the New Philosophy, 1550–1700: Studies in the History of Science and Medicine. London: Variorum Reprints, 1987.
Debus, A. G.: Myth, Allegory and Scientific Truth: An Alchemical Tradition in the Period of the Scientific Revolution. *Nouv. Republ. Lett.,* 1, 1987, 13–35.
Debus, A. G.: Alchemy in an Age of Reason: The Chemical Philosophers in Early 18th-Century France. In: Merkel, I. & A. G. Debus (Hg.): *Hermeticism and the Renaissance: Intellectual History and the Occult in Early Modern Europe.* Washington: Folger Shakespeare Library, 1988, 231–250.
DiMeo, A.: Il chimico e l'alchimista: Materiali all'origine di una scienza moderna. Roma: Editori Ruiniti, 1982.
Dobbs, B. J. T.: Newton's Alchemy and His Theory of Matter. *Isis,* 73, 1982, 511–528.
Dobbs, B. J. T.: Alchemische Kosmogonie und arianische Theologie bei Isaac Newton. In: Meinel, Ch. (Hg.): *Die Alchemie in der europäischen Kultur- und Wissenschaftsgeschichte.* Wiesbaden: Harrassowitz, 1986, 137–150.
Dobbs, B. J. T.: Newton's *Commentary* on the *Emerald tablet* of Hermes Trismegistus: Its Scientific and Theological Significance. In: Merkel, I. & A. G. Debus (Hg.): *Hermeticism and the Renaissance: Intellectual History and the Occult in Early Modern Europe.* Washington: Folger Shakespeare Library, 1988, 182–191.
Dobbs, B. J. T.: Alchemical Death and Resurrection: The Significance of Alchemy in the Age of Newton. Washington, D. C.: Smithsonian Institution Libraries, 1990.
Domandl, S.: Agrippa von Nettesheim, Faust und Paracelsus: Drei unstete Wanderer. In: Verband der wissenschaftlichen Gesellschaften Österreichs (Hg.): *Paracelsus und sein dämonengläubiges Jahrhundert* (Salzburger Beiträge zur Paracelsusforschung, 26). Wien: Verband der wissenschaftlichen Gesellschaften Österreichs, 1988, 9–15.
Dubs, H. H.: The Beginnings of Alchemy. *Isis,* 38, 1947, 62–85.

Dubs, H. H.: The Origin of Alchemy. *Ambix,* 9, 1961, 23–36.

Duveen, D. I. & A. Willemart: Some Seventeenth Century Chemists and Alchemists of Lorraine. *Chymia,* 2, 1949, 111–117.

Eisler, R.: Der babylonische Ursprung der Alchemie. *Chem. Ztg.,* 49, 1925, 577–578, 602.

Eliade, M.: Forgerons et alchimistes („Homo Sapiens"). Paris: Flammarion, 1956. (dt.: Schmiede und Alchimisten, Stuttgart: Klett-Verlag, 1960)

Eliade, M.: The Forge and the Crucible: A Postscript. *Hist. Relig.,* 8, 1968, 74–88.

Eliade, M.: The Forge and the Crucible: The Origins and Structures of Alchemy (2.). Chicago: Univ. Chicago Press, 1978.

Eliade, M.: The Myth of Alchemy. *Parabola,* 3(3), 1978, 6–23.

Eliade, M.: Homo Faber and Homo Religious. In: Kitagawa, J. (Hg.): *The History of Religions.* o. O., 1985, 1–12.

Fabricius, J.: Alchemy: The Medieval Alchemists and Their Royal Art. Copenhagen: Rosenkilde & Bagger, 1976.

Figala, K.: Die Mathematikeralchemisten des 17. Jahrhunderts: Einige Betrachtungen zur Alchemie Isaac Newtons. *Abhandl. Ber. Deut. Mus.,* 41(1), 1973, 19–32.

Figala, K.: Zwei Londoner Alchemisten um 1700: Sir Isaac Newton und Cleidophorus Mystagogus. *Physis,* 18, 1976, 245–273.

Forbes, R. J.: On the Origin of Alchemy. *Chymia,* 4, 1953, 1–11.

Franz, M. L. v.: Alchemy: An Introduction to the Symbolism and the Psychology (Studies in Jungian Psychology, 5). Toronto: Inner City Books, 1980.

Frick, K.: Die Erleuchteten. Gnostisch-theosophische und alchemistisch-rosenkreuzerische Geheimgesellschaften bis zum Ende des 18. Jahrhunderts. Graz, 1973.

Ganzenmüller, W.: Die Alchemie im Mittelalter. Paderborn: Bonifacius, 1938. (Repr. Hildesheim: Olms, 1967)

Ganzenmüller, W.: Wandlungen in der geschichtlichen Betrachtung der Alchemie. *Chymia,* 3, 1950, 143–154.

Ganzenmüller, W.: Zukunftsaufgaben der Geschichte der Alchemie. *Chymia,* 4, 1953, 31–36.

Geiseler, D.: Chemie und Alchemie. Über die Bedeutung der Alchemie für das moderne naturwissenschaftliche Denken. *Philos. Nat.,* 17, 1978, 221–241.

Goldammer, K.: Magie bei Paracelsus. Mit besonderer Berücksichtigung des Begriffs einer „natürlichen Magie". In: *Magia naturalis und die Entstehung der modernen Naturwissenschaften* (Studia Leibnitiana, Sonderheft 7). Wiesbaden: Steiner, 1978, 30–55.

Goldschmidt, G.: Der Ursprung der Alchemie. Die mittelalterliche Alchemie. *Ciba Z. (Basel),* 6, 1938/1939, 2235–2262.

Goltz, D.: Alchemie und Aufklärung: Ein Beitrag zur Naturwissenschaftsgeschichtsschreibung der Aufklärung. *Medizinhist. J.,* 7, 1972, 31–48.

Graubard, M.: Astrology and Alchemy: Two Fossil Sciences. New York: Philosophical Library, 1953.

Gregory, J. C.: Chemistry and Alchemy in the Natural Philosophy of Sir Francis Bacon, 1561–1626. *Ambix,* 2, 1938, 93–111.

Lu Gwei-Djen: The Inner Elixir: Chinese Physiological Alchemy. In: Teich, M. & R. Young (Hg.): *Changing Perspectives in the History of Science: Essays in Honour of Joseph Needham.* London: Heinemann, 1973, 68–84.

Halleux, R.: L'alchemiste et l'essayeur. In: Meinel, Ch. (Hg.): *Die Alchemie in der europäischen Kultur- und Wissenschaftsgeschichte.* Wiesbaden: Harrassowitz, 1986, 277–291.

Hammer-Jensen, I.: Die älteste Alchemie (Danish Academy of Sciences). Copenhagen, 1921.

Haschmi, M. Y.: The Beginning of the Arabic Alchemy. *Ambix,* 9, 1961, 155–161.

Hillman, J.: The Imagination of Air and the Collapse of Alchemy. *Eranos-Jb.,* 50, 1981 (pub. 1982), 273–333.
Hoheisel, K.: Christus und der philosophische Stein: Alchemie als über- und nichtchristlicher Heilsweg. In: Meinel, Ch. (Hg.): *Die Alchemie in der europäischen Kultur- und Wissenschaftsgeschichte.* Wiesbaden: Harrassowitz, 1986, 61–84.
Hopkins, A. J.: Earliest Alchemy. *Sci. Mon.,* 6, 1918, 530–537.
Hopkins, A. J.: Transmutation by Color. A Study of Earliest Alchemy. In: *Studien zur Geschichte der Chemie, Festgabe Edmund O. von Lippmann zum siebzigsten Geburtstag dargebracht.* Berlin: Springer, 1927, 9–14.
Hopkins, A. J.: A Defence of Egyptian Alchemy. *Isis,* 28, 1938, 424–431.
Johnson, O. S.: A Study of Chinese Alchemy. An Investigation Concerning the Origin and Development of Chinese Alchemy and Showing the Historical Connection between the Alchemy of China and that of Medieval Europe. Shanghai (London/New York/Leipzig): Commercial Press, 1928. (Repr. New York: Arno, 1974)
Jung, C. G.: Psychologie und Alchemie. Zürich: Rascher, 1944. (als Ges. Werke 12, Olten; Freiburg ²1976)
Jung, C. G.: Mysterium Coniunctionis. Untersuchungen über die Trennung und Zusammensetzung der seelischen Gegensätze in der Alchemie. Zürich: Rascher, 1955/1956. (als Ges. Werke 14, 1. u. 2. Halbband, Olten; Freiburg ³1978)
Jung, C. G.: Basis Concepts of Alchemy. In: Tiryakian, E. A. (Hg.): *On the Margin of the Visible.* o. O., 1974, 41–47. (Repr. d. Ausg. v. 1953)
Jung, C. G.: Studien über alchemistische Vorstellungen, Ges. Werke 13 (Hrsg. v. Lilly Jung-Merker und Elisabeth Rüf). Olten: Walter, 1978.
Kauffman, G. B.; R. D. Myers & J. Koob: Contributions of Ancients and Alchemists, Part III: Theories of Matter. *Chemistry,* 49(9), 1976, 12–17.
Kerze, M. A.: Eliade and the Scientific Revolution. *Epoché,* 15, 1987, 36–58.
Koyré, A.: Mystiques, spirituels, alchimistes du 16. siècle allemand. Paris: Gallimard, 1971.
Lennep, J. v.: Alchimia: Scienza, scienza immaginaria e immaginario scientifico. In: Domini, D. (Hg.): *Chymica Vannus dell'Alchimia o la scienza sognata.* Ravenna: Longo, 1985, 11–30.
Lindsay, J.: The Origins of Greek Alchemy in Graeco-Roman Egypt. London: Muller; New York: Barnes and Noble, 1970.
Lippmann, E. O. v.: Über einige neuere Beiträge zur Geschichte der Alchemie. In: *Essays on the History of Medicine Presented to Karl Sudhoff.* Zürich, 1924, 89–98.
Lippmann, E. O. v.: Die neuesten Forschungen zur Vorgeschichte der Alchemie. *Chem. Ztg.,* 52, 1928, 973–974.
Lippmann, E. O. v.: Chinesischer Ursprung der Alchemie (Kleine Beiträge zur Geschichte der Chemie, 4). *Chem. Ztg.,* 57, 1933, 433. (Ebenso in: ders., Beiträge zur Geschichte der Naturwissenschaften und der Technik, (2), 81–82. Weinheim: Verlag Chemie)
Magia naturalis und die Entstehung der modernen Naturwissenschaften (Symposion der Leibniz-Gesellschaft Hannover, 14. u. 15. Nov. 1975; Stud. Leibn., Sonderheft 7). Wiesbaden: Steiner, 1978.
Mahdihassan, S.: Chinese Origin of Alchemy. *Unit. As.,* 5, 1953, 241–244.
Mahdihassan, S.: Alchemy and its Connection with Astrology, Pharmacy, Magic and Metallurgy. *Janus,* 46, 1957, 81–103.
Mahdihassan, S.: Alchemy in the Light of Jung's Psychology and of Dualism. *Pakistan Phil. Congr.,* 8, 1961, 302–310.
Mahdihassan, S.: Landmarks in the History of Alchemy. *Scientia,* 98, 1963, 25–29.
Mahdihassan, S.: Significance of the Four Elements in Alchemy. *Janus,* 51, 1964, 303–313.

Mahdihassan, S.: A Triple Approach to the Problem of the Origin of Alchemy. *Scientia,* 101, 1966, 444–455.
Mahdihassan, S.: Imitation of Creation by Alchemy and Its Corresponding Symbolism. In: Bowman, J. (Hg.): *Abr-Nahrain* (Vol. 12). o. O., 1972, 99–117.
Martin, L. H. Jr.: A History of the Psychological Interpretation of Alchemy. *Ambix,* 22, 1975, 10–20.
Marx, J.: Alchimie et palingénésie. *Isis,* 62, 1971, 274–289.
McGuire, J. E.: Transmutation and Immutability: Newton's Doctrine of Physical Qualities. *Ambix,* 14, 1967, 69–95.
Meinel, Ch. (Hg.): Die Alchemie in der europäischen Kultur- und Wissenschaftsgeschichte (Wolfenbütteler Forschungen, 32). Wiesbaden: Harrassowitz, 1986.
Metzger, H.: L'évolution du règne métallique d'après les alchimistes du XVIIe siècle. *Isis,* 4, 1922, 466–482.
Miguet, Th.: L'Or vivant de l'alchimie medievale. In: *L'Or au Moyen Age: Monnaie, metal, objects, symbole.* Aix-en-Provence: Pubs. du CUER-MA, 1983, 293–311.
Millen, R.: The Manifestation of Occult Qualities in the Scientific Revolution. In: Osler, M. J. & L. Farber (Hg.): *Religion, Science, and Worldview: Essays in Honor of Richard S. Westfall.* Cambridge: Cambridge Univ. Press, 1985, 185–216.
Müller-Jahncke, W. D.: Die Renaissance-Magie zwischen Wissenschaft und Dämonologie. In: Bergier, J. F. (Hg.): *Zwischen Wahn, Glaube und Wissenschaft: Magie, Astrologie, Alchemie und Wissenschaftsgeschichte.* Zürich: Verlag der Fachvereine, 1988, 127–140.
Nierenstein, M.: Helvetius, Spinoza, and Transmutation. *Isis,* 17, 1932, 408–411.
Plessner, M.: Arabische Alchemie im lateinischen Abendlande. *OLZ,* 33, 1930, 721–727.
Plessner, M.: The Place of the *Turba philosophorum* in the Development of Alchemy. *Isis,* 45, 1954, 331–338.
Powell, N.: Alchemy, the Ancient Science. Garden City N. Y., 1976.
Ray, P. Ch.: Chemistry and Cosmology in Ancient India. *Sci. Cult.,* 13, 1948, 263–271.
Ray, P. Ch.: Origin and Tradition of Alchemy. *Indian J. Hist. Sci.,* 2, 1967, 1–21.
Read, B. E. & J. R. Partington: Chinese Alchemy. *Nature,* 120, 1927, 877–878.
Reboul, G.: La pierre philosophale et la constitution de la matière. *Rev. scient.,* 61, 1923, 659–675.
Reitzenstein, R.: Alchemistische Lehrschriften und Märchen bei den Arabern. *Rel.gesch. Vers. Vorarb.,* 19(2), 1923, 61–86.
Rex, F.: Zur Theorie des Naturprozesses in der früharabischen Wissenschaft: der „Kitab al-ihrag", übersetzt und erklärt, ein Beitrag zum alchemistischen Weltbild der Gabir-Schriften (8./10. Jh. n. Chr.). Wiesbaden: Steiner, 1975.
Rocke, A. J.: Agricola, Paracelsus, and „Chymia". *Ambix,* 32(1), 1985, 37–45.
Ross, G. M.: Leibniz and the Nuremberg Alchemical School. *Stud. Leibn.,* 6, 1974, 222–248.
Ross, G. M.: Leibniz and Alchemy. In: *Magia naturalis und die Entstehung der modernen Naturwissenschaften* (Stud. Leibn., Sonderheft 7). Wiesbaden: Steiner, 1978, 166–177.
Ross, G. M.: Occultism and Philosophy in the 17th Century. In: Holland, E. J. (Hg.): *Philosophy, Its History and Historiography.* Dordrecht: Reidel, 1985, 95–115.
Ruska, J.: Turba Philosophorum. Ein Beitrag zur Geschichte der Alchemie [Text, dt. Übers., Einf. u. Komm.] (Quellen und Studien zur Geschichte der Naturwiss. und der Medizin, 1). Berlin: Springer, 1931. (Repr. Berlin, Heidelberg, New York 1970)
Ruska, J.: L'alchimie à l'époque du Dante. Traduit par A. Kuenzi. *Ann. Guebh. Sever.,* 10, 1934, 410–417.
Ryan, W. F.: Alchemy, Magic, Poisons and the Virtues of Stones in the Old Russian *Secretum secretorum. Ambix,* 27, 1990, 46–54.

Salstrom. P.: Vico, Newton and Leibniz: The Frustration of the Goals of Three Contemporaries. *J. W. Vir. Phil. Soc.,* 16, 1979, 17–18.

Schaefer, H. W.: Die Alchemie. Ihr ägyptisch-griechischer Ursprung und ihre weitere historische Entwicklung. Wiesbaden, 1967. (Repr. d. Ausg. v. 1887)

Schipperges, H.: Magia et scientia bei Paracelsus. *Sudh. Arch.,* 60, 1976, 76–92.

Scholem, G.: Alchemie und Kabbala. *Eranos-Jb.,* 46, 1977 (pub. 1981), 1–96.

Schütt, H. W.: Die Praxis der Alchemie. *Chemieunterricht,* 3(2), 1972, 89–98.

Schuler, R. M.: Some Spiritual Alchemies of Seventeenth-Century England. *J. Hist. Ideas,* 41(2), 1980, 293–318.

Schuler, R. J.: Hermetic and Alchemical Traditions of the English Renaissance and 17th Century, with an Essay on Their Relation to Alchemical Poetry, as Illustrated by an Edition of *Blomfield's Blossoms,* 1557. *Diss. Abstr. Int.,* 32, 1972, 3963-A. (Dissertation at Univ. of Colorado, 1971)

Scopa, J. P.: Boerhaave on Alchemy. *Synthesis,* 4(4), 1979, 24–37.

Secret, F.: Palingenesis, Alchemy, and the Metempsychosis in Renaissance Medicine. *Ambix,* 26(2), 1979, 81–92.

Shay, C. L. G.: The Transmutation from Alchemy into Science and Political Thought. *Diss. Abstr. Int.,* 35, 1975, 5490-A.

Sheppard, H. J.: Alchemy: Its Part in the Cultural Heritage of Chemistry. *Sch. Sci. Rev.,* 38, 1957, 204–211.

Sheppard, H. J.: Gnosticism and Alchemy. *Ambix,* 6, 1957, 86–101.

Sheppard, H. J.: The Origin of the Gnostic-Alchemical Relationship. *Scientia,* 97, 1962, 146–149.

Sheppard, H. J.: The Ouroboros and the Unity of Matter in Alchemy. A Study in Origins. *Ambix,* 10, 1962, 83–96.

Sheppard, H. J.: Alchemy: Origin or Origins?. *Ambix,* 17, 1970, 69–84.

Sheppard, H. J.: The Mythological Tradition in 17th-Century Alchemy. In: Debus, A. G. (Hg.): *Science, Medicine and Society in the Renaissance* (Vol. 1). New York: Science History, 1972, 47–59.

Sheppard, H. J.: Chinese and Western Alchemy: The Link through Definition. *Ambix,* 32, 1985, 32–37.

Silberer, H.: Probleme der Mystik und ihrer Symbolik. Wien, 1914. (Repr. Darmstadt 1961; engl.: Hidden Symbolism of Alchemy and the Occult Arts, New York 1971)

Soulard, H.: Alchimie occidentale et alchimie chinoise: Analogies et contrastes. *Bull. Assoc. G. Budé,* 1970, 185–198.

Stapleton, H. E.: The Antiquity of Alchemy. In: *Act. VIe Congr. Int. Hist. Sci.* (Amsterdam, 1950). Paris: Hermann, 1951, 56–60. (Ebenso in: Arch. Int. Hist. Sci., 1951, 4: 35–38)

Stapleton, H. E.: The Antiquitiy of Alchemy. *Ambix,* 5, 1953, 1–43.

Szulakowska, U.: The Tree of Aristotle: Images of the Philosopher's Stone and Their Transference in Alchemy from the Fifteenth to the Twentieth Century. *Ambix,* 33(2–3), 1986, 53–77.

Taylor, F. S.: The Origins of Greek Alchemy. *Ambix,* 1, 1937, 30–47.

Telle, J.: Mythologie und Alchemy: Zum Fortleben der antiken Götter in der Frühneuzeitlichen Alchemieliteratur. In: Schmitz, R. & F. Krafft (Hg.): *Humanismus und Naturwissenschaften.* Boppard am Rhein: Boldt, 1980, 135–154.

Theobald, D. W.: Alchemy – A Philosophical Reappraisal. *Technologist,* 2, 1965, 135–145.

Thompson, C. J. S.: The Lure and the Romance of Alchemy (Simple Guide Series). London: Harrap, 1932.

Titley, A. F.: The Macrocosm and the Microcosm in Medieval Alchemy. *Ambix,* 1, 1937, 67–69.

Vickers, B.: Kritische Reaktionen auf die okkulten Wissenschaften in der Renaissance. In: Bergier, J. F. (Hg.): *Zwischen Wahn, Glaube und Wissenschaft: Magie, Astrologie, Alchemie und Wissenschaftsgeschichte*. Zürich: Verlag der Fachvereine, 1988, 167–239.

Webb, E.: The Alchemy of Man and the Alchemy of God: The Alchemist as Cultural Symbol in Modern Thought. *Relig. Lit.*, 17, 1985, 47–60.

Webster, Ch.: From Paracelsus to Newton: Magic and the Making of a Science. Cambridge (u.a.): Cambridge Univ. Press, 1982.

West, M.: Notes on the Importance of Alchemy to Modern Science in the Writings of Francis Bacon and Robert Boyle. *Ambix*, 9, 1961, 102–114.

Westfall, R. S.: The Role of Alchemy in Newton's Career. In: Righini-Bonelli, M. L. & W. R. Shea (Hg.): *Reason, Experiment, and Mysticism in the Scientific Revolution*. New York: Science History, 1975, 189–232.

Weyer, J.: Neuere Interpretationsmöglichkeiten der Alchemie. *Chem. Uns. Zeit*, 7, 1973, 177–181.

Wilson, W. J.: The Origin and the Development of Greco-Egyptian Alchemy. *Ciba Symp. (Summit, N. J.)*, 3, 1941, 926–960.

2.3 Theoriegeschichte der Alchemie

Alchemy and Chemistry in the Seventeenth Century (Papers Read at a Clark Library Seminar, March 12, 1966). Los Angeles: William Andrews Clark Memorial Library, 1966.

Alchimia: Ideologie und Technologie (Hg. v. Ploss, E. E. u. a.). München: Moos, 1970.

Bein, W.: Der Stein der Weisen und die Kunst Gold zu machen. Irrtum und Erkenntnis in der Wandlung der Elemente, mitgeteilt nach den Quellen der Vergangenheit und Gegenwart. Leipzig, [1915].

Bel, A.: De l'alchimie arabe à l'alchimie occidentale. In: *Oriente e Occidente nel Medioevo: Filosofia e scienze*. Rom: Accademia Nazionale die Lincei, 1971, 251–283.

Davis, T. L.: Neglected Evidence in the History of Phlogiston together with Observations on the Doctrine of Forms and the History of Alchemy. *Ann. Med. Hist.*, 6, 1924, 280–287.

Davis, T. L.: Boerhaave's Attitude toward Alchemy. *Med. Life*, 33, 1926, 261–264.

Debus, A. G.: The English Paracelsians. London, 1965.

Debus, A. G.: Chemistry, Alchemy and the New Philosophy, 1550–1700. Studies in the History of Science and Medicine (Collected Studies Series, CS 249). London: Variorum Publications, 1987.

Dobbs, B. J. T.: Newton's Manuscripts in the Smithsonian Instituition. *Isis*, 68(241), 1977, 105–107.

Figala, K.: Die sogenannten Sieben Bücher über die Fundamente der chemischen Kunst von Joachim Rhetikus (1514–1576). *Sudh. Arch.*, 55, 1971, 247–256.

Figala, K.: Historische Experimente (um 1675): Isaac Newton, Gewinnen eines „philosophischen Merkurs" als Lösungsmittel für Gold. *Chem. Exper. Didakt.*, 2, 1976, 143–148.

Figala, K.: Newton as Alchemist. *Hist. Sci.*, 15(2), 1977, 102–137.

Figala, K.: Newtons rationales System der Alchemie. *Chem. Uns. Zeit*, 12, 1978, 101–110.

Figala, K.: Die exakte Alchemie von Isaac Newton: Seine „gesetzmäßige" Interpretation der Alchemie, dargestellt am Beispiel einiger ihn beeinflussender Autoren. *Verh. Naturf. Ges. Basel*, 94, 1984, 157–228.

Freudenthal, G.: Die elektrische Anziehung im 17. Jahrhundert zwischen korpuskularer und alchemischer Deutung. In: Meinel, Ch. (Hg.): *Die Alchemie in der europäischen Kultur- und Wissenschaftsgeschichte*. Wiesbaden: Harrassowitz, 1986, 315–326.

Geiseler, D.: Chemie und Alchemie. *Philos. Nat.*, 17(2), 1978, 221–241.

George, N. F.: Albertus Magnus and Chemical Technology in a Time of Transition. In: Weisheipl, J. (Hg.): *Albertus Magnus and the Sciences*. Toronto, 1980, 235–261.

Glidewell, Ch.: Ancient and Medieval Chinese Protochemistry: The Earliest Examples of Applied Inorganic Chemistry. *J. Chem. Educ.*, 66, 1989, 631–633.

Hoffmann, K.: Kann man Gold machen? Gauner, Gaukler und Gelehrte: Aus der Geschichte der chemischen Elemente. Leipzig: Urania-Verlag, 1979.

Hooykaas, R.: Die Elementenlehre des Paracelsus. *Janus*, 39, 1935, 175–188.

Hopkins, A. J.: A Modern Theory of Alchemy. *Isis*, 7, 1925, 58–76.

Ihde, A. J.: Alchemy in Reverse: Robert Boyle on the Degradation of Gold. *Chymia*, 9, 1964, 47–57.

Lippmann, E. O. v.: Chemisches und Alchemistisches aus der Encyclopädie des Arnoldus Saxo. *Janus*, 44, 1940, 1–9.

Llinares, A.: Les conceptions physiques de Raymond Lulle, de la theorie des quatre elements a la condamnation de l'alchimie. *Et. philos.*, 4, 1967, 439–444.

Needham, J.: L'alchimie en chimie. Pratique et théorie. *Ann. Ec. Soc. Civ.*, 30(5), 1975, 1045–1061.

Needham, J.: The Elixier Concept and Chemical Medicine in East and West. *Organon*, 11, 1975, 167–192.

Newman, W.: Technology and Alchemical Debate in the Late Middle Ages. *Isis*, 80, 1989, 423–445.

Newman, W. R.: The *Summa perfectionis* and Late Medieval Alchemy: A Study of Chemical Traditions, Techniques, and Theories in 13th Century Italy. *Diss. Abstr. Int.*, 47, 1986, 2294-A. (Dissertation at Harvard Univ., 1986. Univ. Microfilms Order No. 86-20516)

Partington, J. R.: Chemistry as Rationalised Alchemy. Presidential Address. *Bull. Brit. Soc. Hist. Sci.*, 1, 1951, 129–135.

Pereira, M.: Alchimia medievale: Alcuni studi recenti. *Ann. Ist. Mus. Stor. Sci. Firenze*, 9(2), 1984, 89–98.

Pereira, M.: The Alchemical Corpus Attributed to Raymond Lull (Warburg Institute Surveys and Texts, 18). London: Warburg Institute, Univ. of London, 1989.

Ho Ping-Yu & J. Needham: Theories of Categories in Early Medieval Chinese Alchemy. *J. Warburg Courtauld Inst.*, 22, 1959, 173–210.

Ploss, E. E. u. a. (Hg.): Alchimia: Ideologie und Technologie. München: Moos, 1970.

Rattansi, P. M.: Newton's Alchemical Studies. In: Debus, A. G. (Hg.): *Science, Medicine and Society in the Renaissance* (Vol. 2). New York: Science History, 1972, 167–182.

Ray, P. Ch.: Chemical Knowledge of the Hindus of Old. *Isis*, 2, 1919, 322–325.

Ray, P. Ch.: Progress of Chemistry in Ancient India. *Sci. Cult.*, 2, 1937, 497–500.

Read, J.: Scottish Alchemy in the Seventeenth Century. *Chymia*, 1, 1948, 139–151.

Ruska, J.: Über den gegenwärtigen Stand der Alchemie. *Chem. Ztg.*, 60, 1936, 735–736.

Singer, D. W.: The Alchemical Testament Attributed to Raymond Lull. *Archeion*, 9(1), 1928, 43–52.

Singer, D. W.: Alchemical Writings Attributed to Roger Bacon. *Speculum*, 7, 1932, 80–86.

Sivin, N.: Chinese Alchemy as a Science. In: Wakeman Jr., F. (Hg.): *„Nothing Concealed": Essays in Honor of Liu Yü-yun*. Taipei: Chinese Materials and Research Aids Service Center, 1970, 35–50.

Sivin, N.: Chinese Alchemy and the Manipulation of Time. *Isis*, 67, 1976, 513–526.

Taylor, F. S.: The Alchemical Works of Stephanos of Alexandria. Translation and Commentary. Part 1. *Ambix*, 1, 1937, 116–139. (Part 2: Ambix 2, 1938, 39–49)

Taylor, F. S.: An Alchemical Work of Sir Isaac Newton. *Ambix*, 5, 1956, 59–83.

Telle, J.: Bemerkungen zum Viatorium spagyricum von Herbrandt Jamsthaler und seinen Quellen. In: Anton, H. u. a. (Hg.): *Geist und Zeichen: Festschrift für Arthur Henkel zu seinem sechzigsten Geburtstag*. Heidelberg: Winter, 1977, 427–442.

Testi, G.: La letteratura chimica italiana alla fine del medioevo. Roma: P. Maglione succ. Loescher, 1931.
Thorndike, L.: Alchemy during the First Half of the Sixteenth Century. *Ambix,* 2, 1938, 26–37.
Westfall, R. S.: Isaac Newton's *Index chemicus. Ambix,* 22, 1975, 174–185.
Westfall, R. S.: Alchemy in Newton's Library. *Ambix,* 31, 1984, 97–101.
Weyer, J.: Die theoretischen Grundlagen der Alchemie. *Chemieunterricht,* 3(2), 1972, 74–88.
Zambelli, P.: Teorie su astrologia, magia e alchimia (1348–1586) nelle interpretazioni recenti. *Rinascimento,* 27, 1987, 95–119.

2.4 Biographien und personenbezogene Darstellungen

Anawati, G. C.: Albert le Grand et l'alchimie. In: Zimmermann, A. (Hg.): *Albert der Große. Seine Zeit, sein Werk, seine Wirkung.* Berlin/New York, 1981, 126–133.
Appleby, J. H.: Arthur Dee and Johannes Banfi Hunyades: Further Informations on Their Alchemical and Professional Activities. *Ambix,* 24(2), 1977, 96–107.
Baker, D. C. & W. B. Guthrie: Footnotes to an Alchemist. *Notes and Queries,* 25(5), 1978, 421–424.
Baker, D. C. & J. L. Murphy: Myles Blomefylde, Elizabethan Physician, Alchemist and Book Collector. *Bodl. Libr. Rec.,* 11(1), 1982, 35–46.
Berthelot, M. P. E.: Collection des anciens alchimistes grecs. London: Holland, 1963.
Brann, N. L.: Was Paracelsus a Disciple of Trithemius?. *Sixteenth Cent. J.,* 10(1), 1979, 71–82.
Braun, L.: Paracelsus. Alchimist – Chemiker. Erneuerer der Heilkunde (Originaltitel: Paracelse). Zürich, 1988.
Debus, A. G.: Renaissance Chemistry and the Work of Robert Fludd. *Ambix,* 14, 1967, 42–59.
Debus, A. G.: Robert Fludd and the Chemical Philosophy of the Renaissance. *Organon,* 4, 1967, 119–126.
Devons, S.: Newton the Alchemist?. *Columbia Libr. Col.,* 20(3), 1971, 16–22.
Dilg-Frank, R.: Kreatur und Kosmos: Internationale Beiträge zur Paracelsusforschung. Kurt Goldammer zum 65. Geburtstag. Stuttgart: Fischer, 1981.
Dobbs, B. J. T.: Alchemische Kosmogonie und arianische Theologie bei Isaac Newton. In: Meinel, Ch. (Hg.): *Die Alchemie in der europäischen Kultur- und Wissenschaftsgeschichte.* Wiesbaden: Harrassowitz, 1986, 137–150.
Figala, K.: Das verheimlichte Leben des Sir Isaac Newton. *Bild Wiss.,* 12, 1980, 154–161.
Foote, P. D.: The Alchemist. *Sci. Mon.,* 19, 1924, 239–262.
Frieser, R.: Alchemists – Forefathers of Modern Chemists. *Interchem. Rev.,* 16, 1957, 17–28.
Gabbey, A.: Isaac Newton – Alchemist. *Chem. Brit.,* 23, 1988, 1154–1155.
Geoghegan, D.: Some Indications of Newton's Attitude toward Alchemy. *Ambix,* 6, 1957, 102–106.
Gwyn, D.: Richard Eden, Cosmographer and Alchemist. *Sixteenth Cent. J.,* 15(1), 1984, 13–34.
Halleux, R.: Albert le Grand et l'Alchimie. *Rev. sci. philos. théol.,* 66, 1982, 57–80.
Halleux, R.: Le mythe de Nicolas Flamel ou les mécanismes de la pseudoépigraphie alchimique. *Arch. int. hist. sci.,* 33(111), 1983, 234–255.
Hubicki, W.: The Mystery of Alexander Seton the Cosmopolite. *XIVth Int. Congr. Hist. Sci. (Proceedings No.2),* 1975, 397–400.
Hunnius, C.: Dämonen, Ärzte, Alchemisten. Stuttgart: Wissenschaftliche Verlagsgesellschaft, 1962.
Kaiser, E.: Paracelsus in Selbstzeugnissen und Bilddokumenten (Rowohlts Monographien). Reinbek bei Hamburg, 1969.

Kibre, P.: Albertus Magnus on Alchemy. In: Weisheipl, J. (Hg.): *Albertus Magnus and the Sciences.* Toronto, 1980, 187–202.

Koyré, A.: Mystiques, spirituels, alchimistes: Schwenckfeld, Seb. Franck, Weigel, Paracelse. Paris: A. Collin, 1955.

Koyré, A.: Paracelsus. In: Ozment, S. (Hg.): *The Reformation in Medieval Perspective.* Chicago, 1971, 185–218.

Langhans-Maync, S.: Zwischen Magie und Wissenschaft: Paracelsus, Haller, Grass, Zimmermann, Schüppach. Bern: Gute Schriften, 1969.

Lippmann, E. O. v.: Friedrich der Große und die Alchemie. *Chem. Ztg.,* 57, 1933, 293.

Moran, B.: Privilege, Communication, and Chemistry: The Hermetic-Alchemical Circle of Moritz of Hessen-Kassel. *Ambix,* 32, 1985, 110–126.

More, L. T.: Boyle as Alchemist. *J. Hist. Ideas,* 2, 1941, 61–76.

Morrison, I. R.: François de la Noue et l'alchimie. *Bibl. Hum. Renaiss.,* 44(3), 1982, 587–599.

Müller-Jahncke, W. D.: The Attitude of Agrippa von Nettesheim (1486–1535) towards Alchemy. *Ambix,* 22, 1975, 134–150.

Newman, W.: Thomas Vaughan as an Interpreter of Agrippa of Nettesheim. *Ambix,* 29(3), 1982, 125–140.

Pagel, W.: Johannes Baptista van Helmont als Naturmystiker. In: Faivre, A. & R. Zimmermann (Hg.): *Epochen der Naturmystik. Hermetische Tradition im wissenschaftlichen Fortschritt.* Berlin, 1979, 169–211.

Pagel, W.: Paracelsus als Naturmystiker. In: Faivre, A. & R. C. Zimmermann (Hg.): *Epochen der Naturmystik. Hermetische Tradition im wissenschaftlichen Fortschritt.* Berlin, 1979, 52–104.

Patai, R.: Maria the Jewess: Founding Mother of Alchemy. *Ambix,* 29, 1982, 177–197.

Pearsall, R.: The Alchemists. London: Weidenfeld & Nicolson, 1976.

Pritchard, A.: Thomas Charnock's Book Dedicated to Queen Elizabeth. *Ambix,* 26(1), 1979, 56–73.

Rosu, A.: Marcelin Berthelot et l'alchimie indienne. *Bull. École Franc. Extrême-Orient,* 75, 1986, 67–78.

Ruska, J.: Arabische Alchemisten. Wiesbaden: Sändig, 1977. (Repr. d. Ausg. v. 1924)

Scheel, G.: Leibniz auf den Spuren von Alchemisten in Berlin zur Zeit König Friedrichs I. *Stud. Leibn. (Sonderheft),* 16, 1990, 253–270.

Secret, F.: Notes sur quelques alchimistes de la Renaissance. *Bibl. Hum. Renaiss.,* 33, 1971, 625–640.

Secret, F.: Gianfrancesco Pico della Mirandola, Lilio Gregorio Giraldi et l'alchimie. *Bibl. Hum. Renaiss.,* 38(1), 1976, 93–112.

Secret, F.: Un document oublie sur Francois Hotman et l'alchimie. *Bibl. Hum. Renaiss.,* 42(2), 1980, 435–446.

Simcock, A. V.: Alchemy and the World of Science: An Intellectual Biography of Frank Sherwood Taylor. *Ambix,* 34, 1987, 121–139.

Stoddart, A. M.: The Life of Paracelsus: Theophrastus von Hohenheim 1493–1541. London: William Rider, 1915.

Svltak, I.: John Dee and Edward Kelley (Summary of a Book Hermetic Philosophy in Renaissance Prague, 1984). *Kosmas,* 5(1), 1986, 125–138.

Taylor, F. S.: The Alchemists: Founders of Modern Chemistry (Life of Science Library). New York: Schuman, 1949 & 1974; London: Heinemann, 1951; New York: Collier Books, 1962, .

Theissen, W. R.: John Dastin's Letter on the Philosopher's Stone. *Ambix,* 33, 1986, 78–87.

Thuillier, P.: Isaac Newton, un alchimiste pas comme les autres. *Recherche,* 20, 1989, 876–887.

Trimble, R. F.: Some Latter-Day Alchemists *J. Chem. Educ.,* 57, 1980, 645–646.

Westfall, R. S.: The Influence of Alchemy on Newton. In: Hanen, M. P. u. a. (Hg.): *Science, Pseudo-Science, and Society.* Calgary, Canada: Wilfrid Laurier Univ. Press for the Calgary Institute for the Humanities, 1980, 145–169.

Westfall, R. S.: Newton and Alchemy. In: Vickers, B. (Hg.): *Occult and Scientific Mentalities in the Renaissance.* Cambridge: Cambridge Univ. Press, 1984, 315–335.

Westfall, R. S.: The Influence of Alchemy on Newton. In: Chance, J. & R. O. Wells Jr. (Hg.): *Mapping the Cosmos.* Houston TX: Rice Univ. Press, 1985, 98–117.

Weyer, J.: Graf Wolfgang II. von Hohenlohe (1546–1610) und die Alchemie – Ein Arbeitsbericht. In: Meinel, Ch. (Hg.): *Die Alchemie in der europäischen Kultur- und Wissenschaftsgeschichte.* Wiesbaden: Harrassowitz, 1986, 99–106.

Weyer, J.: Markgraf Georg Friedrich von Brandenburg-Ansbach (1539–1603) und die Alchemie. *Mitt. Ges. Deut. Chem. Fachgr. Gesch. Chem.,* 3, 1989, 3–10.

Wilson, W. J.: The Background of Chinese Alchemy; Leading Ideas of Early Chinese Alchemy. Biographies of Early Chinese Alchemists; Later Developments of Chinese Alchemy; Relation of Chinese Alchemy to that of Other Countries; Bibliography of Chinese Alchemy. *Ciba Symp. (Summit, N. J.),* 2, 1940, 595–599, 600–604, 605–609, 610–617, 618–623, 623–624.

2.5 Begriffsgeschichte und Symbolik der Alchemie

Dauphine, J.: De l'esprit de l'or: Langage et alchimie. In: *L'Or au Moyen Age: Monnaie, metal, objects, symbole.* Aix-en-Provence: Pubs. du CUER-MA, 1983, 111–120.

Duveen, D. I.: Some Symbols Used by the Alchemist. *Endeavour,* 7, 1948, 116–121.

Endrei, W.: Alchimistische Symbole. *Philobiblon,* 27(2), 1983, 121–144.

Gessmann, G.: Die Geheimsymbole der Chemie und der Medizin des Mittelalters. Eine Zusammenstellung der von den Mystikern und Alchymisten gebrauchten geheimen Zeichenschrift. Nebst einem kurzgefassten geheimwissenschaftlichen Lexikon. Walluf bei Wiesbaden: Sändig, 1972. (Repr. d. Ausg. v. 1899)

Goltz, D.: Die Paracelsisten und die Sprache. *Sudh. Arch.,* 56, 1972, 337–352.

Hartlaub, G. F.: Der Stein der Weisen. Wesen und Bildwelt der Alchemie. München: Prestel Verlag, 1959.

Luedy-Tenger, F.: Alchemistische und chemische Zeichen. Berlin: Gesellschaft für Geschichte der Pharmazie, 1928. (Repr. Würzburg: jal-reprint 1973)

Mahdihassan, S.: Alchemy in the Light of Its Names in Arabic, Sanskrit and Greek. *Janus,* 49, 1961, 79–100.

Mahdihassan, S.: Basic Terms of Greek Alchemy in Historical Perspective. *Janus,* 57, 1970, 45–52.

Mahdihassan, S.: Alchemy, with the Egg as Its Symbol. *Janus,* 63(1–3), 1976, 133–153.

Mahdihassan, S.: Alchemy and Its Fundamental Terms in Greek, Arabic, Sanscrit, and Chinese. *Indian J. Hist. Sci.,* 16, 1981, 64–76.

Metzger, H.: Alchimie. Communication pour servir au vocabulaire historique. *Rev. synth.,* 16, 1938, 43–53.

Partington, J. R.: The Origins of the Planetary Symbols for the Metals. *Ambix,* 1, 1937, 61–64.

Reiter, R.: Die ‚Dunkelheit' der Sprache der Alchemisten. *Muttersprache: Zs. zur Pflege und Erforschung der Dt. Sprache,* 97(5–6), 1987, 323–326.

Schneider, W.: Lexikon alchemistisch-pharmazeutischer Symbole. Weinheim: Verlag Chemie, ²1981.

Sheppard, H. J.: Egg Symbolism in Alchemy. The Origins of Egg Symbolism. *Ambix,* 6, 1958, 140–148.

Sheppard, H. J.: A Survey of Alchemical and Hermetic Smbolism. *Ambix,* 8, 1960, 35–41.

Sheppard, H. J.: Serpent Symbolism in Alchemy. *Scientia,* 101, 1966, 203–207.

Taylor, F. S.: Symbols in Greek Alchemical Writings. *Ambix,* 1, 1937, 64–67.
Weyer, J.: Die Bedeutung des Symbols in der mittelalterlichen Alchemie. In: Krauss, M. & J. Lundbeck (Hg.): *Die Vielen Namen Gottes. Gerd Heinz-Mohr zum 60. Geburtstag.* Stuttgart: Steinkopf, 1974, 277–285.

2.6 Geschichtsschreibung der Alchemie

Debus, A. G.: The Significance of the History of Early Chemistry. *Cah. Hist. Mond.,* 9, 1965, 39–58.
Ganzenmüller, W.: Wandlungen in der geschichtlichen Betrachtung der Alchemie. *Chymia,* 3, 1950, 143–154.
Ganzenmüller, W.: Zukunftsaufgaben der Geschichte der Alchemie. *Chymia,* 4, 1953, 31–36.
Julius Ruska und die Geschichte der Alchemie; mit einem vollständigen Verzeichnis seiner Schriften. Festgabe zu seinem 70. Geburtstag. Nendeln: Kraus Reprint, 1977.
Schneider, W.: Probleme und neuere Ansichten in der Alchemiegeschichte. *Chem. Ztg., Chem. Appar.,* 85, 1961, 643–652.
Weyer, J.: The Image of Alchemy in 19th and 20th Century Histories of Chemistry. *Ambix,* 23, 1976, 65–79.

3 Alchemie und Naturphilosophie

Allard, G. H. & J. Menard: Réactions de trois penseurs du XIIIe siècle vis-a-vis de l'alchimie. In: *La Science de la nature: Théories et pratiques* (Cahiers d'études médiévales, 2). Montreal/ Paris: Bellarmin, 1974, 97–106.

Bacon, R.: The Mirror of Alchemy of Roger Bacon. Transl. into English by Tenney L. Davis. *J. Chem. Educ.,* 8, 1931, 1945–1953.

Boas, M.: Newton's Chemical Papers. In: Cohen, J. B. & R. E. Schofield (Hg.): *Isaak Newton's Papers and Letters on Natural Philosophy.* Cambridge, Mass., 1958, 241–248.

Braun, L.: Nature et alchimie chez Paracelse. In: *L'humanisme allemand (1480–1540): XVIIIe Colloque international de Tours.* München: Fink, 1979, 203–209.

Brehm, E.: Roger Bacon's Place in the History of Alchemy. *Ambix,* 23, 1976, 53–58.

Dobbs, B. J. T.: Studies in the Natural Philosophy of Sir Kenelm Digby. *Ambix,* 18, 1971, 1–25. (Fortsetzungen in Ambix: 1973, 20, 143–163; 1974, 21, 1–28)

Dobbs, B. J. T.: The Foundations of Newton's Alchemy or „The Hunting of the Green Lyon". Cambridge: Cambridge Univ. Press, 1975.

Farrington. B.: The Philosophy of Francis Bacon. Liverpool: Univ. Press, 1964.

Gregory, J. C.: Chemistry and Alchemy in the Natural Philosophy of Sir Francis Bacon, 1561–1626. *Ambix,* 2, 1938, 93–111.

Hershbell, J. P.: Democritus and the Beginnings of Greek Alchemy. *Ambix,* 34, 1987, 5–20.

Hopkins, A. J.: Alchemy, Child of Greek Philosophy. New York: Columbia Univ. Press, 1934. (Wiederauflage New York: AMS Press, 1967)

Kibre, P.: Albertus Magnus on Alchemy. In: Weisheipl, J. (Hg.): *Albertus Magnus and the Sciences.* Toronto, 1980, 187–202.

Linden, S. J.: Francis Bacon and Alchemy: The Reformation of Vulcan. *J. Hist. Ideas,* 35, 1974, 547–560.

Pereira, M.: Filosofia naturale lulliana e alchimia. Con l'inedito epilogo del *Liber de secretis naturae seu de quinta essentia. Riv. Stor. Fil.,* 41, 1986, 747–780.

Peset, J. L. & D. Nunez: Filosofia, ciencia y alquimia en la ilustracion espanola. *Cuad. hisp.,* 120(359), 1980, 371–393.

Plessner, M.: Vorsokratische Philosophie und griechische Alchemie in arabisch-lateinischer Überlieferung. Studien zu Text und Inhalt der Turba philosophorum. Wiesbaden, 1975.

Ploss, E. E. u. a. (Hg.): Alchimia: Ideologie und Technologie. München: Moos, 1970.

Principe, L. M. & A. Weeks: Jacob Boehmes's Divine Substance Salitter: Its Nature, Origin, and Relationship to Seventeenth Century Scientific Theories. *Brit. J. Hist. Sci.,* 22(1), 1989, 53–61.

Ross, G. M.: Leibniz and Alchemy. In: *Magia naturalis und die Entstehung der modernen Naturwissenschaften* (Stud. Leibn., Sonderheft 7). Wiesbaden: Steiner, 1978, 166–177.

Sladek, M.: Fragmente der hermetischen Philosophie in der Naturphilosophie der Neuzeit: Historisch-kritische Beiträge zur hermetisch-alchemistischen Raum- und Naturphilosophie bei Giordano Bruno, Henry More und Goethe (Europäische Hochschulschriften, Reihe 20: Philosophie, Band 156). Frankfurt am Main: Lang, 1984.

Weyer, J.: Neuere Interpretationsmöglichkeiten der Alchemie. *Chem. Uns. Zeit,* 7, 1973, 177–181.

4 Alchemie und Literatur

Abraham, L.: Alchemical Reference in Anthony and Cleopatra. *Sydney Stud. Engl.,* 8, 1982–1983, 11–104.
Abraham, L.: Marvell and Alchemy. Aldershot, England: Scolar Press, 1990.
Abraham, L.: Nabokov's Alchemical Pale Fire. *D. Q. R.,* 20(2), 1990, 102–119.
Allen, J. L.: Life as Art: Yeats and the Alchemical *Quest. Stud. Lit. Imag.,* 14(1), 1981, 17–42.
Aurnhammer, A.: Androgynie. Studien zu einem Motiv in der europäischen Literatur. Köln: Böhlau, 1986.
Bentley, D. M. R.: Alchemical Transmutation in Duncan Campbell Scott's *At Gull Lake: August 1910,* and Some Contingent Speculations. *Stud. Can. Lit.,* 10(1–2), 1985, 1–23.
Benzenhofer, U.: Freimaurerei und Alchemie in Thomas Manns Zauberberg: Ein Quellenfund. *Arch. Stud. n. Spr.,* 222(1), 1985, 112–121.
Binswanger, H. C.: Der Mensch als Herr der Zeit: Eine Deutung von Goethes Faust II unter dem Aspekt von Wirtschaft und Alchemie. *D. U.,* 39(4), 1987, 24–37.
Binswanger, H. C.: Die moderne Wirtschaft als alchemistischer Prozess – eine ökonomische Deutung von Goethes Faust. In: *Goethe und die Natur.* Frankfurt: Peter Lang, 1986, 155–175.
Blanch, R. J. & J. N. Wasserman: White and Red in the Knight's Tale: Chaucer's Manipulation of a Convention. In: Wasserman, J. N. & R. J. Blanch (Hg.): *Chaucer in the Eighties.* Syracuse: Syracuse Univ. Press, 1986, 175–191.
Bleker, J.: Die Alchemie im Spiegel der schönen Literatur. *Gesnerus,* 28, 1971, 154–167.
Brann, N. L.: Alchemy and Melancholy in Medieval and Renaissance Thought: A Query into the Mystical Basis of Their Relationship. *Ambix,* 32, 1985, 127–148.
Breyer, J.: Dante alchimiste. Interprétatio alchimique de la „Divine comédie". Bd. 1. „L'Enfer". Paris: Éditions du Vieux Colombier, 1957.
Brooks-Davies, D.: Thoughts of God. *Yb. Engl. Stud.,* 18, 1988, 125–142.
Browne, C. A.: Rhetorical and Religious Aspects of Greek Alchemy. Including a Commentary and Translation of the Poem of the Philosopher Archelaos upon the Sacred Art. *Ambix,* 2, 1946, 129–137.
Buuren, M. v.: La Curee, roman du feu. In: *La Curee de Zola ou „la vie a outrance".* Paris: SEDES, 1987, 155–160.
Carney, L. L.: Alchemy in Selected Plays of Shakespeare. *Diss. Abstr. Int.,* 38, 1978, 4176-A.
Colvile, G. M. M.: Pynchon's Alchemy in ‚The Crying of Lot 49'. *Rech. Angl. Am.,* 17, 1984, 213–218.
Crichfield, G.: The Alchemical Magnum Opus in Nodier's *La Fee aux miettes. Nineteenth-Century Fr. Stud.,* 11(3–4), 1983, 231–245.
Cunnar, E. R.: Donne's „Valediction: Forbidding Mourning" and the Golden Compasses of Alchemical Creation. In: Frank, L. (Hg.): *Literature and the Occult: Essays in Comparative Literature.* Arlington: Univ. of Texas Arlington, 1977, 72–110.
Demaitre, A.: The Theater of Cruelty and Alchemy: Artaud and *Le grand oeuvre. J. Hist. Ideas,* 33, 1972, 237–250.
Diniman, F.: Les Sept épées: Une alchimie du verbe?. *Rev. Lettres Mod.,* 667–681, 1983, 95–114.
Dove-Rume, J.: Scatology and Eschatology: Digestive Process and Occult Transmutation in Melville's Moby Dick; Or, The Whale. *Letterature d'America,* 6(27), 1985, 67–86.
Duncan, E. H.: The Literature of Alchemy and Chaucer's *Canon's Yeoman's Tale:* Framework, Theme, and Characters. *Speculum,* 43, 1968, 633–656.
El Saffar, R.: Persiles' Retort: An Alchemical Angle on the Lover's Labors. *Cervantes,* 10(1), 1990, 17–33.

Farrell, M.: The Alchemy of Rabelais's Marrow Bone. *MLS,* 13(2), 1983, 97–104.
Fisch, H.: Alchemy and English Literature. *Proc. Leeds Phil. Lit. Soc.,* 7, 1953, 123–136.
Fitzell, J.: Goethe, Jung: Homunculus and Faust. In: *Goethe in the Twentieth Century.* New York: Greenwood, 1987, 107–115.
Fleissner, R. F.: Hamlet's Flesh Revisited. *Hamlet Stud.,* 7(1–2), 1985, 101–105.
Foata, A.: De Faust à l'homme faustien: Hernando de Soto et l'alchimie du nouveau monde. *Rech. Angl. Am.,* 17, 1984, 219–232.
Frederick, P. E.: Mythical Magnitude: Selected Short Fiction of Marguerite Yourcenar. *Diss. Abstr. Int.,* 49(10), 1989, 3042A.
Frey-Jaun, R.: Die Berufung des Türhüters: Zur *Chemischen Hochzeit Christiani Rosencreutz* von Johann Valentin Andreae (1586–1654) (Deutsche Literatur von den Anfängen bis 1700, 3). Bern: Lang, 1989.
Ganzenmüller, W.: „Liber florum" Geberti. Alchemistische Ofen und Geräte in einer Handschrift des 15. Jahrhunderts. *Quellen Stud. Gesch. Naturwiss. Med.,* 8, 1941, 273–304.
Goldschmidt, G.: Heliodors Gedicht von der Alchemie. In: *Studien zur Geschichte der Chemie; Festgabe Edmund O. von Lippmann zum siebzigsten Geburtstag dargebracht.* Berlin: Springer, 1927, 21–27.
Goodman, A. S.: Alchemistic Diabolism in the Faust of Marlowe and Goethe. *J. Evolutionary Psych.,* 5(3–4), 1984, 166–170.
Gorski, W. T.: Yeats and Alchemy. *Diss. Abstr. Int.,* 50(7), 1990, 2063A.
Gray, R. D.: Goethe the Alchemist. A Study of Alchemical Symbolism in Goethe's Literary and Scientific Works. Cambridge, 1952.
Grennen, J. E.: Chaucer and the Commonplaces of Alchemy. *Class. Med.,* 26, 1965, 306–33.
Haage, B. D.: Das alchemistische Bildgedicht vom „Nackten Weib" in seiner bisher ältesten Überlieferung. *Cent.,* 26, 1982–83, 204–214.
Haase, D. P.: Gerard de Nerval's *Magnum Opus:* Alchemy in Literature and Life. *Kent. Rom. Q.,* 29(3), 1982, 245–250.
Halka, Ch. S.: Melquiades, Alchemy and Narrative Theory: The Quest for Gold in *Cien anos de soledad.* Lathrup Village, MI: Internat. Book Pubs., 1981. (Studies in Language and Literature, Troy, MI)
Hamilton, M. P.: The Clerical Status of Chaucer's Alchemist. *Speculum,* 16, 1941, 103–108.
Harris, N. J.: Paradigme de la metamorphose dans l'oeuvre de Marguerite Yourcenar. *Diss. Abstr. Int.,* 47(7), 1987, 2606A–2607A.
Hayes, T. W.: Alchemical Imagery in John Donne's „A Nocturnall Upon S. Lucies Day". *Ambix,* 24, 1977, 55–62.
Hitchcox, K. L.: Alchemical Discourse in ‚Canterbury Tales': Signs of Gnosis and Transmutation. *Diss. Abstr. Int.,* 49(10), 1989, 3033A.
Jesi, F.: John Dee e il suo sapere. *Comunità,* 26(166), 1972, 272–303.
Juneja, R.: Rethinking about Alchemy in Johnson's *The Alchemist. Forum,* 24(4), 1983, 3–14.
Kernan, A. B.: Alchemy and Acting: The Major Plays of Ben Jonson. *Stud. Lit. Imag.,* 6(1), 1973, 1–22.
Kirsop, W.: L'exégèse alchimique des textes littéraires à la fin du XVIe siècle. *XVIe Siècle,* 30, 1978, 145–156.
Krätz, O.: „Man rächt die Klugheit, wenn man einen Dummkopf betrügt...": Alchemie und Chemie im Leben des Giacomo Casanova. *Kult. Tech.,* 12, 13(1), 1989, 51–59.
Kuhlmann, W.: Alchemie und späthumanistische Formkultur: Der Strassburger Dichter Johann Nicolaus Furichius (1602–1633), ein Freund Moscheroschs. *Daphnis,* 13(1–2), 1984, 101–135.
Laszlo, P.: La deraison en images. *Etudes Francisc. (Canada),* 19(2), 1983, 63–80.
Lennep, J. v.: Alchimie: Contribution à l'histoire de l'art alchimique (Deuxième édition, revue et augmentée). Bruxelles: Crédit Communal, erw. ²1985.

Linden, S. J.: Alchemy and the English Literary Imagination: 1385–1633. *Diss. Abstr. Int.*, 33, 1973, 3591-A. (Diss. at Univ. of Minnesota, 1971)
Linden, S. J.: Alchemy and Eschatology in 17th-Century Poetry. *Ambix*, 31, 1984, 102–124.
Linden, S. J.: Mystical Alchemy, Eschatology, and 17th-Century Religious Poetry. *Pacific Coast Philology*, 19(1–2), 1984, 79–88.
Lippmann, E. O. v.: Petrarca über die Alchemie. *Arch. Gesch. Naturw.*, 6, 1913, 236. (Ebenso in: ders., Beiträge zur Geschichte der Naturwissenschaften und der Technik, (1), 33–43. Berlin: Springer, 1923)
Long, N. C.: Balzac and Alchemy. *Diss. Abstr. Int.*, 44(5), 1983, 1469A–1470A.
Maillard, J. F.: Littérature et alchimie dans le *Peruviana* de Claude-Barthélemy Morisot. *XVIIe Siècle*, 30, 1978, 171–184.
Martin, L. H.: Wawthorne's *The Scarlet Letter:* A Is for Alchemy?. *Amer. Transcend. Quart.*, 58, 1985, 31–42.
Mason, B.: La critique et l'alchimie. *Oeuv. Crit.*, 10(2), 1985, 129–144.
McNerny, K. & J. Martin: Alchemy in *Cien anos de soledad*. *Philological Papers*, 27, 1981, 106–112.
Miguet, Th.: Images alchimiques du soleil, de la lune et des étoiles (commentes a l'aide de textes alchimiques medievaux). In: *Le Soleil, la lune et les etoiles au Moyen Age*. Aix-en-Provence: Pubs. du CUER-MA, Univ. de Provence, 1983, 229–260.
Müller-Jahncke, W. D.: Astrologie und Magie zur Zeit des historischen Faust. In: *Der historische Faust: Ein wissenschaftliches Symposium*. Knittlingen: Faust-Archiv, 1982, 27–35.
Mützenberg, G.: Oecuménisme, alchimie et poésie; figures du XVIe siècle: Travers, Paracelse, Calvin. Geneva: Labor, 1966.
Mulryan, J. & S. Brown: Natale Conti and the Alchemists: The Wedding of Myth and Science in the Renaissance. *Cauda Pavonis*, 9(2), 1990, 1–3.
Nicholl, Ch.: The Chemical Theatre. London: Routledge & Kegan Paul, 1980.
Niculescu, L. I.: From Hermetism to Hermeneutics: Alchemical Metaphors in Renaissance Literature. *Diss. Abstr. Int.*, 42(8), 1982, 3590-A.
Noize, M.: Le grand oeuvre liturgie de l'alchimie chretienne. *Rev. Hist. Relig.*, 136(2), 1974, 149–183.
Oreovicz, Ch. Z.: Investigating *The America of Nature:* Alchemy in Early American Poetry. In: White, P. & H. T. Meserole (Hg.): *Puritan Poets and Poetics: Seventeenth-Century American Poetry in Theory and Practice*. Univ. Park: Pennsylvania State Univ. Press, 1985, 99–110.
Raphael, A.: Goethe and the Philosopher's Stone: Symbolical Patterns in ‚The Parable' and the Second Part of ‚Faust'. London: Routledge and Kegan Paul, 1965.
Read, J.: The Alchemist in Life, Literature and Art. London: Nelson, 1947.
Richards, S. L. F.: Alchemy as Poetic Metaphor in Gerard de Nerval's *Les Chimeres*. *Philological Papers*, 27, 1981, 34–41.
Robillard, D., Jr.: The Alchemist of the Alexandria Quartet. *Cauda Pavonis*, 8(2), 1989, 7–9.
Rockwood, R. J.: Alchemical Forms of Thought in Book I of Spenser's *Faerie Queene*. *Diss. Abstr. Int.*, 34, 1973, 3355 A. (Dissertation at Univ. Florida, 1972)
Rudrum, A.: The Influence of Alchemy in the Poems of Henry Vaughan. *Philol. Quart.*, 49, 1970, 469–480.
Ruska, J.: Chaucer und das „Buch Senior". *Anglia*, 149, 1937, 136–137.
Sadler, L. V.: Alchemy and Green's Friar Bacon and Friar Bungay. *Ambix*, 22(2), 1975, 111–124.
Sadler, L. V.: Relations between Alchemy and Poetics in the Renaissance and 17th Century, with Special Glances at Donne and Milton. *Ambix*, 24, 1977, 69–76.
Schuler, R. M.: The Renaissance Chaucer as Alchemist. *Viator*, 15, 1984, 305–333.
Schuler, R. J.: Hermetic and Alchemical Traditions of the English Renaissance and 17th Century, with an Essay on Their Relation to Alchemical Poetry, as Illustrated by an Edition of *Blomfield's Blossoms*, 1557. *Diss. Abstr. Int.*, 32, 1972, 3963-A. (Dissertation at Univ. of Colorado, 1971)

Secret, F.: Littérature et alchimie. *Bibl. Hum. Renaiss.,* 35, 1973, 499–531.
Secret, F.: Littérature et alchimie à la fin du XVIe au début du XVIIe siècle. *Bibl. Hum. Renaiss.,* 35, 1973, 103–116.
Secret, F.: Littérature et alchimie. 1: La légende de Saint Jean Alchimiste. 2: Les alchimistes de Flers. 3: Bartolomeo del Bene et l'alchimie. 5: Pierre de Lostal et l'alchimie. 6: Francois Hotman et l' àlchimie. 7: Alchimie et architecture des jardins. 8: Quadrature du cercle et alchimie de Jean Bachou. *Bibl. Hum. Renaiss.,* 40, 1978, 301–316.
Secret, F.: Situation de la littérature alchimique en Europe, à la fin du XVIe et au début du XVIIe siècle. *XVIIe Siècle,* 30, 1978, 135–144.
Serres, M.: Hermes: Literature, Science, Philosophy (Ed. by Harari, J. V. and Bell, D. F.). Baltimore: John Hopkins Univ. Press, 1982.
Silverman, K. A.: Centering and Recentering in Donne's Poetry: A Study of the Literature Uses of Codes and Cliches. *Diss. Abstr. Int.,* 42(10), 1982, 4463A.
Spencer-Noel, G.: Zenon ou le theme de l'alchimie dans l'oeuvre au noir de Marguerite Yourcenar. Paris: Nizet, 1981.
Srigley, M.: Images of Regeneration: A Study of Shakespeare's *The Tempest* and Its Cultural Background. Uppsala: Almqvist & Wiksell, 1985.
Swann, Ch.: Alchemy and Hawthorne's Elixier of Life Manuscripts. *J. Am. Stud.,* 22(3), 1988, 371–387.
Talbot, Ch. H.: The Elixir of Youth Chaucer and Alchemy. In: Rowland, B. (Hg.): *Chaucer and Middle English Studies.* London, 1974, 31–42.
Taylor, F. S.: The Argument of Morien and Merlin: an English Alchemical Poem. *Chymia,* 1, 1948, 23–25.
Telle, J.: Sol und Luna: Literatur- und alchemiegeschichtliche Studien zu einem altdeutschen Bildgedicht (Schriften zur Wissenschaftsgeschichte, 2). Hürtgenwald: Pressler, 1980.
Walker, F.: Geoffrey Chaucer and Alchemy. *J. Chem. Educ.,* 9, 1932, 1378–1385.
Watson, A. G.: Robert Green of Welby, Alchemist and Count Palatine c. 1467 c. 1540. *Notes and Queries,* 32(230), 1985, 312–313.
Welles, E. B.: The Unpublished Alchemical Sonnets of Felice Feliciano: An Episode in Science and Humanism in 15th-Century Italy. *Ambix,* 29, 1982, 1–16.
Willard, Th.: Alchemy and the Bible. In: Cook, E. u. a. (Hg.): *Centre and Labyrinth: Essays in Honour of Northrop Frye.* Toronto: Univ. of Toronto Press, 1983, 115–127.
Woodman, L.: D. H. Lawrence and the Hermetic Tradition. *Cauda Pavonis,* 8(2), 1989, 1–6.
Wyrick, D. B.: The Hieros Gamos in William Morris' *Rapunzel. Victorian Poetry,* 19(4), 1981, 367–380.
Yow, J.: Alchemical Captains: Andrew Lytle's Tales of the Conquistadors. *South. Lit. J.,* 14(2), 1982, 39–48.
Zimmermann, R. C.: Goethes Verhältnis zur Naturmystik am Beispiel seiner Farbenlehre. In: Faivre, A. (Hg.): *Epochen der Naturmystik. Hermetische Tradition im wissenschaftlichen Fortschritt.* Berlin, 1979, 333–363.
Zinguer, I.: Alchemy, „Locus" of Renewal for Writing in the Moyen de Parvenir of Beroalde de Verville. *Ambix,* 31(1), 1984, 6–15.

5 Alchemie und Kunst

Aurnhammer, A.: Zum Hermaphroditen in der Sinnbildkunst der Alchemisten. In: Meinel, Ch. (Hg.): *Die Alchemie in der europäischen Kultur- und Wissenschaftsgeschichte.* Wiesbaden: Harrassowitz, 1986, 179–200.

Bergmann, M.: Hieronymus Bosch and Alchemy: A Study on the St. Anthony Trytich (Stockholm Studies in the History of Art, 31). Stockholm: Almquist & Wiksell, 1980.

Biedermann, H.: Materia prima: Eine Bildersammlung zur Ideengeschichte der Alchemie. Graz: Verlag für Sammler, 1973.

Davis, T. L.: Pictorial Representations of Alchemical Theory. *Isis,* 28, 1938, 73–86.

Dixon, L. S.: Alchemical Imagery in Bosch's Garden of Delights (Studies in the Fine Arts: Iconography, 2). Ann Arbor, Mich.: UMI Research Press, 1981.

Hartlaub, G. F.: Alchimisten und Rosenkreuzer: Sittenbilder von Petrarca bis Balzac, von Breughel bis Kubin. Eingeleitet und erläutert. Willsbach/Heidelberg, 1947.

Heym, G.: Some Alchemical Picture Books. *Ambix,* 1, 1937, 69–75.

Hill, C. R.: The Iconography of the Laboratory. *Ambix,* 22(2), 1975, 102–110.

Joiner, D. M.: Hieronymus Bosch and the Esoteric Tradition. *Diss. Abstr. Int.,* 43(6), 1982, 2055-A. (Diss. at Emory Univ.)

Klossowski de Rola, S.: The Golden Game. Alchemical Engravings of the Seventeenth Century. London, 1988.

Lennep, J. v.: Art & alchimie. Étude de l'iconographie hermétique et de ses influences. Brussels: Meddens, 1966.

Meinel, Ch.: Alchemie und Musik. In: Ders. (Hg.): *Die Alchemie in der europäischen Kultur- und Wissenschaftsgeschichte.* Wiesbaden: Harrassowitz, 1986, 201–227.

Nicholson, D. G.: The Alchemist in Art – Relation to Current Science. *J. Chem. Educ.,* 27, 1950, 117–120.

Partington, J. R.: Alchemy and Music. *Nature,* 136, 1935, 107.

Read, J.: The [Sir William Jackson] Pope Collection of Alchemical Paintings and Engravings. *Nature,* 147, 1941, 243.

Read, J.: Alchemy and Art. *Nature,* 169, 1952, 479–481.

Sarton, G.: Ancient Alchemy and Abstract Art. *J. Hist. Med.,* 9, 1954, 157–173.

Schwarz, A.: Alchemy, Androgyny, and Visual Artists. *Leonardo,* 13, 1980, 57–59.

Taylor, F. S.: Alchemical Illustrations. *Nature,* 170, 1952, 12–13.

Verzeichnis der abgekürzten Zeitschriftentitel

Abhandl. Ber. Deut. Mus. *Abhandlungen und Berichte des Deutschen Museums*
Acta Leopoldina *Acta Leopoldina*
Actes (Nr.) Congr. Int. Hist. Sci. *Actes (Nr.) Congrès International d'Histoire des Sciences*
Akten II. Int. Leibniz-Kong. *Akten des II. Internationalen Leibniz-Kongresses*
Alabama J. Med. Sci. *Alabama Journal of Medical Sciences (Birmingham, AL)*
Albion *Albion: Poceedings of the Conference on British Studies*
Alg. Tijdschr. Wijsbeg. *Algemeen Nederlands tijdschrift voor wijsbegeerte en psychologie*
Ambix *Ambix: Journal of the Society for the History of Alchemy and Chemistry*
Amer. J. Phys. *American Journal of Physics (New York)*
Amer. Scient. *American Scientist (Champaign)*
Amer. Transcend. Quart. *American Transcendental Quarterly*
Anal. Proc. *Analytical Proceedings (London)*
Angew. Chem. *Angewandte Chemie (Berlin)*
Anglia *Anglia: Zeitschrift für englische Philologie (Halle, später Tübingen)*
Ann. Ec. Soc. Civ. *Annales economies, societes, civilisations (Paris)*
Ann. Guebh. Sever. *Annales Guebhard-Severine (Neuchâtel)*
Ann. Ist. Filos. Firenze *Annali dell'Istituto di Filosofia, Università di Firenze*
Ann. Ist. Mus. Stor. Sci. Firenze *Annali dell'Istituto Museo di Storia della Scienza di Firenze*
Ann. Med. Hist. *Annals of Medical History (New York, London)*
Ann. Nat. Phil. *Annalen der Naturphilosophie*
Ann. Natur. Kulturphil. *Annalen der Natur- und Kulturphilosophie*
Ann. Sci. *Annals of Science*
Ann. Un. M. Curie-Skl. *Annales Universitatis Mariae Curie-Skloddowska (Lublin, Polen)*
Ant. Cl. *L'Antiquité classique (Löwen u.a.)*
Arch. Begriffsgesch. *Archiv für Begriffsgeschichte*
Arch. Gesch. Naturw. *Archiv für Geschichte der Naturwissenschaften und Technik (Leipzig)*
Arch. Hist. Ex. Sci. *Archive for History of Exact Sciences*
Arch. int. hist. sci. *Archives internationales d'histoire des sciences (Paris)*
Arch. philos. *Archives de philosophie (Paris)*
Arch. Stor. Sci. *Archivio di storia della scienza (Rom)*
Arch. Stud. n. Spr. *Archiv für das Studium der neueren Sprachen und Literaturen (Braunschweig u.a.)*
Archeion *Archeion: Archivio di storia della scienza (Rom, Santa Fe)*
Armed Forces Chem. J. *Armed Forces Chemical Journal*
Asclepio *Asclepio: Archivo Iberoamericano de Historia de la Medicina y Antropologia Medica*
Austr. J. Fr. Stud. *Australian Journal of French Studies (Melbourne)*
B. S. O. A. S. *Bulletin of the School of Oriental and African Studies (London) [bis 1937 B. S. O. S.]*
Baker Street J. *The Baker Street Journal: An Irregular Quarterly of Sherlockiana*
Beitr. Gesch. Tech. Ind. *Beiträge zur Geschichte der Technik und Industrie: Jahrbuch des Vereins Deutscher Ingenieure*
Ber. Verh. Sächs. Ak. W. *Berichte über die Verhandlungen der Sächsischen Akademie der Wissenschaften zu Leipzig*
Ber. Wissenschaftsgesch. *Berichte zur Wissenschaftsgeschichte: Organ der Gesellschaft für Wissenschaftsgeschichte*
Bibl. Hum. Renaiss. *Bibliothèque d'Humanisme et Renaissance, Travaux et Documents*

Bild Wiss. *Bild der Wissenschaft (Stuttgart)*
Bodl. Libr. Rec. *The Bodleian Library Record (Oxford)*
Book Collect. *The Book Collector*
Brit. J. Hist. Sci. *The British Journal for the History of Science (London)*
Brit. J. Philos. Sci. *The British Journal for the Philosophy of Science (Edinburgh)*
Brit. J. Soc. *British Journal of Sociology*
Bull. Ac. R. Belge Cl. Sci. *Bulletin de l'Academie Royale de Belgique. Classe des Sciences*
Bull. Ass. Guillaume. Budé *Bulletin de l'Association Guillaume Budé*
Bull. Brit. Soc. Hist. Sci. *Bulletin of the British Society for the History of Science*
Bull. École Franc. Extrême-Orient *Bulletin de l'École Française d'Extrême-Orient*
Bull. Hist. Chem. *Bulletin for the History of Chemistry*
Bull. Soc. Fr. Philos. *Bulletin de la Societe française de philosophie*
Cah. Hist. Mond. *Cahiers d'histoire mondiale (Paris)*
Cauda Pavonis *Cauda Pavonis: The Hermetic Text Society Newsletter*
Cent. *Centaurus: International Magazine of the History of Science and Medicine (Kopenhagen)*
Cervantes *Cervantes: Bulletin of the Cervantes Society of America (Claremont CA)*
Chem. Brit. *Chemistry in Britain*
Chem. Eng. News *Chemical and Engineering News (Easton, PA)*
Chem. Exper. Didakt. *Chemie-Experiment und Didaktik (Stuttgart)*
Chem. Ind. *Chemistry and Industry (London)*
Chem. Ing. Tech. *Chemie – Ingenieur – Technik (Weinheim/Bergstraße)*
Chem. Lab. Betr. *Chemie für Labor und Betrieb (Frankfurt/Main)*
Chem. Sch. *Chemie in der Schule (Berlin)*
Chem. Soc. Rev. *Chemical Society Reviews (London)*
Chem. Tech. *Chemical Technology (Washington)*
Chem. Uns. Zeit *Chemie in unserer Zeit*
Chem. Ztg. *Chemiker-Zeitung (Köthen)*
Chem. Ztg., Chem Appar. *Chemiker-Zeitung – Chemische Apparatur (Titel der Chemiker-Zeitung von 1959–1969)*
Chemieunterricht *Chemieunterricht*
Chemist *Chemist: Bulletin of the American Institute of Chemists*
Chemistry *Chemistry*
Chim. Ind. *Chimica e l'industria (Milano)*
Chimia *Chimia (Basel)*
Chymia *Chymia: Annual Studies in the History of Chemistry (University of Pennsylvania)*
Ciba Symp. *Ciba Symposia (Summit, NJ)*
Ciba Z. *Ciba Zeitschrift (Basel)*
Cina *Cina*
Class. Med. *Classica et Mediaevalia (Kopenhagen)*
Clio Med. *Clio Medica*
Columbia Libr. Col. *Columbia Library Columns*
Comunità *Comunità*
Contemp. Lit. *Contemporary Literature (Madison WI)*
Corpus *Corpus: Revue de Philosophie (Paris)*
Critique *Critique: Revue Générale des Publications Françaises et Étrangères (Paris)*
Cuad. hisp. *Cuadernos hispanoamericanos: Revista mensual de cultura hispanica (Madrid)*
Cult. scuol. *Cultura e scuola (Rom)*

Curr. Sci.   *Current Science (Bangalore u.a.)*
D. Apoth. Ztg.   *Deutsche Apotheker-Zeitung (Stuttgart)*
D. Q. R.   *Dutch Quarterly Review of Anglo-American Letters (Assen)*
D. U.   *Der Deutschunterricht: Beiträge zu seiner Praxis und wissenschaftl. Grundlegung (Stuttgart)*
Daphnis   *Daphnis: Zeitschrift für mittlere deutsche Literatur*
Dialec. Hum.   *Dialectics and Humanism*
Dialectica   *Dialectica: Internationale Zeitschrift für Philosphie der Erkenntnis (Lausanne, Neuchâtel)*
Diogenes   *Diogenes [International Council for Philosophy and Humanistic Studies]*
Diss. Abstr. Int.   *Dissertation Abstracts International*
Dix.-huit. Siècle   *Dix-huitième Siècle*
Docum. Hist. Vocab. Sci.   *Documents pour l'Histoire du Vocabulaire Scientifique (Institue National de la Langue Française, CNRS)*
Dt. Z. Philos.   *Deutsche Zeitschrift für Philosophie (Berlin)*
Durham Univ. J.   *Durham University Journal*
Educ. Chem.   *Education in Chemistry*
Eighteenth Cent. Life   *Eighteenth-Century Life (Pittsburgh PA)*
Eighteenth Cent. Theory Interpr.   *Eighteenth-Century: Theory and Interpretation*
Endeavour   *Endeavour: Review of the Progress of Science*
Enlightenment Diss.   *Enlightenment and Dissent*
Enseign. Sci.   *L'Enseignement Scientifique*
Epistemologia   *Epistemologia: Rivista Italiana di Filosofia della Scienze*
Epoché   *Epoché: Journal of the History of Religions at UCLA*
Eranos-Jb.   *Eranos-Jahrbuch (Zürich)*
Erkenntnis   *Erkenntnis (Leipzig, seit 1975 Dordrecht, Boston, Hamburg)*
Et. philos.   *Les études philosophiques (Paris)*
Etudes Francisc.   *Études franciscaines (Paris)*
Experientia   *Experientia: Monatsschrift für das gesamte Gebiet der Naturwissenschaft*
Fac. Pap. Union Coll.   *Faculty Papers: Union College (Schenectady, NY)*
Filos. Sci.   *Filosofia della Scienza*
Forsch. Fortschr.   *Forschungen und Fortschritte: Korrespondenzblatt (Nachrichtenblatt) der deutschen Wissenschaft und Technik*
Forum   *Forum: Ball State University (Muncie IN)*
Freib. Z. Philos. Theol.   *Freiburger Zeitschrift für Philosophie und Theologie (Freiburg, Schweiz)*
Freiburger Universitätsblätter   *Freiburger Universitätsblätter*
French Forum   *French Forum (Lexington, KY)*
French Rev.   *The French Review (Baltimore)*
Fresenius J. Anal. Chem.   *Fresenius Journal of Analytical Chemistry [früher: Fesenius Zs. anal. Chem.]*
Fresenius Zs. anal. Chem.   *Fresenius' Zeitschrift für analytische Chemie (Berlin, Heidelberg)*
Fund. Sci.   *Fundamenta Scientiae*
G. Fis.   *Giornale di Fisica (Milano)*
Geistige Arb.   *Geistige Arbeit: Zeitung aus der wissenschaftlichen Welt*
Geloof Wetensch.   *Geloof en Wetenschap*
Germ. Rev.   *The Germanic Review (New York)*
Gesch. u. Ges.   *Geschichte und Gesellschaft (Berlin)*
Gesnerus   *Gesnerus: Revue Trimestrielle publiée par la Société Suisse d'Histoire de la Médecine et des Sciences Naturelles*
Göttinger Jb.   *Göttinger Jahrbuch*

Halcyon   *Halcyon: A Journal of Humanities (Reno, Nevada Humanities Committee)*
Hamlet Stud.   *Hamlet Studies: An International Journal of Research on the Tragedy of Hamlet*
Hastings Center Rep.   *Hastings Center Report*
Hegel-Stud.   *Hegel-Studien (Bonn)*
Heidelberger Jahrb.   *Heidelberger Jahrbücher*
Hermathena   *Hermathena: A Series of Papers on Literature, Science, and Philosophy by Members of Trinity College, Dublin*
Hist. Eur. Ideas   *History of European Ideas*
Hist. Phil. Life Sci.   *History and Philosophy of the Life Sciences*
Hist. Rec. Aust. Sci.   *Historical Records of Australian Science*
Hist. Relig.   *History of Religions (Chicago)*
Hist. Sci.   *History of Science (Cambridge)*
Hist. Stud. Phys. Biol. Sci.   *Historical Studies in the Physical and Biological Sciences*
Hist. Stud. Phys. Sci.   *Historical Studies in the Physical Sciences*
Hist. Univ.   *History of Universities*
Hist. y vida   *Historia y vida*
Hum. Tech.   *Humanismus und Technik: Zeitschrift zur Erforschung und Pflege der Menschlichkeit*
Ind. Arch. Rev.   *Industrial Archaeology Review*
Ind. Eng. Chem.   *Industrial and Engineering Chemistry (American Chemical Society)*
Indian J. Hist. Sci.   *Indian Journal of History of Science*
Indiana Soc. Stud. Q.   *Indiana Social Studies Quarterly*
Int. Congr. Hist. Sci.   *International Congress of the History of Science*
Int. Stud. Phil. Sci.   *International Studies in the Philosophy of Science*
Interchem. Rev.   *Interchemical Review (Interchemical Corporation)*
Interdis. Sci. Rev.   *Interdisciplinary Science Reviews*
Isis   *Isis: International Review Devoted to the History of Science and its Cultural Influences (Boston, Cambridge MA)*
Islam   *Der Islam: Zeitschrift für Geschichte und Kultur des Islamischen Orients*
Islamic Q.   *Islamic Quarterly*
J. Am. Chem. Soc.   *Journal of the American Chemical Society (Easton, PA)*
J. Amer. Stud   *Journal of American Studies*
J. Chem. Educ.   *Journal of Chemical Education*
J. Coll. Sci. Teach.   *Journal of College Science Teaching*
J. Evolutionary Psych.   *Journal of Evolutionary Psychology (Pittsburgh, PA)*
J. Gen. Chem.   *Journal of General Chemistry [=engl. Übersetzung von Zh. obsc. Chim.]*
J. Hellen. Stud.   *Journal of Hellenic Studies*
J. Hist. Ideas   *Journal of the History of Ideas (New York)*
J. Hist. Med.   *Journal of the History of Medicine and Allied Sciences*
J. Ind. Eng. Chem.   *Journal of Industrial and Engineering Chemistry (Washington)*
J. Medieval Hist.   *Journal of Medieval History*
J. Mol. Struct.   *Journal of Molecular Structure*
J. Philol.   *The Journal of Philology (London)*
J. Philos.   *The Journal of Philosophy (New Yok)*
J. Philos. Educ.   *Journal of Philosophy of Education*
J. Prakt. Chem.   *Journal für praktische Chemie (Leipzig)*
J. Soc. Chem. Ind.   *Journal of the Society of Chemical Industry (London)*
J. Univ. Bombay   *Journal of the University of Bombay*

J. W. Vir. Phil. Soc. *Journal of the West Virginia Philosophical Society*
J. Warburg Courtauld Inst. *Journal of the Warburg and Courtauld Institutes*
Jahresber. Forschungsinst. Gesch. Naturwiss. *Jahresberichte des Forschungsinstitutes für Geschichte der Naturwissenschaften in Berlin*
Janus *Janus: Revue Internationale de l'Histoire des Sciences, de la Médecine et de la Technique*
Jap. Stud. Hist. Sci. *Japanese Studies in the History of Science*
Jb. Wirtschaftsgesch. *Jahrbuch für Wirtschaftsgeschichte*
Jew. Quart. Rev. *Jewish Quarterly Rview: Edited for the Dropsie College for Hebrew and Cognate Learning*
Kagakushi *Kagakushi: Journal of the Japanese Society for the History of Chemistry*
Kagakusi Kenkyu *Kagakushi Kenkyu: Journal of History of Science, Japan*
Kairos *Zeitschrift für Religionswissenschaft und Theologie (Salzburg)*
Kant-St. *Kant-Studien (Berlin)*
Kent. Rom. Q. *Kentucky Romance Quarterly (Lexington)*
Knowl. Soc. *Knowledge in Society*
Kosmas *Kosmas*
Kult. Tech. *Kultur und Technik: Zeitschrift des Deutschen Museums München*
Kwart. Hist. Nauk. Tech. *Kwartalnik Historii Nauki e Techniki (Polen)*
Leonardo *Interantional Journal of the Contemporary Artist*
Letterature d'America *Letterature d'America*
Leviathan *Leviathan: Zeitschrift für Sozialwissenschaft*
Lias *Lias: Sources and Documenst Relating to the Early Modern History of Ideas*
Library *Library: Transactions of the Bibliographical Society, London*
Ling. *La linguistique: Revue internationale de linguistique generale (Paris)*
Lit. Med. *Literature and Medicine*
Lychnos *Lychnos: Lärdomshistoriska Samfandets Årsbok*
Main Currents *Main Currents*
Man Nature *Man and Nature/L'Homme et la Nature*
Manch. Lit. Phil. Soc. *Manchester Literary and Philosophical Society*
Med. Life *Medical Life [American Society of Medical History]*
Meded. Kon. Acad. Wetensch. Lett. Sch. Kunst. Belgie Kl. Wetensch. *Mededelingen van de Koninklijke Academie voor Wetenschappen, Letteren en Schone Kunsten van Belgie, Klasse der Wetenschappen*
Medic. Hist. *Medical History (London)*
Medioevo *Medioevo: Saggi e Ressegne*
Medizinhist. J. *Medizinhistorisches Journal*
Mem. Asiatic Soc. Bengal *Memoirs of the Asiatic Society of Bengal*
Mem. Manchester Lit. Phil. Soc. *Memoirs and Proceedings of the Manchester Literary and Philosophical Society: Manchester Memoirs*
Mend. Chem. J. *Mendeleev chemistry Journal*
Method. Sci. *Methodology and Science*
Minerva *Minerva: Review of Science, Learning and Policy*
Minerva Farm. *Minerva Farmaceutica*
Mitt. Ges. Deut. Chem. Fachgr. Gesch. Chem. *Mitteilungen, Gesellschaft Deutscher Chemiker, Fachgruppe Geschichte der Chemie*
Mitt. Gesch. Med. *Mitteilungen zur Geschichte der Medizin, der Naturwissenschaften und der Technik*
MLN *Modern Language Notes (Baltimore)*
MLS *Modern Language Studies*

Muttersprache   *Muttersprache (Lüneburg)*
Nachr. Ges. Wiss. Göttingen Philol. Hist. Kl.   *Nachrichten von der Gesellschaft der Wissenschaften zu Göttingen: Philologisch-historische Klasse*
Natur. Hist.   *Natural History*
Nature   *Nature (London)*
Naturwiss. Rundsch.   *Naturwissenschaftliche Rundschau*
Naturwissenschaften   *Die Naturwissenschaften: Organ der Gesellschaft Deutscher Naturforscher und Ärzte und Organ der Kaiser Wilhelm-Gesellschaft zur Förderung der Wissenschaften*
Naturwissenschaften   *Die Naturwissenschaften: Organ der Gesellschaft Deutscher Naturforscher und Ärzte und Organ der Kaiser Wilhelm-Gesellschaft zur Förderung der Wissenschaften*
Ned. Chem. Ind.   *Nederlandse Chemische Industrie*
New Scholas.   *New Scholasticism [Journal of the American Catholic Philosophical Association]*
Nineteenth-Century Fr. Stud.   *Nineteenth-Century French Studies (Fredonia, NY)*
Nordisk. Med. hist. Arsb.   *Nordisk Medicinhistorisk Arsbok*
Notes and Queries   *Notes and Queries for Readers and Writers, Collectors and Librarians (London)*
Notes Rec. Roy. Soc. Lond.   *Notes and Records of the Royal Society of London*
Nouv. Republ. Lett.   *Nouvelles de la Republique des Lettres*
Nova Acta Leopoldina   *Nova Acta Leopoldina: Abhandlungen der Kaiserlich Leopoldinisch-Carolinisch Deutschen Akademie der Naturforscher, Neue Folge*
NTM   *NTM: Zeitschrift für Geschichte der Naturwissenschaften, Technik und Medizin*
Nuncius   *Nuncius: Annali die Storia della Scienza*
Oeuv. Crit.   *Oeuvres & Critiques: Revue Internationale d'Etudes de la Reception Critique des Oeuvres Litteraires de Langue Française*
OLZ   *Orientalistische Literaturzeitung (Berlin)*
Organon   *Organon (Warschau)*
Osiris   *Osiris: Commentationes de scientiarum et eruditionis historia rationeque (Bruges)*
Owl Minerva   *The Owl of Minerva (Villanova, PA)*
Pacific Coast Philology   *Pacific Coast Philology*
Pakistan Phil. Congr.   *Pakistan Philosophical Congress*
Parabola   *Parabola: Myth and the Quest for Meaning*
Pensée   *La Pensée (Paris)*
Period. Polytech. Chem. Eng.   *Periodica Polytechnica-Chemical Engineering*
Pharm. Hist. (US)   *Pharmacy in History*
Pharm. J.   *Parmaceutical Journal and Pharmacist*
Pharmacia   *Pharmacia*
Phil. Forum (Dekalb)   *Philosophy Forum [früher: Pacific Philosophical Forum]*
Phil. Res. Arch.   *Philosophy Research Archives [heute: Journal of Philosophical Research]*
Philobiblon   *Philobiblon (Hamburg)*
Philol. Quart.   *Philological Quarterly [Iowa University]*
Philological Papers   *Philological Papers. West Virginia University*
Philos. Log.   *Philosophie et Logique*
Philos. Mag.   *Philosophical Magazine (London)*
Philos. Nat.   *Philosophia Naturalis (Meisenheim am Glan)*
Philos. Phenom. Res.   *Philosophy and Phenomenological Research (Buffalo)*
Philos. Sci.   *Philosophy of Science (East Lensing)*
Physis   *Physis: Rivista di Storia della Scienza*
PMLA   *Publications of the Modern Language Association of America*

Polish Perspectives   *Polish Perspectives: Quarterly Review (Warschau)*
Polity   *Polity*
Proc. Amer. Philos. Soc.   *Proceedings of the American Philosophical Society (Philadelphia)*
Proc. Arist. Soc.   *Proceedings of the Aristotelian Society (London)*
Proc. Israel Acad. Sci. Hum.   *Proceedings of the Israel Academy of Sciences and Humanities*
Proc. Leeds Phil. Lit. Soc.   *Proceedings of the Leeds Philosophical and Literary Society*
Proc. Phil. Sci. Ass.   *Proceedings of the Biennial Meetings of the Philosophy of Science Association*
Proc. Roy. Inst.   *Proceedings of the Royal Institution of Great Britain*
Proc. Roy. Soc. Edinb.   *Proceedings of the Royal Society of Edinburgh*
Process. Stud.   *Process Studies*
Proteus (Bonn)   *Proteus: Verhandlungsberichte der Rheinischen Gesellschaft für Geschichte der Naturwissenschaften, Medizin und Technik*
Quellen Stud. Gesch. Naturwiss. Med.   *Quellen und Studien zur Geschichte der Naturwissenschaften und Medizin [Institut für Geschichte der Medizin und der Naturwissenschaften in Berlin]*
Rech. Angl. Am.   *Recherches Anglaises et Americaines (Strasbourg)*
Recherche   *Recherche*
Rel.gesch. Vers. Vorarb.   *Religionsgeschichtliche Versuche und Vorarbeiten*
Relig. Lit.   *Religion and Literature*
Rendic. Soc. Chim. Ital.   *Rendiconti della Societa chimica italiana (Rom)*
Rep. Brit. Ass. Adv. Sci.   *Report of the British Association for the Advancement of Science*
Rep. N. Engl. Assoc. Chem. Teach.   *Report of the New England Association of Chemistry Teachers (Boston)*
Rete   *Rete: Strukturgeschichte der Naturwissenschaften*
Rev. Assyr.   *Revue d'Assyriologie et d'archéologie orientale (Paris)*
Rev. Gén. Sci.   *Revue Générale des Sciences Pures et Appliquées*
Rev. hist. pharm.   *Revue d'histoire de la pharmacie (Paris)*
Rev. Hist. Relig.   *Revue de l'Histoire des Religions (Paris)*
Rev. hist. sci. applic.   *Revue d'histoire des sciences pures et de leurs applications (Paris)*
Rev. Lettres Mod.   *La Revue des Lettres Modernes: Histoire des Idees et des Litteratures (Paris)*
Rev. Met.   *Review of Metaphysics (Washington)*
Rev. mét. mor.   *Revue de métaphysique et de morale (Paris)*
Rev. Mois   *Revue du Mois*
Rev. Port. Filosof.   *Revista Portuguesa de Filosofia*
Rev. Positiviste Int.   *Revue Positiviste Internationale*
Rev. quest. sci.   *Revue des questions scientifiques (Louvain)*
Rev. roum. Sc. soc. – Philos. Log   *Revue Roumaine des Sciences Sociales*
Rev. sci. philos. théol.   *Revue des sciences philosophiques et théologiques (Paris)*
Rev. scient.   *Revue scientifique. Revue rose illustree (Paris)*
Rev. synth.   *Revue de synthèse (Paris)*
Rinascimento   *Rinascimento (Florenz) [Vorgänger: Rinascita]*
Rio de la Plata   *Rio de la Plata. Culturas*
Riv. crit. stor. filos.   *Rivista critica di storia della filosofia (Milano)*
Riv. filos.   *Rivista di filosofia (Torino)*
Riv. Stor. Ch. It.   *Rivista di storia della chiesa in Italia (Roma)*
Riv. stor. fil.   *Rivista di storia della filosofia*
Riv. stor. sci. mediche e nat.   *Rivista di storia delle scienze mediche e naturali (Firenze)*

S. B. phys. med. Soz. Erl.   *Sitzungsberichte der physikalisch-medizinischen Sozietät zu Erlangen (Erlangen)*
Sch. Sci. Math.   *School Science and Mathematics*
Sch. Sci. Rev.   *School Science Review (London)*
Sci. Amer.   *Scientific American (New York)*
Sci. Cult.   *Science and Culture. A Monthly Journal of Natural and Cultural Sciences (Calcutta)*
Sci. Hist.   *Scientiarum Historia*
Sci. Mon.   *The Scientific Monthly*
Sci. Soc.   *Science and Society (Chelmsford)*
Sci. Tech. Persp.   *Sciences et Techniques en Perspective*
Sci. Technol. Hum. Val.   *Science, Technology, and Human Values*
Science   *Official Organ of the American Association for the Advancement of Science*
Scientia   *Rivista internazionale di Sintesi scientifica (Milano)*
Seminar   *Seminar. A Journal of Germanic Studies*
Signs   *Signs. Journal of Women in Culture and Society*
Sixteenth Cent. J.   *Sixteenth Century Journal*
Smithsonian   *Smithsonian*
Soc. Stud. Sci.   *Social Studies of Science*
South. Lit. J.   *The Southern Literary Journal (Chapel Hill, NC)*
Soviet Rev.   *Soviet Review (NY)*
Soviet. Stud. Phil.   *Soviet Studies in Philosophy*
Speculum   *Speculum. A Journal of Mediaeval Studies (Cambridge MA)*
Spektrum   *Spektrum. Die Monatszeitschrift für den Wissenschaftler*
Spiegel hist.   *Spiegel historiael*
St. Comp. Rel.   *Studies in Comparative Religion (Bedford, Middlesex County MA)*
Struct. Bond.   *Structure and Bonding*
Struct. Évolut. Tech.   *Structure et Évolution des Techniques*
Stud. 18th-Cent. Cult.   *Studies in Eighteenth Century Culture (Cleveland)*
Stud. Can. Lit.   *Studies in Canadian Literature*
Stud. Fil.   *Studi filosofici (Milano)*
Stud. Hist. Philos. Sci.   *Studies in History and Philosophy of Science (London)*
Stud. Leibn.   *Studia Leibnitiana (Wiesbaden)*
Stud. Lit. Imag.   *Studies in Literary Imagination (Atlanta, GA)*
Stud. Romant.   *Studies in Romanticism (London)*
Stud. Voltaire   *Studies on Voltaire and the 18th Century (Genf)*
Sudh. Arch.   *Sudhoffs Archiv für Geschichte der Medizin und der Naturwissenschaften (Wiesbaden)*
Sydney Stud. Engl.   *Sydney Studies in English*
Synthese   *Synthese. Journal for Epistemology, Methodology and Philosophy of Science (Amsterdam)*
Synthesis   *Synthesis. The [Harvard] University Journal in the History and Philosophy of Science (Cambridge)*
Technikgesch.   *Technikgeschichte (Düsseldorf)*
Technol. Cult.   *Technology and Culture (Detroit IL)*
Technologist   *Technologist (Minden, Malaysia)*
Test. cont.   *Testi e contesti*
Thalès   *Thalès. Recueil annuel des travaux de l'Institut d'Histoire des Sciences et des Techniques de l'Université de Paris*

Tijdschr. Gesch. Geneesk. Natuurwetensch. Wisk. Tech.   *Tijdschrift voor de Geschiedenis der Geneeskunde, Natuurwetenschappen, Wiskunde en Techniek*
Times Educ. Suppl.   *Times Educational Supplement*
Today's Chemist   *Today's Chemist*
Topoi   *Topoi. An International Review of Philosophy*
Tradition   *Tradition. A Journal of Orthodox Jewish Thought (NY)*
Trans. Soc. Can.   *Transactions of the Royal Society of Canada.- Memoires de la Societe royale du Canada (Ottawa)*
Unit. As.   *United Asia. International Magazine of (Afro-) Asian Affairs (Bombay)*
Verh. Naturf. Ges. Basel   *Verhandlungen der Naturforschenden Gesellschaft zu Basel 1854ff*
Verslagen Mededeel. Vlaam. Acad. Taal- Letterk.   *Verslagen en Mededeelingen koninklijke Vlaamsche Academie voor Taal- en Letterkunde*
Viator   *Viator. Medieval and Renaissance Studies (Berkeley)*
Victorian Poetry   *Victorian Poetry*
Vopr. Filos.   *Voprosy filosofii (Moskau)*
Vorlesungsr. Schering   *Vorlesungsreihe Schering (Berlin)*
Wiss. Hefte Päd. Inst. Köthen   *Wissenschaftliche Hefte des Pädagogischen Institutes Köthen*
Wiss. Zs. Humb. Univ.   *Wissenschaftliche Zeitschrift der Humboldt-Universität (Berlin)*
Wiss. Zs. Univ. Greifsw.   *Wissenschaftliche Zeitschrift der Ernst-Moritz-Arndt-Universität Greifswald 1951ff*
Wiss. Zs. Univ. Jena   *Wissenschaftliche Zeitschrift der Friedrich-Schiller-Universität Jena*
Wiss. Zs. Univ. Rostock   *Wissenschaftliche Zeitschrift der Universität Rostock*
XVIe Siècle   *XVIe Siècle*
XVIIe Siècle   *XVIIe Siècle*
Yb. Engl. Stud.   *Yearbook of English Studies*
Z. allg. Wiss.theorie   *Zeitschrift für allgemeine Wissenschaftstheorie (Düsseldorf)*
Z. angew. Chem.   *Zeitschrift für angewandte Chemie und Zentralblatt für technische Chemie (Berlin)*
Z. Chem.   *Zeitschrift für Chemie (Leipzig)*
Z. ges. Nat.   *Zeitschrift für die gesamte Naturwissenschaft (Braunschweig)*
Z. Krit. Okkultismus   *Zeitschrift für kritischen Okkultismus (Stuttgart)*
Z. obsc. Chim.   *Zurnal obscej chimii.- Journal of general chemistry (Moskau)*
Z. Phys. Chem.   *Zeitschrift für physikalische Chemie (Leipzig; Berlin; Frankfurt/M)*
Z. Unternehmensgesch.   *Zeitschrift für Unternehmensgeschichte*

Hinweise zu den Autoren

Martin Carrier (geb. 1955), Studium der Physik, Philosophie und Pädagogik in Münster; Promotion 1984 an der Universität Münster; Habilitation 1989 an der Universität Konstanz. Seit 1989 Akademischer Rat an der Universität Konstanz. *Monographien:* Die begriffliche Entwicklung der Affinitätstheorie im 18. Jahrhundert. Newtons Traum - und was daraus wurde, 1986; (mit J. Mittelstraß) Geist, Gehirn, Verhalten. Das Leib-Seele-Problem und die Philosophie der Psychologie, 1989 (engl. 1991); Constructing or Completing Physical Geometry? On the Relation Between Theory and Evidence in Accounts of Space-Time Structure, 1990; Kants Theorie der Materie und ihre Wirkung auf die zeitgenössische Chemie, 1990.

Sabrina Dittus (geb. 1967), 1986–1992 Studium der Philosophie und Germanistik an den Universitäten Heidelberg und Konstanz, 1992 M.A. mit einer Arbeit zur Philosophie Martin Heideggers. Seit 1991 wissenschaftliche Hilfskraft im Zentrum Philosophie und Wissenschaftstheorie an der Universität Konstanz.

Peter Janich (geb. 1942), Studium der Physik, der Philosophie und der Psychologie in Erlangen und Hamburg; Promotion 1969 an der Universität Erlangen–Nürnberg; 1969/70 Gastdozent an der Universität von Texas in Austin; 1971 Wissenschaftlicher Rat; 1978 Professor an der Universität Konstanz; seit 1980 Professor für Philosophie an der Universität Marburg. *Monographien:* Die Protophysik der Zeit, 1969; (mit F. Kambartel und J. Mittelstraß) Wissenschaftstheorie als Wissenschaftskritik, 1974; Die Protophysik der Zeit. Konstruktive Begründung und Geschichte der Zeitmessung, 1980 (engl. 1985); Euklids Erbe. Ist der Raum dreidimensional?, 1989 (engl. 1992); Grenzen der Naturwissenschaft. Erkennen als Handeln, 1992. *Herausgeber:* Wissenschaftstheorie als Wissenschaftsforschung, 1981; Methodische Philosophie. Beiträge zum Begründungsproblem der exakten Wissenschaften in Auseinandersetzung mit Hugo Dingler, 1984; Protophysik heute (Sonderband von Philosophia Naturalis), 1985; Entwicklungen der methodischen Philosophie, 1992. Aufsätze zur Wissenschaftstheorie von Physik, Biologie, Chemie, Psychologie, Informatik; zur Geschichte der Naturwissenschaften; zur Sprachphilosophie, Handlungstheorie, Geschichte der Philosophie.

Reinhard Löw (geb. 1949), Studium der Naturwissenschaften und der Philosophie in München; 1977 Promotion im Fach Chemie, 1979 im Fach Philosophie; 1977–1984 Wissenschaftlicher Assistent in München; 1983 Habilitation für Philosophie; 1984–1987 Professor für Naturphilosophie in München. Seit 1987 Direktor des Forschungsinstituts für Philosophie Hannover. 1978 Internationaler Preis für Wissenschaftsgeschichte, London; 1985 Internationaler Preis für Anthropologie, Barcelona. *Monographien:* Philosophie des Lebendigen. Der Begriff des Organischen bei Kant, sein Grund und seine Aktualität, 1980; (mit R. Spaemann) Die Frage „Wozu". Geschichte und Wiederentdeckung des teleologischen Denkens, 1981, 3. Aufl. 1991; Nietzsche – Sophist und Erzieher, 1984; Leben aus dem Labor. Gentechnologie und Verantwortung. Biologie und Moral, 1985, als Taschenbuch: Genmanipulation. Die geklonte Natur, 1987. *Herausgeber:* Bioethik, 1990; Mitherausgeber der Jahresschrift Scheidewege und der Internationalen Katholischen Zeitschrift Communio.

Hermann Lübbe (geb. 1926), Studium der Philosophie und mehrerer sozialwissenschaftlicher Disziplinen in Göttingen, Münster und Freiburg i.Br.; 1951 Promotion, 1951–1956 Assistententätigkeit an den Universitäten Frankfurt, Erlangen und Köln; 1956 Habilitation an der Universität Erlangen. 1956–1963 Tätigkeit als Dozent und Professor an den Universitäten Erlangen, Hamburg, Köln und Münster; 1963–1969 Ordentlicher Professor für Philosophie an der Ruhr-Universität Bochum. 1966–1969 Staatssekretär im Kultusministerium von Nordrhein-Westfalen; 1969–1970 Staatssekretär beim Ministerpräsidenten von Nordrhein-Westfalen. 1969–1973 Ordentlicher Professor für Sozialphilosophie an der Universität Bielefeld; seit 1971 Ordentlicher Professor für Philosophie und Politische Theorie an der Universität Zürich. 1975–1978 Präsident der Allgemeinen Gesellschaft für Philosophie in Deutschland; Mitglied der Rheinisch-Westfälischen Akademie der Wissenschaften in Düsseldorf und der Akademie der Wissenschaften und der Literatur zu Mainz; Gründungsmitglied der Akademie der Wissenschaften zu Berlin; Mitglied der Academia Europaea. *Wichtigste Mono-*

graphien: Politische Philosophie in Deutschland, 1963, 2. Aufl. 1974; Geschichtsbegriff und Geschichtsinteresse. Analytik und Pragmatik der Historie, 1977; Philosophie nach der Aufklärung. Von der Notwendigkeit pragmatischen Denkens, 1980; Religion nach der Aufklärung, 1986, 2. Aufl. 1990; Politischer Moralismus. Der Triumph der Gesinnung über die Urteilskraft, 1987, 2. Aufl. 1989; Fortschrittsreaktionen. Über konservative und destruktive Modernität, 1987; Die Wissenschaften und ihre kulturellen Folgen. Über die Zukunft des Common sense. Herausgegeben von der Rheinisch-Westfälischen Akademie der Wissenschaften, 1987; Die Aufdringlichkeit der Geschichte. Herausforderungen der Moderne vom Historismus bis zum Nationalsozialismus, 1989; Der Lebenssinn der Industriegesellschaft. Über die moralische Verfassung der wissenschaftlich-technischen Zivilisation, 1990; Im Zug der Zeit. Verkürzter Aufenthalt in der Gegenwart, 1992.

Weyma Lübbe (geb. 1961), 1979–1984 Studium der Philosophie, Soziologie, Literaturwissenschaft und Volkswirtschaftslehre an den Universitäten Zürich, Konstanz und München; 1985/86 Wissenschaftliche Angestellte in der Fachgruppe Soziologie der Universität Konstanz; 1987–89 Aufbaustudium, ab 1988 Stipendiatin im Förderprogramm „Wissenschaft und Praxis" der Hanns Martin Schleyer-Stiftung; Promotion (Dr. phil.) 1989. 1990 Förderpreis des Landkreises Konstanz. Seit 1990 Wissenschaftliche Angestellte am Zentrum Philosophie und Wissenschaftstheorie der Universität Konstanz. *Publikationen:* Legitimität und Legalität (1991); Aufsätze u.a. zur Wissenschaftstheorie und Geschichte der Sozialwissenschaften, zur Rechtstheorie und zur Theorie der öffentlichen Meinung.

Klaus Mainzer (geb. 1947), Studium der Mathematik, Physik und Philosophie, Promotion (1973) und Habilitation (1979) an der Universität Münster; 1980 Heisenberg-Stipendiat; 1981–1988 Professor für Philosophie an der Universität Konstanz; 1985–1988 Prorektor der Universität Konstanz; seit 1988 Ordinarius für Philosophie und Wissenschaftstheorie an der Universität Augsburg. *Monographien:* Geschichte der Geometrie, 1980; (mit H. Hermes, F. Hirzebruch u.a.) Grundwissen Mathematik I, 1983, 2. Aufl. 1988 (engl. 1990, japan. 1992); Symmetrien der Natur. Ein Handbuch zur Natur- und Wissenschaftsphilosophie, 1988 (engl. 1992). *Herausgeber:* (mit J. Audretsch) Philosophie und Physik der Raum-Zeit, 1988; (mit J. Audretsch) Vom Anfang der Welt. Wissenschaft, Philosophie, Religion, Mythos, 1989, 2. Aufl. 1990; Natur- und Geisteswissenschaften, 1990; (mit J. Audretsch) Wieviele Leben hat Schrödingers Katze? Zur Philosophie und Physik der Quantenmechanik, 1990; (mit E. P. Fischer) Die Frage nach dem Leben, 1990.

Hubert Markl (geb. 1938), Studium der Biologie, Chemie und Geographie an der Universität München; Promotion in Zoologie 1962; Habilitation für das Fach Zoologie 1967 an der Universität Frankfurt; 1968–1974 Ordentlicher Professor an der TH Darmstadt; seit 1974 Ordentlicher Professor für Biologie an der Universität Konstanz. 1986–1991 Präsident der Deutschen Forschungsgemeinschaft. *Monographien:* Evolution, Genetik und menschliches Verhalten, 1986; Natur als Kulturaufgabe, 1986; Wissenschaft: Zur Rede gestellt, 1989; Wissenschaft im Widerstreit, 1990. *Herausgeber:* (Mitherausgeber) Biophysik, 1977, 1982 (engl. 1983); Evolution of Social Behavior, 1980; Natur und Geschichte, 1983; (Mitherausgeber) Neuroethology and Behavioral Physiology, 1983.

Matthias Mayer (geb. 1962), 1983–1990 Studium der Philosophie, Germanistik und Pädagogik an den Universitäten Konstanz und Berlin, 1989 M.A. mit einer Arbeit zu Georg Christoph Lichtenberg und der Aufklärung. Seither Arbeit an einer Dissertation zum Thema Vernunftkritik in der Aufklärung; seit 1990 Wissenschaftliche Hilfskraft im Zentrum Philosophie und Wissenschaftstheorie an der Universität Konstanz.

Jürgen Mittelstraß (geb. 1936), 1956–1961 Studium der Philosophie, Germanistik und ev. Theologie in Erlangen, Bonn und Hamburg; 1960 Aufnahme in die Studienstiftung des deutschen Volkes; 1961 Promotion (Philosophie) in Erlangen; 1961–1962 Postgraduiertenstudium in Oxford; 1962–1970 Wissenschaftlicher Assistent in Erlangen; 1968 Habilitation; 1970 Visiting Professor in Philadelphia; seit 1970 Professor der Philosophie an der Universität Konstanz, seit 1990 zugleich Direktor des Zentrums Philosophie und Wissenschaftstheorie der Universität Konstanz. Gründungsmitglied der Akademie der Wissenschaften zu Berlin und der Academia Europaea, London. Förderpreis des Gottfried-Wilhelm-Leibniz-Programms der Deutschen Forschungsgemeinschaft ('Leibniz-Preis') 1989. *Wichtigste Monographien:* Die Rettung der Phänomene. Ursprung und Geschichte eines antiken Forschungsprinzips, 1962; Neuzeit und Aufklärung. Studien zur Entstehung der neuzeitlichen Wissenschaft und Philosophie, 1970; Die Möglichkeit von Wissenschaft, 1974; (mit P. Janich und F. Kambartel) Wissenschaftstheorie als Wissenschaftskritik, 1974; Wissenschaft als Lebensform. Reden über philosophische Orientierungen in Wissenschaft und Universität, 1982; (mit M. Carrier) Geist, Gehirn, Verhalten. Das Leib-Seele-Problem und die Philosophie der Psychologie, 1989 (engl. 1991); Der Flug der Eule. Von der Vernunft der Wissenschaft und der Aufgabe der Philosophie, 1989. *Herausgeber:* Enzyklopädie Philosophie und Wissenschaftstheorie, 1980ff. (Band I 1980, Band II 1984, Band III in Vorbereitung).

Hans-Jürgen Quadbeck-Seeger (geb. 1939), ab 1959 Studium der Chemie an der Universität München; 1967 Promotion bei Prof. Rüchardt (Promotionsnebenfächer Physik und Anthropologie). 1967 Eintritt in das Farbenlaboratorium der BASF; 1974 Forschungsstab; 1976 Assistent des Vorstandsvorsitzenden; 1982 Leiter des Hauptlaboratoriums; 1985 Vorstandsvorsitzender der Knoll AG; seit 1990 Vorstandsmitglied der BASF Aktiengesellschaft. 1985 Honorarprofessor an der Universität Heidelberg. Mitglied der Enquete Kommission „Chancen und Risiken der Gentechnologie" des Deutschen Bundestages, im Senat der DFG, im Senatsausschuß für Forschungspolitik und Forschungsplanung der MPG, im GDCh-Vorstand, im Kuratorium der Universität Kaiserslautern, im Kuratorium der Stiftung Deutsches Krebsforschungszentrum und im Engeren Kuratorium des Fonds der Chemischen Industrie und Vorsitzender des Fachausschusses „Nachwachsende Rohstoffe" im VCI.

Gerhard Quinkert (geb. 1927), Studium der Chemie an der TH Braunschweig, Promotion 1955 bei Professor Inhoffen; Postdoc. 1957–1959 bei Professor Barton am Empirial College in London. Habilitation 1961 in Braunschweig; 1961–1963 Privatdozent in Braunschweig; 1963–1970 Professor in Braunschweig; 1965 Gastprofessor in Madison, USA; 1968 am Weizmann-Institut in Rehovoth, Israel. Seit 1970 Professor in Frankfurt. *Publikationen:* Zahlreiche Veröffentlichungen über methodologische Entwicklungen der stereoselektiven Synthese, aufgezeigt am Beispiel der Totalsynthese von Naturstoffen, in internationalen Fachzeitschriften.

Günter Stock (geb. 1944), ab 1965 Medizinstudium; 1970 Staatsexamen und Promotion an der Universität Heidelberg; 1978 Habilitation für das Fach Physiologie an der Universität Heidelberg; 1980 Professor für das Fach Vegetative Physiologie. 1983 Eintritt in die Schering Aktiengesellschaft Berlin; 1986 Außerplanmäßiger Professor an der Freien Universität Berlin; 1989 stellvertretendes Vorstandsmitglied der Schering AG (Forschung); 1990 Vorstandsmitglied der Schering AG. *Buchbeiträge:* Neurobiology of REDM-Sleep. A Possible Role for Dopamine. In: D. Ganten and D. Pfaff (Eds.), Sleep. Clinical and Experimental Aspects. Topics in Neuroendocrinology Vol. 1, 1982; G. Stock, M. Schmelz, M. Knuepfer and W. G. Forssmann: Functional and Anatomic Aspects of Central Nervous Cardiovascular Regulation. In: D. Ganten and D. Pfaff (Eds.), Central Cardiovascular Control. Basic and Clinical Aspects. Current Topics in Neuroendocrinology Vol. 3, 1983; G. Schröder, R. Jl. Gryglewski, J. L. Mehta, G. Stock: Prostaglandines and Hypertension. Handbook of Experimental Pharmacology, 1988/89; J. A. Dormandy, and G. Stock: Critical Leg Ischaemia. Its Pathophysiology and Management, 1990.

Brian Vickers (geb. 1937), 1959–1967 Studium und Promotion an der Cambridge University; 1964–1971 University Lecturer and Fellow of Downing College, Cambridge; 1972–1975 Ordinarius für Englische Literatur an der Universität Zürich; seit 1975 Professor of English Literature and Director of the Centre for Renaissance Studies an der ETH Zürich. *Monographien:* Francis Bacon and Renaissance Prose, 1968; The Artistry of Shakespeare's Prose, 1968; The World of Jonathan Swift, 1968; Towards Greek Tragedy, 1973; In Defence of Rhetoric, 1988; Returning to Shakespeare, 1989. *Herausgeber:* Shakespeare: The Critical Heritage, 1623–1801, 6 Bände, 1973–1981; Occult and Scientific Mentalities in the Renaissance, 1984; Arbeit, Muße, Meditation. Betrachtungen zur Vita activa und Vita contemplativa, 1985, 1991.

Jean-Paul Marat
Über den Menschen
oder über die Prinzipien und Gesetze des Einflusses der
Seele auf den Körper und des Körpers auf die Seele

Übersetzt von Joachim Wilke, herausgegeben von G. Matthias Tripp

1992. 304 Seiten – 5 Abb. – 179 mm x 240 mm
Hardcover 124,– DM
ISBN 3-527-17576-8

Jean-Paul Marat, im englischen Exil lebend, hat sein bedeutendes philosophisches Werk 1775/76 in Amsterdam publiziert. Von der zeitgenössischen Kritik, besonders von Voltaire, verworfen und bis in die Gegenwart eher gering geschätzt, erhellt „Über den Menschen" dennoch in einzigartiger Weise die anthropologischen Voraussetzungen von Marats politischem Handeln.
Die in dem Buch entwickelten Gedanken zur Einheit von Physik und Metaphysik, physischem und moralischem Verhalten stellen Marat in die Reihe jener Philosophen des 18. Jahrhunderts, die die gedanklichen Fundamente der Revolution von 1789 legten.

Aus dem Inhalt:
– Vorrede
– *Einleitung*
– *Erstes Buch:* Worin die Physik des menschlichen Körpers behandelt wird
– *Zweites Buch:* Worin die menschliche Seele behandelt wird
– *Drittes Buch:* Worin der wechselseitige Einfluß der Seele und des Körpers abgehandelt wird
– *Viertes Buch:* Worin der Einfluß der Seele auf den Körper und des Körpers auf die Seele erklärt wird
– *Fortsetzung des ersten Buches*
– *Anhang* von G. Matthias Tripp
  Chronik der Lebensdaten von Jean-Paul Marat
  Bibliographie

Bestellungen richten Sie bitte an Ihre Buchhandlung oder an den

Akademie Verlag

Ein Unternehmen der VCH-Verlagsgruppe
Leipziger Straße 3–4 · Postfach 12 33 · O-1086 Berlin

Der klassische Utilitarismus
Einflüsse – Entwicklungen – Folgen

Herausgegeben von ULRICH GÄHDE und WOLFGANG H. SCHRADER

1992. 357 Seiten – 145 mm x 215 mm
Hardcover 78,– DM
ISBN 3-05-002163-2

Die Autoren der vorliegenden Aufsatzsammlung beleuchten aus disziplinär breitgefächerter Sicht die durch Personen wie Jeremy Bentham, John Stuart Mill und Henry Sidgwick geprägte klassische Entwicklungsphase des Utilitarismus.

Aus dem Inhalt:
- Sydney Pollard: Der klassische Utilitarismus
- Thomas Philip Schofield: Jeremy Bentham und die englische Jurisprudenz im 19. Jahrhundert
- Ulrich Gähde: Zum Wandel des Nutzenbegriffs im klassischen Utilitarismus
- Wilhelm Vossenkuhl: Sidgwicks Utilitarismus
- Peter Spahn: George Grote, John Stuart Mill und die antike Demokratie
- Rainer W. Trapp: Die ideengeschichtliche und theoretische Entwicklung der Wertbasis des klassischen Utilitarismus
- Wolfgang H. Schrader: Überlegungen zum Utilitätsprinzip in der *moral-sense*-Theorie und bei Bentham
- Otfried Höffe: Schwierigkeiten des Utilitarismus mit der Gerechtigkeit. Zum 5. Kapitel von Mills „Utilitarismus"
- Alfred Bohnen: Der hedonistische Kalkül und die Wohlfahrtsökonomik

Bestellungen richten Sie bitte an Ihre Buchhandlung oder an den

Akademie Verlag

Ein Unternehmen der VCH-Verlagsgruppe
Leipziger Straße 3–4 · Postfach 12 33 · O-1086 Berlin

Johannes Müller und die Philosophie

Herausgegeben von MICHAEL HAGNER und BETTINA WAHRIG-SCHMIDT

1992. 341 Seiten – 170 mm x 240 mm
Hardcover 88,– DM
ISBN 3-05-002232-9

Wissenschaftshistoriker, Philosophen und Naturwissenschaftler stellen aus ihrer Sicht die Quellen der Physiologie des Johannes Müller und Wirkungen auf seine Zeitgenossen und die folgende Generation dar.

Aus dem Inhalt:
– R. G. Mazzolini: Müller und Aristoteles
– M. Hagner: Sinnlichkeit und Sittlichkeit. Spinoza und Müller
– B. Wahrig-Schmidt: Müller und Kant
– N. Tsouyopoulos: Schellings Naturphilosophie: Sünde oder Inspiration für den Reformer der Physiologie Müller?
– D. v. Engelhardt: Müller und Hegel
– B. Lohff: Johannes Müller und das physiologische Experiment
– H.-J. Rheinberger: Vom Urphänomen zum System der pelagischen Fischerei
– F. Gregory: Hat Müller die Naturphilosophie wirklich aufgegeben?
– W. R. Woodward: Müller, Lotze, Henle und die Konstruktion des vegetativen Nervensystems
– G. Verwey: Müller und das Leib-Seele-Verhältnis
– S. Poggi: Goethe, Müller, Hering und das Problem der Empfindung
– T. Lenoir: Helmholtz, Müller und die Erziehung der Sinne
– E. Krauße: Müller und Haeckel: Erfahrung und Erkenntnis
– H.-J. Lessing: Dilthey und Müller
– U. Baatz: Die Sinne und die Wissenschaften. Müller und Mach
– H.-J. Lammel: Müller, Feuerbach und Lenins *Materialismus und Empiriokritizismus*
– G. van Heteren/R. L. Kremer: Kommentar
– P. McLaughlin: Nachgedanken

Bestellungen richten Sie bitte an Ihre Buchhandlung oder an den

Akademie Verlag

Ein Unternehmen der VCH-Verlagsgruppe
Leipziger Straße 3–4 · Postfach 12 33 · O-1086 Berlin

Das Gehirn – Organ der Seele?
Zur Ideengeschichte der Neurobiologie

Herausgegeben von Ernst Florey und Olaf Breidbach

1993. Ca. XXI, 445 Seiten – 30 Abb. – 170 mm x 240 mm
Hardcover ca. 84,– DM
ISBN 3-05-002399-6

Die Hirnforschung wendet sich heute als Teil der Neurobiologie so sehr den aktuellen Problemen zu, daß sie vergessen hat, woher das von ihr verwendete Begriffsvokabular stammt und auf welchen, letztendlich philosophischen Fragestellungen und Positionen die moderne Forschung beruht. Das Buch „Das Gehirn – Organ der Seele?" ist ein Versuch, die geistigen Grundlagen der Hirnforschung zu umreißen.

Aus dem Inhalt:
- Michael Hagner: Das Ende vom Seelenorgan. Über einige Beziehungen von Philosophie und Anatomie im frühen 19. Jahrhundert
- Heinz Schott: Nerven, Gehirn und Seele. Johann Christian Reil und die „Physiologie" um 1800
- Brigitte Lohff: Johannes Müller. Von der Nervenwissenschaft zur Nervenphysiologie
- Sven Dierig: Rudolf Virchow und das Nervensystem. Zur Begründung der zellulären Neurobiologie
- Olaf Breidbach: Nervenzellen oder Nervennetze? Zur Entstehung des Neuronenkonzeptes
- Alexandre Métraux: Die Mikrophysik der Wahrnehmung und des Gedächtnisses in der französischen Aufklärung
- Ernst Florey: MEMORIA. Geschichte der Konzepte über die Natur des Gedächtnisses
- Wolfram K. Köck: Zur Geschichte des Instinktbegriffs
- Eckart Scheerer: Gustav Theodor Fechner und die Neurobiologie: „Innere Psychophysik" und „tierische Elektrizität"
- Elmar Holenstein: Die Psychologie als eine Tochter von Philosophie und Physiologie
- Peter Janich: Über den Einfluß falscher Physikverständnisse auf die Entwicklung der Neurobiologie
- Siegfried J. Schmidt: Zur Ideengeschichte des Radikalen Konstruktivismus

Bestellungen richten Sie bitte an Ihre Buchhandlung oder an den

Akademie Verlag

Ein Unternehmen der VCH-Verlagsgruppe
Leipziger Straße 3–4 · Postfach 12 33 · O-1086 Berlin